ABHANDLUNGEN DER DEUTSCHEN AKADEMIE
DER WISSENSCHAFTEN ZU BERLIN

Klasse für Chemie, Geologie und Biologie
Jahrgang 1956 Nr. 7

BIOCHEMIE UND PHYSIOLOGIE DER ALKALOIDE

Arbeitstagung vom 8.—12. Oktober 1956

AKADEMIE-VERLAG · BERLIN
1957

Vorgelegt von Hrn. Prof. Dr. Mothes in der Gesamtsitzung vom 1. November 1956
Zum Druck genehmigt am gleichen Tage, ausgegeben am 15. Dezember 1957

Erschienen im Akademie-Verlag GmbH, Berlin W 8, Mohrenstraße 39
Lizenz-Nr. 202 · 100/151/57
Gesamtherstellung: VEB Druckerei „Thomas Müntzer" Bad Langensalza
Bestell- und Verlagsnummer: 2001/56/II/7
Preis: DM 36,—
Printed in Germany

INHALT

VORWORT

Die Deutsche Akademie der Wissenschaften zu Berlin veranstaltete vom 8. bis 12. Oktober 1956 in Quedlinburg eine Arbeitstagung über Probleme der Biochemie und Physiologie der Alkaloide. Die Tagung wurde im Namen des Präsidiums der Akademie eröffnet von Herrn Professor Dr. LOHMANN, Berlin-Buch. Sie wurde geleitet von dem Unterzeichneten und durchgeführt im Institut für Pflanzenzüchtung der Deutschen Akademie der Landwirtschaftswissenschaften in Quedlinburg. Der Direktor dieses Institutes, Herr Professor Dr. BECKER, und sein Abteilungsleiter, Herr Professor Dr. SCHNEIDER, haben sich größte Verdienste um den reibungslosen Ablauf der Tagung erworben. Die organisatorische Vorbereitung der Tagung lag in den Händen von Herrn Dipl.-Chem. H. B. SCHRÖTER und Herrn Apotheker D. GRÖGER (beide in Gatersleben). Die Herausgabe des Tagungsberichtes erfolgte unter der Redaktion von Fräulein Dr. A. ROMEIKE, Gatersleben. Das Büro der Deutschen Akademie der Wissenschaften unterstützte die Tagungsleitung vorzüglich.

Der vorliegende Tagungsbericht enthält alle Referate bis auf das von Herrn Dr. F. SEEHOFER, Hamburg, der es in abgeänderter Form in der Zeitschrift „Der Züchter" 27, 244—245 (1957) veröffentlicht hat. Die Referate von E. I. PETROTSCHENKO, L. JA. ARESHKINA und Z. VEJDĚLEK konnten nicht vorgetragen werden, da die Referenten an der Teilnahme verhindert waren. Die Manuskripte lagen aber der Tagungsleitung im Wortlaut vor und sind deshalb hier abgedruckt. Die Diskussionsbemerkungen sind nur soweit aufgenommen, als die Diskussionsredner diese selbst schriftlich formuliert der Redaktion eingereicht haben, von wenigen Ausnahmen abgesehen. Die Korrekturbögen haben den Diskussionsrednern vorgelegen.

Ich danke allen Autoren wie auch den Diskussionsrednern und allen bei der Durchführung der Tagung beteiligten Personen und Dienststellen herzlich für ihre Mitwirkung.

MOTHES

TEILNEHMER-VERZEICHNIS

1. Herr Professor Dr. D. Ackermann, Würzburg
2. Frau Professor Dr. B. Akačič, Zagreb
3. Herr Dr. G. Baumgarten, Wernigerode
4. Herr Professor Dr. G. Becker, Quedlinburg
5. Herr Dr. N. v. Békésy, Budapest
6. Herr Professor Dr. H.-W. Bersch, Braunschweig
7. Herr Dr. U. Bogs, Halle/Saale
8. Herr Professor Dr. H. G. Boit, Berlin
9. Herr Dozent Dr. B. Borkowski, Poznan
10. Herr Dr. J. Böswart, Prag
11. Fräulein Dr. I. Böttger, Gatersleben
12. Fräulein Magister M. D. Bratek, Poznan
13. Herr Professor Dr. Dr. h. c. F. v. Bruchhausen, Braunschweig
14. Herr Dr. J. W. de Bruyn, Wageningen
15. Herr Dr. V. S. Butt, Oxford
16. Herr Professor Dr. T. T. Chu, Lanchow (China)
17. Herr Professor Dr. J. L. Cuzin, Paris
18. Herr Professor Dr. J. Czosnowski, Poznan
19. Herr Dr. G. Deltscheff, Sofia
20. Herr Diplom-Chemiker W. Döpke, Berlin
21. Herr Diplom-Chemiker H. Ehmke, Berlin
22. Herr Diplom-Chemiker W. Endemann, Dresden
23. Fräulein Dr. L. Engelbrecht, Gatersleben
24. Herr Professor Dr. H. Flück, Zürich
25. Herr Professor Dr. G. Fodor, Szeged
26. Herr Dr. B. Frank, Göttingen
27. Herr Dr. H. Friedrich, Gatersleben
28. Herr Professor Dr. F. Galinovsky, Wien
29. Herr Dr. E. Graf, Würzburg
30. Herr Diplom-Ing. I. Grebenščikow, Gatersleben
31. Herr Dr. H. Grisebach, Berlin
32. Herr Apotheker D. Gröger, Gatersleben
33. Herr Dr. J. Hackbarth, Scharnhorst
34. Herr Dr. H. Hanke, Jena
35. Herr Dr. M. Hecht, Wien
36. Herr Dr. W. Hecht, Fading/Steiermark
37. Herr Professor Dr. R. Th. Hegnauer, Leiden
38. Herr Dr. H. Henecka, Elberfeld
39. Herr Dr. A. Heusner, Ingelheim
40. Herr Professor Dr. G. S. Iljin, Moskau
41. Herr Dr. C. Izard, Bergerac

42. Herr Professor Dr. W. O. James, Oxford
43. Herr Dr. J. Ježo, Bratislava
44. Herr Dozent Dr. A. Jindra, Prag
45. Herr Dr. F. Kaczmarek, Poznan
46. Herr Apotheker G. Kleinschmidt, Gatersleben
47. Herr Dr. J. Knabe, Braunschweig
48. Herr Dr. K. Koczka, Szeged
49. Herr Professor Dr. F. Kuffner, Wien
50. Herr Dr. H. Kuhn, Wien
51. Herr Dr. W. Küssner, Darmstadt
52. Herr Dr. J. Kybal, Prag
53. Herr Professor Dr. K. Lohmann, Berlin
54. Herr Diplom-Biologe G. Lossner, Leipzig
55. Herr Dr. H. Lukesch, Radebeul
56. Herr Dr. K. Macek, Prag
57. Herr Dr. W. Matthias, Quedlinburg
58. Herr Diplom-Chemiker D. Merkel, Leipzig
59. Herr Professor Dr. K. Mothes, Gatersleben
60. Herr Diplom-Chemiker R. Müller, Dresden
61. Herr Dr. Neels, Berlin
62. Herr Dr. R. Neu, Karlsruhe
63. Herr Dr. E. Pawełczyk, Poznan
64. Herr Dr. S. Pfeifer, Berlin
65. Herr Dr. M. Pöhm, Wien
66. Herr Professor Dr. W. Poethke, Jena
67. Herr Dr. C. Pyriki, Dresden
68. Herr Apotheker G. Rabitzsch, Halle/Saale
69. Herr Dr. K. Ramshorn, Gatersleben
70. Herr Dr. H. Rassbach, Mainz
71. Herr Dr. P. Reinouts van Haga, Delft
72. Herr Dr. Renneberg, Hannover
73. Herr Dr. U. Renner, Biberach
74. Herr Dr. G. Reuter, Gatersleben
75. Herr Dozent Dr. H. Reznik, Heidelberg
76. Herr Professor Dr. A. Rieche, Berlin
77. Herr Professor Dr. H. Rochelmeyer, Mainz
78. Fräulein Dr. A. Romeike, Gatersleben
79. Herr Professor Dr. A. S. Sadykow, Taschkent
80. Herr Dr. H. Sander, Berlin
81. Herr Professor Dr. F. Šantavý, Olomouc
82. Fräulein Dr. J. Schäfer, Quedlinburg
83. Herr Professor Dr. A. Schneider, Quedlinburg
84. Herr Diplom-Landwirt G. Scholz, Gatersleben
85. Herr Dr. K. Schreiber, Mühlhausen
86. Herr Diplom-Chemiker H.-B. Schröter, Gatersleben
87. Herr Dr. F. Seehofer, Hamburg
88. Herr Dr. G. Seitz, Darmstadt
89. Herr Ingenieur L. Smeets, Wageningen
90. Herr Professor Dr. W. S. Sokolow, Leningrad

91. Fräulein Magister B. Šrepel, Zagreb
92. Herr Dozent Dr. E. Stahl, Mainz
93. Herr Professor Dr. E. Steinegger, Bern
94. Herr Diplom-Chemiker W. Stender, Berlin
95. Herr Dr. E. Stieglitz, Eitorf
96. Herr Dr. J. Tamchyna, Bratislava
97. Herr Apotheker M. Teichert, Halle/Saale
98. Herr Professor Dr. R. Thren, Radebeul
99. Herr Dr. J. Tomko, Bratislava
100. Herr Diplom-Chemiker H. Tönjes, Radebeul
101. Herr Dr. J. Tóth, Szeged
102. Herr Dr. H.-J. Troll, Müncheberg
103. Herr Professor Dr. V. E. Tyler, Lincoln/USA
104. Herr Apotheker R. Voigt, Berlin
105. Herr Dr. R. Wahl, Forchheim
106. Herr Professor Dr. F. Weiss, Berlin
107. Herr Dr. G. Werner, Marburg
108. Herr Professor Dr. F. Weygand, Berlin
109. Herr Dr. W. Wieland, Ingelheim
110. Herr Dozent Dr. M. Wiewiórowski, Poznan
111. Herr Professor Dr. K. Zeile, Ingelheim

Aus dem Chemisch-Physiologischen Institut der Universität Würzburg

Protoalkaloide in Pflanze und Tier

Von D. Ackermann

Der Unterschied im Bau einer Pflanze und eines Tieres ist so in die Augen fallend, daß es sich ohne weiteres verstehen läßt, warum man hier immer von zwei zu trennenden Reichen gesprochen hat. —

Ist diese weitgehende Verschiedenheit nun auf irgend eine einfache Weise verständlich zu machen?

Wir können dies, wenn wir hier einmal das Moment der Ortsbewegung heranziehen. Eine solche fehlt der Pflanze, ist aber dem Tier — von verschwindenden Ausnahmen abgesehen — eigentümlich.

Das Tier braucht den Ortswechsel unbedingt, da es ja genötigt ist, sich seine Nahrung selbst zu suchen, während die Pflanze sie zum Teil vom Boden bekommt, zum Teil in Gestalt von Kohlensäure und Wasser immer wieder von neuem durch die Luft zugeführt erhält. So kann die Pflanze auf ihrem Standort verharren.

Diese Eigentümlichkeiten sind nun so grundlegend, daß sich daraus eine Fülle ganz wesentlicher Unterschiede im Bau beider Organismenarten ergeben muß.

Soll eine Ortsbewegung möglich sein, so ist die erste Voraussetzung dafür ein Substrat, das sie übernimmt. Das ist das Muskelgewebe. Bei höherer Organisation setzt dann der Muskel ein Skelettsystem voraus und weiterhin Nervengewebe und Zentralnervensystem. — Da die Bewegung aber gezielt sein soll, ist eine Orientierung nötig, und so kommt es zur Ausbildung der höheren Sinnesorgane. Darüber hinaus muß noch die erbeutete Nahrung zerkleinert, verdaut und resorbiert werden, Funktionen, die ein mehr oder weniger entwickeltes Enteralsystem notwendig werden lassen.

All diese Organe mit ihren zugehörigen Geweben sind typisch animaler Natur und ganz auf die Tierwelt beschränkt. Sie sind der Pflanze völlig fremd.

Bei so verschiedenem Bau wäre es nun nicht überraschend, wenn die chemischen Bausteine, die Pflanze und Tier verwenden, auch ihrerseits grundsätzlich in ihrer Zusammensetzung weit von einander abwichen. Das ist nun aber bekanntlich nicht der Fall:

Nicht nur die anorganischen, sondern auch die wichtigsten organischen Bestandteile kehren bei beiden Reichen wieder. Die Eiweißkörper (einschließlich der Nukleoproteide), Kohlenhydrate, Fette und Lipoide des Tierkörpers finden wir, wenn auch mit gewissen Abwandlungen, in der Pflanzenwelt wieder, und man könnte fast versucht sein, hier von einem Mangel an Originalität der belebten Natur zu sprechen.

Eine solche Ähnlichkeit in den Grundkörpern wird uns nun aber sofort verständlich, wenn wir einen Blick auf die einzelligen Lebewesen werfen. Auch bei ihnen kehren all die genannten Körpergruppen immer wieder, und wir erkennen jetzt, daß es sich dabei ganz allgemein um charakteristische Bausteine handelt, die jeder Zelle und damit überhaupt jedem Lebewesen gemeinsam sind.

Darüber hinaus gibt es nun aber eine große Zahl von Substanzen, die im Gegensatz zu den genannten Grundkörpern nur dem einen der beiden großen Reiche vorbehalten sind und in dem andern gänzlich fehlen. Erinnert sei hier an die Gerbstoffe, Glykoside, Anthocyane und Flavone der Pflanze. Sie alle sind, wie das Chlorophyll, offenbar aus besonderen Bedürfnissen des Aufbaus und Stoffwechsels hervorgegangen, die nur bei der Pflanze vorliegen und deshalb ihr allein eigentümlich sind. Hierher gehören nun auch zum großen Teil die Alkaloide.

Im Jahre 1806 isolierte bekanntlich der geniale Apotheker Sertürner aus Opiumkuchen einen schlafbringenden, kristallinischen Körper, das Morphin, das er wegen seiner alkalischen Reaktion als verwandt mit Kalium-, Natrium- und Ammoniumhydroxyd erklärte und das deshalb als Alkaloid bezeichnet wurde. — Welche Folgen diese Entdeckung gehabt hat, ist allgemein bekannt, war sie doch der Auftakt für die Auffindung des ganzen Heeres von Alkaloiden, die wir inzwischen kennen gelernt haben, und deren Zahl sich noch immer vergrößert.

Wenn ich nun im folgenden über das Auftreten von Alkaloiden in der Tierwelt berichten darf, so wird es vielleicht befremden, zu hören, daß von einem Vorkommen von Alkaloiden im gebräuchlichen Sinne des Wortes hier so gut wie gar nicht gesprochen werden kann. Erst wenn wir den Begriff der Alkaloide auf stickstoffhaltige Körper kleinen Moleküls, die sogenannten biogenen Amine, ausdehnen, läßt sich in manchen Fällen von einem gemeinsamen Vorkommen in beiden Reichen sprechen.

Man hat diese Körperklasse auch als Ptomaine, Leichenalkaloide und Aporrhegmen bezeichnet. Am treffendsten ist wohl der Name Protoalkaloide, da hierin gleichzeitig zum Ausdruck kommt, daß sich bei jedem Vertreter dieser Körperklasse in einer gewissen Abänderung das Formelbild einer der Aminosäuren des Eiweißmoleküls erkennen läßt, so daß dann mit hoher Wahrscheinlichkeit auf die Herkunft vom Protein geschlossen werden kann.

Die bei weitem größte Zahl dieser Protoalkaloide fand man bisher in der Tierwelt, und es gibt verhältnismäßig wenige ihrer Vertreter, die gleichzeitig in Tier und Pflanze beobachtet worden sind.

Indessen bietet die Tatsache des simultanen Vorkommens in beiden Reichen einen besonderen Reiz, denn man kann sich so von den Funktionen dieser Körper manchmal, wenn auch nur vermutungsweise, ein besseres Bild machen. Besteht doch die Möglichkeit, daß ein biogenes Amin des Tierkörpers in der Pflanze die gleiche Aufgabe zu übernehmen hat wie im Tierkörper und umgekehrt, so daß man auf diese Weise von der Physiologie des einen Reiches auf die des andern gewisse Rückschlüsse machen kann. Dabei ist natürlich eine solche Übereinstimmung in den Funktionen durchaus keine Notwendigkeit, allein schon aus dem Grunde, weil nicht selten ein und dieselbe Substanz gleichzeitig mit verschiedenen Aufgaben betraut ist.

Auf jeden Fall dürfte eine eingehendere Betrachtung dieser silmultan vorkommenden Protoalkaloide zeigen, wieviel Verwandtes Pflanze und Tier bei all der oben aufgezeigten Verschiedenheit wiederum zeigen und damit dazu beitragen können, unsern Gesichtskreis zu erweitern.

Es soll daher über diese, an Zahl noch geringen, in Pflanze und Tier gleichzeitig vorkommenden Substanzen im folgenden berichtet werden.

Wir beginnen mit den Betainen.

Von den 14 in der belebten Natur bisher beobachteten Betainen fanden sich bisher nur vier sowohl in der Pflanzen- wie in der Tierwelt. Es sind dies Ergothionein, Glykokollbetain, Stachydrin und Trigonellin. Das Ergothionein ist im Blut der Wirbeltiere und im Mutterkornpilz beobachtet. Bei Glykokollbetain, Stachydrin und Ergothionein ist die Herkunft aus den Aminosäuren Glykokoll, Prolin und Histidin ohne weiteres zu erkennen. Das Trigonellin leitet sich von der Nikotinsäure ab, deren Methylierung durch den Tierkörper sich auch experimentell erweisen ließ, und für Nikotinsäure bestehen Entstehungsmöglichkeiten [1] aus Ornithin, Prolin sowie aus Tryptophan, so daß auch hier der Zusammenhang mit dem Eiweißmolekül gewahrt ist.

Tabelle 1
Betaine

Glykokollbetain $(CH_3)_3\overset{+}{N}CH_2COO^-$

Stachydrin 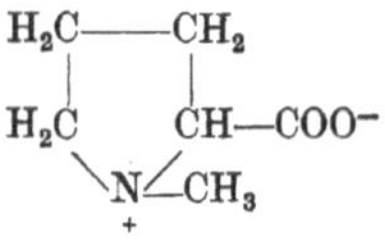

Trigonellin 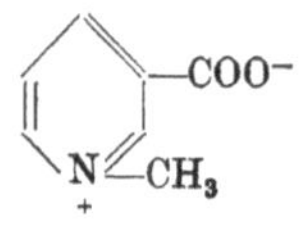

Ergothionein 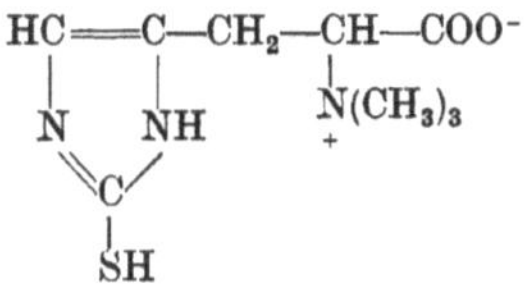

Am längsten bekannt ist das Glykokollbetain, auch Betain schlechthin genannt, das zuerst in der Zuckerrübe gefunden wurde und von dieser ersten Fundstätte (*Beta vulgaris*) seinen Namen erhielt. Es ist weitverbreitet in der Pflanzen- und Tierwelt, hier ganz besonders bei Avertebraten; auch bei Pilzen wurde es beobachtet. Wegen seines bei Wirbellosen manchmal geradezu massenhaften Vorkommens unterscheidet es sich von allen andern Betainen; auch ist es das einzige, das bei der Transmethylierung eine Rolle spielt.

Fragt man sich nun nach der Herkunft der Betaine, so ist für das Glykokollbetain seine Entstehung aus Cholin durch Oxydation über Betainaldehyd sicher erwiesen, doch bleibt

Tabelle 2

$(CH_3)_3N\,CH_2CH_2OH$	Cholin
$(CH_3)_3N\,CH_2CHO$	Betainaldehyd
$(CH_3)_3\overset{+}{N}\,CH_2COO^-$	Glykokollbetain

es zweifelhaft, ob ein analoger Weg auch für die Entstehung der andern Betaine in Betracht gezogen werden darf. Es müßten dann auch für diese die entsprechenden Homologen des Cholins nachgewiesen werden. Das ist aber bisher nicht gelungen, und so muß man sich noch nach einer andern Möglichkeit für die Bildung der Betaine umsehen.

Hierfür gibt es nun in der Tat eine Theorie, die vieles für sich hat. R. ENGELAND [2] und später E. SCHULZE [3] haben nämlich die Vermutung ausgesprochen, daß die Betaine durch Methylierung der ihnen zu Grunde liegenden Aminosäuren des Eiweißmoleküls entstünden.

Den Betainen nahe verwandt ist nun das Cholin und seine Ester.

Tabelle 3

$(CH_3)_3N{-}CH_2{-}CH_2O{-}R$

Cholin: R=H

Acetylcholin: $R{=}CH_3CO{-}$

Propionylcholin: $R{=}CH_3CH_2CO{-}$

Murexin: R=Urocanyl= 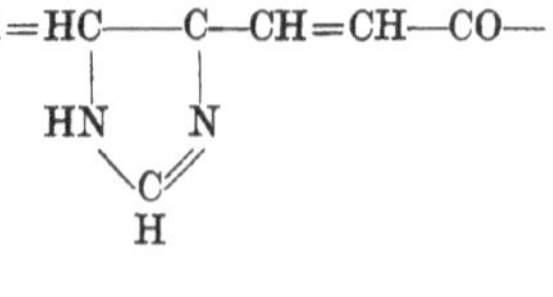

Imidazolessigsäureester: 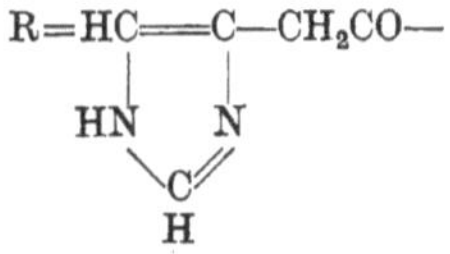

Sinapin: R=Sinapinyl= 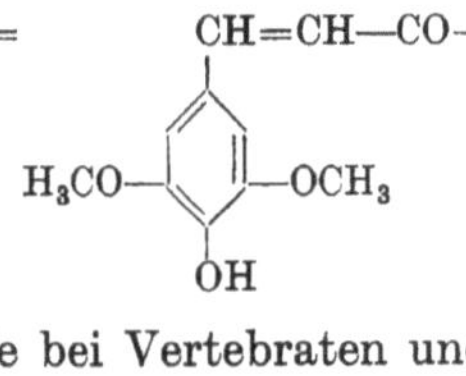

Cholin selbst ist ja weit verbreitet in der Pflanzenwelt ebenso wie bei Vertebraten und Avertebraten. Besonders interessant sind seine Ester, darunter vor allem das Acetylcholin, das nicht nur in der Tierwelt sondern auch in der Pflanzenwelt, u. a. bei Pilzen und Bakterien, gefunden wurde und pharmakologisch so hochwirksam ist. Propionylcholin fand sich in *Viscum album* und in der Milz. Als Urocanylsäureester, sogenanntes Murexin, tritt das Cholin in der Schnecke *Murex trunculus* auf und als Imidazolessigsäureester im Warmblütergehirn. Bekannt ist ferner sein Sinapinsäureester, das Sinapin aus Senfsamen.

Bei der weiten Verbreitung des Cholins in Tier- und Pflanzenwelt, wo es in nicht unbeträchtlichen Mengen vorzukommen pflegt, läßt sich vermuten, daß es nicht allzu leicht einem schnellen Abbau anheimfällt und deshalb vielleicht zu derartigen Veresterungen geeignet ist.

Bei den Betainen sowohl wie bei Cholin und seinen Derivaten begegnet man nun immer wieder Methylgruppen am Stickstoff, und das trifft für fast die Hälfte aller bisher bekannten biogenen Amine zu. Man hat den Eindruck, als ob durch diese N-Methylierung eine gewisse Ruhigstellung erreicht wird. So konnten wir z. B. feststellen, daß Aminosäuren nach Überführung in ihre Betaine von Saprophyten nicht oder nur in geringem Umfange angegriffen werden. H.-B. Schröter [4] macht in seiner Monographie über diesen Gegenstand darauf aufmerksam, daß eine Oxydation der N-Methylgruppe des Kreatins im Körper ebenso wenig stattfindet wie die Verwendung des ja Methyl tragenden Kreatinstickstoffes zur Proteinsynthese. Auch das Auftreten von Kreatin im Harn von Wirbeltieren, von Glykokollbetain und Trimethylaminoxyd im Harn von Wirbellosen spricht für die Auffassung der Methylierung als einer Endstufe. Dabei ist Glykokollbetain offenbar in solchem Überschuß vorhanden, daß ein Teil desselben als Methyldonator funktionieren kann. Auch die Ausscheidung von eingeführtem Pyridin im Harn als Methylpyridin und von Nikotinsäure als Trigonellin deutet auf diese Rolle der Methylierung hin.

Unter den methylierten Körpern ist als eine flüchtige Base ferner das bei Tier und Pflanze vorkommende Trimethylamin zu nennen. Wenn man auch über seine Herkunft in der Pflanzenwelt bisher nichts Bindendes aussagen konnte, so ist es uns doch gelungen, im Körper von Seefischen und wirbellosen Meerestieren eine seiner Muttersubstanzen, Trimethylaminoxyd, sicher nachzuweisen, da es hier in beträchtlichen Mengen vorkommt. Schon bald nach dem Tode spaltet es unter Sauerstoffverlust Trimethylamin ab.

Tabelle 4

$$\underset{\text{Trimethylaminoxyd}}{2\,(CH_3)_3NO} \longrightarrow \underset{\text{Trimethylamin}}{2\,(CH_3)_3N} + O_2$$

Da das Trimethylaminoxyd bei allen Binnenwasserfischen fehlt, ist damit auch das Auftreten des für Seefische und andere Seetiere so charakteristischen Geruchs nach Heringslake aufgeklärt worden.

Daß die Methylierung des Ammoniaks gelegentlich sogar über die Bildung des Trimethylamins hinausgehen kann, zeigt sich aus dem Auftreten von Tetramethylammoniumhydroxyd (auch Tetramin genannt) bei Aktinien und bei *Courbonia virgata* andererseits. Es stellt eine schweres curareartig wirkendes Gift dar.

Weitere interessante Methylträger sind das Tetramethylputrescin aus *Hyoscyamus muticus* und das Bufotenin, ein Krötengift, das man in *Amanita*arten sowie in den Samen von *Piptadenia peregrina* fand.

Tabelle 5

Tetramethylammoniumhydroxyd: $(CH_3)_4NOH$

Tetramethylputrescin: $(CH_3)_2N(CH_2)_4N(CH_3)_2$

Bufotenin:

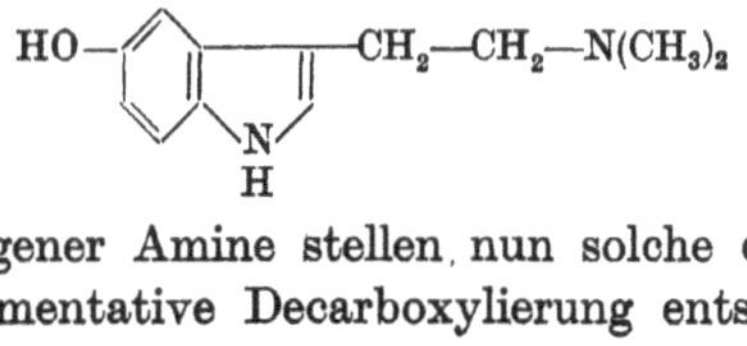

Eine besondere Gruppe biogener Amine stellen nun solche dar, die aus Aminosäuren des Eiweißmoleküls durch fermentative Decarboxylierung entstehen. Es sind dies Putrescin, Histamin, Agmatin, Tyramin und Tryptamin. Sie sind sämtlich bereits in Tier- und Pflanzenkörper gefunden und haben, wie z. B. das Histamin, zum Teil eine sehr starke pharmakologische Wirkung. Wie weit diese allerdings für den betreffenden Organismus von Bedeutung ist, kann nicht gesagt werden.

Tabelle 6

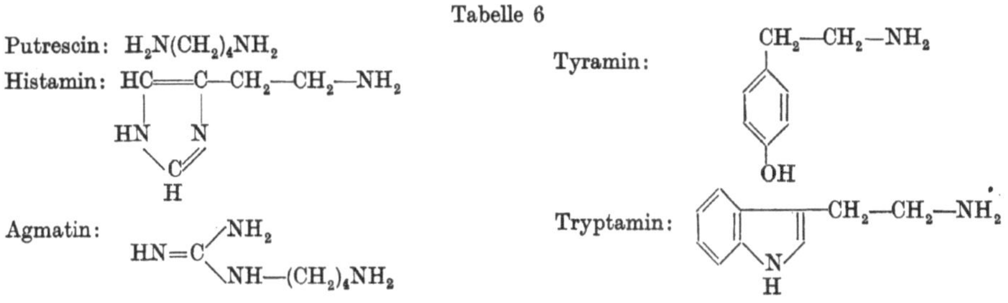

Hiermit begeben wir uns nun schon sehr nahe an die unveränderten Aminosäuren des Eiweißmoleküls, und es bedarf kaum der Erwähnung, daß diese fast ausnahmslos in weiter Verbreitung frei in Pflanze und Tier vorgebildet gefunden werden. Besondere Beachtung verdienen sie erst dann, wenn sie in unverhältnismäßig großen Mengen auftreten, wie z.B. das Glykokoll (bis zu 0,7% in *Pekten iradians*) und das hierbei auch zu erwähnende Taurin, das ja über Cystin in naher Beziehung zum Eiweiß steht (ca. 5% im Muskel der Miesmuschel).

Interessant ist in diesem Zusammenhang ein Kuppelungsprodukt von Citrullin und Asparaginsäure [5, 6, 7, 8], das durch die Einwirkung eines Leberenzyms gewonnen werden kann und sich andrerseits in der Alge *Chlorella pyrenoidosa* findet. Welche Rolle es im Intermediärstoffwechsel spielt, muß einstweilen dahingestellt bleiben.

Tabelle 7

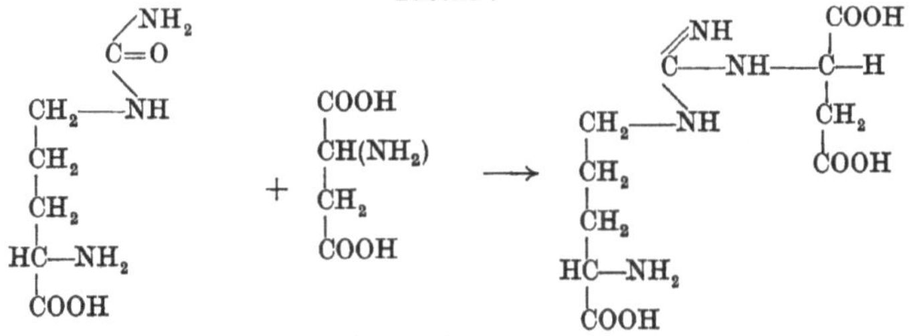

Citrullin Asparaginsäure

Während man bei den genannten Substanzen bisher in den wenigsten Fällen eine Aussage über ihre mutmaßliche Funktion machen kann, gibt es eine Körpergruppe, über deren Aufgabe im Stoffwechsel der Pflanze kein Zweifel bestehen kann. Sie werden zwar meist nicht zu den biogenen Aminen gerechnet, aber verdienen als stickstoffhaltige Körper kleinen Moleküls hier entschieden Erwähnung. Es sind dies die Säureamide Citrullin, Asparagin, Glutamin, Allantoin und Allantoinsäure.

Tabelle 8

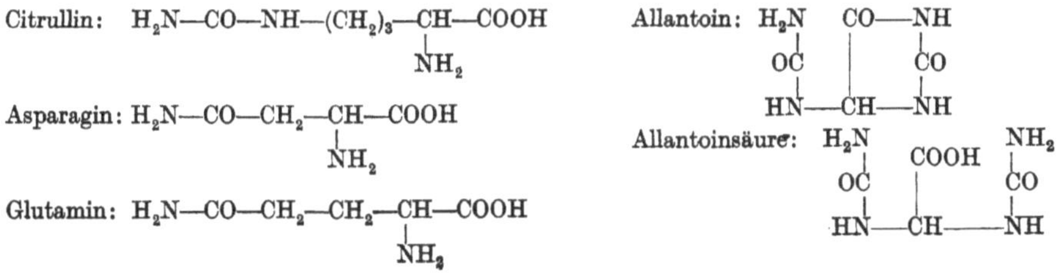

Ihre Funktion ist neuerdings von Mothes und seiner Schule einem eingehenden Studium unterzogen. Es ist evident geworden, daß all diese Säureamide als unspezifische N-Reserven, gewissermaßen als festgelegter Ammoniak, zu betrachten sind und nicht nur Speicherformen, sondern auch Wanderungsformen des Stickstoffes in den betreffenden Pflanzen vorstellen. Beispielsweise wird in den wasserhaltigen Speicherorganen (Rhizomen und Speicherwurzeln) Allantoin in außerordentlichen Mengen angehäuft. Es kann mehr als 70% des Gesamtstickstoffes und mehr als 90% des löslichen Stickstoffes ausmachen. Während des Triebes strömt es in den Sproß ab. Die Speicherwurzeln können dann praktisch völlig von Allantoin entleert sein. Im Sproß und in den Wurzeln wird es zu Eiweiß umgeformt, sofern nicht Mangel an Kohlenhydraten diesen Prozeß verhindert.

Wie prävalent die Mengen solcher Stickstoffträger sein können, hat sich auch für das Citrullin ergeben, das bei Betulaceen häufig sogar 90 bis 100% des Gesamtstickstoffes des Blutungssaftes repräsentiert.

Hoher N-Gehalt und neutrale Reaktion (abgesehen von Allantoinsäure) befähigen diese Säureamide sicher ganz besonders zu ihren Funktionen.

Eine besondere Erwähnung verdient noch der Harnstoff [H_2NCONH_2]. In Pilzen, wo er sich in Mengen bis zu über 10% des Trockengewichtes vorfindet, scheint er die gleiche Rolle zu spielen wie Asparagin und Glutamin bei höheren Pflanzen und wird wie diese nur bei Anwesenheit von Sauerstoff gebildet.

In der Tierwelt kennt man nur einen Fall von sehr hohem Harnstoffgehalt. Es ist dies beim Haifisch (*Scyllium catulus*), der im Blutplasma 3% Harnstoff enthält, das sind ca. 50 mal mehr als im Hundeblut. Daß es sich hier um eine Speicherungsform des Stickstoffes handelt, ist kaum wahrscheinlich. Es scheint eher eine Zurückhaltung der Ausscheidung aus osmoregulatorischen Gründen angesichts des hohen Salzgehaltes des Meerwassers in Betracht zu kommen. —

Die Eigentümlichkeit, den Stickstoff fast ausschließlich in der Form einer einzigen kleinen Molekülart zu speichern und wandern zu lassen, ist doch offenbar ganz auf die Pflanze beschränkt und tief in der Art ihres Stoffwechsels begründet.

Überblicken wir daneben die große Zahl der doch auch mengenmäßig nicht zu unterschätzenden eigentlichen Alkaloide, so ist es immer wieder verwunderlich, daß die Pflanze so viel des für sie doch so kostbaren Stickstoffes auf eine Weise festlegt, die mit dem eigentlichen Betriebsstoffwechsel, wie es scheint, kaum etwas zu tun hat.

Emsige Forscherarbeit von anderthalb Jahrhunderten hat uns mit einer kaum übersehbaren Fülle stickstoffhaltiger Bestandteile in Pflanze und Tier bekannt gemacht; wir kennen ihr Vorkommen und ihre Eigenschaften bis ins Einzelne genau. Aber wenn wir sie überblicken: in wie wenigen Fällen vermögen wir etwas über die Rolle auszusagen, die sie im Lebensgetriebe spielen? Und doch sind wir unablässig bemüht, gerade diese zu ergründen, denn die Frage nach dem Zweck ist uns eingeboren. Ist sie nun aber auch wirklich die einzige Form, in der wir den Wundern der belebten Natur begegnen können?

„ϑαυμάζειν ἀρχὴ της σωφίας“ „Das Sich-wundern ist der Anfang aller Wissenschaft“ lautet der berühmte Ausspruch des Aristoteles, und dieses Sich-wundern führt zwangsmäßig zur Frage nach dem Zweck. —

Indessen läßt sich dieses „ϑαυμάζειν“ auch noch etwas anders übersetzen, d. h. in „bewundern“, und dieses „Bewundern“ bedeutet dann die zweite, nicht minder beglückende Art des Betrachtens der belebten Natur. Auch diese sollten wir bei aller Forscherarbeit nie ganz aus den Augen lassen.

Kein geringerer als Karl von Göbel hat sich dafür eingesetzt, und in einem seiner Briefe schreibt er humorvoll:

„Ich glaube, daß die Nützlichkeitsauffassung, der man sich im Gefolge des Darwinismus hingegeben hat, nicht auf die Dauer haltbar ist. Die Natur schafft künstlerisch, nicht nach den Prinzipien eines kleinen, schlecht bezahlten Beamten, bei dem die Mittel nicht reichen und jeder Groschen zehnmal umgedreht werden muß."

Goethe aber sagt in seiner „Parabase":

Freudig war, vor vielen Jahren,
Eifrig so der Geist bestrebt,
Zu erforschen zu erfahren,
Wie Natur im Schaffen lebt.
Und es ist das ewig Eine,
Das sich vielfach offenbart:
Klein das Große, groß das Kleine,
Alles nach der eignen Art;
Immer wechselnd, fest sich haltend,
Nah und fern und fern und nah,
So gestaltend, umgestaltend —
Zum Erstaunen bin ich da.

LITERATUR

[1] vgl. GUGGENHEIM, M., Biogene Amine, 4. Aufl., S. 260, Springer (1951).
[2] ENGELAND, R., Ber. d. chem. Ges. **42**, 2968 (1909); Hoppe-Seylers Z. **67**, 403 (1900); Sitzb. Ges. Beförd. ges. Nat. Marburg 10 Febr. (1909).
[3] SCHULZE, E. u. G. TRIER, Hoppe-Seylers Z. **67**, 46 (1910).
[4] SCHRÖTER, H.-B., Die Pharmazie **10**, 141 (1955).
[5] WALKER, J. B., u. J. MYERS, J. Biol. Chem. **203**, 143 (1953).
[6] RATNER, S., Federation Proc. **8**, 603 (1949).
[7] RATNER, S. u. A. PAPPAS, J. Biol. Chem. **179**, 1183; 1149 (1949).
[8] RATNER, S. u. K. B. PETRAE, J. Biol. Chem. **191**, 693 (1951).

Weitere, im Vortrag nicht zitierte Literatur

GUGGENHEIM, M., Die biogenen Amine, 4. Aufl. Springer-Verlag 1951; Handbuch der Pflanzenphysiologie Springer-Verlag 1956.
KLEIN, G., Handbuch der Pflanzenanalyse, Springer-Verlag 1933.
WOKER, G., Die Chemie der natürlichen Alkaloide, Ferd. Enke 1933.
WINTERSTEIN, E. u. G. TRIER, Die Alkaloide, Gebr. Bornträger 1939.
MANSKE, R. H. F. u. H. L. HOLMES, Academic Press Inc. Publishers, New York 1953.
ACKERMANN, D., Zur vergleichenden Biochemie des Stickstoffes, 6. Colloquium in Mosbach, Springer-Verlag 1955.
KUTSCHER, F. u. D. ACKERMANN, The Comparative Biochemistry of Vertebrates and Invertebrates, Ann. Rev. Biochem. Vol. 2, 355 (1933); Vol. **5**, 453 (1936).
HOPPE-SEYLER, F. A., Handbuch der Biochemie des Menschen und der Tiere von OPPENHEIMER Ergänzungsband zu Bd. 1—3, S. 162 u. 215 (1933).
ACKERMANN, D., Tierische Basen, Physiolog. Chemie, herausg. von B. FLASCHENTRÄGER u. E. LEHNARTZ, S. 777, Springer-Verlag (1951).
MÜLLER, E., Kohlensäurederivate und tierische Basen, HOPPE-SEYLER-THIERFELDER, Handb. d. physiol. u. path-chem. Analyse, 10. Aufl. Bd. III, 195 S. 1072.

DISKUSSION

Herr POETHKE: Welche Beziehungen bestehen zwischen Adrenalin und den erwähnten Protoalkaloiden?

Herr ACKERMANN: Als Muttersubstanzen des Adrenalins gelten Tyrosin, Tyramin und Dioxyphenyl-äthylamin (bzw. Dopa).

Herr Mothes: 1. Die Pflanze bildet wohl auch Endprodukte, Schlacken des Stoffwechsels, aber im allgemeinen können diese nicht ausgeschieden werden, da ein Exkretionssystem — den Nieren vergleichbar — fehlt. Im übrigen können aus dem Stoffwechsel ausgeschiedene Stoffe durchaus noch Funktionen innehaben, so das Lignin, ein wichtiges Baumaterial verholzter Membranen.

2. Methylierung am Stickstoff bedeutet Ruhigstellung einer Verbindung; das gilt wohl auch für die Methylierung an phenolischem Sauerstoff. Körper mit methylierter Phenolgruppe erscheinen physiologisch weniger aktiv als die entsprechenden Phenole. Nach neueren Untersuchungen nordamerikanischer Autoren erfolgt die Methylierung am Stickstoff und am Sauerstoff mit Hilfe der gleichen Methyl-Donatoren. Wie weit die beteiligten Fermente ebenfalls gleich sind, ist nicht bekannt.

3. Für die Exkretion bei Pflanzen ist die Abstellung von Verbindungen im Zellsaftraum der Vakuolen bedeutsam. Da dort häufig eine hohe Azidität herrscht, wirkt dieser Raum gegenüber Ammoniak, ja allgemein, basischen Stoffen gegenüber wie eine Falle. Durch die stärkere Dissoziation der Basen im sauren Zellsaftraum ist ihre Rückdiffusion in einen weniger sauren Zellbezirk erschwert. Colemann und Richards fanden bei Kaliummangel in Gersten eine Anhäufung von Putrescin. Da vielfach beobachtet ist, daß K-Mangel zu erhöhter Azidität führt, liegt diese Beobachtung wohl auf gleicher Ebene wie die NH_3-Anhäufung bei K-Mangel.

4. Harnstoff in größeren Konzentrationen ist ein Eiweißgift. In Hutpilzen werden solche Konzentrationen erreicht. Die Eiweiße müssen geschützt oder dem Einfluß des Harnstoffs entzogen sein. In Bovisten wird nach N. N. Iwanoff Harnstoff bei der Sporenbildung wieder verbraucht und offenbar erneut in Eiweiß umgewandelt. Dieser Prozeß bedarf noch genauerer Untersuchung.

Herr Ackermann: Wahrscheinlich kann das „Abfangen" auch durch Bildung von Aminoxyden erfolgen. So wird z. B. das basische Trimethylamin des Tierkörpers in Trimethylaminoxyd übergeführt. Auch ich glaube, daß die Methylierung am Sauerstoff ebenso wie die am Stickstoff eine Ruhigstellung im Stoffwechsel bedeutet. Im Tierkörper ist merkwürdigerweise bisher nur N-Methylierung, aber noch nie O-Methylierung beobachtet, obwohl das Fermentsystem in beiden Fällen dasselbe ist. Die Beobachtung des so überraschend hohen Harnstoffgehaltes im Blute der Seladier steht bisher in der Tierwelt einzig da. Sie stammt aus dem Ende des vorigen Jahrhunderts von Frerichs und Staedeler.

Herr Reuter: Es wurde ein Kupplungsprodukt von Citrullin und Asparaginsäure erwähnt. Dabei dürfte es sich um Argininosuccinat handeln, das offensichtlich im Harnstoffzyklus der Säugetiere als Zwischenprodukt bei der Synthese von Arginin aus Citrullin fungiert und auch in Mikroorganismen und höheren Pflanzen nachgewiesen worden ist. Wir selbst fanden, daß Citrullin in allen einheimischen Betulaceen in relativ hoher Konzentration vorliegt und dort bei Transport und Speicherung des Stickstoffs maßgebend beteiligt ist, aber auch enge Beziehungen zum Arginin-Stoffwechsel zeigt.

Herr Zeile: Zur Frage der Festlegung von Aminen im sauren Zellsaft: Besteht eine Abhängigkeit des Alkaloidgehaltes von der Azidität des Bodens, auf dem die alkaloidführenden Pflanzen wachsen?

Herr Mothes: Das p_H des Zellsaftes ist keineswegs konstant, unterliegt z. B. stark dem Tagesrhythmus des Lichtes. Aber seine Beeinflussung über die Wurzel durch Veränderung des p_H-Wertes des Bodens ist kaum möglich.

Eine interessante Parallele zur Bildung des Trimethylaminoxyds bei Tieren stellt die Bildung von N-Oxyden bei *Senecio*-Alkaloiden dar. Darüber hat Frau Areshkina ein Manuskript eingesandt, das wir drucken werden.

Herr HENECKA: Es sei darauf hingewiesen, daß die durch Aminoxyd-Bildung eintretende Entgiftung eine allgemeine Erscheinung bei der Überführung tertiärer Amine in ihre N-Oxyde darstellt, mit der zugleich ein weitgehender Verlust zuvor vorhandener pharmakodynamischer Wirksamkeit verbunden ist.

Herr KUFFNER: Ein weiteres N-Oxyd ist das von POLONOVSKY beschriebene Geneserin der Calabarbohne.

Anm. bei der Korrektur: Literatureinschau ergibt, daß das Geneserin nicht nur synthetisch, sondern auch aus der Droge erhalten worden und mit dem von den Firmen Boehringer und Merck als Naturstoff isolierten Eseridin identisch ist. Ob ein Artefakt vorliegt, müßte wohl erst geprüft werden.

Herr KÜSSNER: POLONOVSKY und Mitarbeiter haben bereits vor sehr vielen Jahren Aminoxyde von verschiedenen Alkaloiden wie Atropin, Scopolamin, Physostigmin in vitro hergestellt. Er nannte sie Geno-Alkaloide und stellte eine bedeutende Entgiftung durch die N-Oxydation fest. Meines Wissens ist es ihnen aber nicht gelungen, derartige Alkaloidoxyde in den entsprechenden Pflanzen in genuinem Zustande nachzuweisen.

Aus dem Pharmaceutisch Laboratorium der Rijksuniversiteit Leiden

Botanisch-systematische Betrachtungen zur Biologie der Alkaloide

von R. Th. Hegnauer

Seit langem fesselt uns die eigenartige Tatsache, daß viele, zum Teil recht kompliziert gebaute Verbindungen im Pflanzenreich scheinbar sehr regellos auftreten. Die gegenteilige Erscheinung, daß bestimmte Verbindungstypen in ganz bestimmten Pflanzengruppen vorkommen, ist allgemein bekannt und kann systematisch verwertet werden. Ebenso bemerkenswert sind aber Stoffe, die bis heute in sehr wenigen Arten, ja, mitunter nur in einer einzigen Art gefunden wurden, oder andererseits Verbindungen, die recht verbreitet sind, deren Auftreten aber keinerlei Beziehung zu der systematischen Stellung der sie erzeugenden Pflanzensippen erkennen läßt.

Stoffe der letzterwähnten Gruppe sind unter den Alkaloiden reichlich vertreten. Die Frage nach den Ursachen einer solchen scheinbar rein willkürlichen und zufälligen Verbreitung drängt sich auf.

Wenn man annimmt, daß die heute vertretenen Pflanzenarten das Produkt einer langen Evolution sind, dann kann man in erster Linie drei Erklärungsmöglichkeiten erwägen, die wir am Beispiel des Nikotins näher erläutern möchten.

Das Nikotin ist eine Base, die früher nur aus 2 Genera der *Solanaceae* bekannt war, in letzter Zeit aber verschiedentlich aus systematisch kaum verwandten Pflanzen isoliert wurde. Die gegenwärtig bekannten Nikotinvorkommen wurden — soweit sie dem Verfasser bekannt sind — in der ersten Tabelle zusammengefaßt.

Das Vorkommen von Nikotin bei den Pteridophyten spricht dafür, daß es sich bei der Nikotinbildung um einen relativ primitiven Stoffwechselvorgang handelt. Vermutlich haben schon die Urahnen der heutigen Lycopodiaceen und Equisetaceen vor Millionen von Jahren Nikotin erzeugt. In vielen Entwicklungslinien wurde in der Folge das Merkmal nicht weiter gepflegt, sondern ging wieder verloren. Wenigstens fehlt Nikotin, soweit wir bis heute unterrichtet sind, den *Pterophytae* (= echte Farne), den *Gymnospermae* und den *Monocotyledoneae*. Das sporadische Wiederauftreten der Nikotinbildung bei einigen *Dicotyledoneae* könnte als eine Art Atavismus aufgefaßt werden. In bestimmten Sippen manifestiert sich ein im Laufe der langen Entwicklung längst verlorengegangenes Merkmal plötzlich wieder.

Man könnte also das sporadische Auftreten von Nikotin in systematisch wenig verwandten Sippen so deuten, daß man eine Unterdrückung (= Reduktion) eines Merkmals annimmt. Höher entwickelte Arten, die plötzlich das Merkmal wieder zeigen, wären dann als Rückschläge (= Atavismen) aufzufassen.

Eine andere Möglichkeit zur Erklärung des zerstreuten Auftretens des Nikotins bietet die Annahme, daß das Nikotin verschiedener Familien Endprodukt verschiedener Stoffwechselvorgänge ist. Das Merkmal Nikotinbildung wäre polyphyletisch entstanden und man müßte das Vorkommen von Nikotin bei verschiedenen Familien als eine Konvergenzerscheinung auffassen. Es würde sich also bei dem sporadischen Auftreten von Nikotin um einen Fall von Analogie handeln.

Die Möglichkeit der analogen Bildung von Nikotin ist sicherlich nicht a priori auszuschließen, da für einen der Bausteine des Moleküls, die Nikotinsäure, verschiedene biologische Entstehungsweisen wahrscheinlich sind. Die Pyridinhälfte des Moleküls könnte beispielsweise

Tabelle 1
Das Vorkommen des Nikotins im Pflanzenreich

Taxon	ungefähre Menge (Trockengewicht)	Begleitalkaloide	Literatur
PTERIDOPHYTA			
Lycopodium complanatum	2 p.p.m.*)	Lycopodiumalkal.	1
Lycopodium spec. div.	Spuren	,,	2
Equisetum arvense	Spuren	Palustrin, 3-Methoxy-pyridin	1, 3, 4
Equisetum palustre	Spuren	Palustrin, Palustridin	3, 5, 6
Equisetum hiemale	Spuren	nicht bekannt	6
SPERMATOPHYTA			
Sedum acre	ca. 3 p.p.m.	Sedamin	7
Mucuna pruriens	wenig	mehrere Basen	8
Asclepias syriaca	ca. 0,001% (frische Wurzel)	nicht bekannt	9
Nicotiana (alle Arten)	Spuren bis > 10%	Nornikotin, Anabasin	
Duboisia hopwoodii	bis 5%	Nornikotin	10
Duboisia myoporoides	0,5—0,9%	Nornikotin, Scopolamin, Hyoscyamin.	11
Solanaceae allgemein	Spuren	z. T. Tropinbasen u. Cuskhygrin	12, 13, 14.
Eclipta alba	0,08%	nicht bekannt	15
Zinnia elegans	0,1% (frische Wurzel); 0,03% (frische Blätter)	Vermutlich Anabasin u. Nornikotin	16
Tanacetum vulgare ?	0,04% (Blüten)	nicht bekannt	17

*) p.p.m. = parts per million

hier aus Lysin und dort aus Tryptophan entstehen. Auch für den Aufbau der Pyrrolidinhälfte sind mehrere Wege denkbar.

Als letzte und, wie mir scheint, wahrscheinlichste Möglichkeit zur Erklärung des sporadischen Auftretens des Nikotins im Pflanzenreich ließe sich annehmen, daß das Nikotinmolekül ein recht allgemeines Stoffwechselprodukt ist. Die Nikotinsynthese wäre demnach kein spezifisches Merkmal, sondern ein allgemeines Merkmal des Stoffwechsels der Kormophyten. Der Bau des Moleküls wäre biologisch betrachtet nicht etwas Besonderes, sondern etwas ganz Gewöhnliches. Das Molekül müßte in enger Beziehung zu allgemein verbreiteten Metaboliten stehen und mit den allgemein verbreiteten Werkzeugen des pflanzlichen Stoffwechsels gebildet werden können.

Auf den ersten Blick scheint die Auffassung des Nikotins als allgemeines pflanzliches Stoffwechselprodukt vielleicht absurd. Es sind aber heute genügend Tatsachen bekannt, die zugunsten der erwähnten Hypothese angeführt werden können.

Betrachten wir noch einmal die heute bekannten Vorkommen des Nikotins, dann fällt auf, daß die Base in den meisten Fällen nur in Spuren auftritt. Das heißt, nur wenige Nikotin erzeugende Pflanzen sind gleichzeitig Nikotinakkumulatoren. Das Spezielle der Nikotinpflanzen wäre demnach die Nikotinspeicherung und nicht die Nikotinbildung [18]. Da die wenigsten Pflanzen auf das Vorkommen von Nikotinspuren untersucht sind, ist es nicht unwahrscheinlich, daß die Base eine noch viel weitere Verbreitung besitzt, als wir heute annehmen.

Eine zweite Stütze für unsere Hypothese können wir finden bei der Betrachtung der Begleitalkaloide des Nikotins, wobei wir uns nicht auf die Art beschränken wollen, sondern den Begriff Begleitalkaloide ausdehnen werden auf Taxa von höherer Rangordnung.

Die Basen eines Individuums gehören meistens zur selben Alkaloidfamilie, sind also biogenetisch miteinander verwandt. Da die moderne Systematik die Pflanzenarten nach phylogenetischen Gesichtspunkten in ein System zu bringen trachtet, darf man aber auch annehmen, daß die vergleichende Betrachtung der Inhaltsstoffe ganzer Genera und Familien nützlich sein kann, denn die Genera enthalten ausschließlich nah verwandte Arten und die Familien ausschließlich nah verwandte Genera, wenn das System gut ist.

Die Begleitalkaloide des Nikotins bei den *Pteridophyta* sind in struktureller Hinsicht noch zu wenig bekannt, um für unsere Betrachtung von großem Nutzen zu sein. Immerhin ist vom Palustrin bekannt, daß es ähnliche Abbauprodukte wie Spartein liefert [6]. Für eines der Lycopodiumalkaloide, das Annotinin, wurden kürzlich durch Wiesner [19] und durch Anet und Marion [20] Strukturformeln vorgeschlagen. Die Zerlegung des Moleküls in Bausteine (Robinson [29], Schöpf [30]) bereitet aber noch Schwierigkeiten. In der neuesten Formulierung des Annotinins durch Wiesner läßt sich ein Lupininkern erkennen, was wiederum auf eine Verwandtschaft mit den Lupinenalkaloiden hinweisen würde.

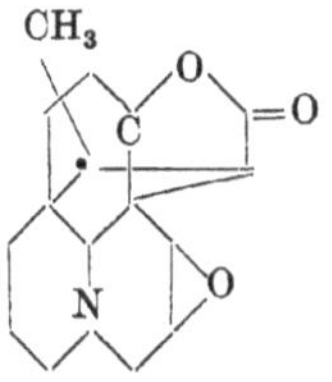

Annotinin nach Wiesner

Strukturell gut bekannte Begleitalkaloide des Nikotins sind das Sedamin (*Sedum acre*), das Anabasin (*Nicotiana glauca, Zinnia elegans*?), das Cuskhygrin (*Atropa bella-donna* und andere *Solanaceae*) und das Scopolamin und Hyoscyamin (*Duboisia myoporoides*).

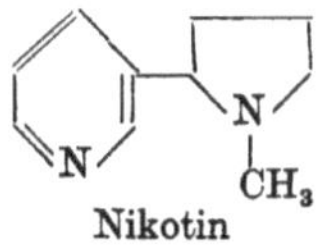

Nikotin

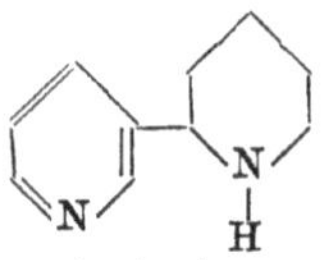

Anabasin

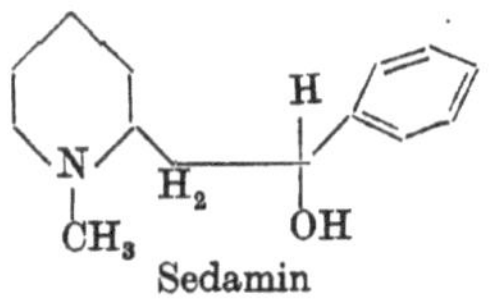

Sedamin

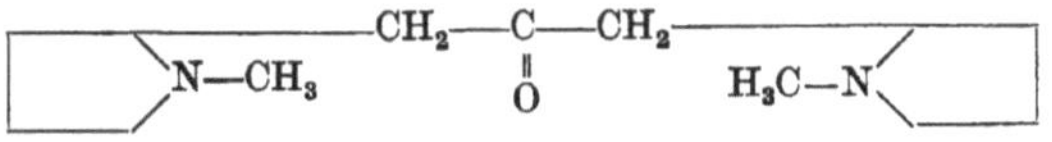

Cuskhygrin

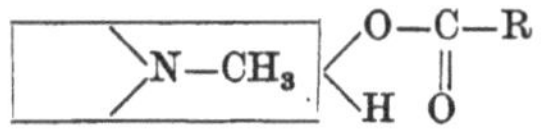

Hyoscyamin

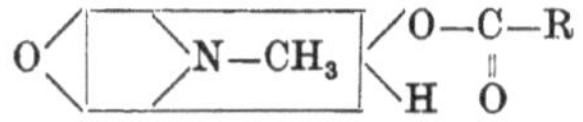

Scopolamin

Auf Grund des gemeinsamen Vorkommens innerhalb einer Art sind wir geneigt, die erwähnten Basen zusammen mit dem Nikotin als Glieder einer einzigen Alkaloidfamilie zu betrachten.

Wir können diese Alkaloidfamilie des Nikotins auf zwei verschiedenen Wegen beträchtlich erweitern. Einerseits können wir untersuchen, mit welchen Begleitalkaloiden die oben erwähnten Basen in anderen Arten vergesellschaftet sind und andererseits ihre Begleitalkaloide in ganzen Genera und Familien in den Kreis unserer Betrachtungen ziehen. Das letztere scheint uns erlaubt, denn die Arten eines Genus und die Genera einer Familie sind phylogenetisch eng miteinander verwandt, wenn das den Betrachtungen zu Grunde gelegte System richtig ist.

Anabasin wird in *Anabasis aphylla* begleitet durch Aphyllin, Aphyllidin und Lupinin. Cuskhygrin tritt bei *Erythroxylon coca* neben Hygrin, Hygrolin, Tropacocain und den Ecgoninbasen auf. Wir kommen also dazu, die Lupinenalkaloide, die Hygrine und Ecgonine in unsere Alkaloidfamilie des Nikotins aufzunehmen.

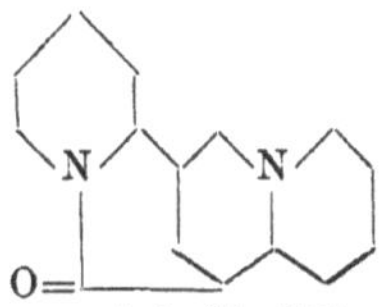
Aphyllin [22]

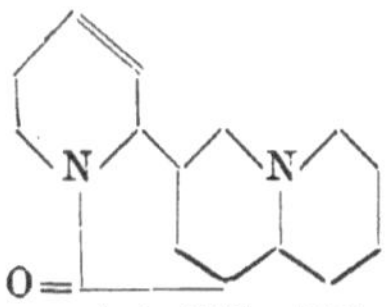
Aphyllidin [23]

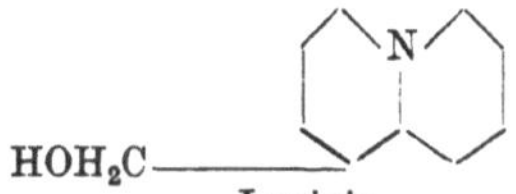
Lupinin

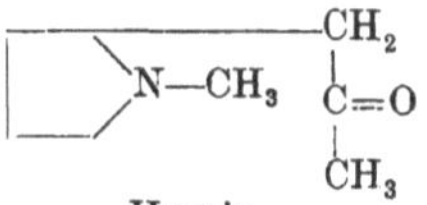
Hygrin

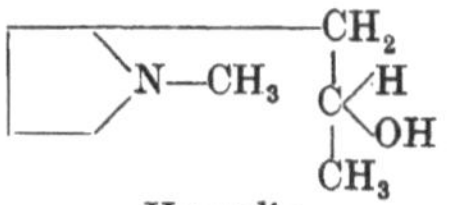
Hygrolin

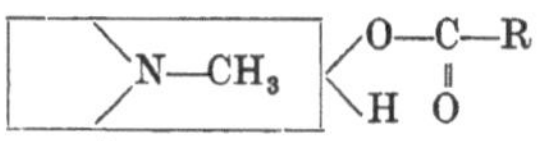
Tropacocain

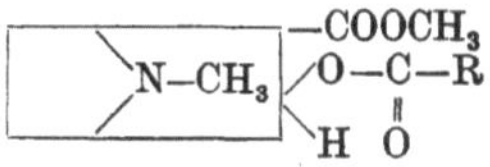
Ecgoninbasen

Durch das Genus *Sedum* treten Sedidrin (*Sedum acre*), N-Methylisopelletierin und N-Methyl-2-(β-Hydroxypropyl)-piperidin (*Sedum sarmentosum*) in unsere Alkaloidfamilie. Durch das N-Methylisopelletierin wird die ganze Reihe der Granatalkaloide und durch das bereits erwähnte Sedamin die ganze Reihe der *Lobelia*-Alkaloide in die Nikotinfamilie aufgenommen. Das Genus *Crotolaria* der Tribus der *Genisteae* und noch überzeugender die Art *Laburnum anagyroides* verbinden die eigenartigen Necine mit den bereits in unsere Alkaloidfamilie aufgenommenen Lupinenalkaloiden. Auch das gemeinsame Vorkommen von Nikotin und Necinalkaloiden in der Familie der Compositen weist in die gleiche Richtung. Die eigenartigen Necine, die im Genus *Senecio* (*Compositae*) und einigen verwandten Genera, bei den *Borraginaceae* und im Genus *Crotolaria* verbreitet sind, wirken wegen des sporadischen Auftretens kaum minder faszinierend als das Nikotin selbst. Sollte vielleicht eine nahe biogenetische Verwandtschaft von Necin und Nikotin des eigenartigen Rätsels Lösung sein?

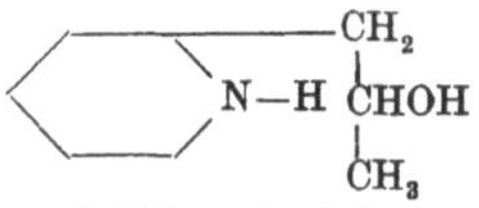
Sedidrin [24, 25]

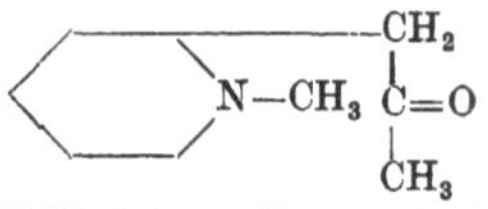
N-Methylisopelletierin [26]

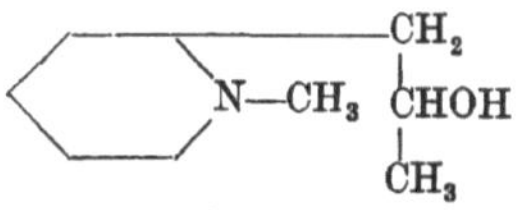
N-Methyl-2-(β-Hydroxypropyl)-piperidin [26]

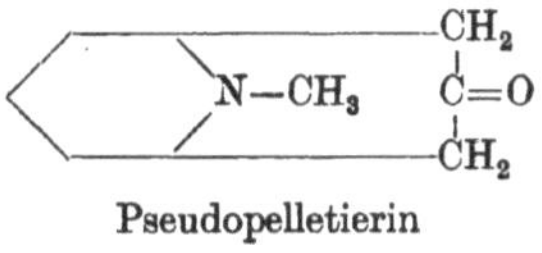
Pseudopelletierin

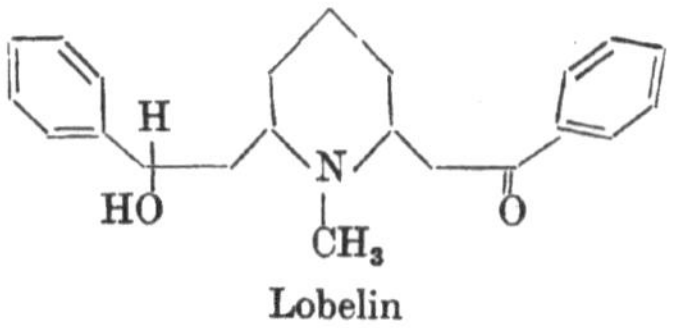
Lobelin

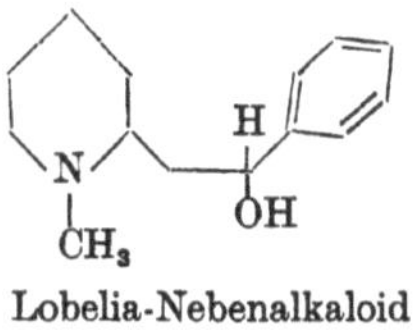
Lobelia-Nebenalkaloid [27]

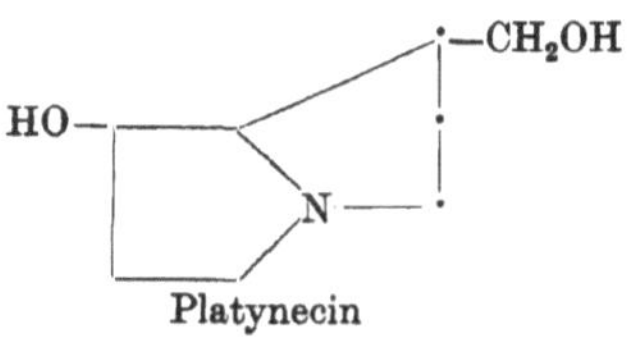
Platynecin

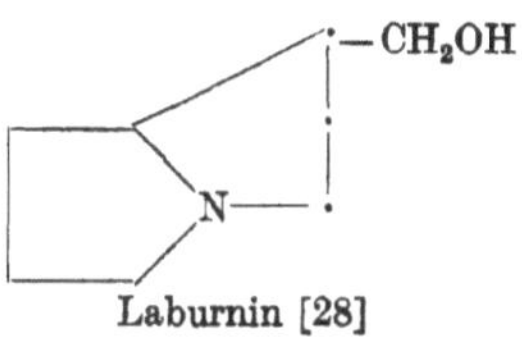
Laburnin [28]

Schematisch könnte man sich die biogenetischen Beziehungen der einzelnen Glieder der durch botanisch-systematische Betrachtungen zu Stande gekommenen Alkaloidfamilie folgendermaßen vorstellen:

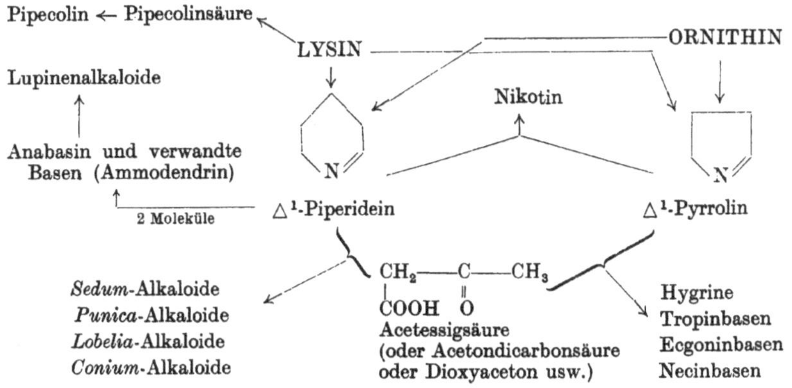

Es würde also eine ganze Reihe pflanzlicher Basen in Beziehung gebracht zu einem relativ einfachen und phylogenetisch betrachtet alten (= primitiven) Stoffwechselvorgang, der Nikotinbildung. Gleichzeitig wäre eine annehmbare Erklärung gefunden für die evolutionsmäßig schwierig zu begreifende sporadische Verbreitung des Nikotins, der Necine, der Lupinenalkaloide und anderer Basen und auch für das isolierte Vorkommen von Coniin in einer typisch alkaloidfreien Familie.

Die skizzierten Gedankengänge ruhen, was die chemischen Aspekte betrifft, auf den glänzenden Untersuchungen und Spekulationen von ROBINSON [29], SCHÖPF [30], ADAMS [31], GALINOVSKY [28] und vielen anderen Forschern. Hinsichtlich der botanischen Gedankengänge finden sich ähnliche Überlegungen in Arbeiten von MCNAIR [32], WEEVERS [33], WEBB [34], GIBBS [35], MCFADDEN [36] und im klassischen Buch von MOLISCH [37] „Pflanzenchemie und Pflanzenverwandtschaft".

Es ist sehr wohl möglich, daß sich in der Zukunft verschiedene der hier skizzierten biogenetischen Verwandtschaften als unrichtig erweisen werden. Vorläufig scheinen mir aber die geschilderten Gedankengänge, eine annehmbare Antwort auf die eingangs gestellte faszinierende Frage nach den Ursachen des regellosen Auftretens einer Anzahl pflanzlicher Basen geben zu können.

Zudem fällt auf, daß die hier in erster Linie auf Grund botanisch-systematischer Betrachtungen zusammengestellte Alkaloidfamilie der vom Duo Lysin-Ornithin ableitbaren Basen in großen Zügen übereinstimmt mit der überwiegend auf Grund alkaloidchemischer Überlegungen aufgestellten entsprechenden Alkaloidfamilie (ROBINSON [29]). Dies weist darauf hin, daß Phytochemie und Taxonomie sich gegenseitig wertvoll ergänzen können.

Wenn wir versuchen, die mitgeteilten Gedankengänge kurz zusammenzufassen und zu verallgemeinern, dann lassen sich die wichtigsten Punkte wie folgt formulieren:

1. Die Möglichkeit zur Erzeugung nikotinartiger Basen ist bei höheren Pflanzen ziemlich weit verbreitet. Deshalb sind auch nicht alle Arten, die Nikotin oder eine damit verwandte Base erzeugen, phylogenetisch nah verwandt.

2. Als echte Alkaloidpflanzen können wir nur diejenigen Arten ansprechen, die Alkaloide akkumulieren und gleichzeitig verschiedene Varianten eines bestimmten Alkaloidtypus erzeugen.

3. Die genaue Kenntnis der Verbreitung der Alkaloide im System der Pflanzen ist für die Systematik wertvoll. Für eine Sippe sind aber nicht immer ein oder wenige strukturchemisch verwandte Alkaloide charakteristisch, sondern öfters ein bestimmter Grundtypus der Alkaloidbildung. Wir können es auch anders ausdrücken. Die Tatsache, daß innerhalb einer Sippe Alkaloide vorkommen, die biogenetisch in die gleiche Alkaloidfamilie gehören, ist oft wichtiger als die Tatsache, daß bei verschiedenen Vertretern eines Taxons strukturchemisch nicht oder nur wenig verwandte Alkaloide auftreten. Spartein, das Leitalkaloid der *Genisteae*, ist im Genus *Crotolaria* ersetzt durch Necin-Alkaloide. Da beide Alkaloidtypen biogenetisch vermutlich zur gleichen Alkaloidfamilie gehören, liegt kein Grund vor, dem Merkmal des Necin-Vorkommens bei den *Genisteae* eine besondere systematische Bedeutung zuzuerkennen.

4. Man kann heute die große Zahl der strukturell bekannten Alkaloide auf Grund von chemischen und biogenetischen Spekulationen in 5 Alkaloidfamilien einteilen (Robinson [29]).

a) Phenylalanin-Tyrosin-Dioxyphenylalanin-Familie.
b) Tryptophan-Tryptamin-Familie.
c) Tryptophan-Anthranilsäure-Familie.
d) Ornithin-Lysin-Familie.
e) Histidin-Familie.

Diesen 5 Alkaloidfamilien muß man allerdings noch eine sechste heterogene Gruppe anschließen, die wir die Alkaloida imperfecta nennen könnten. Diese Gruppe umfaßt die Basen, deren Bildung sicherlich eine viel weniger enge Beziehung zum Aminosäure-Stoffwechsel aufweist als die echten Alkaloide (Sterolalkaloide, Diterpenalkaloide, Sinapin usw.) und ferner die strukturell noch nicht aufgeklärten Basen und diejenigen Alkaloide bekannter Struktur, für deren Bildungsweise noch keine akzeptablen Hypothesen gefunden werden konnten.

5. Da die Alkaloidbildung als Begleiterscheinung der Umsetzungen der Aminosäuren im Pflanzenreich recht verbreitet ist, bis heute mit einiger Sicherheit aber nur 5 Alkaloidfamilien unterschieden werden können, erscheint es nicht mehr so verwunderlich, daß einzelne Alkaloide bei botanisch wenig verwandten Arten auftreten.

6. Strukturchemie, Physiologie und Taxonomie können aneinder auf dem Gebiete der sekundären Pflanzenstoffe wertvolle Erkenntnisse vermitteln. Am Beispiel der Alkaloide läßt sich das wie folgt demonstrieren:

Chemie, Physiologie und Pharmakognosie vermitteln Erkenntnisse über Bau, Biogenese und Verbreitung der Alkaloide. Mit Hilfe des angesammelten Tatsachenmaterials wurden ursprünglich die 5 auf biogenetischen Erwägungen basierten Alkaloidfamilien errichtet. Die Gesamtheit der durch diese Wissenschaften beigebrachten Tatsachen werden es dem Taxonomen ermöglichen, in bestimmten Fällen sein auf Grund morphologischer Forschung geschaffenes System zu kontrollieren.

Andererseits schafft aber die Taxonomie, die Wissenschaft, die die Pflanzen nach phylogenetischen Gesichtspunkten in ein System zu bringen trachtet, die Möglichkeit, die aus chemischen und biogenetischen Überlegungen zusammengestellten Alkaloidfamilien auf ihre Richtigkeit zu untersuchen. Wenn das System des Taxonomen richtig ist, enthalten seine Genera ausschließlich nah verwandte Arten und seine Familien ausschließlich nah verwandte Genera. Die Verwandtschaft muß sich natürlich nicht allein in der Form, sondern auch im Stoffwechsel manifestieren. Das Vorkommen verschiedener Alkaloidtypen bei botanisch nah verwandten Arten kann deshalb auf die Möglichkeit weisen, daß die verschiedenen Basen nur Varianten eines bestimmten Stoffwechsels der gleichen alkaloidogenen Aminosäuren sein könnten.

LITERATUR

[1] MANSKE, R. H. F. u. L. MARION, Canad. J. res. B **20**, 87 (1942).
[2] HENRY, Th. A., The Plant Alkaloids, 4. Aufl., London 1949.
[3] KARRER, P. et al., Helv. chim. acta **32**, 2397 (1949).
[4] MANSKE, R. H. F., Ann. rev. biochem. **13**, 541 (1944).
[5] KARRER, P. u. C. M. EUGSTER, Helv. chim. acta **31**, 1062 (1948).
[6] EUGSTER, C. M. et al., Helv. chim. acta **36**, 1387 (1953).
[7] MARION, L., Canad. J. res. **23** B, 165 (1945).
[8] MAJUMDAR, D. N. u. G. B. PAUL, Indian Pharmacist **10**, 79 (1954); ex Chem. Abstr. **48**, 8794 (1954).
[9] MARION, L., Canad. J. res. **17**, B, 21 (1939).
[10] BARNARD, C., Economic Botany **6**, 3 (1952).
[11] HILLS, K. L. et al., Nature **171**, 435 (1953).
[12] MOTHES, K., Dtsch. Apoth. Ztg. **93**, 821 (1953) (Vortragsreferat); Die Kulturpfl. **1**, 157 (1953).
[13] REINOUTS VAN HAGA P., Diss., Techn. Hochschule Delft (1956).
[14] STEINEGGER, E. u. G. PHOKAS, Pharm. acta helv. **30**, 441 (1955); **31**, 284 (1956).
[15] PAL, S. N. u. N. NARASIMHAM, J. ind. chem. soc. **20**, 181 (1943).
[16] SCHRÖTER, H.-B., Arch. Pharm. **288**, 141 (1955).
[17] SIEDLER, P., Ber. dtsch. pharm. Ges. **12**, 64 (1902).
[18] HEGNAUER, R., Pharm. acta helv. **29**, 203 (1954).
[19] WIESNER, K. et al., Chem. and industry **1954**, 852, 1068; **1956**, R 40, R 41.
[20] ANET, F. A. L. u. L. MARION, Chem. and industry **1954**, 1232.
[21] MARION, L. et al., Canad. J. chem. **29**, 347 (1951).
[22] GALINOVSKY, F. u. E. JARISCH, Monatsh. **84**, 199 (1953).
[23] ORECHOFF, A., Chem. Zbl. **1938** I, 2365.
[24] SCHÖPF C. u. R. UNGER, Experientia **12**, 19 (1956).
[25] BEYERMAN, H. C u. Y. M. F. MULLER, Rec. **74**, 1568 (1955).
[26] MARION, L. et al., Canad. J. res. **27** B, 215 (1949).
[27] WIELAND, H. et al., Ann. **540**, 103 (1939).
[28] GALINOVSKY F. et al., Sci. pharm. **21**, 256 (1953).
[29] ROBINSON, R., The structural relations of natural products, London 1955.
[30] SCHÖPF, C., Angew. Chemie **61**, 31 (1949).
[31] ADAMS, R., Angew. Chemie **65**, 433 (1953).
[32] McNAIR, J. B., Am. J. bot. **21**, 427 (1934); Bull. Torrey bot. club **62**, 219, 515 (1935); Lloydia **8**, 145 (1945); Am. J. bot, **18**, 416 (1931).
[33] WEEVERS, Th., Rec. trav. bot. néerl. **30**, 336 (1932/33); Blumea **5**, 412 (1943).
[34] WEBB, L. J., J. austral. inst. agric. sci. **19**, 144 (1953); Austral. J. bot. **2**, 176 (1954).
[35] GIBBS, R. D., Trans. roy. soc. Canada [3] **39**, sect. V, 71 (1945); [3] **48**, sect. V, 1 (1954).
[36] McFADDEN, S. E., Diss. Univ. of Virginia, Charlottesville 1950 (Microfilm).
[37] MOLISCH, H., Pflanzenchemie und Pflanzenverwandtschaft, Jena 1933.

DISKUSSION

Herr BOIT: Der Pyridinring des Nikotins kann nach DAWSON aus Nikotinsäure gebildet werden, nicht aber aus Lysin, wie durch Fütterungsversuche gezeigt worden ist.

Herr ILJIN: Mit welchen Methoden wurde der Nikotingehalt in den verschiedenen Pflanzen bestimmt?

Herr HEGNAUER: Ich habe selber nicht über Nikotin gearbeitet. Der Nachweis des Nikotins in *Equisetum*, *Asclepias*, *Sedum* usw. erfolgte durch MARION mit Hilfe chemischer Methoden. Es sei auf die Originalliteratur verwiesen.

Herr CUZIN: Wie wurde der histochemische Nachweis von Alkaloiden im Pflanzengewebe durchgeführt? Die üblichen Farbreaktionen sind unspezifisch.

Herr HEGNAUER: Ein spezifischer histochemischer Nachweis ist schwer möglich, in den erwähnten Fällen wurden makrochemische Methoden angewandt.

Herr SCHRÖTER: Für den Nachweis des Nikotins, z. B. in *Zinnia elegans*, wurden Schmelzpunktbestimmungen und Papierchromatographie herangezogen.

Herr MOTHES: Was den Nachweis des Nikotins bei solchen systematischen Studien betrifft, so muß man mehrere Mikromethoden kombinieren, da es eine für Nikotin spezifische nicht gibt.

Herr ZEILE: UR-Spektroskopie ist das Mittel der Wahl zur Identifizierung kleiner Alkaloidmengen.

Herr MOTHES: Daß für die Klärung der Fragen der Verwandtschaft der Pflanzen und damit für ein „natürliches System" alle Merkmale heranzuziehen sind, d. h. auch die chemischen, ist vielfach betont worden, so z. B. im Handbuch von R. VON WETTSTEIN. Daß eine lediglich auf Ordnung hinstrebende Systematik, die weitere Aussagen wegen der großen Unsicherheit aller phylogenetischen Spekulationen zu vermeiden versucht, sich der leicht kontrollierbaren gestaltlichen Merkmale allein bedient, ist verständlich; daß diese Beschränkung den Biologen nicht befriedigt, ist aber gewiß. Mir erscheint das Problem Chemismus und Verwandtschaft so reizvoll und wichtig, daß wir in einem weiteren Symposium diese Frage ganz speziell verfolgen sollten. Doch muß man sich dabei von vornherein darüber im Klaren sein, wie unvollkommen, ja kümmerlich, eine systematische chemische Durchforschung des Pflanzenreiches bisher vorangetrieben werden konnte und wie groß die Schwierigkeiten dabei sind, weil es nicht darauf ankommen kann, nur die Massenvorkommen eines Stoffes aufzuzeigen, sondern auch die spurenhaften. Wichtig ist die Fähigkeit an sich, einen Stoff zu bilden, und wir haben in unseren Arbeiten (MOTHES und ROMEIKE, Flora **142**, 109, 1954; MOTHES, Festschrift über die SERTÜRNER-Gedenkfeier 1954, S. 24, Stuttgart 1955; MOTHES, ROMEIKE und SCHRÖTER, Naturwissenschaften **42**, 214, 1955) darauf hingewiesen, daß die Anhäufung solcher Stoffe eine sekundäre Eigenschaft ist, die eine erworbene Resistenz gegenüber diesen physiologisch nicht neutralen Substanzen voraussetzt.

Aus dem Botanischen Institut „W. L. Komarow", Leningrad, der Akademie der Wissenschaften der UdSSR

Einige Fragen der Alkaloidführung bei Pflanzen

Von W. S. Sokolow

150 Jahre sind vergangen, seit der deutsche Apotheker Sertürner 1806 erstmalig aus Opium reines Morphin erhielt. Gewiß, schon 1804 hatte der französische Pharmazeut Séguin aus Opium „einen ganz besonderen pflanzlich-tierischen Stoff" abgesondert. Das eben war ungereinigtes Morphin. Der Terminus „Alkaloid" wurde zum ersten Mal 1819 von Meissner für einen in *Sabadilla* gefundenen Stoff vorgeschlagen.

Die angeführten Daten zeugen von der Jugend unseres Problems. Doch in den verflossenen 150 Jahren ist auf dem Gebiet der Forschung über Alkaloide und alkaloidhaltige Pflanzen in vielen Ländern der Erde eine umfangreiche und vielfältige Arbeit geleistet worden. Es wurde bereits eine bedeutende Zahl alkaloidhaltiger Pflanzen gefunden, aus welchen über 700 Alkaloide isoliert werden konnten. Etwa 150—200 von ihnen sind bereits genau analysiert. Es sind tiefschürfende Forschungen an einer Reihe alkaloidhaltiger Pflanzen durchgeführt worden, die die Bedeutung der Alkaloide im Leben der Pflanzen und die Dynamik ihrer Bildung sowie deren Abhängigkeit von geographischen und klimatischen Faktoren aufklären. Es wurden Versuche gemacht, die alkaloidhaltigen Pflanzen zu klassifizieren. Einige Gesetzmäßigkeiten der Alkaloidbildung wurden geklärt und die korrelativen Beziehungen derselben mit der Bildung anderer Stoffe in den Pflanzen angedeutet. Die Alkaloide haben einen der wichtigsten Plätze im Arsenal der Heilmittel der modernen Medizin und Tierheilkunde eingenommen. Sehr recht hatte der russische Wissenschaftler Eugen Schazkij [1], als er bereits im vergangenen Jahrhundert schrieb: „Die Entdeckung der Alkaloide, die zu Beginn des laufenden Jahrhunderts erfolgte, hatte für die Medizin eine fast ebenso wichtige Bedeutung wie die Entdeckung des Eisens für die Kultur der Welt."

Was die alkaloidhaltigen Pflanzen selbst betrifft, so haben sich viele unter ihnen als nützliche Pflanzen komplexen Charakters erwiesen.

Alles dies zeugt von der Bedeutung der Forschungen, die von den Wissenschaftlern verschiedener Länder über das Problem der Alkaloide und alkaloidhaltigen Pflanzen durchgeführt wurden. Doch viele Fragen auf diesem Gebiet sind noch mangelhaft geklärt, und wir müssen in Zukunft noch viel Kraft und Zeit aufwenden, um besonders das Problem der Züchtung der Pflanzen auf Alkaloidgehalt und der praktischen Verwertung der Alkaloide voll und allseitig zu lösen.

Über die Genesis der Alkaloide und ihre Bedeutung im Prozeß der Lebenstätigkeit der Pflanzen sind einige völlig unterschiedliche Hypothesen aufgestellt worden. Diese Hypothesen dürfen als bekannt vorausgesetzt werden. In vielen von ihnen ist ein Teil Wahrheit enthalten, doch in ihrer Mehrzahl sind diese Hypothesen einseitig und erschöpfen das Wesen der Sache nicht vollständig.

Die Alkaloide stellen eine umfangreiche und ziemlich künstlich abgegrenzte Gruppe chemischer Stoffe dar. Sie bilden sich in Pflanzen verschiedener Familien, doch ihre Rolle sowie ihre Genese sind im Leben der verschiedenen Pflanzen nicht die gleichen.

Der Alkaloidgehalt ist ebenso wie viele andere Eigenschaften einer beliebigen Pflanzenart nicht beständig. An einigen Orten können die Pflanzen Alkaloide enthalten, an anderen können sie fehlen. Als konkrete Beispiele können eine Reihe Beobachtungen an den mittelasiatischen Pflanzen angeführt werden. Die in den mittelasiatischen Sandwüsten weit verbreitete Pflanze *Salsola richteri* Kar., genannt „Tscherkes", wächst in der Kara-Kum und der Ferganer Ebene; sie ist ein großer Strauch und enthält bis 0,2% und mehr Alkaloide. Diese Pflanze verändert stark ihr äußeres Aussehen und verliert die Fähigkeit zur Alkaloidbildung auf den sogenannten Takyren kelifóker Usboja in Turkmenien. Hier nimmt „Tscherkes" das Aussehen eines niedrigen Gebüsches an und bildet fast keine Alkaloide. Unser Versuch der Kultur des kalifer „Tscherkes" auf Lößböden im Vorgebirge des Kopet-Daga gab interessante Ergebnisse. Bereits im Alter von einem Jahr, in neuen Verhältnissen, zeigte der kalifer „Tscherkes" ein anderes Aussehen, er wurde dem „Tscherkes" aus der Sandwüste ähnlich, wobei sich der Alkaloidgehalt in ihm merklich erhöhte und 0,1% erreichte.

Ein zweites Beispiel sei angeführt. *Girgensohnia oppositiflora* (Pall.) Fenzel, die in Usbekistan wächst, erwies sich laut G. W. Lasurjewkij und A. S. Sadykow [2] als alkaloidhaltige Pflanze. Auch nach unseren Angaben aus Turkmenien erwies sich *Girgensohnia* als alkaloidführend, wobei Pflanzen gefunden wurden, die bis zu 1% Alkaloide enthielten. Die Untersuchung des Alkaloidgehaltes einer großen Zahl von Individuen ein und derselben Pflanzenart in ähnlichen und gleichen ökologischen Verhältnissen zeigte die breite individuelle Veränderlichkeit dieses Merkmals. Dies ist eine Illustration zur Auslese alkaloidfreier und alkaloidarmer Lupinenformen. Es ist bekannt, daß in der Lupinenzüchtung alkaloidfreie oder alkaloidarme Formen derselben selektioniert und in der UdSSR und einer Reihe anderer Länder vermehrt wurden. N. N. Iwanow [3] wurde darauf aufmerksam, daß Samen, die von ein und derselben Pflanze geerntet sind, sich im Gehalt der Alkaloide stark unterscheiden können, wobei diese Eigentümlichkeit nicht selten erblich ist. Interessant sind die Arbeiten von N. A. Basilewskaja [4, 5] über die Selektionierung stark alkaloidhaltiger Mohnpflanzen mit einem Morphingehalt im Opium bis zu 28% sowie die Untersuchungen von P. S. Massagetow [6, 7], dem es gelang, hochalkaloidhaltige Formen von *Anabasis aphylla* L. zu finden, die bis 12% Alkaloide enthalten.

Untersuchungen an *Salsola richteri* Kar., die mehrere tausend Pflanzen umfaßten, zeigten eine große Amplitude in den Veränderungen des Alkaloidgehaltes einzelner Pflanzen.

Tabelle 1

Schwankungsgrenze im Gehalt der Alkaloide in einzelnen Pflanzen von *Salsola richteri* Kar. (in % der Trockensubstanz)

Ort der Ernte	Zeit der Ernte	Summe der Alkaloide	Salsolin	Salsolidin u. andere Alkaloide
Aschabat, Keschi, Botan. Garten	VIII 1939	0,18—0,84	0,12—0,32	0,06—0,52
Repetek, Sand-	X 1939	0,41—1,74	0,37—0,63	0,04—1,10
wüsten-Station	X 1940	0,77—1,06	0,54—0,67	0,23—0,39
Kokand, Ferganische Forstwirtschaft	IX 1939	0,23—1,84	0,11—0,36	0,12—1,48
Frunsen-Abteilung	IX 1940	0,77—1,22	0,39—0,65	0,385—0,57
Kokand, Fergan. Forstwirtschaft Kirow. Abteilung	X 1940	0,59—1,91	0,29—0,80	0,30—1,11
Kelif, auf Takyren	X 1939	0,000—0,091	0,000—0,060	0,000—0,031
	X 1940	0,000—0,047	0,000—0,029	0,000—0,017
Taschkent, Bota-	X 1939	0,240	0,220	0,020
nischer Garten	X 1940	0,514	0,347	0,167

Ähnliche Beispiele können auch für andere Pflanzen der Familie *Chenopodiaceae* angeführt werden. Diese Angaben zeugen von der Notwendigkeit der Untersuchung einer möglichst großen Zahl einzelner Pflanzen der Art aus den verschiedensten geographischen Gebieten. Nur so kann die Frage über den Wert dieser oder jener Pflanzen beantwortet werden.

Auf den Ansammlungsprozeß der Alkaloide üben viele Faktoren ihren Einfluß aus. Der Alkaloidgehalt der Pflanzen ist das Resultat der Wechselwirkung vieler Ursachen. Selbstverständlich kann die Bedeutung dieser Ursachen unterschiedlich sein. Eine der Ursachen, die die Ansammlung der Alkaloide in den Pflanzen bestimmt, ist ihre von der Erbanlage bedingte physiologische Fähigkeit. Die Alkaloidführung der Pflanzen ist aber auch vom Komplex der Naturverhältnisse, in welchem diese Pflanzen wachsen, abhängig. Experimentelle Forschungen zeugen davon, daß das Keimen, der Boden, der Wasserhaushalt, die Tageslänge, Intensität der Sonnenstrahlen und andere Faktoren den Biochemismus der Pflanzen stark verändern und im einzelnen auf den Alkaloidgehalt wirken. In der Verteilung alkaloidhaltiger Pflanzen auf der Erde wird eine gewisse Gesetzmäßigkeit beobachtet. So sind im Bereiche der UdSSR der Kaukasus und Mittelasien an alkaloidhaltigen Pflanzen am reichsten. Der günstige Einfluß der Naturverhältnisse des Südens auf die Ansammlung von Alkaloiden ist genügend bekannt und in der speziellen Literatur verzeichnet. Als Beispiel führen wir die Angaben für *Atropa bella-donna* L. an:

Tabelle 2

Ansammlung der Alkaloide in den Blättern der *Atropa bella-donna* L. in Abhängigkeit vom Standort

Standort	Alkaloidgehalt (in % des Trockengewichtes)	Forscher, Daten
Krim. Nikitskij „W. N. Molotow“ Botanischer Garten	1,29	
Bitza. Moskauer Gebiet Wilar	0,71	Woroschilow, 1927
Leningrad. Introduktions-Zuchtgarten BIN, „W. L. Komarow“, der Akademie der Wiss. der UdSSR	0,41	Sokolow, 1939

Laut Angaben von N. A. Basilewskaja [8] sinkt der Alkaloidgehalt des Mohns mit zunehmender Niederschlagsmenge in der Vegetationsperiode. Diese Erscheinung ist z. B. für Kasachstan und Kirgisien verzeichnet worden. Deshalb wird der opiumhaltige Mohn hauptsächlich auf unbewässertem Boden kultiviert. In diesem Falle hat das Opium eine höhere Qualität als auf bewässerten Böden.

Außerordentlichen Einfluß üben Temperaturhaushalt der Luft und des Bodens auf den Alkaloidgehalt der Pflanzen aus. Der Temperaturhaushalt bestimmt die Vegetationsdauer und damit den ganzen Charakter des Pflanzenmechanismus. Doch haben wir nur wenige gründliche Arbeiten, die auf die Erforschung des Temperatureinflusses auf den Alkaloidgehalt der Pflanzen gerichtet sind. Von der Herabsetzung des Alkaloidgehalts der Pflanzen durch niedere Temperaturen zeugen die Arbeiten von Suchorukow [9], Olschewskij [10], Boshart u. Bergold [11, 12]. Unsere Untersuchungen bestätigten vollkommen die Ergebnisse genannter Autoren.

Tabelle 3

Alkaloidgehalt der Pflanzen unter den Bedingungen nördlicher Standorte. Leningrader Botanisches Institut „W. L. Komarow" der Akademie der Wissenschaften der UdSSR (1938 und 1940)

Bezeichnung der Pflanzen	Alkaloidgehalt in den Blättern (in % des Trockengewichtes)			
	Ende der Vegetationsperiode bis zu den Frühfrösten		Nach starken Frühfrösten bis – 5° C	
	1939	1940	1939	1940
Atropa bella-donna L.	0,410	0,405	0,080	0,122
Datura stramonium L.	0,280	0,547	0,038	0,180
Lobelia sessilifolia Lam.	0,200	0,333	0,147	0,126
L. inflata L.	0,140	–	0,020	–
L. syphilitica Lamb.	–	0,205	–	0,100
Veratrum album L.	0,073	–	0,008	–
Thermopsis lanceolata R. Br.	–	0,440	–	0,101
Sophora alopecuroides L.	–	1,040	–	0,550

Wie aus der Tabelle hervorgeht, kann der negative Einfluß der Frühfröste auf die Ansammlung der Alkaloide in den Pflanzen für unbestreitbar angesehen werden. Es muß jedoch vermerkt werden, daß die Intensität der Reaktion verschiedener alkaloidhaltiger Pflanzen auf das Absinken der Temperatur nicht die gleiche ist. So sind *Atropa bella-donna* L., *Thermopsis lanceolata* R. Br., *Sophora alopecuroides* L. anscheinend solche Pflanzen, deren Alkaloidgehalt sich bereits bei der Wirkung der ersten leichten Frühfröste senkt. *Veratrum album* L., *Lobelia sessilifolia* Lam., *L. syphilitica* Lamb. und besonders *Datura stramonium* L. erwiesen sich als widerstandsfähiger. Von drei *Lobeliaarten* zeigte *Lobelia inflata* L. die stärkste Reaktion in ihrem Alkaloidgehalt auf die Kältewirkung. Unsere Untersuchungen über den Einfluß der Frühfröste auf mittelasiatische Alkaloidpflanzen gaben analoge Ergebnisse.

Tabelle 4

Dynamik des Alkaloidgehaltes der *Salsola richteri* Kar. (Ferganische Ebene, Kokandsker Forstwirtschaft. 1940)

Phänologische Phasen	Menge der Alkaloide (Blätter, Früchte) — in % des Trockengewichtes —		
	Gesamt-Summe	Salsolin	Salsolidin und andere Alkaloide
Fruchtbildung	1,22	0,65	0,57
Fruchtreife	1,26	0,73	0,53
Fruchtabfall, vor den Frühfrösten	1,18	0,62	0,56
Fruchtabfall (nach den Frühfrösten)	0,75	0,44	0,31

Aus der Tabelle ist zu ersehen, daß sich der Alkaloidgehalt nach den Frösten in *Salsola richteri* merklich senkte. Der negative Einfluß des Frostes auf den Alkaloidgehalt im Chinarindenbaum ist aus den Arbeiten von Tatarskoj (1938) bekannt (Tabelle 5).

Alle diese Angaben zeugen davon, daß bei Anbau zu industrieller Verwertung der negative Einfluß der Fröste auf den Alkaloidgehalt in den Pflanzen berücksichtigt werden muß.

Diese Tatsache hat noch eine andere Bedeutung. Es handelt sich darum, daß die Giftigkeit vieler, in ihrer Futterqualität wertvoller Pflanzen, vom Alkaloidgehalt bedingt wird. Während der eigentlichen Vegetationszeit fressen die Tiere sie nicht; doch nach der Einwirkung der Herbstfröste auf diese Pflanzen sind sie unschädlich und können als Futter gebraucht werden.

Tabelle 5

Veränderung des Alkaloidgehaltes in der Rinde des Chinarindenbaumes unter dem Einfluß des Frostes (in % des Trockengewichtes)

	Gesamt Alkaloid-gehalt	Cinchonidin	Cinchonin u. amorphe Alkaloide	Bemerkung
vor dem Frost	8,26	2,01	2,25	Die Menge des Chinins vermindert sich, lt. Angaben des Autors, um 1%
nach dem Frost	4,12	0,65	0,38	

So ist es, nach Beobachtungen im Kaukasus, bekannt, daß *Veratum album* L. nach den Herbstfrösten vom Vieh ohne schädliche Folgen gefressen wird. Es ist ebenfalls bekannt, daß *Anabasis aphylla* L., die das Alkaloid Anabasin enthält, nach den Frühfrösten von Kamelen gern gefressen wird. Der Einfluß des Temperaturfaktors auf den Alkaloidgehalt der Pflanzen wurde von sowjetischen Forschern weiter verfolgt. So haben Versuche von Alexeew, Libisowa u. Feofilaktow [13] an *Zygadenus elegans* Pursh die Senkung des Alkaloidgehalts der Pflanzen unter dem Einfluß niederer Temperaturen vollkommen bestätigt. Es stellte sich heraus, daß sogar die „unwesentliche Senkung der Mitteltagestemperaturen eine merkliche Verringerung der Alkaloide hervorruft und daß diese Abnahme in den Blättern in besonders starkem Maße beobachtet wird.“ Hieraus schließen die Autoren auf eine unmittelbare Abhängigkeit der Alkaloidanhäufung in der Pflanze von der mittleren Tagestemperatur.

Von außerordentlichem Interesse ist die Klärung der qualitativen Veränderung des Alkaloidgehalts bei ein und derselben Pflanze im Prozeß ihrer Ontogenese. Doch solche Arbeiten sind noch sehr wenig durchgeführt worden.

Erwähnt sei hier die Arbeit von Rjabinin u. Iljina [14] — „Über die Umwandlung der Alkaloide in der Pflanze *Smirnovia turkestana* Bge.“ Die Autoren stellten fest, daß in einzelnen Phasen der Vegetationsperiode *Smirnovia* verschiedene Alkaloide bildet. In den Maipflanzen fanden sie nur Smirnovin, aus den Augustpflanzen isolierten sie zwei Alkaloide — Smirnovinin und Sphärsophysin. Bezüglich des Photoperiodismus alkaloidhaltiger Pflanzen, d. h. der Abhängigkeit ihres Wuchses und ihrer Entwicklung von der Dauer des Tageslichtes, können vorläufig keine bestimmten Aussagen gemacht werden. Es kann nur vermerkt werden, daß Alkaloidpflanzen in allen vier Gruppen auftreten, in die man die Pflanzen, ihrem photoperiodischen Verhalten nach, einteilt, in Kurztag-, Mitteltag-, Langtag- und photoperiodisch neutralen Pflanzen.

Der indirekte Einfluß der Höhe über dem Meeresspiegel auf den Alkaloidgehalt der Pflanzen ist ziemlich deutlich festgestellt. So hatte z. B. Grebinskij [15] gezeigt, daß bei Machorka der Nikotingehalt in Höhe von 800 m über dem Meeresspiegel 3,58% betrug und in Höhe von 2000 m 5,44%. Man kann vermuten, daß dieses die Folge der stärkeren ultravioletten Strahlung in größeren Höhen über dem Meeresspiegel ist. Die Böden und ihr Wasserhaushalt spielen im Leben alkaloidhaltiger Pflanzen eine wichtige Rolle. Als Beispiel seien hier nur die Ergebnisse von Suchorukow [9] angeführt, der beim Studium des Einflusses des Säuregrades der Böden auf die Ansammlung der Alkaloide im Stechapfel fand, daß sich mit der Steigerung des Boden-p_H von 4,3 auf 8,2 die Menge der Alkaloide in den Pflanzen erhöht. Boden mit einem p_H-Wert von 6,9 verursachte eine Verminderung des Alkaloidgehaltes im Stechapfel.

Auch über Fragen der Ernährung alkaloidhaltiger Pflanzen sind bereits viele Angaben veröffentlicht worden. Unsere Untersuchungen zur Klärung des Einflusses der Mikroelemente Bor, Zink, Kupfer, Mangan auf Wachstum, Entwicklung und Alkaloidbildung von *Salsola richteri* Kar. gestatten uns die Annahme, daß Bor und Mangan eine positive Wirkung auf den Alkaloidgehalt ausüben (Sokolow [16]).

Die Dynamik der Bildung und Ansammlung der Alkaloide schwankt in den phänologischen Phasen merklich (siehe Tab. 6). Eine Steigerung des Alkaloidgehaltes der *Salsola r.* im Oktober war darauf zurückzuführen, daß während des ganzen Oktobers 1940 in Repeteke keine negative Temperatur und keine Niederschläge beobachtet wurden.

Eine etwas andere Ansammlungs-Dynamik der Alkaloide in *Salsola r.* zeigte sich unter den Umweltverhältnissen der Ferganer Ebene. Hier wurde bereits im Oktober ein merkliches Absinken des Alkaloidgehaltes in *Salsola r.* festgestellt, was durch Temperatur-Abnahme und starke Niederschläge erklärt wird.

Tabelle 6

Anhäufung der Alkaloide in *Salsola richteri* Kar. während der Entwicklung. (Turkmenisches Schutzgebiet, 1940) (in % des Trockengewichts)

Ernte-Datum	Phänologische Phasen	Summe der Alkaloide	Salsolin	Salsolidin u. andere Alkaloide
18. V.	Austreiben und Entwicklung der Blätter	0,22*)	0,12	0,10
		0,28	0,18	0,10
18. VI.	Anfang der Blütezeit	0,57	0,29	0,28
		0,64	0,52	0,12
18. VII.	Mitte und Ende der Blütezeit	0,74	0,45	0,29
		0,75	0,54	0,21
18. VIII.	Periode der Sommerruhe, Anfang der Fruchtbildung	0,77	0,54	0,23
		0,76	0,46	0,30
18. IX.	Fruchtbildung	0,72	0,49	0,23
		0,87	0,42	0,45
18. X.	Anfang der Fruchtreife	0,91	0,50	0,41
		0,98	0,57	0,41
4. XI.	Volle Reife der Frucht	1,11	0,74	0,37
		1,31	0,68	0,63

*) Analysiert wurden zwei Pflanzen.

Diese Angaben (Tab. 6, 7, 8) zeugen davon, daß das Ansammlungsmaximum der Alkaloide bei *Salsola r.* im September beobachtet wird, wobei in der zweiten Septemberhälfte bis Anfang Oktober auch die größte Ansammlung des Hauptalkaloids Salsolin in den Früchten beobachtet wurde.

Die Tendenz zur Senkung des Alkaloidgehaltes der *Salsola r.* in der Ferganer Ebene im September kann, unseres Erachtens, durch die Beendigung der Vegetationsprozesse erklärt werden. Zu dieser Zeit fallen die Blätter der *Salsola r.* ab, die Früchte reifen nach, und mit dem Erlöschen der Lebenstätigkeit der Pflanzen hört die Bildung und weitere Ansammlung der Alkaloide in ihnen auf.

Das nachfolgende Absinken der Temperatur und eine Steigerung der Niederschläge verursachen eine starke Verminderung des Alkaloidgehaltes in *Salsola r.*, vermutlich findet eine Umwandlung der Alkaloide in andere Stoffe statt.

Tabelle 7

Anhäufung der Alkaloide bei *Salsola richteri* Kar. während der Entwicklung (Ferganer Ebene, Kokandsker Forstwirtschaft, Frunsen-Abteilung 1940) (in % des Trockengewichtes)

Ernte-Datum	Phänologische Phasen	Analysierte Pflanzenteile	Summe der Alkaloide	Salsolin	Salsolidin u. andere Alkaloide
18. V.	Austreiben und Entwicklung der Blätter	Blätter	0,32	0,10	0,22
30. VI.	Anfang des Blühens	Blätter	0,45	0,14	0,31
15. VII.	Mitte der Blütezeit	Blätter	0,40	0,12	0,28
30. VII.	Ende des Blühens	Blätter	0,41	0,13	0,28
15. VIII.	Periode der Sommerruhe—Anfang der Fruchtbildung	Junge Frucht	1,00	0,49	0,51
15. VIII.	dgl.	Blätter	0,68	0,35	0,33
1. IX.	Fruchtbildung	Früchte	1,22	0,65	0,57
1. IX.	Fruchtbildung	Blätter	0,60	0,30	0,30
15. IX.	Fruchtreife und Fruchternte	Früchte	1,26	0,73	0,53
15. IX.	Fruchtreife und Fruchternte	Blätter	0,77	0,40	0,37
1. X.	Fruchtabfall	Früchte	1,18	0,62	0,56
1. XI.	Fruchtabfall	Früchte	0,75	0,44	0,31

Die Tagesdynamik der Bildung und Ansammlung der Alkaloide wurde erst bei wenigen Pflanzen untersucht. Unsere in Kara-Kum und der Ferganer Ebene durchgeführten Untersuchungen der Tagesdynamik der Ansammlung von Alkaloiden bei *Salsola r.* Kar. stimmen mit den Ergebnissen anderer Autoren an anderen Alkaloidpflanzen überein. Unsere Untersuchungen bestätigten den höchsten Alkaloidgehalt bei *Salsola r.* am frühen Morgen und in der Nacht.

Tabelle 8

Anhäufung der Alkaloide bei *Salsola richteri* Kar. während der Entwicklung (Ferganer Ebene, Kokandsker Forstwirtschaft, Abt. Kirowo 1940) (in % des Trockengewichts)

Ernte-Datum	Phänologische Phasen	Summe der Alkaloide	Salsolin	Salsolidin u. andere Alkaloide
15. V.	Austreiben und Entwicklung der Blätter	0,24	0,11	0,13
30. V.	Austreiben und Entwicklung der Blätter	0,36	0,12	0,24
30. VI.	Blütezeit	1,18	0,67	0,51
15. VIII.	Anfang der Fruchtbildung	1,14	0,53	0,61
1. IX.	Fruchtbildung	1,38	0,69	0,69
15. IX.	Fruchtbildung	1,33	0,78	0,55
30. IX.	Fruchtabfall	1,02	0,75	0,27
26. X.	Fruchtabfall	0,97	0,73	0,24

Diese Erscheinung kann dadurch erklärt werden, daß sich in den Nachtstunden die Lebenstätigkeit der *Salsola r.* erhöht infolge Senkung der Luft- und Boden-Temperatur und Steigerung der Feuchtigkeit.

Die Betrachtung des Prozesses der Bildung, Ansammlung und Umwandlung der Alkaloide im Pflanzenorganismus an dem Beispiel einiger alkaloidhaltiger Pflanzen gestattet folgende allgemeine Folgerungen:

1. Die Bildung und Umwandlung der Alkaloide in den Pflanzen findet im engen Zusammenhang mit der allgemeinen Lebenstätigkeit statt und ist von der äußeren Umgebung, den Entwicklungsphasen der Pflanzen sowie von ihren physiologisch-biochemischen Eigentümlichkeiten abhängig.
2. Der Prozeß der Bildung und Umwandlung der Alkaloide wird bei vielen Pflanzen durch eine Steigerung des Alkaloidgehaltes bis zum Moment des Blühens und durch ein Sinken in den folgenden Perioden charakterisiert.
3. Die Zusammensetzung der Alkaloide ist in quantitativer und qualitativer Beziehung keine beständige. Sie verändert sich im Laufe der Vegetationsperiode merklich.
4. Die Menge der einzelnen Alkaloide, die Kompliziertheit der chemischen Zusammensetzung und ihre gesamte Menge erhöht sich bei der Mehrzahl der Pflanzen in den oberirdischen Teilen in der Blühperiode und zu Beginn der Fruchtbildung.

Ein sehr interessantes Problem ist die Veränderlichkeit des Merkmals des Alkaloidgehaltes der Pflanzen und die Vererbung dieses Merkmals auf die Nachkommenschaft. Dieses Problem ist rein genetischer Art und soll deshalb hier nicht erörtert werden. Wir vermerken nur, daß in der Variabilität alkaloidhaltiger Pflanzen innerhalb einer Art reiche Möglichkeiten für die Auslese und nachfolgende Züchtung hoch alkaloidhaltiger Sorten gegeben sind. So gelang es uns, einzelne Individuen der *Salsola r.* mit einem Alkaloidgehalt bis 2% zu finden, während der mittlere Gehalt der Alkaloide bei dieser Art 0,2% beträgt. Wie die Züchtungspraxis des Chinarindenbaumes, des Mohnes, der Tollkirsche zeigen, hat namentlich die dauerhafte Auslese solcher hochalkaloidhaltiger Formen und die Festigung dieser Eigenschaft in der Nachkommenschaft durch Züchtung von Pflanzensorten und der ihnen entsprechenden Kultur zu guten Erfolgen geführt. Wie verschiedene Untersuchungen zeigen, hat die Hybridisierung ebenfalls eine große Bedeutung.

Äußerst interessant erscheint die Frage der Phylogenie der Pflanzen und ihre Beziehung zum Alkaloidgehalt der Pflanzen. Die Lösung des Problems der Phylogenie der Pflanzen hat für die moderne Botanik eine große Bedeutung, nicht nur in theoretischer, sondern auch in praktischer Beziehung. Eine zuverlässige Feststellung phylogenetischer Zusammenhänge könnte einen unschätzbaren Dienst beim Aufsuchen wertvoller Alkaloidpflanzen leisten. Deshalb ist die Untersuchung der Beziehungen zwischen der systematischen Stellung der Pflanze und ihrem Chemismus besonders wichtig. Schon vor hundert Jahren sagte Rochleder, daß „zwischen der systematischen Stellung der Pflanze und ihrem chemischen Stoff ein gewisser Zusammenhang besteht". Doch, ungeachtet der bedeutenden Zahl nachfolgender Arbeiten in dieser Richtung, ist die Bedeutung biochemischer Merkmale in der Phylogenie der Pflanze noch ungenügend geklärt. Das wird dadurch verständlich, daß noch kein natürliches System der Pflanzenverwandtschaft geschaffen wurde sowie dadurch, daß nur eine kleine Zahl der Pflanzenarten einem biochemischen Studium unterzogen wurde. Unsere Kenntnisse über pflanzliche Stoffe genügen bei weitem nicht. Es besteht keine vollkommene und von allen anerkannte Klassifizierung der Pflanzenstoffe. Schließlich werden die Versuche verschiedener Wissenschaftler, die Phylogenie der Pflanzen durch ihre einzelnen biochemischen Eigenschaften zu klären, wie z. B. durch ihre Fähigkeit, ätherische und fette Öle, Alkaloide, Kautschuk zu synthetisieren, oder lediglich durch morphologische Merkmale nie zu einer vollständigen und richtigen Einsicht in die Evolution der Pflanzen führen.

„Für das phylogenetische System dürfen keine einzelnen Merkmale ausgesucht werden", sagte Komarow [17]. Jedoch die oben erwähnten Versuche können gewisse Gesetzmäßigkeiten an den Tag bringen, die später helfen könnten, die Evolution der Pflanzen im Ganzen richtig zu begreifen und ein natürliches System der Pflanzen aufzubauen. Deshalb ist die weitere Ausarbeitung physiologisch-biochemischer Fragen nützlich und zweckmäßig.

Mit Rücksicht auf das oben gesagte haben wir nie versucht, irgendein Pflanzensystem nach dem Merkmal der Alkaloidführung der Pflanzen zu bauen. Unsere Untersuchungen sollten lediglich dazu dienen, zu prüfen, ob das Merkmal der Alkaloidführung als Kriterium für die phylogenetische Systematik der Pflanzen geeignet ist. Die Aufklärung der Zusammenhänge zwischen der Alkaloidführung der Pflanzen und ihrer Stellung im System gibt dem Suchen nach neuen Alkaloiden eine wissenschaftliche Basis.

Bei der Unmöglichkeit, sich mit der Geschichte der erörterten Frage zu befassen, sei hier nur die Arbeit Eugen Schazkijs [1] erwähnt, die in Rußland schon im vorigen Jahrhundert (1889, 1890, 1892) unter dem Titel „Die Lehre von pflanzlichen Alkaloiden, Glykosiden und Ptomainen" veröffentlicht wurde. Obwohl diese Arbeit zum Teil schon veraltet ist, bewahrte sie doch in gewissem Maße ihre Bedeutung bis in unsere Tage. Schazkij hat die Tatsachen verallgemeinert und klassifiziert, die sich seit der Entdeckung der pflanzlichen Alkaloide anhäuften. Als Grundlage seiner Klassifizierung nahm er das botanische System, „nicht aus Mangel irgendeines anderen rationellen Systems, sondern deshalb, weil dieses System noch in Zukunft die Frage über die Wechselbeziehungen zwischen den botanischen Eigentümlichkeiten der Pflanzen und den in ihnen gefundenen Alkaloiden erhellen kann und dadurch die in der Botanik festgestellten Ähnlichkeitsstufen oder Pflanzenverwandtschaften noch mehr zu bestätigen oder zu erweitern vermag, die unter der Bezeichnung: Art, Gattung, Familie und Klasse bekannt sind". Der Autor betrachtet die physikalischen und chemischen Eigenschaften der Alkaloide, „die uns als Folge des botanischen Zusammenhanges erscheinen, der zwischen den Alkaloidpflanzen besteht". Schazkij meint, daß „die Alkaloide ein Produkt des Stoffwechsels höherer pflanzlicher Organismen darstellen", was durch Abwesenheit der Alkaloide in den Pflanzen niedriger Entwicklungsstufen (Wasserpflanzen usw.) bestätigt wird, sowie dadurch, daß die kompliziertesten Alkaloidmoleküle nur in Pflanzen vorkommen, die zu den höchsten Klassen, Ordnungen und Familien gehören.

Schließlich meint er, daß „die chemischen und physikalischen Eigenschaften der Alkaloide, die aus Pflanzen gewonnenen werden, welche zu einer botanischen Familie gehören, eine besondere Beachtung verdienen. Bei der Betrachtung der Eigenschaften solcher Alkaloide müssen wir unvermeidlich zu der Schlußfolgerung kommen, daß sie das Resultat des genetischen Zusammenhanges sind, der zwischen den Alkaloid produzierenden Pflanzen besteht. Dieser Umstand, der die Gründlichkeit der von der Wissenschaft angenommenen botanischen Systeme bestätigen kann, ist sehr wichtig und verdient, genauer betrachtet zu werden". Diese Gedanken E. Schazkijs sind auch für uns von großem Interesse, obschon sie zum vergangenen Jahrhundert gehören.

Die Betrachtung alkaloidhaltiger Pflanzen im Licht der phylogenetischen Systeme von A. A. Grossheim, N. N. Kusnezow, A. Engler, R. Wettstein, D. Hetschinson u. a. Autoren führen zu einigen wichtigen Folgerungen, die eine wissenschaftliche und praktische Bedeutung haben. So zeigt die Übersicht des phylogenetischen Systems Englers, (Abb. 1) die von uns in Art eines Schemas dargestellt ist, worin der Alkaloidgehalt der Pflanzen eingetragen ist, daß diese Eigenschaft der Pflanzen sowohl unter nacktsamigen sowie den bedecktsamigen Pflanzen beobachtet wird, doch der Grad des Alkaloidvorkommens ist bei den Samenpflanzen sehr verschieden. Hier zeigt es sich ziemlich deutlich, daß unter den bedecktsamigen Pflanzen 3—4 Zentren alkaloidhaltiger Pflanzen vorhanden sind. Bei den Monokotylen ist solch ein Zentrum die Ordnung der *Liliifloren* und bei den choripetalen Dikotylen stellen die Ordnungen: *Centrospermae, Ranales, Rhoeadales, Rosales, Geraniales, Sapindales, Rhamnales, Malvales, Parietales, Opuntiales, Myrtiflorae, Umbelliflorae* das am stärksten ausgeprägte Zentrum der alkaloidführenden Pflanzen in der ganzen Pflanzenwelt dar. In der letzten Gruppe der sympetalen Dikotylen sind zwei Zentren vorhanden; einerseits: *Ebenales, Contortae, Tubiflörae,* und andererseits: *Rubiales, Cucurbitales, Campanulatae.*

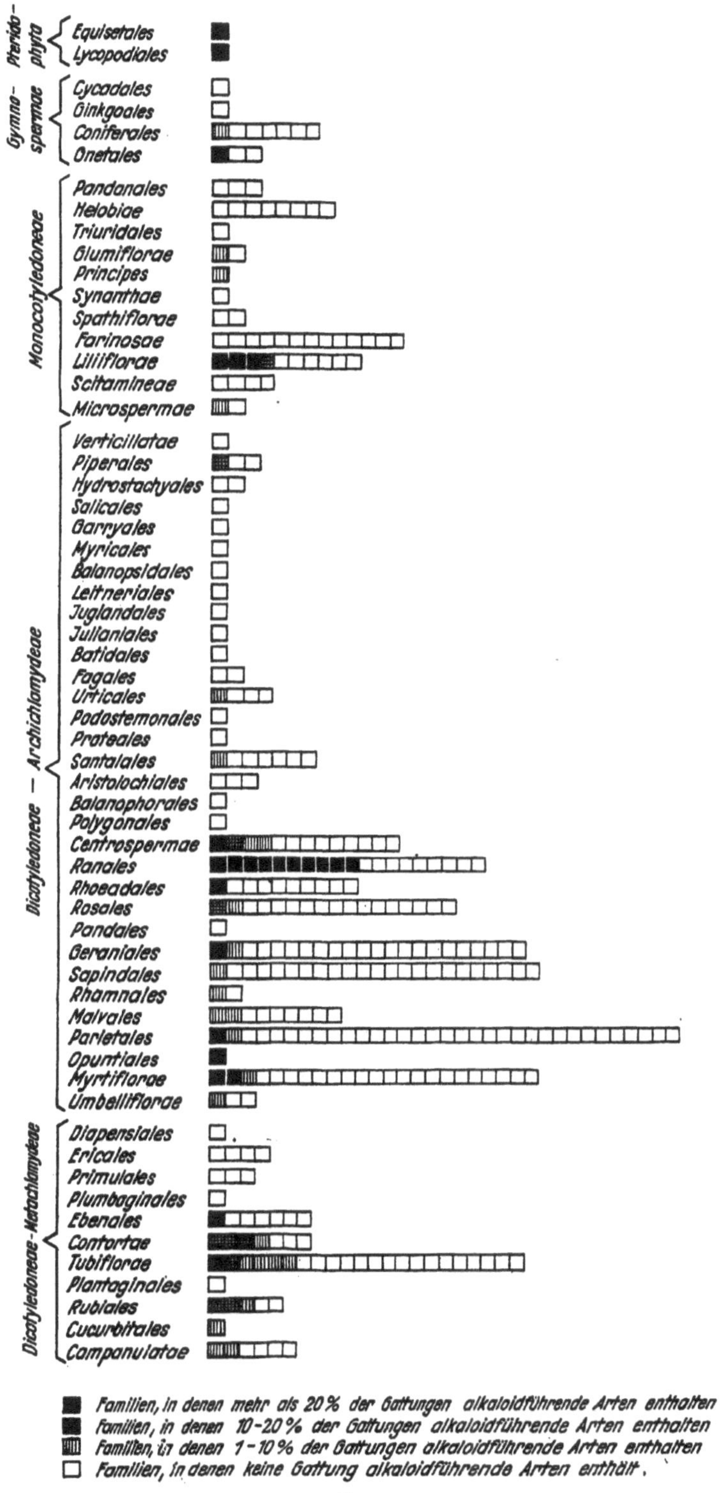

Abb. 1
Alkaloidpflanzen nach dem System von ENGLER

Unter 59 Pflanzenordnungen des Systems Englers wurde von uns Alkaloidführung bei 28 Ordnungen vermerkt, die 68 alkaloidführende Familien umfassen, was den vierten Teil aller Familien ausmacht. Am reichsten an alkaloidhaltigen Pflanzen sind die choripetalen Dikotylen. Besonders interessant ist die zweite Ordnungsgruppe des Systems Englers, d. h. *Rubiales* und *Campanulatae*.

Diese Besonderheit der genannten Ordnungen ist mit ihrer phylogenetischen Jugend verbunden. Die Familien der *Chenopodiaceae* und der *Compositae* bieten besondere Aussichten für die Entdeckung neuer Alkaloidpflanzen. Man kann annehmen, daß im Verlaufe der Pflanzenevolution und der morphologisch-anatomischen Vervollkommnung der Pflanzen die Struktur ihrer Alkaloide komplizierter wird. Das wird deutlich durch die Bildung der Chinaalkaloide und Chenopodiaceenalkaloide. Eine ähnliche Erscheinung ist auch bei den lobelienartigen Pflanzen in Bildung des Lobelins und seiner Begleiter festzustellen sowie bei den Kompositen (Senecionin und ihm ähnliche Alkaloide). Bei der Unmöglichkeit, sich genauer mit den alkaloidhaltigen Pflanzen auf Grund anderer phylogenetischer Systeme zu befassen, da vieles wiederholt werden müßte, scheint es uns zweckmäßig, nur einzelne Bemerkungen zu machen, die ein besonderes Interesse hervorrufen.

Die Betrachtung der Stellung alkaloidhaltiger Pflanzen im System Grossheims (Abb. 2) zeigt, daß diese Eigenschaft der Pflanzen charakteristisch für die autotrophe Entwicklungslinie der Pflanzenwelt ist, d. h. für die progressive Linie ihrer Evolution. Doch in den abgeleiteten Zweigen der Entwicklung, besonders bei Hydrophyten und Heterotrophen (d. h. progressiven) fehlen die alkaloidhaltigen Pflanzen fast völlig.

Wie bereits früher gesagt, verdienen die korrelativen Beziehungen der Ansammlung von Alkaloiden und anderer Stoffe in den Pflanzen ein bedeutendes Interesse. Solche biochemischen Korrelationen bestehen bei den Pflanzen zweifellos; doch erforscht sind sie nur in sehr kleinem Maße. Kostytschew [18] sagte bereits 1933, daß „bei den Pflanzen, die an Terpenen reich sind, keine Alkaloide oder nur sehr wenige vorhanden sind." Diese Bemerkung Kostytschews ist sehr berechtigt. So hatten wir z. B. beim Studium der experimentellen Angaben Schmucks [19], [20] und Grebinskis [15], die bei der Erforschung der Tabake gewonnen wurden, unsere Aufmerksamkeit auf die Tatsache gerichtet, daß eine Ansammlung des Nikotins und der ätherischen Öle sich gegenseitig ausschließen. Die Untersuchung der Pflanzenfamilien, die sich durch ihren Besitz an ätherischem Öl auszeichnen, zeigte eine sehr interessante Gesetzmäßigkeit, die sich in der Verringerung oder völligen Abwesenheit alkaloidhaltiger Arten äußerte. Unter den 15 Pflanzenfamilien, die wegen ihres ätherischen Öls bekannt sind und für die Industrie großen Wert haben: *Pinaceae, Cupressaceae, Araceae, Iridaceae, Zingiberaceae, Rosaceae, Geraniaceae, Burseraceae, Myrtaceae, Umbelliferae, Ericaceae, Oleaceae, Verbenaceae, Labiatae* und *Valerianaceae* ist keine einzige ausgesprochen alkaloidhaltige Familie. Lediglich in 2—3 Familien sind einige alkaloidhaltige Arten vorhanden, die jedoch keine spezifischen Typen sind.

Kusmenko [21] machte auf die gegenseitige Verbindung des Bildungsprozesses der Alkaloide und der Zitronensäure im Tabak aufmerksam. Die Bildung dieser Stoffe trägt den Charakter einer umgekehrten Korrelation. Wir vermerken ebenfalls, daß sich unter den fett- und kautschukhaltigen Pflanzen sehr wenige Alkaloidträger befinden.

Zum Schluß befassen wir uns noch kurz mit der Ausbreitung der alkaloidhaltigen Pflanzen im Bereiche der Sowjetunion. Die aus 16000 höheren Sporen- und Blütenpflanzen bestehende Flora der UdSSR ist auf Alkaloidpflanzen hin noch ungenügend erforscht. Doch unter ihren Vertretern ist bereits eine wesentliche Zahl von Alkaloidträgern festgestellt worden, die eine wichtige praktische Anwendung fanden. Die weitere Suche nach neuen wertvollen alkaloidhaltigen Pflanzen bietet ohne Zweifel gute Aussichten.

Der Europäische Teil der UdSSR. Für den Norden und die mittlere Zone des europäischen Teiles der UdSSR können nicht weniger als 15 Familien vermerkt werden, die alkaloidhaltige Arten führen, doch ist deren Zahl beschränkt. In der südlichen Hälfte des europäischen Teiles der UdSSR sind 27—30 Familien mit alkaloidhaltigen Arten vorhanden, wobei sich in jeder dieser Familien recht viel Alkaloidträger befinden. In dieser Beziehung

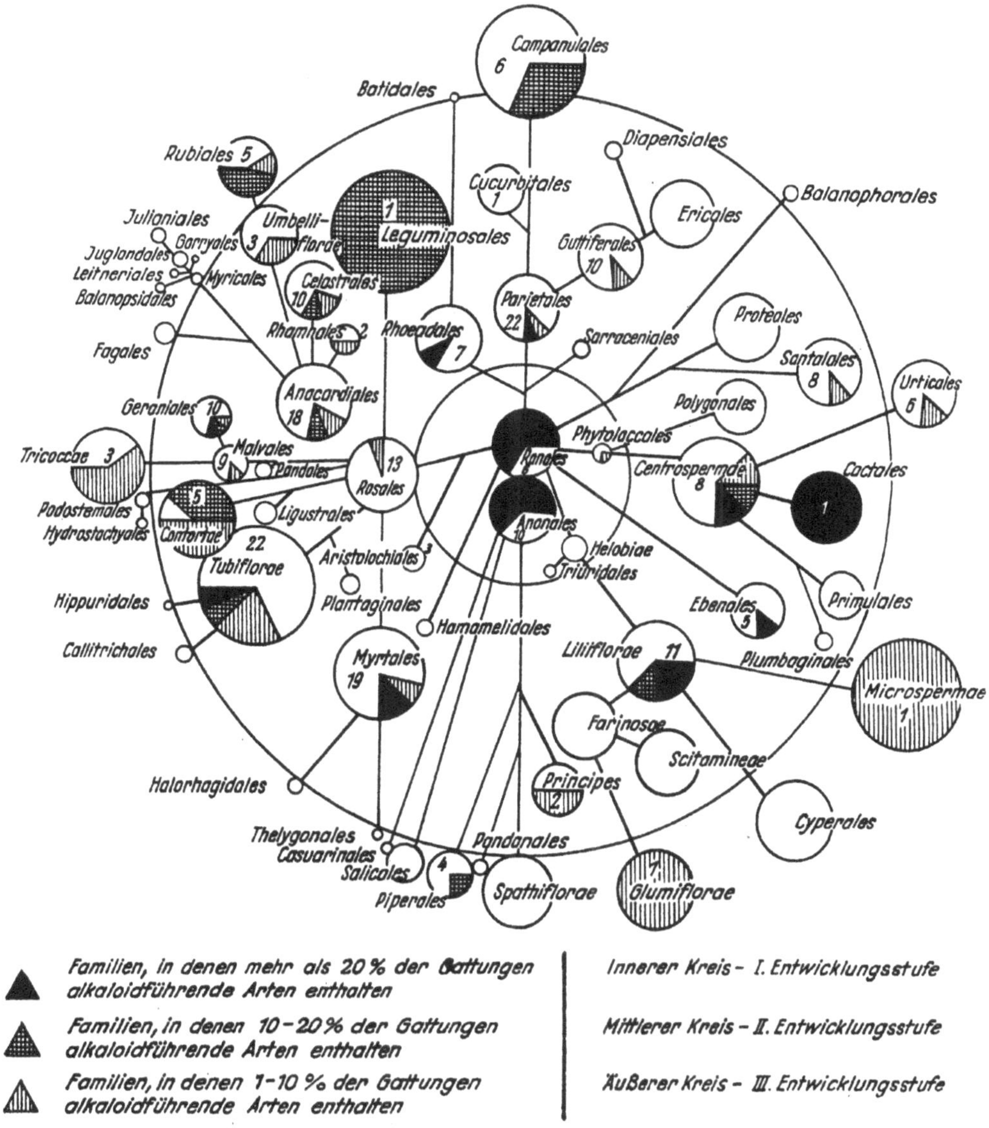

Abb. 2
Alkaloidpflanzen nach dem System von A. A. GROSSHEIM

zeichnet sich die Krim und die südliche Ukraine besonders aus. Die Möglichkeiten, hier neue Alkaloidpflanzen aufzufinden, sind bedeutend.

Kaukasus: Der Kaukasus zeichnet sich durch besonders günstige natürliche Verhältnisse aus, was auch den Reichtum seiner Flora bedingt; hier wurden bereits 30 Familien mit alkaloidhaltigen Pflanzenarten festgestellt. Im Trans-Kaukasus finden sich besonders viele Alkaloidträger.

West- und Ostsibirien: Hinsichtlich des Vorkommens von Alkaloidpflanzen sind diese Gebiete ohne besonderes Interesse. Für die Suche nach Alkaloidpflanzen können hier nur der Altai und das Baikalgebiet eine gewisse Bedeutung haben.

Ferner Osten: Die Alkaloidführung der Flora des Fernen Ostens ist erst sehr wenig erforscht. Doch schon in 15 Familien sind bedeutende Alkaloidträger gefunden worden, wobei eine Reihe von ihnen nur in diesem Teil der UdSSR vorkommt. Das Suchen nach neuen Alkaloidträgern ist hier zweckmäßig und aussichtsreich.

Mittelasien: Die Flora Mittelasiens ist sehr umfangreich. Dort sind über ein Drittel aller in der UdSSR wachsenden Pflanzenarten konzentriert. Die mittelasiatische Flora kann nur mit der kaukasischen verglichen werden. Doch die Flora Mittelasiens ist in ihrem Artenbestand von der kaukasischen verschieden. Hier sind bereits etwa 30 alkaloidhaltige Familien festgestellt. Mittelasien ist sehr reich an Alkaloidträgern, die häufig nur in kleinen Bezirken der UdSSR und sonst nirgends auf der Erde wachsen. In der Sowjet-Union wird seit vielen Jahren intensive Forschungsarbeit auf dem Gebiete der Alkaloide und alkaloidhaltigen Pflanzen geleistet. In den nächsten Jahren soll diese Arbeit noch größeren Maßstab annehmen. In der UdSSR haben sich mehrere wissenschaftliche Mittelpunkte gebildet, wo diese Arbeit eine besondere Entwicklung angenommen hat. Diese Mittelpunkte sind: Leningrad — Botanisches Institut „W. L. Komarow“ der Akademie der Wissenschaften der UdSSR; Moskau — Chemisch-Pharmazeutisches Institut „Sergo Ordshonikidse“; Institut für Biochemie „A. N. Bach“; Charkow — Chemisch-Pharmazeutisches Institut; Taschkent — Usbekische Akademie der Wissenschaften; Alma-Ata — Kasachsche Akademie der Wissenschaften; Tbilissi — Grusinische Akademie der Wissenschaften; Erewan — Armenische Akademie der Wissenschaften; Baku — Aserbejdshaner Akademie der Wissenschaften; Krasnodar — Institut für Tabak und Machorka und eine Reihe anderer Anstalten.

In der UdSSR werden vielseitige Untersuchungen über die Bedeutung der Alkaloide in der Lebenstätigkeit der Pflanzen durchgeführt, über die Bildungswege dieser Stoffe, ihre Umwandlung, die Wechselbeziehungen zwischen einander sowie mit anderen pflanzlichen Stoffen. Es werden auch theoretische Forschungen botanisch-systematischen, anatomisch-morphologischen, physiologisch-biochemischen und anderen Charakters durchgeführt.

Schließlich wird die Suche nach neuen Alkaloiden immer mehr erweitert und ein tiefgehendes Studium der Alkaloide sowohl in chemischer, pharmakologischer, therapeutischer sowie in anderer Beziehung durchgeführt. Besondere Beachtung wird der Entdeckung von Alkaloiden gewidmet, die als Heilmittel gegen krebsartige Erkrankungen, Poliomyelitis und andere schwere Krankheiten dienen könnten. Ergebnisse, die zu Hoffnungen berechtigen, sind bereits vorhanden.

Der Anbau neuer wertvoller alkaloidhaltiger Pflanzen und deren Untersuchung in der Kultur erweitert sich immer mehr. Die Zahl der Dissertationen und wissenschaftlichen Publikationen zum Problem der Alkaloide und alkaloidhaltigen Pflanzen erhöht sich ebenfalls. Es besteht kein Zweifel, daß in allernächster Zeit neue große Erfolge im Studium des uns interessierenden Problems zu erwarten sind. Die sich immer mehr entwickelnden wissenschaftlichen Beziehungen unter den Wissenschaftlern verschiedener Länder werden diese Arbeit fördern.

LITERATUR

[1] Schazkij, E. A., (Die Lehre über pflanzliche Alkaloide, Glykoside und Ptomaine.) Utschen. sap. Kasanskogo Vet. instit. Kasan, 6 (1889), 7 (1890), 9 (1892), (Russisch).

[2] Lasurjewskij, G. W. u. A. S. Sadykow, (Untersuchung der Pflanzen mittelasiatischer Republiken auf ihren Alkaloidgehalt.) Trudy Usb. Gos. univ., 15, Taschkent (1939) (Russisch).

[3] Iwanow, N. N., (Biochemische Ermittlung der alkaloidfreien Lupine.) Supplement 54 Bull. appl. Bot. (1932) (Russisch).

[4] BASILEWSKAJA, N. A., (Über die Papaver-somniferum-Rassen aus dem Siebenstromgebiet.) Dnew. Wseso jus. Sjesda bot. w Leningrade 1928, L., (1928) (Russisch).

[5] BASILEWSKAJA, N. A., (Der Schlafmohn, seine Kultur und Verarbeitung.) Wneschtorgisdat, M.–L., (1934) (Russisch).

[6] MASSAGETOW, P. S., (Die Suche nach alkaloidhaltigen Pflanzen in Mittelasien.) Trudy WILAR, Nr. 9, MEDGIS, M. (1947) (Russisch).

[7] MASSAGETOW, P. S., (Anabasis aphylla L.) Trudy WILAR, Nr. 10, MEDGIS, M. (1950) (Russisch).

[8] BASILEWSKAJA, N. A., (Züchtung auf chemische Zusammensetzung hin.) Theoretical bases of plant breeding, 1, SELCHOSGIS, M.–L. (1935) (Russisch).

[9] SUCHORUKOW, K. T., (Der Alkaloidgehalt von Tollkirsche und Stechapfel unter Bedingungen des Unter-Wolgagebietes.) Shurnal opyt. agronom. jugo-wostoka., 6, Nr. 1, Saratow (1928) (Russisch).

[10] OLSCHEWSKIJ, W., (Der Stechapfel.) Sow. Farmazia, Nr. 9—10, M., (1931) (Russisch).

[11] BOSHART, K. u. M. BERGOLD, (Der Alkaloidgehalt erfrorener Stechapfelblätter.) Heil- und Gewürzpflanzen, Bd. 8, Freising-München, 1925/26.

[12] BOSHART, K. u. M. BERGOLD, (Der Alkaloidgehalt der Stechapfelblätter zu verschiedenen Tageszeiten und bei verschiedener Trocknung.) Ibid., Bd. 9, L., I, Freising-München, 1926/27.

[13] ALEXEEW, L. D., N. P. LIBISOWA u. W. W. FEOFILAKTOW, (Einfluß der mittleren Tagestemperatur auf den Ansammlungsverlauf der Alkaloide in Zygadenus elegans Pursh.) Dokl. Akad. Nauk SSR, now. ser., 30, Nr. 1, M.–L. (1951) (Russisch).

[14] RJABININ, A. A. u. E. M. ILJINA, (Über die Umwandlung der Alkaloide in der Pflanze Smirnovia turkestana Bge) Dokl. Akad. Nauk SSSR, 26, Nr. 6, M. (1951) (Russisch).

[15] GREBINSKIJ, S. O., (Biochemische Besonderheiten der Hochgebirgspflanzen.) Dokl. Akad. Nauk SSSR, 24, Nr. 5, M. (1939) (Russisch).

[16] SOKOLOW, W. S., (Alkaloidhaltige Pflanzen der UdSSR.) Verl. Akad. Wiss. SSSR M.–L. 1952 (Russisch).

[17] KOMAROW, W. L., (Die Lehre von der Art.) Verl. Akad. Wiss. SSSR M. L. 1940 (Russisch).

[18] KOSTYTSCHEW, S. P., (Physiologie der Pflanzen.) OGIS, L.–M., Teil 1 (1937) Teil 2 (1938) (Russisch).

[19] SCHMUCK, A. A., (Das ätherische Öl des Tabaks.) Iswest. inst. op tabak. (Krasnodar, Nr. 19, M. (1924) (Russisch).

[20] SCHMUCK, A. A., (Die Chemie des Tabaks und des Tabakrohstoffes.) Krasnodar, 1930 (Russisch).

[21] KUSMENKO, A. A., (Zur Physiologie des Prozesses der Nikotinbildung beim Tabak.) Sbornik fisiol. issled. nad machor. rasteniem. Kiew, (1934) (Russisch).

[22] ILJIN, M. M., (Perspektiven der Erforschung von Anabasis aphylla im Lichte wirtschaftlicher Aufgaben.) Trudy Bot. Inst., Serie V Rast. syr. Nr. 1 M.–L. (1938) (Russisch).

DISKUSSION

Herr MOTHES: Die Frage der Beziehungen chemischer Merkmale und der systematischen Gruppierung der Pflanzen ist zweifellos von größtem Interesse und bedarf wegen der Mangelhaftigkeit des bisher analytisch geprüften Materials einer besonders sorgfältig abgewogenen Beurteilung. Ganz besonders betrifft das auch das gleichzeitige Vorkommen verschiedenartiger Stoffe (ätherische Öle, Saponine, Alkaloide). Nachdem diese Problematik bereits mehrfach, z. B. durch den Vortrag HEGNAUERS, aufgerissen worden ist, stelle ich zur Diskussion, ob wir eines der nächsten Symposien dem Thema „Chemismus und phylogenetische Verwandtschaft" widmen wollen.

Auch bedarf die Häufigkeit des Vorkommens von Alkaloidpflanzen einer Beurteilung unter verschiedenen Gesichtspunkten, gewissermaßen unter Anwendung verschiedener Bezugsgrößen. Zweifellos besitzen die Tropen mehr Alkaloidpflanzen als Mitteleuropa, aber relativ zur absoluten Artenzahl sind die Verhältnisse nicht so unterschiedlich. Obwohl ich nicht generell die Schutzfunktion der Alkaloide erneut in den Vordergrund schieben möchte, kann kein Zweifel darüber bestehen, daß an Lokalitäten einer besonderen Bedrohung des Pflanzenbestandes durch Massenansammlung pflanzenfressender Tiere alkaloidführende Pflanzen ein vermehrtes Auftreten zeigen, nicht nach Zahl der Arten sondern der Individuen. Charakteristisch dafür erscheinen mir die Massenvorkommen von *Veratrum* und *Aconitum* in der Nähe der Sennhütten unserer Almen, vergleichbar der Zunahme der Disteln auf schlecht gepflegten Weiden tieferer Lagen, und es würde mich sehr interessieren, ob die Massenvorkommen alkaloidführender Chenopodiaceen u. ä. in den Halbwüsten Asiens z. T. verständlich werden durch die Vernichtung aller anderen Arten, die von den großen Rudeln der Steppentiere gefressen werden.

Daß Kälte und hohe Niederschläge niedrigen Alkaloidgehalt bewirken, ist vielfach festgestellt worden, ohne daß die Zusammenhänge im einzelnen klar wären. Hier aber berichtet Sokolow von einem Verschwinden von Alkaloid unter dem Einfluß des Frostes, dies erscheint mir sehr bedeutsam.

Beim Studium des Tag-Nacht-Stoffwechsels der Alkaloide kann leicht eine störende Fehlerquelle dadurch in Erscheinung treten, daß sich die Bezugsgröße selbst verändert.

Der Einfluß des Blühens auf die Alkaloidansammlung scheint in erster Linie auf einer Störung der Aktivität der Wurzel zu beruhen, sei es, daß diese keine Stoffe mehr aufnimmt oder keine wurzelspezifischen Verbindungen mehr bildet. Es ist im übrigen ungeklärt, wodurch diese Aktivitätsminderung bedingt ist, ob sie hormonal gesteuert ist oder ob durch das Blühen Kohlenhydrate und andere lebenswichtige Stoffe den Wurzeln in ungenügender Menge zur Verfügung stehen.

Die Einflüsse der Bodenazidität dürfen nicht allein in einer direkten Einwirkung auf die Wurzelaktivität gesehen werden, sondern sind auch für die Nitrifikation und den Spurenstoffhaushalt von Bedeutung.

Herr Pöhm: Im allgemeinen schließen sich das Vorkommen von Alkaloidpflanzen und Terpenpflanzen in ein und derselben Familie aus. Es wurde nun verschiedentlich über gegenseitige Standortbeeinflussung von Alkaloidpflanzen und ätherisches Öl führenden Pflanzen berichtet, wobei als Beispiel die Beeinflussung *Atropa bella-donna—Artemisia* charakteristisch ist. Sind in der UdSSR weitere Beispiele dieser Art gefunden worden?

Herr Sokolow: Hierüber ist wenig bekannt.

Herr Mothes: Die Beeinflussung anderer Pflanzen durch die Ausscheidung von Alkaloiden oder Terpenen usw. darf auf Grund der wenigen gut studierten Fälle nicht zu einfach gesehen und nicht verallgemeinert werden. Andererseits sind Fälle in der Literatur verzeichnet, wonach „harmlos" erscheinende Pflanzen wie Getreidearten sehr deutliche Wirkungen auf Begleitpflanzen haben.

Herr Hegnauer: Es sei in diesem Zusammenhang auf das reichliche Vorkommen von Alkaloidpflanzen in den typischen „Ätherisch-Öl"-Familien der *Magnoliales* und bei den *Rutaceae* hingewiesen. Ebenfalls fehlen den Compositen und Pinaceen Alkaloidpflanzen nicht gänzlich.

Die relative Seltenheit der Kombination beider Merkmale könnte man vielleicht in dem Sinne interpretieren, daß es selten zur Entwicklung einer doppelten Resistenz gegen die schädlichen Folgen der Akkumulation von Alkaloid und ätherischem Öl kommt.

Herr Békésy: Es wurde auf eine Beeinflussung des Alkaloidgehaltes durch die Temperatur hingewiesen. Die Erscheinung, daß Mutterkorn aus Finnland weniger Alkaloid enthielt als spanisches, scheint jedoch genetisch bedingt zu sein.

Herr W. Hecht: Die Feststellung mittlerer Temperaturen kann, wie die vierjährigen bioklimatischen Versuche Kornburg-Schatzalp gezeigt haben, nur orientierenden Wert haben. Das Kleinklima der Sklerotien ist ganz anders und müßte durch Integralwerte der Strahlungssummen und Oberflächentemperatur-Messungen ergänzend erfaßt werden. Normal-Sklerotien können gegenüber Leukosklerotien z. B. um viele Grade höhere Oberflächentemperaturen haben.

Aus dem Institut für Kulturpflanzenforschung Gatersleben der Deutschen Akademie der Wissenschaften zu Berlin

Ringschluß N-haltiger Heterocyclen (Übersicht)[1])

von H.-B. SCHRÖTER

Cyclische Verbindungen werden intra molekular aus einer offenkettigen Ausgangssubstanz und intermolekular aus mehreren Teilstücken gebildet.

Die in der Struktur von Naturstoffen zu beobachtende weite Verbreitung fünf- und sechsgliedriger Ringe kann in folgender Weise erklärt werden:

1. Fünf- und Sechsringe entstehen leichter als Cyclen mit weniger als fünf Atomen, weil sie infolge ihrer Spannungsfreiheit energetisch begünstigt sind.
2. Fünf- und Sechsringe werden durch intramolekulare Kondensation eher gebildet als Cyclen mit mehr als sechs Gliedern, weil die Wahrscheinlichkeit, daß reaktionsfähige endständige Gruppen in „Ringschluß-Stellung" gelangen, bei kürzeren Ketten größer ist als bei längeren, bei denen sich in zunehmendem Maße der Einfluß konkurrierender intermolekularer Kondensationen bemerkbar macht, die zu Kettenverlängerungen und nicht zu Ringschlüssen führen.

Von Bedeutung für die intramolekulare Ringbildung aus einer offenen Kette sind folgende Eigenschaften der Ausgangssubstanz:

1. Länge der Kette.
2. Art der Kettenglieder (Substituenten können aus sterischen Gründen die Kondensation wesentlich beeinflussen).
3. Chemische Natur der kondensationsfähigen Gruppen an den Kettenenden oder in deren Nähe.

Nach den derzeitigen Kenntnissen entstehen die natürlich vorkommenden einfachen fünf- und sechsgliedrigen N-Heterocyclen mit einem Stickstoff-Atom zumeist durch intramolekulare Kondensation. Reaktionspartner sind dabei Aminogruppen und Carbonylfunktionen in 1,4- bzw. 1,5-Stellung:

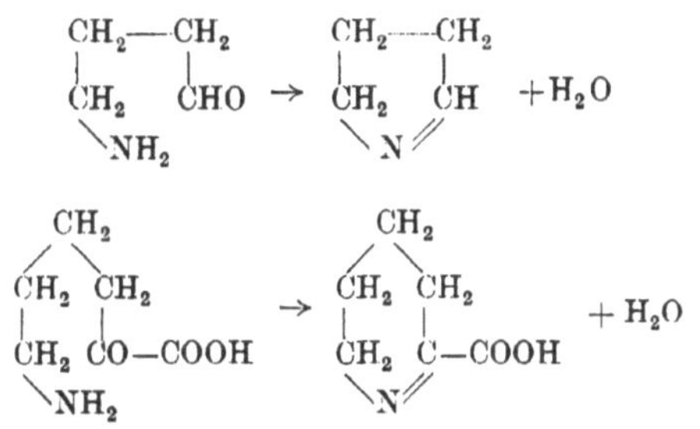

[1]) ausführlichere Darstellung: Handbuch der Pflanzenphysiologie, Band VIII, Springer-Verlag, Berlin-Göttingen-Heidelberg, (im Druck).

Fermente scheinen am eigentlichen Ringschluß nicht beteiligt zu sein, auf enzymatischem Wege werden offenbar nur die kondensationsbereiten Vorstufen gebildet, deren Cyclisierung infolge der großen Bildungstendenz fünf- und sechsgliedriger Ringe spontan erfolgt. Diese Tatsache hat die Durchführung von in vitro-Modellversuchen sehr erleichtert und wesentlich zu deren Beweiskraft beigetragen.

Die fundamentale Reaktion für den intermolekularen Ringschluß zu N-Heterocyclen ist eine Mannich-Kondensation zwischen einer Aminogruppe, einer Carbonylfunktion und einem kationoiden C-Atom, von welchem Elektronen zur Herstellung der Bindung abgezogen werden können (vgl. dazu Woodward, 1956) [29]:

$$-\overset{|}{\underset{|}{C}}^{\ominus} + \underset{|}{CHO} + H\overset{|}{\underset{|}{N}} \longrightarrow -\overset{|}{\underset{|}{C}}-\underset{|}{CH}-\overset{|}{N}-$$

Die Aktivierung eines Kohlenstoffatoms zur Elektronenabgabe kann z. B. durch die Nachbarschaft einer Carbonylgruppe oder bei aromatischen Verbindungen durch Alkoxylgruppen in para-Stellung zum ringschließenden C-Atom bewirkt werden:

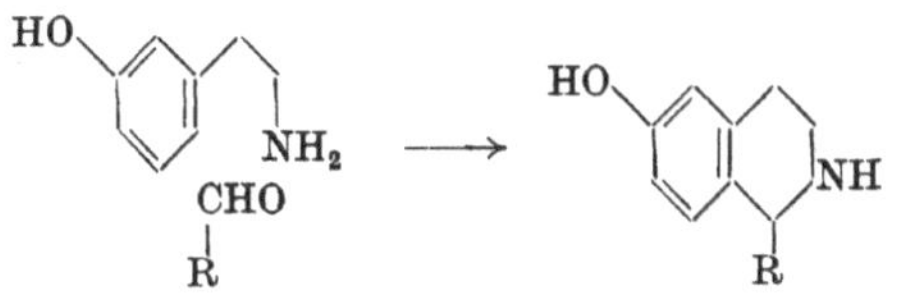

Von grundsätzlicher Bedeutung für das Verständnis der Ringschlußreaktionen ist die Feststellung, daß in *E. coli* Ornithin aus Glutaminsäure auf dem Wege über N-Acetyl-glutaminsäure, N-Acetyl-glutaminsäure-γ-semialdehyd und N-α-Acetyl-ornithin synthetisiert wird (vgl. Vogel, 1955) [26]:

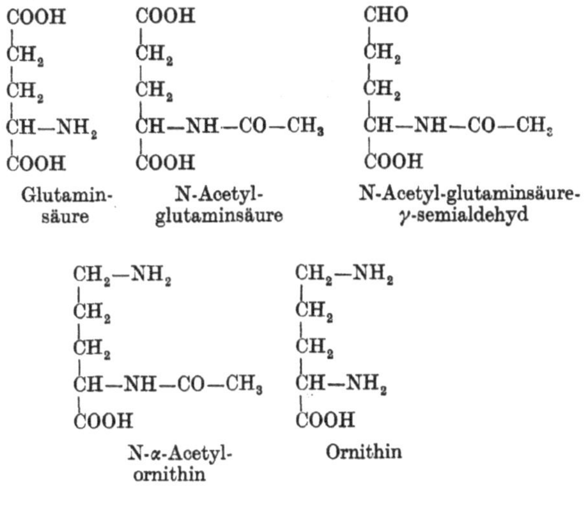

Die Blockierung der NH_2-Gruppe durch einen Acetylrest bedingt in diesem Falle die Erhaltung der aliphatischen Struktur, es ist jedoch nicht zu bezweifeln, daß in vivo viele an sich mögliche Kondensationen durch ähnliche Festlegungen von Amino- oder Aldehydgruppen verhindert werden (vgl. dazu den nachfolgenden Abschnitt 2b: Entstehung des Prolins durch Cyclisierung von Glutaminsäure-γ-semialdehyd).

Die in der folgenden tabellarischen Übersicht skizzierten Anschauungen über die Biosynthese einiger einfacherer N-Heterocyclen sind in den meisten Fällen durch Versuche mit Isotopen-markierten Substanzen experimentell fundiert.

1. VIERGLIEDRIGE N-HETEROCYCLEN

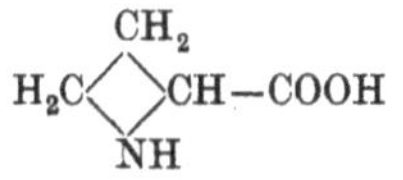

Azetidin-2-carbonsäure

Vorkommen in Liliaceen (FOWDEN, 1955, 1956; VIRTANEN und LINKO, 1955). [5], [6], [25]. Über die Entstehungsweise des N-heterocyclischen viergliedrigen Ringes liegen keine experimentell gesicherten Befunde vor. In Analogie zur Bildung entsprechender fünf- und sechsgliedriger Heteroringe wird folgender Verlauf der Biosynthese angenommen (FOWDEN, 1956) [6]:

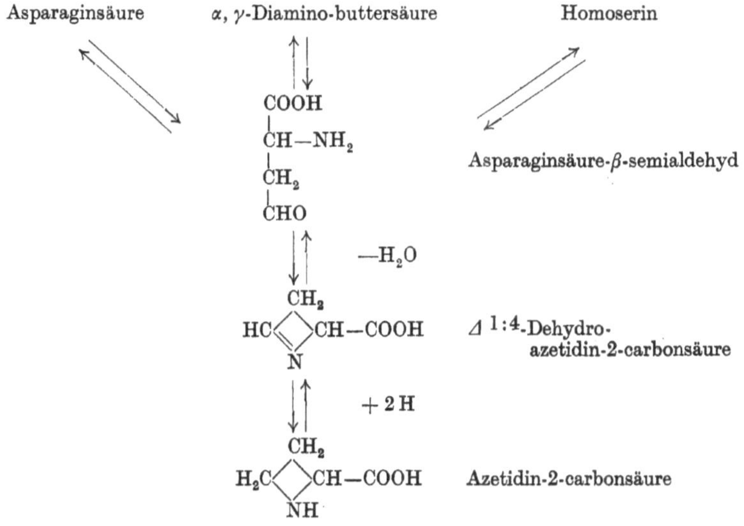

2. FÜNFGLIEDRIGE N-HETEROCYCLEN

a) Pyrrol-Derivate

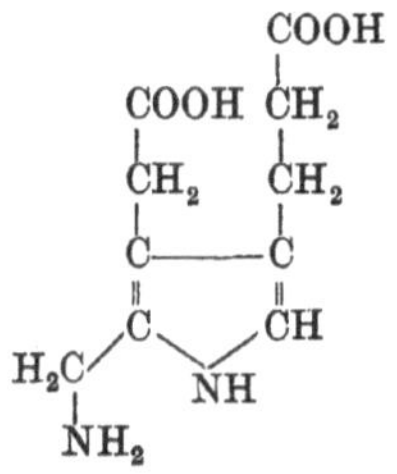

Porphobilinogen

Zwischenstufe bei der Synthese des Porphin-Systems des Hämins und der Chlorophylle.

Die Versuche zur Biosynthese des Porphobilinogens wurden in erster Linie mit Vogelblut-Erythrocyten, aber auch mit Enzympräparaten aus Erythrocyten, Rinderleber, Bakterien,

Grünalgen und Spinat durchgeführt:

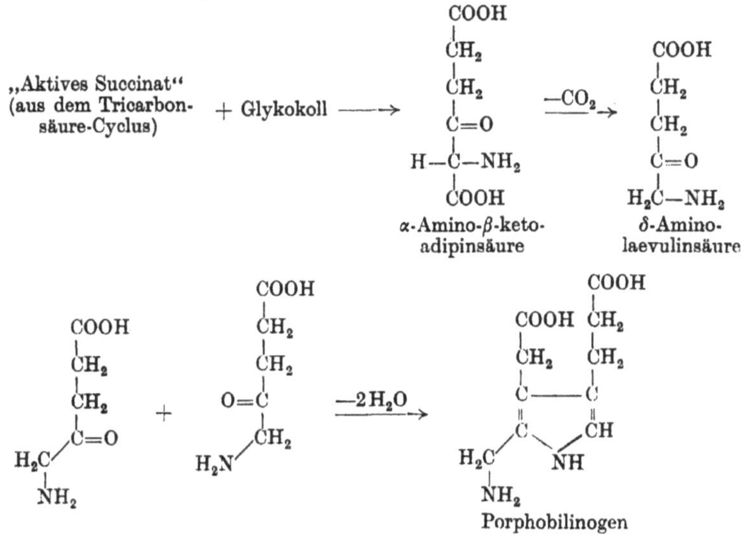

Literatur: Shemin und Russell, 1953 [21], Neuberger und Scott, 1953 [17], Dresel und Falk, 1953 [4]. Zusammenfassende Darstellungen: Arnstein, 1954 [2], Zeile, 1954, 1956 [32] [33], Granick, 1954 [7] [8].

Radioaktiv markierte Amino-laevulinsäure wird auch in das Porphyrin-ähnliche Makro-Ringsystem des Vitamins B_{12} eingebaut (Shemin, Corcoran, Rosenblum und Miller, 1956) [22].

b) Pyrrolidin-Derivate

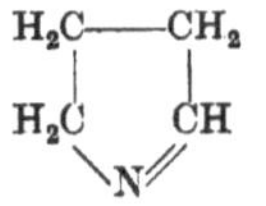

Δ^1-Pyrrolin (monomer nicht beständig)

Biosynthese:

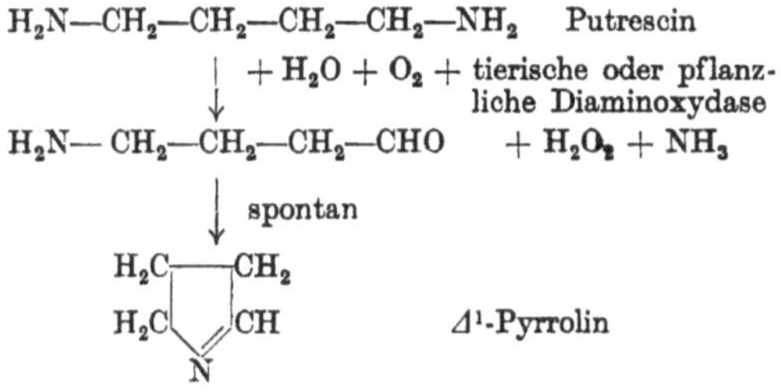

Literatur: Tabor, 1951 [24], Mann und Smithies, 1955 (Diskussion des Aldimins als Zwischenstufe an Stelle des Aldehyds) [14], Hasse und Maisack, 1955a, 1955b [10] [11].

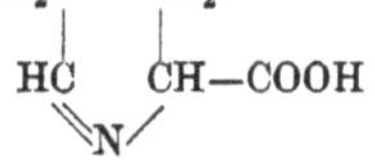

Δ^1-Pyrrolin-5-carbonsäure

Zwischenstufe bei der Prolin-Bildung aus Glutaminsäure bzw. Ornithin (Mikroorganismen, wahrscheinlich auch Säugetiere):

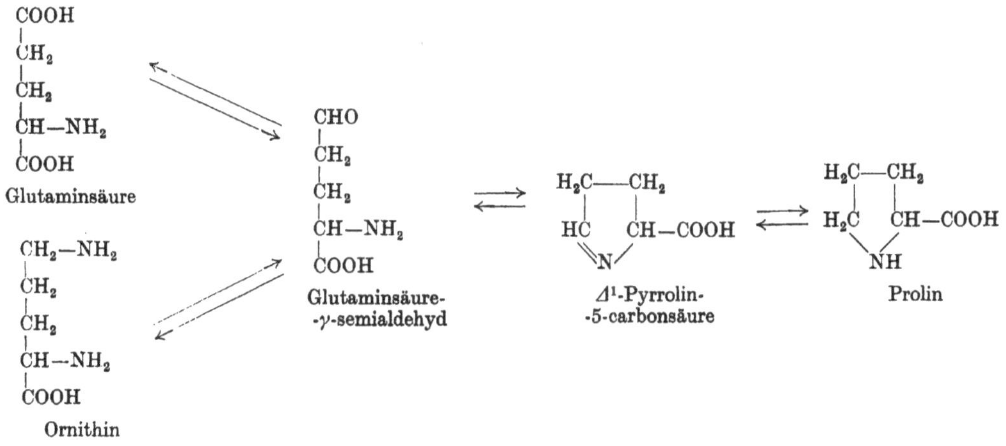

Literatur: STETTEN, 1955 [23], VOGEL, 1955 [26]. DAVIS, 1955 [3].

c) Imidazol-Derivate

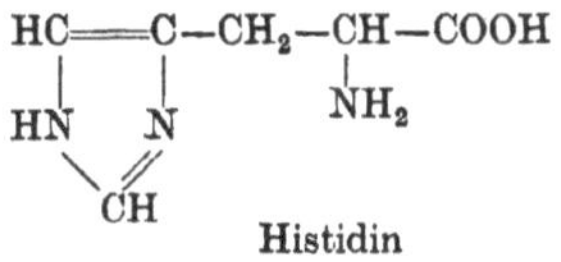

Histidin

Der Weg der natürlichen Bildung des Histidin-Imidazolringes (insbesondere die Herkunft der beiden N-Atome) ist noch weitgehend unbekannt. Experimentelle Befunde — gewonnen an Pilzen und Säugetier-Organen — sprechen für die Ringbildung im Sinne einer WINDAUS-KNOOPschen Imidazol-Synthese:

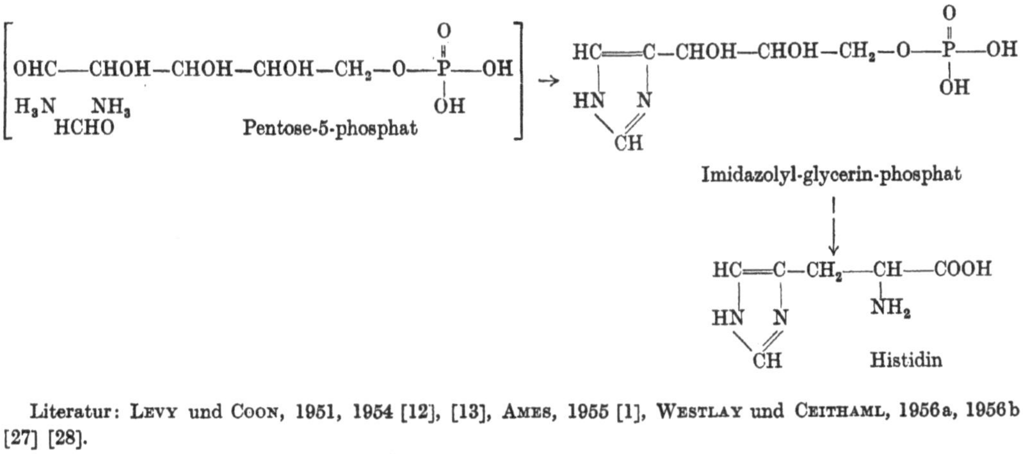

Literatur: LEVY und COON, 1951, 1954 [12], [13], AMES, 1955 [1], WESTLAY und CEITHAML, 1956a, 1956b [27] [28].

d) Indol-Derivate

Indol

Biosynthese in Mikroorganismen:

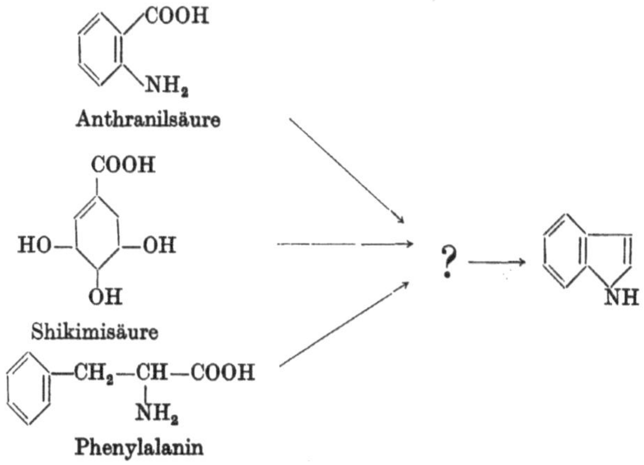

Literatur: MEHLER, 1955 [15], YANOFSKY, 1955 [30].

In *Neurospora* wird die Carboxylgruppe der Anthranilsäure beim Übergang zum Indol abgespalten (NYC, MITCHELL, LEIFER und LANGHAM, 1949) [18]:

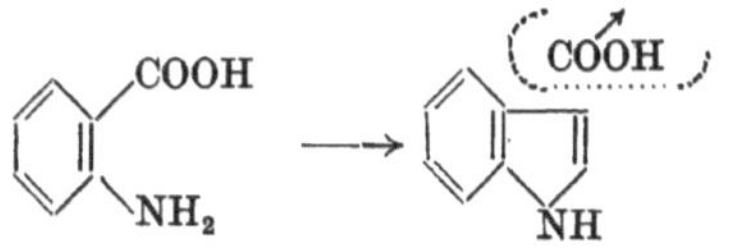

E. coli synthetisiert Indol aus Anthranilsäure und Ribose-5-phosphorsäure-1-pyrophosphat wahrscheinlich auf folgendem Wege (YANOFSKY, 1956) [31]:

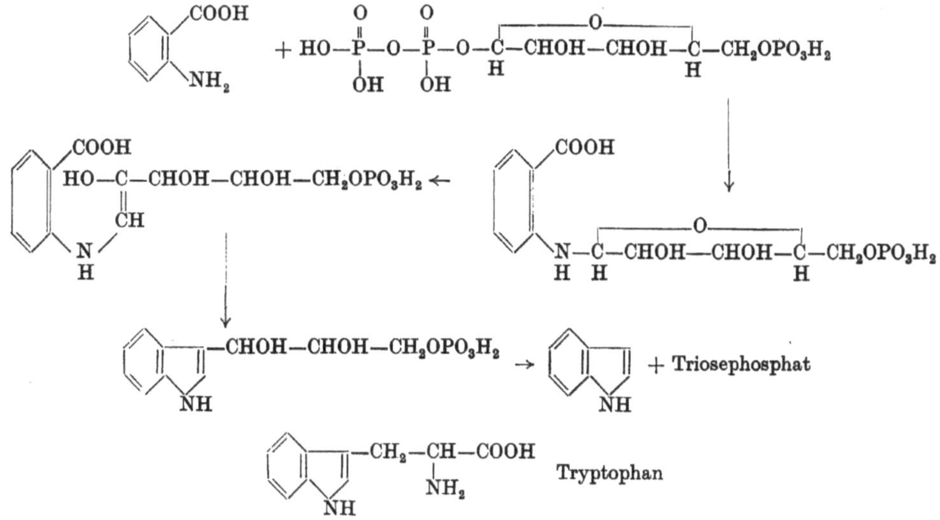

Wahrscheinlich bilden alle Organismen, die zur Tryptophan-Synthese befähigt sind, die Aminosäure mit Hilfe der Tryptophan-Desmolase aus Indol und Serin:

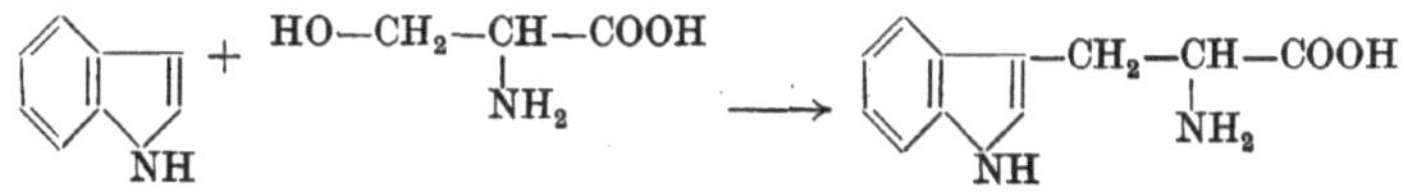

Die Beziehungen des Tryptophans zu anderen N-heterocyclischen Ringsystemen sind im folgenden Formelschema angedeutet:

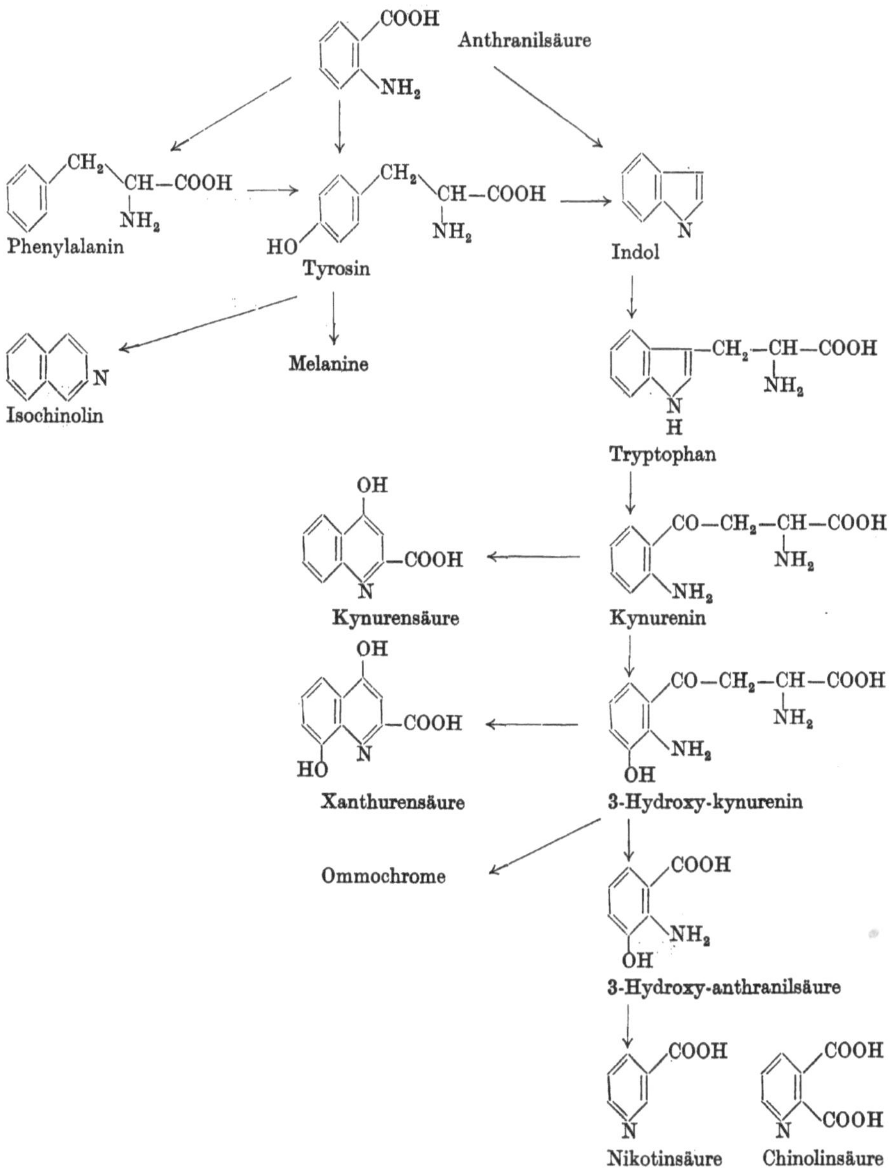

Von größtem biologischen Interesse sind die Beziehungen des Tryptophans zu Nikotinsäure, Chinolinsäure und α-Picolinsäure, die den Übergang des Indol- bzw. Benzolringes in den Pyridinring einschließen. 3-Hydroxy-anthranilsäure scheint diejenige Verbindung zu sein, deren Benzolring zwischen den C-Atomen 3 und 4 in Gegenwart von Sauerstoff fermentativ geöffnet wird:

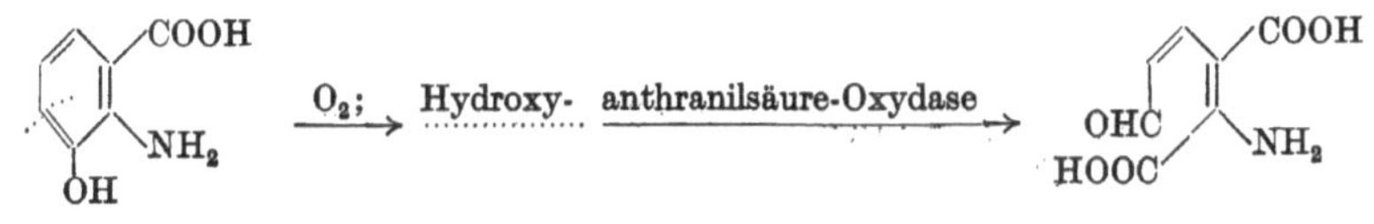

Aus der resultierenden Acrolein-aminofumarsäure sollen – nach Umlagerung in das entsprechende Maleinsäure-Derivat – Chinolinsäure, Nikotinsäure und α-Picolinsäure entstehen, doch sind die Einzelheiten der Bildung des Pyridinringes noch unbekannt:

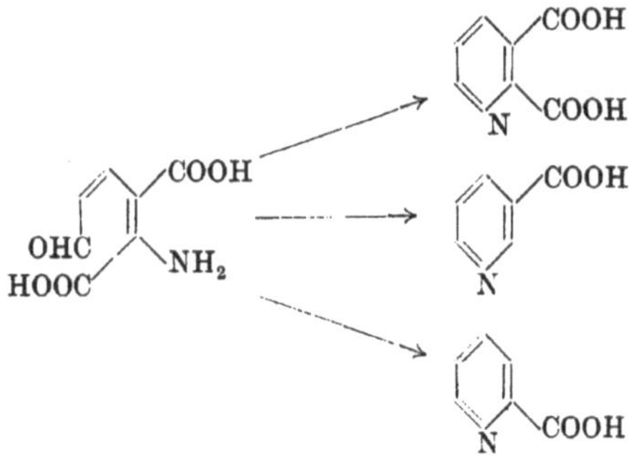

Chinolinsäure

Nikotinsäure

α-Picolinsäure

Die hier angedeuteten, im wesentlichen aus Fütterungsversuchen bekannten Tryptophan-Nikotinsäure-Beziehungen sind nur für einige Pilze (*Neurospora crassa, Claviceps purpurea*) und für Säugetiere, nicht aber für Bakterien und höhere Pflanzen nachgewiesen, bei denen der Pyridinring aus bis jetzt unbekannten Vorstufen synthesiert wird.

Zusammenfassende Literatur: MEHLER, 1955 [15], YANOFSKY, 1955 [30], MOTHES, 1955 [16].

3. SECHSGLIEDRIGE N-HETEROCYCLEN

a) Pyridin-Derivate

(vgl. Abschnitt 2d) Indol-Derivate)

b) Piperidin-Derivate

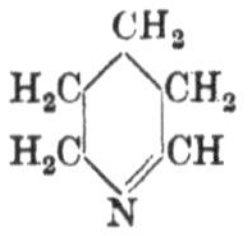

Δ^1-Piperidein (monomer nicht beständig)

Biosynthese:

$H_2N{-}CH_2{-}CH_2{-}CH_2{-}CH_2{-}CH(COOH){-}NH_2$ Lysin

↓ $-CO_2$

$H_2N{-}CH_2{-}CH_2{-}CH_2{-}CH_2{-}CH_2{-}NH_2$ Cadaverin

↓ $+ H_2O + O_2$ + tierische oder pflanzliche Diaminoxydase

$H_2N{-}CH_2{-}CH_2{-}CH_2{-}CH_2{-}CHO \quad + H_2O_2 + NH_3$

↓ spontan

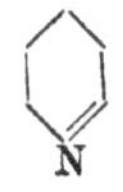

Δ^1-Piperidein

Literatur: TABOR, 1951 [24], MANN und SMITHIES, 1955 [14], HASSE und MAISACK, 1955a, 1955b [10] [11].

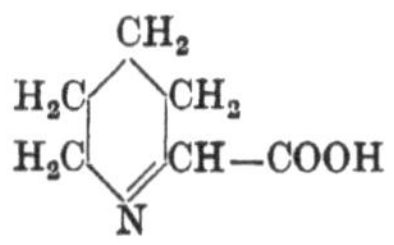

Δ^1-Dehydro-pipecolinsäure

Zwischenstufe bei der Bildung von Pipecolinsäure aus Lysin (*Neurospora*, *Phaseolus vulgaris*; Ratte):

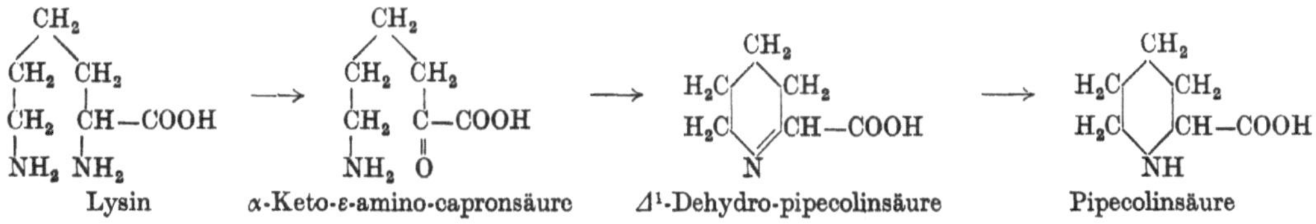

Zusammenfassende Literatur: ROTHSTEIN und MILLER, 1954 [19], SCHWEET, HOLDEN und LOWY, 1955 [20], GROBBELAAR, POLLARD und STEWARD, 1955 [9].

LITERATUR

[1] AMES, B. N., The biosynthesis of histidine. In W. D. MCELROY u. B. GLASS, Amino acid metabolism, S. 357–372, Baltimore 1955.

[2] ARNSTEIN, H. R. V., The metabolism of glycine, Adv. Protein Chem. 9, 1–91 (1954).

[3] DAVIS, B. D., Intermediates in amino acid biosynthesis, Adv. Enzymol. 16, 247–312 (1955).

[4] DRESEL, E. I. B., u. J. E. FALK, Conversion of δ-aminolaevulinic acid to porphobilinogen in a tissue system, Nature (London) 172, 1185 (1953).

[5] FOWDEN, L., Azetidine-2-carboxylic acid: A new constituent of plants, Nature (London) 176, 347–348 (1955).

[6] FOWDEN, L., Azetidine-2-carboxylic acid: A new cyclic imino acid occuring in plants, Biochem. J. 64, 323–332 (1956).

[7] GRANICK, S., Enzymatic conversion of δ-amino levulinic acid to porphobilinogen, Science (Lancaster, Pa.) 120, 1105—1106 (1954).

[8] GRANICK, S., Metabolism of heme and chlorophyll. In D. M. GREENBERG, Chemical pathways of metabolism, Bd. II, S. 287—342, New York: Academic Press 1954.

[9] GROBBELAAR, N., J. K. POLLARD u. F. C. STEWARD, New soluble nitrogen compounds (amino- and imino-acids) in plants, Nature (London) 175, 703—708 (1955).

[10] HASSE, K. u. H. MAISACK, Δ^1-Pyrrolin und Δ^1-Piperidein aus Putrescin und Cadaverin durch enzymatische Oxydation, Naturw. 42, 627–628 (1955a)

[11] HASSE, K. u. H. MAISACK, Die Reaktionsprodukte der enzymatischen Oxydation von Putrescin und Cadaverin, Biochem. Z. 327, 296—304 (1955b).

[12] LEVY, L. u. M. J. COON, The role of formate in the biosynthesis of histidine, J. of Biol. Chem. 192, 807–815 (1951).

[13] LEVY, L. u. M. I. COON, Biosynthesis of histidine from radioactive acetate and glucose, J. of Biol. Chem. 208, 691–700 (1954).

[14] MANN, P. J. G. u. W. R. SMITHIES, Plant enzyme reactions leading to the formation of heterocyclic compounds. I. The formation of unsaturated pyrrolidine and piperidine compounds, Biochem. J 61, 89–100 (1955).

[15] MEHLER, A. H., Metabolism of tryptophan, in W. D. MCELROY u. B. GLASS, Amino acid metabolism, S. 882—908, Baltimore 1955.

[16] MOTHES, K., Physiology of alkaloids, Annual Rev. Plant Physiol. 6, 393–432 (1955).

[17] NEUBERGER, A. u. J. J. SCOTT, Aminolaevulinic acid and porphyrin biosynthesis, Nature (London) 172, 1093–1094 (1953).

[18] NYC, J. F., H. K. MITCHELL, E. LEIFER u. W. H. LANGHAM, The use of isotopic carbon in a study of the metabolism of anthranilic acid in Neurospora, J. of Biol Chem. 179, 783–787 (1949).

[19] ROTHSTEIN, M. u. L. L. MILLER, The conversion of lysine to pipecolic acid in the rat, J. of Biol. Chem. 211, 851–865 (1954).

[20] SCHWEET, R. S., J. T. HOLDEN u. P. H. LOWY, The isolation and metabolism of the α-keto acid of lysine, in W. D. MCELROY u. B. GLASS, Amino acid metabolism, S. 496–506, Baltimore 1955.

[21] SHEMIN, D. u. C. S. RUSSELL, δ-Aminolevulinic acid, its role in the biosynthesis of porphyrins and purines, J. Amer. Chem. Soc. 75, 4873–4874 (1953).

[22] SHEMIN, D., J. W. CORCORAN, CH. ROSENBLUM u. I. M. MILLER, On the biosynthesis of the porphyrin-like moiety of vitamin B_{12}, Science (Lancaster, Pa.) 124, 272 (1956).

[23] STETTEN, M. R., Metabolic relationship between glutamic acid, proline, hydroxyproline and ornithine, in W. D. MCELROY u. B. GLASS, Amino acid metabolism, S. 277–290, Baltimore 1955.

[24] TABOR, H., Diamine oxidase, J. of Biol. Chem. 188, 125–136 (1951).

[25] VIRTANEN, A. I., u. P. LINKO, A new type of nitrogen compound in green plants. A cyclic homoserine derivative in some Liliaceae plants, Acta chem. scand. (Copenh.) 9, 551–553 (1955).
[26] VOGEL, H. J., On the glutamate-proline-ornithine interrelation in various microorganisms, in W. D. MCELROY u. B. GLASS, Amino acid metabolism, S. 335–346, Baltimore 1955.
[27] WESTLEY, J., u. J. CEITHAML, Synthesis of histidine in E. coli. I. Biochemical mutant studies, Arch. of Biochem. a. Biophysics 60, 215–225 (1956a).
[28] WESTLAY, J., u. J. CEITHAML, Synthesis of histidine in E. coli. II. Radioisotopic tracer studies, J. of Biol. Chem. 219, 139–149 (1956b).
[29] WOODWARD, R. B., Neuere Entwicklungen in der Chemie der Naturstoffe, Angew. Chem. 68, 13–20 (1956).
[30] YANOFSKY, C., Tryptophan and niacin synthesis in various organisms, in W. D. MCELROY u. B. GLASS, Amino acid metabolism, S. 930–939, Baltimore 1955.
[31] YANOFSKY, C., The enzymatic conversion of anthranilic acid to indole, J. of Biol. Chem. 223, 171–184 (1956).
[32] ZEILE, K., Die Biosynthese des Hämins, Angew. Chem. 66, 729–735 (1954).
[33] ZEILE, K., Neuere Entwicklungen in der Chemie der Porphin-Farbstoffe, Angw. Chem. 68, 193–201 (1956).

Aus dem Institut für Kulturpflanzenforschung Gatersleben der Deutschen Akademie der Wissenschaften zu Berlin

Biogenese von Alkaloiden (Übersicht)[1])

von A. Romeike

Die Klärung des Bildungsweges von Alkaloiden in der Pflanze ist sowohl für den Chemiker als auch für den Biologen von großem Interesse. Wertvolle Beiträge wurden auf diesem Gebiet durch Synthesen in vitro geliefert, die unter Bedingungen, die denen im lebenden pflanzlichen Organismus entsprechen, ablaufen. Solche Synthesen lassen in vielen Fällen den Bildungsweg in der Pflanze mit großer Wahrscheinlichkeit voraussagen, jedoch kann einen schlüssigen Beweis erst das Experiment an der lebenden Pflanze liefern. Auf diesem Gebiet können bisher erst für relativ wenige Alkaloide sichere Aussagen gemacht werden.

Ein wertvolles Hilfsmittel zur Klärung der Alkaloidbiogenese im lebenden Organismus bietet in neuerer Zeit die Markierungstechnik mit Isotopen. Resultate älterer Autoren konnten in einigen Fällen auf diese Weise eine Bestätigung erfahren.

So schloß bereits Raoul [1], [2] für Hordenin, das Alkaloid der Gerstenkeimlinge, auf den gleichen Biogeneseweg, den etwa 20 Jahre später Leete und Mitarbeiter [3], [4] mit Hilfe der Markierungstechnik fanden. Der von Raoul vermutete Syntheseweg, ausgehend von Tyrosin über Tyramin, konnte von ihm zunächst in vitro unter „zellmöglichen" Bedingungen verifiziert werden [1]. Untersuchungen über den Hordenin- und Tyrosingehalt keimender Gerste ergaben dann, daß das Hordenin, das einige Tage nach der Keimung auftritt, zunächst rasch zunimmt und dann wieder in wenigen Tagen völlig verschwindet. Der Tyrosingehalt dagegen ist zu Beginn der Keimung am höchsten, sinkt in den ersten Tagen, um dann wieder anzusteigen. Diese Ergebnisse deutete Vf. als Bestätigung des von ihm vermuteten Synthesewegs in der Pflanze [2].

Leete, Kirkwood und Marion (1952) [3] zeigten zunächst durch Fütterungsversuche mit Tyramin-α-^{14}C an Gerstenkeimlingen, daß schrittweise Methylierung zum N-Methyltyramin und schließlich zum Hordenin (Dimethyltyramin) führt. 1953 führten Leete und Marion [4] dann analoge Fütterungsversuche mit D, L-2-^{14}C Tyrosin durch; sie konnten sowohl markiertes N-Methyltyramin als auch Hordenin jedoch kein radioaktives Tyramin isolieren, woraus sie schließen, daß das Tyramin sehr rasch methyliert wird.

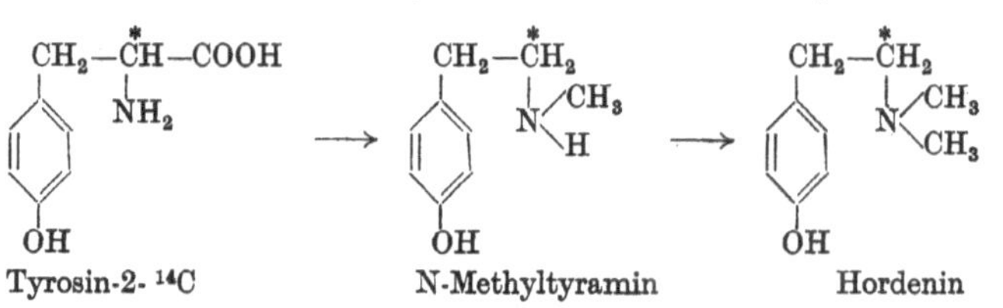

Tyrosin-2-^{14}C N-Methyltyramin Hordenin

Der gleiche Arbeitskreis (Bowden und Marion [5]) untersuchte die Biogenese des Gerstenalkaloids Gramin. Gabe von β-^{14}C-Tryptophan an Gerstenpflanzen führte zur Bildung von radioaktivem Gramin, das in gleicher Stellung markiert war.

Leete und Marion [6] konnten dann weiterhin zeigen, daß das Tryptophan ohne Abspaltung der Alaninseitenkette zu Gramin umgebaut wird. Zweifach markiertes Tryptophan-

[1]) ausführlichere Darstellung: Handbuch der Pflanzenphysiologie, Bd. VIII, Springer-Verlag, Berlin-Göttingen-Heidelberg, (im Druck).

2-β-[14] C wurde sprossenden Gerstenpflanzen zugeführt und aus den Versuchspflanzen Gramin isoliert, das die Radioaktivität in 2-Stellung des Kerns und in der Methylengruppe der Seitenkette enthielt.

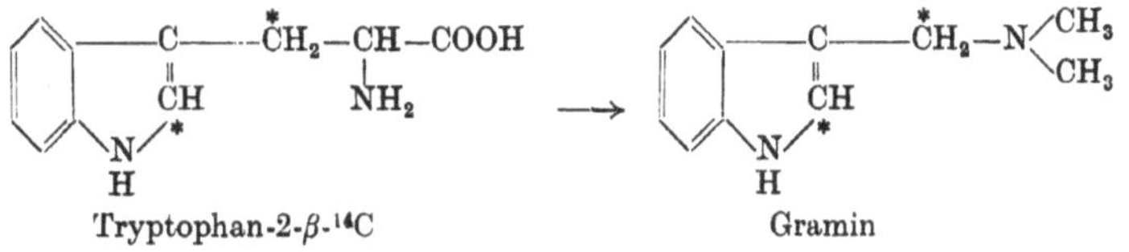

Auf dem Gebiet der Tropan-Alkaloide waren es JAMES und CROMWELL, die mit als erste Versuche über den Bildungsweg der Alkaloide an der lebenden Pflanze durchführten. JAMES [7] fand bei Ernährungsversuchen an isolierten jungen *Atropa*blättern eine geringe Alkaloidzunahme nach Gabe von Arginin bzw. Ornithin zusammen mit Rohrzucker. Er schloß daraus, daß der Bildungsweg des Tropanskelets von Arginin über Ornithin führt. CROMWELL [8] vermutete, daß eine weitere Zwischenstufe Putrescin sei. Er fand nach Injektion sowohl von Arginin als auch von Putrescin in *Atropa*-bzw. *Datura*pflanzen einen Anstieg des Alkaloidgehalts, während andere Aminosäuren keine Zunahme bewirkten.

Während LEETE, MARION und SPENSER [9] mit Hilfe der Isotopentechnik bestätigen konnten, daß Ornithin als Vorstufe der Tropanalkaloide in den Pflanzen dienen kann, verlief ein entsprechender von DIAPER, KIRKWOOD und MARION durchgeführter Versuch [10] mit markiertem Putrescin (1:4—[14] C) negativ.

LEETE, MARION und SPENSER [9] führten mehrere Monate alten *Datura-stramonium*-Pflanzen über die Wurzel α-^{14}C-Ornithin zu. Nach 8 Tagen ergab die Analyse radioaktives Hyoscyamin, das die Aktivität auf die Brücken-C-Atome des Tropinrings verteilt enthielt.

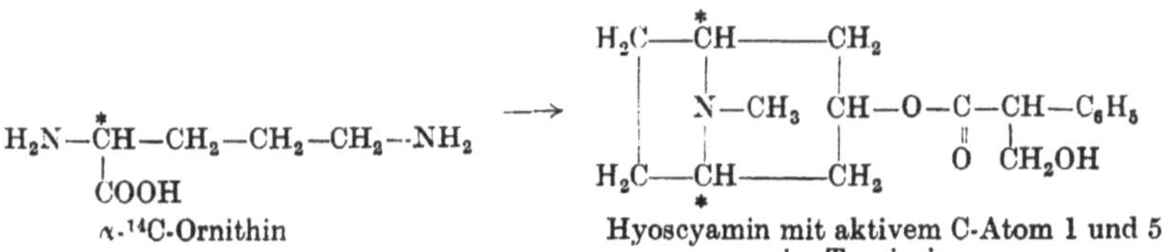

Das neben dem Hyoscyamin in den Versuchspflanzen enthaltene Scopolamin zeigte sich völlig inaktiv, woraus Vff. auf einen getrennten Bildungsweg der beiden Alkaloide schließen.

Damit ergaben sich Widersprüche zu Ergebnissen anderer Autoren. REINOUTS VAN HAGA [11] hält einen getrennten Bildungsweg für Hyoscyamin und Scopolamin für unwahrscheinlich; aus Fütterungsversuchen mit Ornithin an aseptischen Wurzelkulturen von *Atropa* schließt er, daß Ornithin sowohl eine Vorstufe von Hyoscyamin als auch von Scopolamin ist. CROMWELL [12] vermutete als gemeinsame Vorstufe für Hyoscyamin und Scopolamin einen C_6—C_7 ungesättigten Tropankörper; diese Annahme wurde in jüngster Zeit gestützt durch eine Scopolaminsynthese in vitro von FODOR [13], die von Tropan-3,6-diol ausgehend über 3,6-Tropenol führt.

Für einen gemeinsamen Syntheseweg sprechen auch unsere eigenen Ergebnisse [14], [15], wonach *Datura ferox* dazu fähig ist, in ihren oberirdischen Teilen Hyoscyamin in das Epoxyd Scopolamin überzuführen. *Datura ferox* enthält in ihren oberirdischen Teilen nur einen sehr geringen Hyoscyaminanteil, während Scopolamin den größten Teil des Gesamtalkaloids ausmacht. In der Wurzel dagegen sind erhebliche Hyoscyaminmengen enthalten. Untersuchungen des Blutungssaftes der *Datura ferox* sowie Pfropfungsexperimente zeigten dann, daß aus der Wurzel von *Datura ferox* Hyoscyamin in die oberirdischen Teile geleitet wird. Es lag also nahe, eine Umwandlung des Hyoscyamins in Scopolamin zu vermuten. Folgendes

Experiment wurde nun durchgeführt: *Datura ferox* wurde auf *Cyphomandra*wurzeln gepfropft, und auf diese Weise wurden *D. ferox*-Reiser erhalten, die praktisch alkaloidfrei sind. Werden nun Zweige solcher Pflanzen in Hyoscyaminlösung gestellt, so ist nach etwa 10 Tagen neben Hyoscyamin ein erheblicher Anteil eines weiteren Alkaloids nachweisbar, das durch Papierchromatographie, Vitali- und mydriatische Reaktion sowie durch Schmelzpunktbestimmung des Pikrats als Scopolamin identifiziert werden konnte. (Abb. 1[1])). Die Pfropfungen von *D. ferox* auf *Cyphomandra* haben eine Lebensdauer von ca. 10 Monaten. Während dieser ganzen Zeit zeigten die *D. ferox*-Reiser die Fähigkeit zur Umwandlung des Hyoscyamins in Scopolamin. *Atropa bella-donna* und die *Datura*-Arten *stramonium, innoxia* und *metel* zeigten

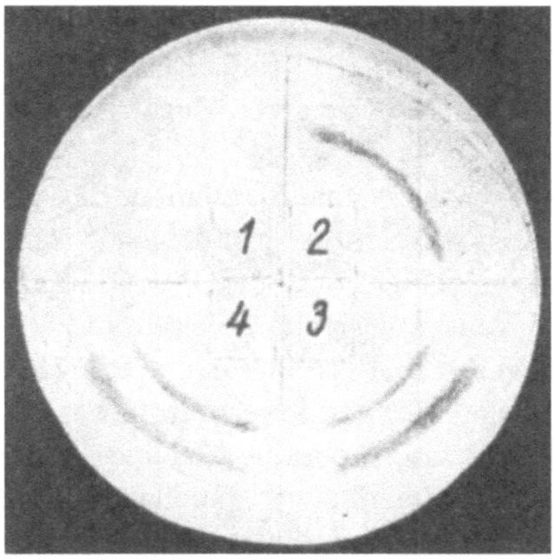

Abb. 1

Rundfilterchromatogramm: Hyoscyaminbehandlung von Reisern der Pfropfung *Datura ferox* auf *Cyphomandra betacea*. 1: Unbehandelte Reiser, 2: behandelte Reiser am Versuchsbeginn, 3: behandelte Reiser nach 12 Tagen, 4: Reinalkaloide, Scopolamin außen, Hyoscyamin innen.

bei analoger Versuchsanordnung keine Umwandlung des Hyoscyamins. Die betreffenden Pfropfungen waren zum Zeitpunkt des Versuchs mehrere Monate alt. Auch die von LEETE und Mitarbeitern [9] verwendeten *Datura stramonium*-Pflanzen hatten ein Alter von 4 Monaten.

Wie nun Untersuchungen von HEGNAUER [16], EVANS und PARTRIDGE [17], TRAUTNER [18], ROMEIKE [19] ergeben haben, ist für *Datura stramonium* und Varietäten, für *Atropa, Hyoscyamus niger* und auch *Duboisia* das Verhältnis von Scopolamin: Hyoscyamin vom Entwicklungszustand der Pflanzen abhängig, es ist bei Keimlingen am größten und nimmt mit zunehmendem Alter ab.

Unsere eigenen Untersuchungen an Keimlingen von *Atropa, D. stramonium*-Varietäten, *D. innoxia* und *Hyoscyamus niger* ergaben, daß in den oberirdischen Teilen das Verhältnis von Scopolamin: Hyoscyamin stets größer ist als in den Wurzeln der gleichen Pflanzen [15]. In den meisten Fällen überwog im Sproß das Scopolamin, in der Wurzel das Hyoscyamin. Es wäre denkbar, daß hier der Sproß im Jugendstadium ebenfalls zu einer Epoxydbildung fähig ist. Natürlich muß auch an eine selbständige Scopolamin-Synthese im Sproß gedacht werden.

IMASEKI [20] fütterte *D. stramonium* mit ^{15}N-Ammonsulfat. Am Ende der 1. Woche waren 11% des Gesamthyoscyamins mit ^{15}N beladen, vom Scopolamin nur 3%. Am Ende der 2. Woche waren 36% des Hyoscyamins und 20% des Scopolamins ^{15}N-haltig. Auch hieraus könnte man schließen, daß zunächst Hyoscyamin gebildet wird und dann in Scopolamin umgewandelt wird. Der Widerspruch der Ergebnisse von LEETE und Mitarbeitern [9] zu der Auffassung anderer Autoren, wonach Hyoscyamin und Scopolamin einen gemeinsamen Biogeneseweg hätten, ist vielleicht nur durch das Alter der Versuchspflanzen bedingt.

---

[1]) Aus: Flora 143, 82 (1956).

Marion und Thomas [21] führten älteren *D. stramonium*-Pflanzen Methionin zu, das in der Methylgruppe mit ^{14}C markiert war. Auch in diesem Falle konnte nur radioaktives Hyoscyamin, kein aktives Scopolamin wiedergefunden werden. Sie schließen daraus, daß ältere Pflanzen nur noch Hyoscyamin und kein Scopolamin zu bilden vermögen.

Versuche von Evans und Partridge [22] sprechen dafür, daß der Bildungsweg der Tropan-Alkaloide über Glycin verläuft. Fütterungsversuche mit markiertem Glycin verliefen in der Weise, daß zunächst, während der ersten 9 Tage nach Gabe von Glycin-2-^{14}C, die Aktivität in Aminosäuren und einfachen Peptiden gefunden wurde, nach 9 Tagen waren keine radioaktiven Aminosäuren mehr enthalten, und 30 bis 40 Tage nach Versuchsbeginn konnten radioaktives Scopolamin und Meteloidin nachgewiesen werden.

Biogenetische Zusammenhänge zwischen Basen vom Typ des Hygrins und den Tropan-Alkaloiden vermutete Robinson bereits 1917 [23]. Einen weiteren Hinweis hierfür brachte Reinouts van Haga [24] mit dem Nachweis von Cuskhygrin in Wurzeln von *Atropa*keimlingen.

Für die Erforschung der Biosynthese von Alkaloiden, die einen Pyrrolidin- bzw. Piperidinring enthalten, waren Arbeiten von Schöpf grundlegend. Auf Grund von Synthesen unter zellmöglichen Bedingungen nimmt er an, daß sich Pyrrolidinderivate, die in 2-Stellung des Kerns eine Seitenkette tragen, vom Δ_1-Pyrrolin ableiten und analoge Piperidinderivate vom Δ_1-Piperidein [25]. Als Vorstufe des Δ_1-Pyrrolins in der Pflanze käme Ornithin, als Vorstufe des Δ_1-Piperideins Lysin in Frage. Robinson vermutete bereits 1917 [23], daß Pyrrolidin-Alkaloide in der Pflanze über Ornithin, Piperidin-Alkaloide über Lysin gebildet werden.

Für solche biogenetischen Zusammenhänge sprechen auch Resultate von Hasse und Maisack [26], die feststellten, daß Δ_1-Pyrrolin und Δ_1-Piperidein als primäre Oxydationsprodukte aus Putrescin bzw. Cadaverin unter Einwirkung von Diaminoxydasen entstehen.

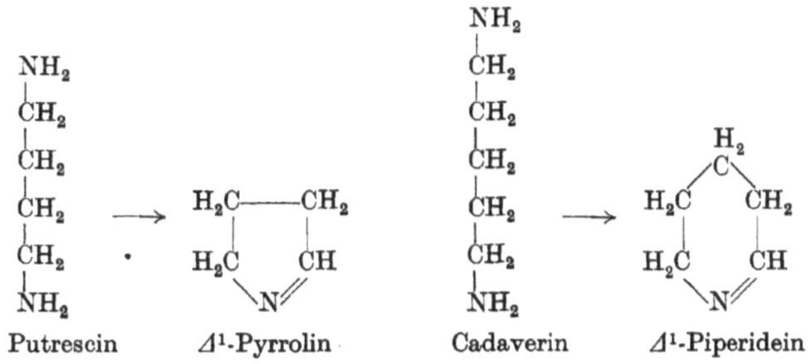

Fütterungsversuche mit α-^{14}C-Ornithin an Tabakpflanzen wurden von Dewey und Byerrum [27] und von Leete [28] durchgeführt und führten zu übereinstimmenden Ergebnissen. Dewey und Byerrum isolierten aus den Versuchspflanzen Nikotin, das die Radioaktivität gleichmäßig auf das C-Atom 2 und das C-Atom 5 des Pyrrolidinringes verteilt enthielt.

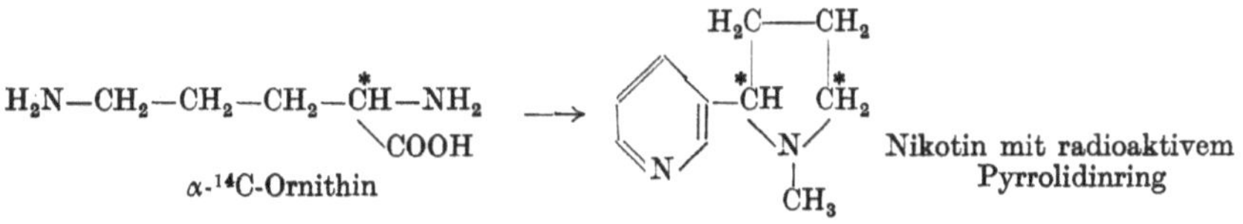

Sie schließen daraus, daß zunächst aus Ornithin ein symmetrisches Zwischenprodukt entsteht. Leete fand die Hälfte der gegebenen Aktivität im C-Atom 2 des Pyrrolidinringes. Auch er folgert, daß das Ornithin nicht direkt in das Nikotinmolekül eingebaut wird und vermutet als Zwischenstufe Putrescin.

BOTHNER-BY, DAWSON und CHRISTMAN [29] prüften die Möglichkeit einer Bildung des Pyridinringes im Nikotinmolekül aus Lysin, wie sie in Analogie zur Biosynthese des Pyrrolidinringes vermutet werden könnte. Sie benutzten zu ihren Versuchen aseptische Kulturen isolierter Tabakwurzeln, denen sie L(+)-Lysin-^{15}N zusetzten bzw. L(+)-Lysin, das in allen Stellungen mit ^{14}C markiert war. ^{15}N und ^{14}C konnten jedoch nur in geringer Menge im Nikotin gefunden werden und zwar nicht im Pyridin- sondern im Pyrrolidinring. Dies Resultat spricht dagegen, daß das Lysin zum Aufbau des Pyridinringes des Nikotinmoleküls dient.

Ein ähnliches Ergebnis erzielte ARONOFF [30] bei der Untersuchung der Synthese des Anabasins in *Nicotiana glauca.* Zunächst bestätigte er, daß der isolierte Sproß von *Nicotiana glauca* zur Anabasinsynthese fähig ist, durch folgenden Versuch: Abgeschnittene Blätter der Versuchspflanze wurden in Wasser gestellt und mit $^{14}CO_2$ belüftet; aus diesen Blättern konnte Anabasin isoliert werden, das in sämtlichen C-Atomen Radioaktivität zeigte. Nun wurden an isolierten *N. glauca*-Blättern Fütterungsversuche mit Lysin-2-^{14}C bzw. mit Hydroxylysin-ε-^{14}C durchgeführt. Es konnten jedoch nur minimale aktive Anabasinmengen gefunden werden. Auch dies Ergebnis spricht gegen eine Biosynthese des Pyridinringes aus Lysin.

BOGDASEVSKAJA [31] dagegen fand in *Ricinus*keimlingen nach Gabe von Lysin eine Steigerung des Riciningehaltes in den Wurzeln um 20%. Hier scheint Lysin als Vorstufe des Pyridinringes verwendet werden zu können.

Nikotinsäure als Vorstufe des Nikotins in der Pflanze zu vermuten, lag nahe. Mit der Klärung dieser Frage beschäftigten sich DAWSON und Mitarbeiter [32], [33], [34].

Zunächst fand DAWSON [32] bei Fütterungsversuchen an isolierten Tabakblättern mit Nikotinsäure eine Zunahme des Nikotingehaltes. Dies Resultat konnte jedoch an Tabakwurzeln, denen Nikotinsäure mit einem ^{14}C-Atom in der COOH-Gruppe zugeführt wurde, nicht bestätigt werden [33]. Kein aktives Nikotin konnte aus den Wurzeln isoliert werden.

Neuerdings brachten DAWSON und Mitarbeiter den Beweis dafür, daß Nikotinsäure zur Bildung des Pyridinringes des Nikotinmoleküls dient. [34], (siehe Diskussionsbemerkung von Herrn BOIT zum Vortrag von Herrn HEGNAUER).

Die Möglichkeit der Bildung des Nikotins aus Tryptophan wurde von WINTERSTEIN und TRIER erwogen [35] und später von BOWDEN mit Hilfe der Markierungstechnik geprüft [36]. Er führte Tabakpflanzen Tryptophan-β-^{14}C zu, konnte jedoch aus den Versuchspflanzen kein aktives Nikotin isolieren. Das Resultat spricht dafür, daß Tryptophan nicht zur Nikotinsynthese verwendet wird, jedenfalls nicht als ganzes Molekül.

Widersprechende Ergebnisse liegen über die Biogenese von Trigonellin und Stachydrin vor. Nach den Befunden von KLEIN und LINSER [37] sind Prolin und Ornithin als Vorstufen beider Betaine anzusehen. Die Stachydrinbildung wurde von ihnen an *Stachys*-Arten und *Galeopsis ochroleuca,* die Trigonellinsynthese an *Trigonella*- und Dahlienarten untersucht. Nach Injektion von verschiedenen Aminosäuren in die hohlen Stengel der Versuchspflanzen zeigte sich bei Gabe von Prolin und Ornithin eine starke Zunahme des Betaingehalts, die bei Anwendung der übrigen Aminosäuren nicht zu beobachten war.

LEETE, MARION und SPENSER [38], die allerdings eine andere Versuchspflanze, *Medicago sativa* L., benutzten, konnten dies Ergebnis nicht bestätigen. Fütterungsversuche mit Ornithin-2-^{14}C führten nicht zur Bildung von radioaktivem Stachydrin. Da die Methylierung des Prolins in der Pflanze leicht gelingt, scheint auch Prolin nicht als Vorstufe des Stachydrins verwendet zu werden.

Den Ergebnissen von KLEIN und LINSER über die Biogenese des Trigonellins widersprechende Resultate erhielt ZEIJLEMAKER [39]. Allerdings benutzte auch er andere Versuchspflanzen. ZEIJLEMAKER stellte fest, daß abgeschnittenen Erbsenpflanzen zugeführte Nikotinsäure quantitativ in Trigonellin umgewandelt wird. Ornithin, Citrullin, Pyridoxin, Brenztraubensäure und Tryptophan hatten weder auf die Nikotinsäure- noch auf die Trigonellinsynthese Einfluß.

Aronoff [30] untersuchte die Trigonellin-Biogenese mit Hilfe der Isotopentechnik. Auch er benutzte zu seinen Versuchen abgeschnittene Erbsenpflanzen, die er unter Zusatz von 3-Hydroxyanthranilsäure ernährte, die in der Carboxylgruppe ein ^{14}C-Atom trug. Es konnte kein radioaktives Trigonellin aus den Versuchspflanzen isoliert werden.

Einen Zusammenhang zwischen Tryptophan und Nikotinsäure- bzw. Anthranilsäurederivaten, wie er im tierischen Organismus besteht und von Tyler und Schwarting [40] auch in saprophytischer Kultur von *Claviceps purpurea* beobachtet wurde, vermuteten Leete, Marion und Spenser [41] auch für die höhere Pflanze.

Ein in höheren Pflanzen vorkommendes Anthranilsäurederivat ist das Alkaloid Damascenin aus *Nigella damascena*, ein Nikotinsäurederivat das Trigonellin.

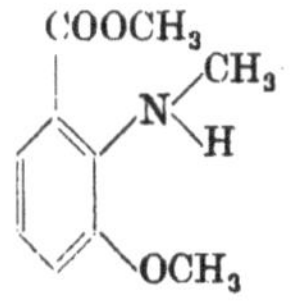

Damascenin

Leete und Mitarbeiter führten Fütterungsversuche mit Tryptophan-3-^{14}C an *Nigella damascena* und Erbsenpflanzen durch, konnten jedoch kein radioaktives Damascenin bzw. Trigonellin aus den Versuchspflanzen isolieren. Dies Resultat spricht dafür, daß die Biogenesewege von Nikotinsäure und Anthranilsäure im tierischen Organismus und in den Pflanzen verschieden verlaufen.

Auf dem Gebiet der Mutterkornalkaloide kann bisher noch keine bestimmte Aussage über ihren Bildungsweg in der Pflanze gemacht werden. Tyler und Schwarting [40] beobachteten an Submerskulturen von *Claviceps purpurea*, daß Indol zur Synthese von Tryptophan verwendet wird, während Zusatz von Anthranil- bzw. Shikimisäure zu einem negativen Ergebnis führte. Tryptophan wurde nicht zu Lysergsäure sondern zu Nikotinsäure weiterverarbeitet.

Pöhm [42] prüfte den Einfluß verschiedener Aminosäuren auf die Biogenese der Mutterkornalkaloide an saprophytischen Kulturen des Pilzes. In keinem Falle konnte er eine Steigerung des Alkaloidgehaltes feststellen.

Gröger und U. Mothes [43] untersuchten Zusammenhänge zwischen dem Aminosäuregehalt der Wirtspflanze und dem Alkaloidgehalt der Mutterkornsklerotien. 3 Wochen nach Beimpfung der Roggenpflanzen mit *Claviceps purpurea* wurden in die unteren Internodien der Halme verschiedene Aminosäuren injiziert. In den Sklerotien konnte keine qualitative Veränderung des Alkaloidgemisches beobachtet werden. Ein Einfluß auf den quantitativen Alkaloidgehalt war lediglich nach Gabe von Tryptophan zu beobachten, die zu einer geringen Zunahme führt.

In jüngster Zeit veröffentlichten Shibata und Imaseki [44] Untersuchungsergebnisse an *Ephedra distachya*. ^{15}N-Phenylalanin wurde den Versuchspflanzen zugeführt und nach einer Woche ^{15}N-Ephedrin isoliert. Fütterung mit ^{15}N-Alanin führte dagegen zu einem negativen Resultat.

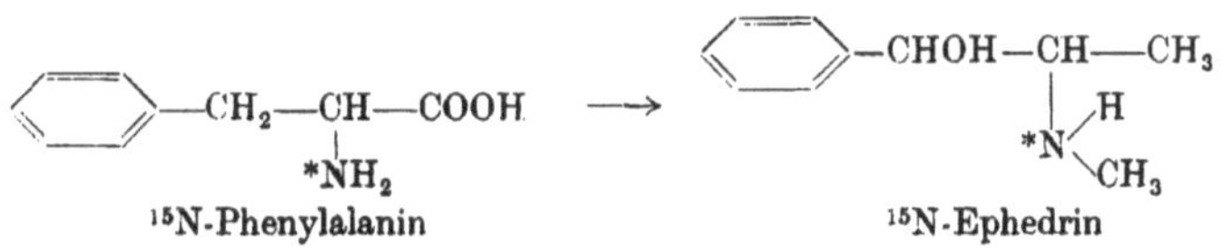

^{15}N-Phenylalanin ^{15}N-Ephedrin

Über den Abbau von Alkaloiden in der Pflanze liegen bisher kaum Ergebnisse vor. Es seien hier nur einige Arbeiten erwähnt, in denen über die Identifizierung von Abbauprodukten berichtet wird.

Untersuchungen von FRANKENBURG [45] ergaben, daß wasserlösliche Inhaltsstoffe von Tabaksamen gemeinsam mit Mikroorganismen eine Zersetzung des Nikotins bewirkten. Als Abbauprodukte konnte er γ-Keto-γ-(3-pyridyl)buttersäure, ein substituiertes Pyridon, zwei Glutaconsäurederivate, Ammoniak, Methylamin und einfache aliphatische Dicarbonsäuren isolieren. Es wäre denkbar, daß der Alkaloidschwund beim Reifen der Tabaksamen durch solche Vorgänge bewirkt wird. Aus einer Reihe von Beobachtungen über bakteriellen Nikotinabbau seien hier nur zwei Arbeiten von WADA und YAMASAKI [46] zitiert, denen es gelang, Abbauprodukte des Alkaloids zu identifizieren. So wurden aus dem Substrat einer *Pseudomonas*-Art, die ihren Stickstoff- und Kohlenstoffbedarf aus Nikotin zu decken vermag, nach Nikotin-Fütterung 3-Nikotinoylpropionsäure und 1-Nikotinoyl-3-methylaminopropan isoliert.

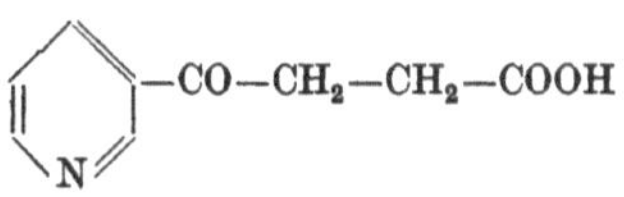

3-Nikotinoylpropionsäure

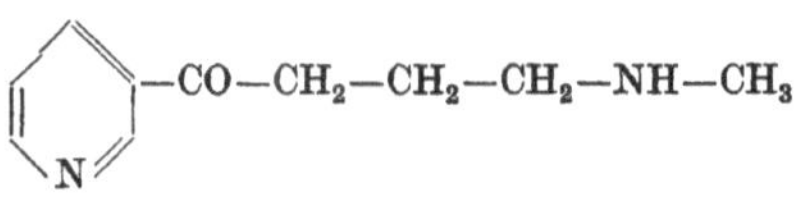

Pseudooxynikotin

Zahlreiche Untersuchungen an Alkaloidpflanzen sind bekannt, die deutlich für einen Alkaloidabbau sprechen, ohne daß bisher Anhaltspunkte für den Weg des Abbaus gewonnen werden konnten. Auch auf diesem Gebiet dürfte in Zukunft die Markierungstechnik mit Isotopen wertvolle Dienste leisten können.

LITERATUR

[1] RAOUL, Y., (Sur la formation de l'hordénine par un processus d'allure biologique.) Bull. Soc. Chim. biol. Paris **19**, 675 (1937).

[2] RAOUL, Y., (Évolution comparée de l'hordénine dans l'orge au cours de la germination.) Ann. Fermentations **3**, 385 (1937).

[3] LEETE, E., S. KIRKWOOD und L. MARION, (The biogenesis of alkaloids. VI. The formation of hordenine and N-methyltyramine from tyramine in barley.) Canad. J. Chem. **30**, 749 (1952).

[4] LEETE, E. u. L. MARION, (The biogenesis of alkaloids. VII. The formation of hordenine and N-methyltyramine from tyrosine in barley.) Canad. J. Chem. **31**, 126 (1953).

[5] BOWDEN, K., u. L. MARION, (The biogenesis of alkaloids. IV. The formation of gramine from tryptophan in barley.) Canad. J. Chem. **29**, 1037 (1951).

[6] LEETE, E., u. L. MARION, (The biogenesis of alkaloids. IX. Further investigations on the formation of gramine from tryptophan.) Canad. J. Chem. **31**, 1195 (1953).

[7] JAMES, W. O., (The amino-acid precursors of the belladonna alkaloids.) New Phytologist **48**, 172 (1949).

[8] CROMWELL, B. T., (The role of putrescine in the synthesis of hyoscyamine.) Biochemic. J. **37**, 722 (1943).

[9] LEETE, E., L. MARION u. J. D. SPENSER, (Biogenesis of hyoscyamine.) Canad. J. Chem. **32**, 1116 (1954).

[10] DIAPER, D. G. M., S. KIRKWOOD u. L. MARION, (The biogenesis of alkaloids. III. A study of hyoscyamine biosynthesis using isotopic putrescine.) Canad. J. Chem. **29**, 964 (1951).

[11] REINOUTS VAN HAGA, P., (The biogenesis of tropane alkaloids.) Biochim. et Biophysica Acta **19**, 562 (1956).

[12] CROMWELL, B. T., (Studies on the synthesis of hyoscyamine in Atropa belladonna L. and Datura stramonium.) Biochemic. J. **37**, 717 (1943).

[13] FODOR, G., J. TÓTH, I. KOCZOR, P. DOBÓ und I. VINCZE, (The total synthesis of scopolamine.) Chem. and Ind. **1956**, 764.

[14] MOTHES, K. u. A. ROMEIKE, (Zur Frage der Alkaloidumwandlung im Sproß.) Naturwiss. **42**, 631 (1955).

[15] ROMEIKE, A., (Über die Mitwirkung des Sprosses bei der Ausbildung des Alkaloidspektrums. Epoxydbildung beim Hyoscyamin durch Datura ferox L.) Flora (Jena) **143**, 67 (1956).

[16] HEGNAUER, R., (Over de alkaloide-ontogenese bij Solanaceen.) Pharmaceut. Weekbl. **86**, 805 (1951).

[17] EVANS, W. C., u. M. W. PARTRIDGE, (Alkaloid biogenesis. II. Changes in the ontogenetic production of alkaloids in Atropa and Datura.) J. of Pharmacy and Pharmacol. **5**, 772 (1953).

[18] Trautner, E. M., (Alkaloid formation in Duboisia myoporoides and Duboisia Leichhardtii.) Austral. Chem. Inst. J. Proc. **14**, 411 (1947).
[19] Romeike, A., (Beiträge zur chemischen Physiologie der mydriatisch wirkenden Solanaceen-Alkaloide.) Pharmazie 8, 668; 729 (1953).
[20] Imaseki, I., (Phytochemical investigations on cultivation of medicinal plants. IX. On the alkaloid biogenesis in Datura.) Pharmaceut. Bull. **3**, 328 (1955).
[21] Marion, L., u. A. F. Thomas, (A further observation on the biogenesis of hyoscyamine.) Canad. J. Chem. **33**, 1853 (1955).
[22] Evans, W. C., u. M. W. Partridge, (Alkaloid biogenesis. Part III. The production of biosynthetic radioactive hyoscine and meteloidine.) J. of Pharmacy a. Pharmacol. **6**, 702 (1954).
[23] Robinson, R., (A theory of the mechanism of the phytochemical synthesis of certain alkaloids.) J. Chem. Soc. Lond. **1917**, 876.
[24] Reinouts van Haga, P., (Cuscohygrine, a normal constituent of Atropa belladonna.) Nature (Lond.) **174**, 833 (1954).
[25] Schöpf, Cl., (Neue Synthesen unter physiologischen Bedingungen.) Angew. Chem. **59**, 174 (1947); (Über die Polymeren des Δ_1-Piperideins und eine neue Synthese des Anabasins.) Angew. Chem. **59**, 29 (1947); (Neuere Synthesen unter physiologischen Bedingungen.) Angew. Chem. **61**, 31 (1949).
[26] Hasse, K., u. H. Maisack, (Die Reaktionsprodukte der enzymatischen Oxydation von Putrescin und Cadaverin.) Biochem. Z. **327**, 296 (1955).
[27] Dewey, L. J., u. R. Byerrum, (The biosynthesis of the pyrrolidine ring of nicotine.) Biochim. et Biophysica Acta 18, 141 (1955).
[28] Leete, E., (The biogenesis of nicotine.) Chem. a. Ind. **1955**, 537.
[29] Bothner-By, A. A., R. F. Dawson u. D. R. Christman, (Is lysine the source of the pyridine ring in nicotine?) Experientia (Basel) **12**, 151 (1956).
[30] Aronoff, S., (Biogenesis of the pyridine ring in higher plants.) Federat. Proc. **15**, 212 (1956).
[31] Bogdasevskaja, O. V., (Die physiologischen Bedingungen der Biosynthese des Ricinins.) Dokl. Akad. Nauk SSSR now. Ser. **99**, 853 (1954) (Russisch).
[32] Dawson, R. F., (Influence of certain amino acids and of nicotinic acid upon the nicotine content of tobacco leaves.) Plant Physiol. **14**, 479 (1939).
[33] Dawson, R. F., D. R. Christman u. R. Ch. Anderson, (Alkaloid biogenesis. IV. The non-availability of nicotinic acid-carboxyl-^{14}C and its ethyl ester for nicotine biosynthesis.) J. Amer. Chem. Soc. **75**, 5114 (1953).
[34] Dawson, R. F., D. R. Christman u. A. d'Adamo, (Intermediates in the biosynthesis of nicotine.) Plant Physiology **31**, xxxvii (1956).
[35] Winterstein, E., u. G. Trier, Die Alkaloide, 2. Ausg., S. 1031. Berlin: Gebrüder Bornträger 1931.
[36] Bowden, K., (Biogenesis of nicotine.) Nature (Lond.) **172**, 768 (1953).
[37] Klein, G., u. H. Linser, (Zur Bildung der Betaine und der Alkaloide in der Pflanze. I. Die Bildung von Stachydrin und Trigonellin.) Hoppe-Seylers Z. **209**, 75 (1932); — (II. Stachydrin und Trigonellin.) Planta (Berl.) **19**, 366 (1933).
[38] Leete, E., L. Marion u. J. D. Spenser, (The biogenesis of alkaloids. XIII. The role of ornithine in the biosynthesis of stachydrine.) J. of Biol. Chem. **214**, 71 (1955).
[39] Zeijlemaker, F. C. J., (The metabolism of nicotinic acid in the green pea and its connection with trigonelline.) Acta bot. neerl. **2**, 123 (1953).
[40] Tyler, V. E., u. A. E. Schwarting, (Tryptophan synthesis in Claviceps purpurea.) Science (Lancaster, Pa.) 118, 132 (1952).
[41] Leete, E., L. Marion u. J. D. Spenser, (The biogenesis of alkaloids. XIV. A study of the biosynthesis of damascenine and trigonelline.) Canad. J. Chem. **33**, 405 (1955).
[42] Pöhm, M., (Freie Aminosäuren im Mutterkorn und ihre Beziehungen zu den Alkaloiden.) Österr. Apoth. Ztg. **7**, 346 (1953).
[43] Gröger, D., u. U. Mothes, (Über freie Aminosäuren und Amine im Mutterkorn.) Pharmazie **11**, 323 (1956).
[44] Shibata, S., u. I. Imaseki, (Phytochemical investigation on cultivation of medicinal plants. X. On the alkaloid biogenesis in Ephedra.) Pharmaceut. Bull. **3**, 277 (1956).
[45] Frankenburg, W. G., (Nicotine degradation in vitro induced by agents from tobacco seed.) Nature (Lond.) **175**, 945 (1955).
[46] Wada, E., u. K. Yamasaki, (The degradation of nicotine by soil bacteria.) J. Amer. Chem. Soc. **76**, 155 (1954); (Mechanism of microbial degradation of nicotine.) Science (Lancaster Pa.) **117**, 152 (1953).

Aus dem Forschungsinstitut für Pharmazie und Biochemie, Prag

Die Möglichkeiten der Verwendung der Papierchromatographie in der Alkaloidchemie

Von K. Macek

Die Papierchromatographie der Alkaloide hat in den wenigen Jahren ihrer Anwendung eine Entwicklung vom qualitativen Nachweis auf Grund von R_F-Werten bis zum heutigen Stande durchgemacht, da man die Methode außer zur geläufigen qualitativen und quantitativen Analyse zur Charakterisierung eines unbekannten Alkaloids verwerten und in manchen Fällen auch zur Lösung von Problemen verwenden kann, die mit der Struktur der Stoffe zusammenhängen. Die Grundlage der Methode bildet stets die Trennung auf dem Papier, daneben werden jedoch die gesammelten Erkenntnisse über die Beziehung zwischen Struktur und chromatographischem Verhalten verwertet; die Chromatographie wird weiter mit Tüpfelreaktionen und einigen anderen physikalisch-chemischen Methoden kombiniert. Da diese Art der Verwendung der Papierchromatographie in den biochemischen Laboratorien noch nicht allgemein eingeführt ist, seien hier die bisherigen Erfahrungen auf diesem Gebiete zusammengefaßt und auf die derzeitigen Möglichkeiten der Papierchromatographie bei der Analyse oder Strukturstudien in der Alkaloidreihe hingewiesen.

Die Verwendung der Papierchromatographie zur Reinheitsbestimmung der Alkaloide oder zur Identifizierung eines bekannten Alkaloids auf Grund des Vergleiches mit einer Standardprobe darf als allgemein bekannt vorausgesetzt werden. Schwieriger ist schon die Identifizierung eines Alkaloids, das wir in dem untersuchten Material nicht erwarten. Für einen derartigen Fall haben wir ein systematisches Verfahren ausgearbeitet [1], welches die Identifizierung von ungefähr 65 der häufigeren Alkaloide verschiedenen chemischen Charakters gestattet. Bei dieser Methode reihen wir das zu analysierende Alkaloid auf Grund des chromatographischen Verhaltens im Grundsystem in eine engere Gruppe von Stoffen mit ähnlichem R_F-Wert in diesem System ein, und das Alkaloid identifizieren wir dann nach den R_F-Werten in den Ergänzungssystemen und durch einige Nachweisreaktionen. In strittigen Fällen messen wir noch die Spektren im ultravioletten Bereich direkt auf dem Papier. Eine etwas andere Art der systematischen Analyse arbeiteten Goldbaum und Kazyak [2] aus, welche Alkaloide oder andere Basen nach dem chromatographischen Verhalten in 4 Systemen bei verschiedenem p_H-Wert klassifizierten.

Zur Charakterisierung neuer oder weniger häufiger Alkaloide, für die wir keine Vergleichssubstanz haben, muß ein etwas anderes chromatographisches Verfahren angewandt werden. Zunächst ist nachzuweisen, daß die zu analysierende Substanz wirklich Alkaloidcharakter besitzt. Diesen Beweis erbringen wir durch Nachweisreaktionen nach der Trennung am Papier. Als universales Reagens gilt allgemein das Dragendorff-Reagens, welches mit den Alkaloiden reagiert, die im Molekül einen heterocyclischen oder zumindest quartären Stickstoff haben. In den übrigen Fällen kann man sich von der Anwesenheit des Stickstoffs durch dessen Überführung in ein quartäres Salz mittels Dimethylsulfat direkt auf dem Papier überzeugen [3]. Andererseits haben wir jedoch festgestellt, daß auch einige stickstofffreie Substanzen von komplizierterer Struktur, wie z. B. Steroide, mit Dragendorff-Reagens reagieren. Ihre Unterscheidung von den Alkaloiden ist jedoch nicht schwierig; meistens schließt schon die Art der Isolierung des Alkaloids aus dem natürlichen Material ihre Gegenwart aus. Im Zweifelsfall kann der Alkaloidcharakter der Substanz durch Chromatographie auf mit Pufferlösungen von verschiedenem p_H-Wert imprägniertem Papier nachgewiesen werden: Durch das Aufstellen eines Diagramms der Abhängigkeit des R_F-Wertes vom p_H-Wert erzielen wir bei Alkaloiden eine charakteristische S-Kurve, während die Beweglichkeit der neutralen Steroide vom p_H-Wert unabhängig ist. Außerdem kann man natürlich im Eluat des Flecks den Stickstoff mit den Methoden der Elementar-Mikroanalyse bestimmen.

Schwieriger ist die weitere Identifizierung des Grundskeletts der Alkaloide und zwar infolge des Mangels an selektiven Farbreaktionen für bestimmte Ringformen. Nur das Pyridinskelett kann auf Grund der Reaktion mit Bromcyan und der anschließenden Sichtbarmachung mit aromatischen Aminen gut identifiziert werden. Selektiv ist auch die Reaktion der Mutterkornalkaloide, die mit p-Dimethylaminobenzaldehyd eine Blaufärbung zeigen und von denen die meisten im ultravioletten Licht intensiv blau fluoreszieren. Auf das Skelett der übrigen Alkaloide können wir jedoch nur annähernd aus einigen charakteristischen Reaktionen schließen: Die Indol-Alkaloide fluoreszieren in der Mehrzahl charakteristisch im ultravioletten Licht, geben die Reaktion mit p-Dimethylaminobenzaldehyd oder mit Formaldehyd und Salzsäure; die Curare-Alkaloide reagieren charakteristisch mit Cersulfat oder Zimtaldehyd; die Steroid-, einige Indol- und Opiumalkaloide geben eine intensive violette Reaktion mit konzentrierter Schwefelsäure. Daneben kann natürlich auf den Typ des Grundskeletts aus den R_F-Werten geschlossen werden, die sich nach dem Verteilungskoeffizienten richten. Weiterhin bietet die chromatographische Identifizierung der chemischen Abbauprodukte des Skeletts der Alkaloide wertvolle Hinweise.

Verhältnismäßig leicht können die verschiedenen funktionellen Gruppen bestimmt werden und zwar entweder durch Nachweisreaktionen oder auf Grund der Reaktion mit den Komponenten des Lösungsmittelsystems bei der chromatographischen Entwicklung. Von den Nachweisreaktionen erwähnen wir die Sichtbarmachung des phenolischen Hydroxyls mit diazotierter Salicylsäure, die des esterifizierten phenolischen Hydroxyls mit Millon's-Reagens, den Nachweis des Carboxyls mit acidobasischen Indikatoren oder besser durch Anwendung des Hydroxamtests; die Ketogruppe und die Aldehydgruppe lassen sich durch die Reaktion mit 2,4-Dinitrophenylhydrazin nachweisen, die aromatische Aminogruppe mit p-Dimethylaminobenzaldehyd, die primäre aliphatische Aminogruppe mit Ninhydrin, die sekundäre Aminogruppe mit Nitroprussidnatrium und Acetaldehyd u. ä. — Die zweite Möglichkeit beruht auf der Verwendung eines Lösungsmittelsystems, das ein Reagens enthält, das mit einer bestimmten funktionellen Gruppe des Alkaloids reagieren kann. Falls eine derartige Gruppe anwesend ist, ergibt sich ein deutlicher Unterschied des R_F-Wertes gegenüber dem Lösungsmittelsystem ohne dieses Reagens. Als Beispiel führen wir den Nachweis des phenolischen Hydroxyls nach Griffon und Romano [4] durch Entwicklung in einem Lösungsmittelsystem, das Natrium-Ferrocyanid enthält, an: Substanzen mit phenolischem Hydroxyl wurden ausgefällt und blieben am Start. Wagner [5] verwandte zum Nachweis der Ketogruppe ein Papier, das mit $KHSO_3$ imprägniert war: Die Ketogruppe der Alkaloide bildet mit dem Bisulfit ein Additionsprodukt, das stark hydrophilen Charakter hat und im Papier langsamer wandert als Substanzen, welche ein derartiges Produkt nicht bilden. Schließlich verwandten wir bei unsern Arbeiten [6] zum Nachweis der Alkaloide mit α-Diol-Anordnung ein mit Borsäure imprägniertes Papier, auf welchem solche Substanzen langsamer wanderten als auf einem Papier ohne Borsäure. Durch quantitative Auswertung dieses Unterschiedes konnten wir bei den Veratrum-Alkaloiden sogar die Anzahl der α-Diolgruppen im Molekül bestimmen.

Bei Alkaloiden vom Estertyp, bei Peptid- und Glykosidalkaloiden kann man nach der Hydrolyse die saure und basische Komponente chromatographisch identifizieren: Die saure

Hydrolyse führen wir zum Nachweis der Aminosäuren bei den Peptidalkaloiden oder zum Nachweis der Zucker bei glykosidischen Alkaloiden durch, die alkalische Hydrolyse verwenden wir zum Nachweis der Säuren und der wichtigsten Alkamine.

Sehr aussichtsreich ist auch die Auswertung des Zusammenhangs zwischen Struktur und chromatographischem Verhalten, besonders bei der Strukturbestimmung von Alkaloiden in einer engen chemischen Gruppe oder bei Zwischenprodukten der Biosynthese von Alkaloiden. Diese Beziehung beruht auf dem additiven Einfluß der einzelnen funktionellen Gruppen auf den Verteilungsquotienten und damit auch auf die R_F-Werte [7]. Allgemein lassen sich für die einzelnen funktionellen Gruppen sogenannte Gruppenkonstanten auffinden, welche den Einfluß dieser Gruppe auf den Verteilungsquotienten für ein bestimmtes System bestimmen, und daraus dann durch Addition die R_F-Werte der Substanz ermitteln. Außerdem sind auch noch die Reaktionen der benachbarten funktionellen Gruppen zu berücksichtigen und zwar einerseits die Bildung von Wasserstoffbrücken und andererseits die mögliche Verhinderung des Zutritts des Lösungsmittels zu den benachbarten Gruppen. Für die Berechnung der R_F-Werte in einigen Alkaloidgruppen brachten wir die Gleichung auf die Form

$$R_M = C + B + \overline{G}_1 + K_1 + \overline{G}_2 + K_2 + \ldots\ldots$$

Dabei bedeutet R_M $\log (1/R_F - 1)$, $\overline{G}_1, \overline{G}_2 \ldots$ die korrigierten Gruppenkonstanten, $K_1, K_2 \ldots$ die Korrektionsglieder für die Lage, C das Korrektionsglied für das Papier und das System und B die Konstante für die Grundstruktur. Diese Beziehung ermöglicht uns die Berechnung der R_F-Werte aus der Struktur, was z. B. bei der Wahl des geeigneten Lösungsmittelsystems von Bedeutung ist. Bei Strukturstudien kann man diese Beziehung zur Bestätigung oder zum Ausschluß der vorausgesetzten Struktur anwenden. In einigen einfacheren Fällen kann die geeignete Auswertung dieser Beziehung auch Hinweise auf die mögliche Struktur geben.

Außer diesen Methoden, deren Zweck die Ermittlung der Alkaloidstruktur ist, kann man die Papierchromatographie auch zur Bestimmung einiger Konstanten benützen. Der größte Vorzug der Papierchromatographie gegenüber andern analytischen Methoden beruht darauf, daß wir diese Alkaloidkonstanten auch in komplizierten Gemischen messen können. In den Endphasen der Identifizierung und der Strukturbestimmung des Alkaloids können natürlich einige der erwähnten Methoden durch die einfacheren und manchmal auch genaueren Methoden der klassischen Analyse ersetzt werden; nichtsdestoweniger nimmt die Papierchromatographie oft einen sehr wichtigen Platz auch bei der Klärung dieser Fragen ein, wie im weiteren noch gezeigt werden wird. Die erste Konstante ist der R_F-Wert, der jedoch eine Konstante nur unter gewissen genau definierten Bedingungen darstellt. Nach der Trennung lassen sich direkt am Papier die Spektren im ultravioletten Gebiet messen, wogegen für die Messung der Spektren im infraroten Gebiet der Alkaloidfleck zunächst eluiert werden muß. Die Möglichkeit der Schmelzpunktbestimmung der Alkaloide direkt im Papier mittels Koflerblock beschrieben Mattu und Comuzzi [8]. In einigen Fällen läßt sich auch bei den Alkaloiden die Kombination der Papierchromatographie mit dem biologischen Test verwenden. Diese Methode benutzte z. B. Ramshorn [9] zur Verfolgung der Wachstums- oder Hemmwirkung einiger Tabakalkaloide. Schließlich muß an dieser Stelle auch auf die interessante Feststellung von Kebrle und Mitarbeitern [10] aufmerksam gemacht werden, daß man bei bestimmten Gruppen von Alkaloiden aus dem R_F-Wert die biologische Wirksamkeit abschätzen kann. So ist z. B. bei den Curare-Alkaloiden die Curare-Wirksamkeit den R_F-Werten und somit auch der Löslichkeit im organischen Lösungsmittel umgekehrt proportional. Es ist wahrscheinlich, daß diese Beziehung auch für andere Alkaloide gilt.

Im weiteren Teil will ich drei Beispiele für die Anwendung der erwähnten Methoden bei unserer Arbeit anführen.

Ein Beispiel für den Zusammenhang zwischen Struktur und chromatographischem Verhalten will ich an Mutterkornalkaloiden erläutern. Auf Grund der experimentellen Daten

Tabelle 1

Konstante für Papier und System mit Formamid	C	Konstante für Grundstruktur	B	Gruppenkonstante	G
		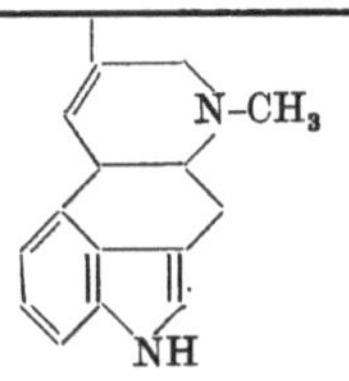		$-CH_2-$	-0,35
Chloroform	+ 0,0		+ 1,05	$-CH_3$	-0,8
				-CONH-	-0,8
				$-CONH_2$	-0,3
Chloroform-Benzol 4 6	+ 1,0	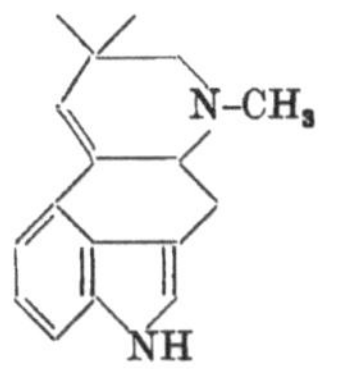	+ 1,95	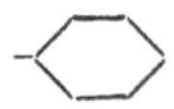	-1,6
				-COOH	+ 2,1
Benzol	+ 1,7	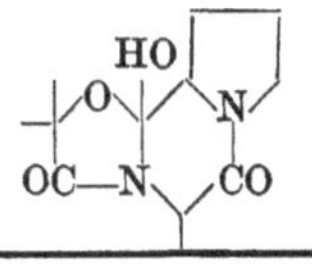	+ 0,85	$-CH_2OH$	+1,6
Benzol-Benzin 6:4	+ 2,3			9,10-Dihydro	+ 0,6

Korrektionsglieder K für -Iso: wasserlöslich -1,0; wasserunlöslich -0,7

Tabelle 2

	$CHCl_3$		Benzol		Benzol 6 Benzin 4	
	Theor.	Exp.	Theor.	Exp.	Theor.	Exp.
Lysergsäure	0,0	0,0				
Isolysergsäure	0,0	0,0				
Elymoclavin	0,01	0,01				
Agroclavin	0,36	0,36				
Amid-D-Lysergsäure	0,02	0,02				
Amid-D-Isolysergsäure	0,18	0,17				
Propanolamid-D-Lysergsäure	0,02	0,02				
Propanolamid-D-Isolysergsäure	0,21	0,19				
Butanolamid-D-Lysergsäure	0,05	0,05				
Butanolamid-D-Isolysergsäure	0,36	0,33				
Ergotamin	0,84	0,86	0,10	0,09		
Ergotaminin	0,97	0,97	0,36	0,46		
Dihydroergotamin	0,58	0,64	0,02	0,02		
Ergosin	0,93	0,94	0,20	0,14		
Ergocristin			0,62	0,62	0,28	0,28
Ergocristinin			0,89	0,88	0,66	0,56
Ergocornin			0,61	0,62	0,28	0,34
Ergocorninin			0,89	0,88	0,66	0,62
Ergokryptin			0,78	0,74	0,47	0,44
Ergokryptinin			0,95	0,95	0,81	0,72

berechneten wir die Korrektionsglieder für verschiedene Formamidsysteme von Chloroform bis zum Gemisch Benzol:Benzin, weiter die Konstanten für das Grundskelett und das Skelett der Cyclolstruktur, den Korrektionsfaktor für die rechtsdrehenden Alkaloide und schließlich die Werte verschiedener Gruppenkonstanten. Auf Grund der schon erwähnten Gleichung ($R_M = C + B_1 + B_2 + K + \overline{G}_1 + \overline{G}_2 + \ldots.$) können wir die R_F-Werte jedes beliebigen der natürlichen Mutterkornalkaloide in verschiedenen Formamidsystemen berechnen. Diese Methode gestattet uns die annähernde Identifizierung der Alkaloide auch dann, wenn wir keine Standardsubstanz zur Verfügung haben. Aus Tabelle 2 ist die gute Übereinstimmung der gefundenen und berechneten Werte ersichtlich.

Die Auswertung dieser Zusammenhänge bei der Lösung von Konstitutionsfragen möchte ich schließlich am Beispiel der Veratrum-Alkaloide zeigen. Bei der Darstellung verschiedener

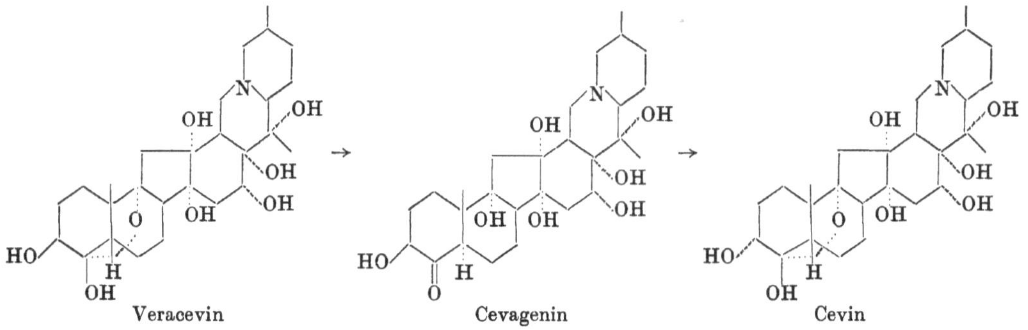

Abb. 1

partial-synthetischer Alkaloide gingen wir von den Alkaminen des Cevins, Veracevins oder Cevagenins aus, die wir mit verschiedenen organischen Säuren esterifizierten. Bei dem sich ergebenden Reaktionsgemisch waren das Grundskelett der entstandenen Verbindungen und ferner die zur Esterifizierung verwandte Säure bekannt, während die Zahl und vor allem die Lage der Acyloxy-Gruppen unbekannt war. Aus verschiedenen Monoester-Alkaloiden berechneten wir die Gruppenkonstanten für die zugehörigen Acylreste und die Grundkonstante für das System und Skelett des Ausgangsalkamins. Weiter stellten wir fest, daß die einzelnen Hydroxylgruppen an den verschiedenen Kohlenstoffatomen bezüglich ihres Einflusses auf die R_M-Werte nicht gleichwertig sind. Daher berechneten wir noch sogenannte Korrektionsglieder für die Lage; die R_F- bzw. R_M-Werte der Esteralkaloide errechneten wir aus der Gleichung

$$R_M = Z + \overline{G}_1 \cdot k_1 + \overline{G}_2 \cdot k_2 + \overline{G}_3 \cdot k_3 + \ldots.$$

Dabei bedeuten Z die Grundkonstante, $\overline{G}_1, \overline{G}_2, \overline{G}_3 \ldots$ die Gruppenkonstanten für die Esterifizierung der Hydroxylgruppen mit den verschiedenen Säuren, und $k_1, k_2, k_3 \ldots$ sind die Korrektionsglieder für deren Lage im Skelett des Grundalkamins. In der Tabelle 3 sind die berechneten und gefundenen Werte für einige vom Cevin abgeleitete Esteralkaloide und weiter die chromatographische Bestimmung der Zahl der freien α-Glykolsysteme angeführt.

Als Beispiel der Auswertung dieser Beziehungen erwähne ich die Strukturaufklärung des Tetraacetylcevins [12], das aus Cevin durch Einwirkung von Acetanhydrid in Gegenwart von Perchlorsäure dargestellt worden ist. Im isolierten Hauptprodukt wurden durch Bestimmung der Acetylgruppen und Elementaranalyse 4 Acetylgruppen ermittelt. Auf Grund der gefundenen R_F-Werte und des Nachweises eines freien α-Glykolsystems bei der Chromatographie auf mit Borsäure imprägniertem Papier schlossen wir die Möglichkeit einer D-Orthoacetatbindung aus. Der Vergleich der chromatographischen Ergebnisse mit den Ergebnissen der Oxydation mit Bleitetraacetat und Chromoxyd erbrachte den Beweis dafür, daß neben der blockierten 3,4α-Diolgruppe zumindest noch eine der Hydroxylgruppen 12 oder 14 blockiert ist. Durch stufenweise Desacetylierung des Tetraacetylcevins und chromatographische Identifizierung der gebildeten Produkte und auf Grund der angeführten Daten gelangten wir zur Anschauung, daß das Tetraacetylcevin die Acetoxygruppen in den Stellungen 3,4,16 und 12 oder 14 besitzt. Dieselbe Beziehung wandten wir noch bei der Aufklärung der Struktur weiterer Esteralkaloide des Cevins, Veracevins, Cevagenins und ebenso bei der Strukturaufklärung der gemischten Ester an.

Tabelle 3

	R_F-Werte Formamid-Chloroform			ΔR_M	α-Glykol-Gruppen
	ohne H_3BO_3		mit H_3BO_3		
	Theor.	Exper.			
3-Acetylcevin	0,03	0,03	0,01		2
3,16-Diacetylcevin	0,14	0,14	0,03	0,82	2
3,4-Diacetylcevin	0,50	0,55	0,09	1,08	2
3,4,16-Triacetylcevin	0,83	0,78	0,20	1,19	2
3,4,X-Triacetylcevin		0,55	0,30	0,45	1
3,4,16,X-Tetraacetylcevin		0,78	0,64	0,32	1
3,4,16-Triacetylcevin-D-Ortho-acetat		0,98	0,97		
		0,62*	0,59*	0,03	0

* Benzol-Chloroform 7:3.

Diese wenigen Beispiele zeigen am besten, daß die Methode der Papierchromatographie einen weitaus breiteren Anwendungsbereich besitzt als lediglich zur Reinheitsbestimmung der Substanzen oder zur Identifizierung der vermuteten Alkaloide. Einige der angedeuteten Wege erfordern jedoch noch eine weitere Bearbeitung und vor allem die Verallgemeinerung für das gesamte Gebiet der Alkaloide.

LITERATUR

[1] Macek, K., J. Hacaperková u. B. Kakáč, Pharmazie **11**, 533 (1956).
[2] Goldbaum, L. R., u. L. Kazyak, Anal. Chem. **28**, 1289 (1956).
[3] Kariyone, T., u. Y. Hashimoto, Nature **168**, 739 (1951).
[4] Griffon, H., u. C. Romano, Ann. Pharm. Franc. **10**, 497 (1952).
[5] Wagner, G., Pharmazie **10**, 470 (1955).
[6] Macek, K., u. Z. J. Vejdělek, Nature **176**, 1173 (1955).
[7] Martin, A. J. P., Biochem. Soc. Symposia **3**, 4 (1949).
[8] Mattu, F., u. B. Comuzzi, Labor. Sci. **3**, No. 3 (1955).
[9] Ramshorn, K., Flora **142**, 601 (1955).
[10] Kebrle, J., H. Schmid, P. Waser u. P. Karrer, Helv. Chim. Acta **36**, 102 (1953).
[11] Macek, K., M. Semonský, S. Vaněček u. A. Černý, Naturwissenschaften **42**, 647 (1955).
[12] Vejdělek, Z. J., K. Macek u. B. Buděšínský, Chem. listy **50**, 603 (1956).

DISKUSSION

Herr Grisebach: Können Sie etwas über die Schmelzpunktbestimmung direkt auf dem Papierchromatogramm sagen?

Herr Macek: Die Methode von Mattu und Comuzzi gründet sich auf die Kristallisation des Alkaloids nach beendeter Entwicklung direkt auf dem Papier. Das Papier wird dann auf den Kofler-Block gebracht und der Schmelzpunkt des Alkaloids direkt im

Papier gemessen. Die Methode, die am Beispiel des Atropins demonstriert wurde, ist heute noch nicht allgemein anwendbar.

Herr KÜSSNER: Bei der Durchführung von Reaktionen mit stark angreifenden Agentien dürfte die Cellulose des Papiers stören, so daß die Verwendung von Glasfasergeweben neue Möglichkeiten eröffnen würde. Gibt es bei Ihnen brauchbare Glasfaserpapiere und haben Sie Erfahrungen damit sammeln können?

Herr MACEK: Leider haben wir keine eigenen Erfahrungen mit Glaspapier. Theoretisch ist zu erwarten, daß man hier nicht die gleichen Lösungsmittelsysteme anwenden kann wie im Falle der Cellulosepapiere.

Herr SCHRÖTER: Die Trennung von Tabakalkaloiden ist auf Glasfaserpapier bisher nicht befriedigend gelungen.

Herr DELTSCHEFF: Wie weit ist eine quantitative Bestimmung der Alkaloide mit Hilfe der Papierchromatographie möglich?

Herr MACEK: Wir haben heute noch keine geeignete Methode zur quantitativen Bestimmung der gesamten Alkaloide, für einzelne engere Alkaloidgruppen sind jedoch schon brauchbare quantitative Methoden ausgearbeitet worden.

Herr FODOR: Inwiefern bedeuten die vorgetragenen methodischen Ergebnisse eine weitere Entwicklung der von MUNIER und MACHEBOEUF angegebenen Arbeitsweise?

Herr MACEK: Wir beschäftigen uns mit Alkaloiden von weniger polarem Charakter, für welche die Systeme mit Formamid als stationärer Phase bessere Resultate geben. Die Systeme mit gepufferten wäßrigen Phasen, die MUNIER, MACHEBOEUF und Mitarbeiter benutzten, eignen sich sehr gut zur Trennung von Alkaloiden mit stärker polarem Charakter.

Herr FODOR: Wir haben im Institut der Universität Szeged für die Chemie der Lupinen-, Pyrrolizidin- und Tropan-Alkaloide wichtige Schlüsse aus papierchromatographischen Untersuchungen ziehen können. Herr MACEK hat es nicht erwähnt, daß heute die papierchromatographischen Untersuchungen schon im präparativen Maßstab durchgeführt werden und zwar durch Übertragen der Technik auf Cellulosepulversäulen.

Aus dem Max-Planck-Institut für Züchtungsforschung (Erwin-Baur-Institut), Zweigstelle Scharnhorst

Die Alkaloidgene der Lupinenarten

Von J. HACKBARTH

Die Anspruchslosigkeit und der hohe Nährstoffgehalt der Lupinenarten ließ es schon zu Anfang unseres Jahrhunderts mehreren landwirtschaftlichen Forschern wünschenswert erscheinen, den die Verwertung der Lupinen allein behindernden Alkaloidgehalt zu senken, sei es auf dem Wege der künstlichen Entbitterung oder besser auf dem Wege der züchterischen Beeinflussung. Zwar ist, wie vor allem die während des 1. Weltkrieges angestellten Versuche gezeigt haben, eine Entbitterung der Körner möglich, jedoch werden hierbei, abgesehen von der Umständlichkeit des Verfahrens, auch die leicht löslichen Eiweißstoffe mit ausgewaschen. Entbitterungsverfahren für die Grünmasse konnten überhaupt nicht entwickelt werden. Der Weg der züchterischen Senkung des Alkaloidgehaltes mußte also als der aussichtsreichste erscheinen, um die Lupine aus dem Status einer Wildpflanze in den einer Kulturpflanze zu erheben. v. RÜMCKER äußerte sich wohl als erster positiv über die Möglichkeit einer solchen Züchtung, desgleichen ROEMER, WITTMACK und PRIANISCHNIKOFF. Während sich der letztere in der Hauptsache mit der Ausarbeitung von Methoden der Alkaloiduntersuchung befaßte, unternahm ROEMER umfangreiche Züchtungsversuche bei *Lupinus angustifolius*. Diesen Versuchen war jedoch kein Erfolg beschieden, da es mit den damaligen Methoden noch nicht möglich war, Einzelpflanzen zu untersuchen.

Den Gedanken, in bezug auf den Alkaloidgehalt mutierte Einzelpflanzen zu suchen, sprach als erster BAUR 1927 in einer Vorlesung über Pflanzenzüchtung aus. Die hierfür notwendigen Methoden arbeitete v. SENGBUSCH vom Jahre 1927 ab zunächst im Institut für Vererbungsforschung in Dahlem, dann in größerem Rahmen im Kaiser-Wilhelm-Institut für Züchtungsforschung in Müncheberg aus. Den ersten Hinweis auf das Vorkommen von faßbaren Unterschieden im Alkaloidgehalt erhielt v. SENGBUSCH schon im Winter 1927/28. Im darauf folgenden Sommer 1928 wurden in Müncheberg dann bereits die Ursprungspflanzen von 3 alkaloidarmen Stämmen von *Lupinus luteus* ausgelesen, denen bis zum Jahre 1931 solche von *Lupinus angustifolius, Lupinus albus, Lupinus perennis* und *Lupinus mutabilis* folgten. Nach dem Bekanntwerden dieser ersten Müncheberger Erfolge haben sich auch andere Forscher an der Suche nach weiteren alkaloidarmen Pflanzen beteiligt, so vor allem HEUSER in Landsberg und russische Wissenschaftler an verschiedenen Instituten. HEUSER gelang die Auffindung weiterer alkaloidarmer Pflanzen bei *Lupinus albus* und FEDOTOW entwickelte einen neuen alkaloidarmen Stamm von *Lupinus angustifolius*. In Holland hat sich nach dem Kriege LAMBERTS in Wageningen der Lupinenzüchtung angenommen und hierbei einen neuen alkaloidarmen Stamm aus einer holländischen Landsorte ausgelesen.

Zu Beginn der züchterischen Auslese auf Alkaloidarmut bei den Lupinenarten hat wohl niemand auf eine relativ einfache Vererbungsweise dieser neuen, wahrscheinlich weit in das physiologische Geschehen der Pflanze eingreifenden Eigenschaft zu hoffen gewagt. Jedoch zeigte es sich schon bei den ersten Vermehrungen, daß wesentliche Aufspaltungen nicht auftraten und demnach auch wohl keine komplizierte Vererbung der Alkaloidarmut vorliegen konnte. Die ersten exakten Auszählungen an Kreuzungsmaterial von v. SENGBUSCH und eigenen Kreuzungen wurden 1933 und 1934von HACKBARTH durchgeführt, der diese Arbeiten von 1937 ab fortsetzte. Hierbei handelte es sich zumeist um *Lupinus luteus* und *Lupinus angustifolius*. Diese Arbeiten wurden ergänzt und erweitert (häufig in freundschaftlicher Zusammenarbeit) durch die Untersuchungen von TROLL in Müncheberg und LAMBERTS in Wageningen. Erst in den letzten Jahren wurden auch genetische Untersuchungen bei *Lupinus albus* in Angriff genommen, wobei vor allem die Arbeiten von TROLL zu erwähnen sind.

DIE ALKALOIDGENE DER EINZELNEN ARTEN

Die in den folgenden Ausführungen mitgeteilten Spaltungszahlen sind durch Addition aller bisher bekanntgewordenen Werte der einzelnen Autoren entstanden. Die Homogenität der einzelnen Zahlenreihen wurde in jedem Falle festgestellt.

1. *Lupinus luteus*

v. SENGBUSCH fand seinerzeit 3 alkaloidarme Pflanzen von *Lupinus luteus*, aus denen die Stämme 8, 80 und 102 entwickelt wurden. Jeder dieser Stämme besitzt noch einen spezifischen Restgehalt an Alkaloiden, der Stamm 8 etwa 0,05%, die Stämme 80 und 102 etwa 0,01%. Gelbe Bitterlupinen haben im Vergleich hierzu einen Alkaloidgehalt von 0,9%, so daß die alkaloidarmen nur noch etwa $^1/_{20}$ bis $^1/_{100}$ des normalen Alkaloidgehaltes besitzen. Das Ergebnis der Kreuzungen und F_2-Auszählungen dieser 3 Stämme mit normal alkaloidhaltigen Pflanzen ist aus Tabelle 1 zu ersehen.

Tabelle 1

Kreuzung alkaloidarmer mit normal alkaloidhaltigen Stämmen von *Lupinus luteus*

Kreuzung	F_1	F_2-Spaltung Alk.-haltig	Alk.-arm	Chi^2	P	Genbezeichnung
8×normal	bitter	1556	505	0,25	>0,5	*dulcis* (*dul*)
80×normal	bitter	1502	493	1,69	0,2	*amoenus* (*am*)
102×normal	bitter	202	82	2,20	>0,1	*liber* (*lib*)

Aus der Zusammenstellung geht hervor, daß in keinem Falle eine signifikante Abweichung vom monohybriden Spaltungsverhältnis nachzuweisen ist. Zur Auszählung ist zu sagen, daß diese immer sicher ist und Zwischenstufen in der Reaktion nicht beobachtet wurden. Es erscheint danach berechtigt, jeweils eine monomere Bedingtheit der Alkaloidarmut bei *Lupinus luteus* anzunehmen.

Es bleibt nun zu prüfen, ob es sich bei den einzelnen Stämmen um die gleichen, die Alkaloidarmut verursachenden Gene handelt, oder ob sie voneinander verschieden sind, d. h. an anderer Stelle des Genomes liegen. Dies kann geschehen durch Kreuzung der Stämme untereinander, Feststellung des Verhaltens in der F_1 und Auszählung in der F_2. Bei genetischer Identität müssen F_1 und F_2 ebenfalls alkaloidarm sein wie die Eltern. Genetische Verschiedenheit drückt sich darin aus, daß die F_1 alkaloidhaltig, also bitter ist, und in der F_2 eine Aufspaltung von 9 alkaloidhaltig:7 alkaloidarm eintreten muß, wie an dem folgenden Schema erläutert werden soll.

Alkaloidhaltig, also bitter, sind sämtliche für beide Gene homo- oder heterozygot dominanten Kombinationen, alkaloidarm dagegen diejenigen Pflanzen, die homozygot rezessiv in einem oder zwei Genen sind. Bei der Untersuchung lassen sich die einzelnen Gruppen nicht trennen, so daß das Verhältnis 9:7 entsteht. Auf die Bedeutung der doppelt rezessiven Kombinationen wird später noch eingegangen werden.

Die Kreuzung der 3 Müncheberger Stämme von *Lupinus luteus* sowie des Stammes V 351 von LAMBERTS untereinander hatten das in Tabelle 3 dargestellte Ergebnis.

Aus dem Verhalten der F_1 und den Spaltungszahlen der F_2 geht eindeutig hervor, daß die Alkaloidarmut der 4 Stämme jeweils auf die Wirkung eines anderen Genes zurückgeht. Die F_1-Pflanzen müssen dann also die in der letzten Spalte der Tabelle wiedergegebene genetische Konstitution gehabt haben.

Tabelle 2

Spaltungsschema einer F_2 der Kreuzung zweier alkaloidarmer Stämme untereinander. (+ = dominantes Allel)

Gameten	+ +	+ *am*	*dul* +	*dul* *am*
+ +	+ + + +	+ *am* + +	*dul* + + +	*dul* *am* + +
+ *am*	+ + + *am*	+ *am* + *am*	*dul* + + *am*	*dul* *am* + *am*
dul +	+ + *dul* +	+ *am* *dul* +	*dul* + *dul* +	*dul* *am* *dul* +
dul *am*	+ + *dul* *am*	+ *am* *dul* *am*	*dul* + *dul* *am*	*dul* *am* *dul* *am*

Tabelle 3

Kreuzungen und F_2-Aufspaltungen der Alkaloidgene von *Lupinus luteus* untereinander

Kreuzung	F_1	F_2-Spaltung Alk.-haltig	F_2-Spaltung Alk.-arm	Chi²	P	Genetische Konstitution der F_1
8×80	bitter	1284	939	2,11	>0,10	*dul* + + *am*
8×102	bitter	126	98	0	1,00	*dul* + + *lib*
8×V 351	bitter	37	38	1,46	>0,20	*dul* + + *v*
80×102	bitter	341	287	0,65	>0,30	*am* + + *lib*
80×V 351	bitter	97	81	0,21	>0,50	*am* + + *v*
102×V 351	bitter	58	56	1,28	>0,20	*lib* + + *v*

In diesem Zusammenhang mag erwähnt werden, daß die Feststellung des Alkaloidgehaltes immer nur an wachsenden oder ausgewachsenen Pflanzen selbst möglich ist. Der Alkaloidgehalt der Körner richtet sich stets nach dem Alkaloidgehalt der Pflanze, auf der sie ausgebildet wurden, d. h. also, auf bitteren Pflanzen können nur bittere Körner entstehen, auf alkaloidarmen wiederum nur alkaloidarme. Erst auf eigener Wurzel kann sich die genetische Veranlagung der Pflanzen in bezug auf die Fähigkeit oder Unfähigkeit zur Bildung von Alkaloiden entwickeln.

Obwohl das Gen *dulcis* des Müncheberger Stammes 8 den noch verhältnismäßig hohen Alkaloidgehalt von 0,05% verursacht, so ist dieser Stamm infolge seiner sonstigen guten Eigenschaften in der Züchtung doch stark bevorzugt worden. Fast alle deutschen und ausländischen Sorten von alkaloidarmen Lupinen führen dieses Gen. Für Fütterungszwecke ist diese Alkaloidarmut auch durchaus niedrig genug; sollten die Lupinen aber auch für die menschliche Ernährung herangezogen werden, so wäre ein niedrigerer Alkaloidgehalt, wie der durch die Gene *amoenus* und *liber* bewirkt wird, sicher sehr erwünscht. Durch die Verwendung mehrerer Gene entsteht aber eine neue Gefahr, die ihren Grund in der Neigung der Gelben Lupine zur Fremdbestäubung hat. Sie ist zwar bei den einzelnen Stämmen und nach dem Umfang des Insektenfluges verschieden, muß aber im Durchschnitt mit mindestens 20% angenommen werden. Wir sahen vorhin, daß infolge der genetischen Verschiedenheit der Alkaloidgene aus der Kreuzung von alkaloidarmen Pflanzen alkaloidhaltige hervorgehen und daß in den späteren Generationen Aufspaltungen vorkommen. Infolge der Dominanz des hohen Alkaloidgehaltes werden die bitteren Pflanzen im Laufe der Generationen schnell zunehmen. Werden also 2 Stämme, die hinsichtlich ihres Alkaloidgehaltes genetisch verschieden sind, nebeneinander oder gar in Mischung angebaut, so ist damit zu rechnen, daß sie in wenigen Jahren soviel bittere Pflanzen enthalten werden, daß sie für die Verfütterung unbrauchbar sind. Im Vermehrungsanbau ist deshalb auf eine genügend weite räumliche Isolierung zu achten zwischen Süß- und Bitterlupinen sowie auch zwischen 2 Stämmen derselben Art bei verschiedener genetischer Zusammensetzung. Umgehen läßt sich die Aufspaltungsgefahr bei Süßlupinen nur durch die Züchtung von mehrfach rezessiven Stämmen. Alle Kreuzungen mit dem oder den anderen Genen sind dann wirkungslos, weil immer ein Gen mit seinen beiden rezessiven Allelen vertreten ist und die aus der Kreuzung entstandenen Pflanzen also alkaloidarm bleiben.

2. *Lupinus angustifolius*

Bei *Lupinus angustifolius* fand v. Sengbusch 3 Pflanzen mit niedrigem Alkaloidgehalt, aus denen die Stämme 411, 415 und 417 entstanden sind. Der normalerweise bei *L. angustifolius* etwa 1% betragende Alkaloidgehalt ist beim Stamm 411 auf etwa 0,05%, beim Stamm 415 auf etwa 0,1% herabgesetzt. Fedotow konnte späterhin einen weiteren alkaloidarmen Stamm züchten, bei dem nur kaum meßbare Spuren von Alkaloiden ausgebildet werden. Die Genetik der Müncheberger Stämme wurde von Hackbarth und v. Sengbusch erstmalig untersucht, diejenige des Stammes von Fedotow neuerdings von Hackbarth und Troll.

Tabelle 4

Kreuzung alkaloidarmer und normal alkaloidhaltiger Stämme bei *Lupinus angustifolius*

Kreuzung	F_1	F_2-Spaltung Alk.-haltig	F_2-Spaltung Alk.-arm	Chi²	P	Genbezeichnung
411 × normal	bitter	1102	421	6,601	0,01	*iucundus* (*iuc*)
415 × normal	bitter	751	251	0,005	>0,90	*esculentus* (*es*)
417 × normal	bitter	—	—	—	—	—
R. St. 14 × normal	bitter	496	141	2,716	0,10	*depressus* (*dep*)

Wenn auch die Abweichung bei der Spaltung des Stammes 411 gerade an der Grenze der Signifikanz liegt, kann doch wohl auch bei diesem Stamm einfach rezessive Bedingtheit angenommen werden, was auch aus der in der folgenden Tabelle angeführten dihybriden Spaltung mit dem Stamm R. St. 14 hervorgeht. Bei den beiden anderen Stämmen liegt ein klares monohybrides Spaltungsverhältnis vor.

Über das Verhältnis der Gene zueinander gibt die Tabelle 5 Aufschluß.

Tabelle 5

Kreuzungen und Aufspaltungen der Alkaloidgene von *Lupinus angustifolius* untereinander

Kreuzung	F_1	F_2-Spaltung Alk.-haltig	Alk.-arm	Chi²	P	Genetische Konstitution der F_1
411×415	bitter	128	79	2,379	>0,10	*iuc* + / + *es*
411×417	süß	—	—	—	—	*iuc* *iuc* / *iuc* *iuc*
411×R. St. 14	bitter	319	256	0,176	0,70	*iuc* + / + *dep*
415×R. St. 14	bitter	165	71	17,461	<0,01	*es* + / + *dep*

Bei der Kreuzung 415 × R. St. 14 scheint ein zu großer Überschuß an alkaloidhaltigen Pflanzen das 9 : 7-Verhältnis zu stören. Wahrscheinlich ist diese Abweichung aber darauf zurückzuführen, daß bei dem verhältnismäßig hohen Alkaloidgehalt des Stammes 415 Falschklassifikationen bei der Untersuchung vorgekommen sind.

Während bei den Alkaloiduntersuchungen von *Lupinus luteus* stets eine einwandfreie Unterscheidung in alkaloidhaltig und alkaloidarm möglich war, traten bei Kreuzungen von *Lupinus angustifolius* in meinem Material des öfteren Zwischenstufen auf. Die quantitative Untersuchung von solchen Körnern ergab dann auch einen der Fällung entsprechenden höheren Alkaloidgehalt. Nachprüfungen an Hand der Zuchtbücher ließen erkennen, daß in diesen Fällen stets ein bestimmter Stamm beteiligt war. Es ist also anzunehmen, daß in diesem Stamm Modifikationsgene vorhanden sind, die das durch das Gen *iucundus* bewirkte Unvermögen, Alkaloide in normaler Weise auszubilden, z. T. wieder aufheben.

Schon vor längerer Zeit wurden von Troll sog. „halbbittere“ Formen aufgefunden, deren Charakteristikum darin besteht, daß die grüne Pflanze im jungen Stadium alkaloidarm ist, gegen die Reife hin aber Alkaloide ausbilden kann. Diese Alkaloide werden in den Körnern abgelagert, so daß letztere schließlich einen normal hohen Alkaloidgehalt besitzen. Man könnte annehmen, daß es sich hierbei um ein den oben erwähnten Modifikationsgenen ähnliches Prinzip handelt. Diese Gene würden zwar erst spät, dann aber voll wirksam, so daß sie die durch das Gen *iucundus* gesteuerte Alkaloidarmut völlig aufheben können.

3. *Lupinus albus*

Alkaloidarme Formen von *Lupinus albus* sind zuerst in Müncheberg von v. Sengbusch entdeckt worden, späterhin vor allem von Heuser in Landsberg. Auch in Müncheberg wurden die Arbeiten fortgesetzt. Insbesondere aus dem Landsberger Material ist eine ganze Reihe von Zuchtsorten entstanden, deren genetische Konstitution erst zum Teil von Troll und von mir untersucht worden ist.

Exakte Zahlen über die Kreuzung alkaloidarm × alkaloidhaltig liegen bisher nur für den Müncheberger Stamm 19 von TROLL vor. Danach ergab sich die folgende Spaltung:

Tabelle 6

F_2 der Kreuzung alkaloidhaltig × alkaloidarm von *Lupinus albus*

Kreuzung	F_2-Spaltung Alk.-haltig	Alk.-arm	Chi²	P	Gen-bezeichnung
19 × normal	674	216	0,252	0,60	*mitis* (*mit*)

Aus den Zahlen geht einwandfrei ein monohybrides Spaltungsverhältnis hervor.

Kreuzungen verschiedener Sorten und Zuchtstämme untereinander sind von TROLL durchgeführt worden. Die vorläufigen Ergebnisse der Untersuchungen der F_1-Pflanzen sind in Tabelle 7 dargestellt.

Tabelle 7

Verhalten der F_1-Pflanzen von Kreuzungen alkaloidarmer Stämme und Sorten untereinander

+ = alkaloidarm, — = alkaloidhaltig

	Nährquell	Kraftquell	K 703	Müncheberg 19	Müncheberg 246
Nährquell					
Kraftquell	—				
K 703	—	+			
Müncheberg 19	—	—	—		
Müncheberg 246	—	—	—	+	

Aus der Zusammenstellung geht zunächst einmal hervor, daß die Sorte Kraftquell und der Stamm K 703 eine genetisch gleiche Veranlagung für ihre Alkaloidarmut besitzen. Aus dem Stamm K 703 sind auch die westdeutschen Sorten Pflugs Gela, Ultra, Hansa und Kleinkörnige hervorgegangen. Das Alkaloidgen dieser Sorten wurde mit *pauper* bezeichnet. Die Kreuzung der beiden Müncheberger Stämme miteinander ergab ebenfalls eine alkaloidarme F_1, so daß für ihre Alkaloidarmut dasselbe Gen angenommen werden kann. Dieses Gen wurde *mitis* (*mit*) genannt. Die *pauper*- und *mitis*-Gruppe untereinander gekreuzt ergab eine alkaloidhaltige F_1, wodurch ihre genetische Verschiedenheit nachgewiesen ist. Ein weiteres Gen, das mit allen anderen Stämmen kombiniert eine alkaloidhaltige F_1 ergibt, steuert die Alkaloidarmut der Sorte Nährquell (Genbezeichnung *nutricius* (*nut*)). Nach den Untersuchungen von TROLL und eigenen Beobachtungen gibt es in dem heutigen deutschen Zuchtmaterial von *Lupinus albus* wahrscheinlich noch mehrere Gene für Alkaloidarmut, jedoch sind die für den Nachweis nötigen Kreuzungen noch nicht alle durchgeführt.

SCHLUSSBETRACHTUNG

Die Untersuchungen an den Alkaloidgenen der Lupinenarten haben gezeigt, daß auch physiologische Eigenschaften genetisch einfach bedingt sein können. Ähnliche Beobachtungen konnten HACKBARTH und v. SENGBUSCH auch bei der Nikotinarmut des Tabaks machen. Bei den Lupinen gibt es außerdem auch noch andere physiologische Eigenschaften, wie z. B. beim Entwicklungsrhythmus, die von einfach rezessiven Genen gesteuert werden. Besonders bemerkenswert bei den Alkaloidgenen ist aber einmal, daß sie bei jeder Art an verschiedenen Stellen des Genomes liegen und daß diese loci, insbesondere bei *Lupinus albus*, recht labil zu sein scheinen. Auf die unterschiedliche Lage im Genom sind wahrscheinlich auch die Unterschiede im Restgehalt an Alkaloiden zurückzuführen, wie sie bei allen 3 Arten festzustellen sind. Wenn es sich um unilokale Serien von Genen handeln würde, so wäre wahrscheinlich der Alkaloidgehalt der einzelnen Glieder der Serie gleich hoch. Für die Transgressionszüchtung eröffnen sich bei der auf das ganze Genom verteilten Lage der Alkaloidgene also bessere Möglichkeiten. Es ist anzunehmen, daß mit den bisher aufgefundenen Genen das Reservoir noch keineswegs erschöpft ist. Auf die Möglichkeiten, die sich hieraus für die Kombinationszüchtung ergeben, wurde bereits hingewiesen. Die Vielzahl der Gene für Alkaloidarmut bereitet aber bei den zur Fremdbestäubung neigenden Arten *Lupinus luteus* und *Lupinus albus* auch wieder die oben erwähnten Schwierigkeiten, die nur aus der Kenntnis der Alkaloidgene heraus vermieden werden können.

LITERATUR

[1] HACKBARTH, J., Neuere Gesichtspunkte bei der Züchtung der Lupine auf geringen Alkaloidgehalt. Saatgutwirtschaft **6**, 320—322 (1954).

[2] HACKBARTH, J., Die Gene der Lupinenarten I—III. Zeitschr. f. Pflanzenzüchtg. **37**, 1—26; 81—95; 185—191 (1957).

[3] HACKBARTH, J. u. R. v. SENGBUSCH, Die Vererbung der Alkaloidfreiheit bei *Lupinus luteus* und *Lupinus angustifolius*. Züchter **6**, 249—255 (1934).

[4] HACKBARTH, J. u. H.-J. TROLL, Einige Spontanmutationen von *Lupinus luteus* und *Lupinus angustifolius*. Zeitschr. f. Pflanzenzüchtg. **34**, 409—420 (1955).

[5] HACKBARTH, J. u. H.-J. TROLL, Lupinen als Körnerleguminosen und Futterpflanzen. In KAPPERT-RUDORF: Handbuch der Pflanzenzüchtung 2. Aufl. Berlin, P. Parey. Im Druck.

[6] SENGBUSCH, R. v., Süßlupinen und Öllupinen. Landw. Jahrbücher **91**, 723—880 (1942).

[7] TROLL, H.—J., Erbgänge des Alkaloidgehaltes und Beobachtungen über Heterosiswirkung bei *Lupinus luteus*. Zeitschr. f. Pflanzenzüchtg. **1956**. Im Druck.

Diskussionsbemerkungen am Ende des folgenden Vortrags.

Aus dem Institut für Acker- und Pflanzenbau, Müncheberg/Mark, der Deutschen Akademie der Landwirtschaftswissenschaften zu Berlin

Über Vitalitätsverhältnisse bei alkaloidhaltigen und alkaloidarmen Lupinen sowie bei deren Bastarden

von H.-J. TROLL

Durch die züchterische Selektionsarbeit von v. SENGBUSCH [8] ist es vor etwa 28 Jahren gelungen, bei den wichtigsten Lupinenarten alkaloidarme Formen zu finden. Diese verfügen nur noch über verschieden hohe Restgehalte an Alkaloiden und sind damit geschmacklich nur noch schwach bis kaum merkbar bitter. Die Restgehalte sind genetisch bedingt, aber wie KLINKOWSKI und PFEIL [3] nachwiesen durch Umwelteinflüsse modifizierbar. Dies konnte auch in Müncheberg neuerdings an genetisch gleichem Material, das in zwei aufeinander folgenden Jahren zum Anbau kam, bestätigt werden.

Die Vererbungsweise der Alkaloidarmut bei den landwirtschaftlich genutzten Lupinenarten ist sowohl vorstehend von HACKBARTH zusammenfassend für *Lupinus luteus*, *L. angustifolius* und *L. albus* als schon früher von HACKBARTH und v. SENGBUSCH [1] für die beiden ersteren und von TROLL [10] für *L. albus* dargestellt worden. Hier soll vornehmlich auf die erblichen Vitalitätsverhältnisse der in ihrem Alkaloidgehalt verschiedenen Formen von *L. luteus* eingegangen werden, da sie die zur Zeit in Nordeuropa am meisten angebaute Art ist. Auf *L. albus* wird zum Schluß eingegangen im Zusammenhang mit der Frage, ob Alkaloidgehaltsgene oder Heterosiswirkung die F_1 vitaler werden läßt.

Es darf aber nochmals darauf hingewiesen werden, daß v. SENGBUSCH [8] bei *Lupinus luteus* drei Pflanzen fand, deren Alkaloidarmut verschieden stark ausgeprägt war. Er identifizierte daraufhin gemeinsam mit HACKBARTH [1] in jeder der aus Selbstbestäubung hervorgegangenen Nachkommenschaften dieser Pflanzen ein eigenes für Alkaloidarmut verantwortliches Gen. Die Erbgänge für die Alkaloidarmut erwiesen sich gegenüber der normalen Alkaloidhaltigkeit in allen drei Fällen als rezessiv und voneinander unabhängig. Erst in jüngster Zeit hat LAMBERTS [5] aus Wageningen über einen weiteren selbständigen rezessiven Erbfaktor für Alkaloidarmut bei *Lupinus luteus* berichtet. Über die Höhe des Restgehalts an Alkaloiden wurde für diesen neuen Faktor noch nichts ausgesagt. Vorläufig handelt es sich bei fast allen bekannten „Süßlupinen"-Sorten um solche, in denen der in der Pflanze Nr. 8, dem heutigen Stamm 8, für die Alkaloidarmut gefundene Faktor „dulcis" wirksam ist. Es sind in den Zuchtstätten, wie in Müncheberg, aber auch noch die aus den beiden anderen alkaloidarmen Pflanzen Nr. 80 und Nr. 102 entwickelten und reinerbig bewahrten Stämme 80 und 102 mit den Faktoren „amoenus" und „liber" für die Alkaloidarmut erhalten und weiter kultiviert worden, so daß sie heute in ihrer alten genetischen Konstitution für Vergleichszwecke zur Verfügung stehen.

Die seit Bestehen der alkaloidarmen Lupinen in der Literatur angegebenen, mit verschiedenen Methoden erarbeiteten Ergebnisse über die Alkaloidgehalte dieser und bitterer Formen bei *Lupinus luteus* sind in Tab. 1 zusammengestellt. Es ist naheliegend zu vermuten, daß die Vitalität von dem derartig veränderten Alkaloidgehalt beeinflußt wird.

Es erhebt sich nun die Frage, ob und wieweit die erbliche Senkung des Alkaloidgehaltes einen Einfluß auf die Vitalität und damit auf die wirtschaftlich erwünschte Leistungsfähigkeit der alkaloidarmen Formen ausübt. Die gelben Süßlupinen (*Lup. luteus*) haben zwei Hauptnutzungsrichtungen. Es wird von ihnen für die Viehfütterung sowohl die Grünmasse als

Tabelle 1

Alkaloidgehalte in % von extrem bitteren, normal bitteren und bitterstoffarmen Körnern von *Lup. luteus* nach verschiedenen Untersuchungsmethoden

Sorten- oder Stamm-bezeichnung	Gen für Alkaloid-armut	Untersuchungsmethode von			∅ SCHWARZE u. WOLLNER (9)	∅ relativ
		v. SENG-BUSCH (8)	NOTTBOHM u. MAYER (7)	MACH u. LEDERLE (6)		
Wildform aus Portugal (2)				1,72		193,25
Bittere Landsorte		1,1468	0,8160			100,00
Zuchtsorten aus						
Stamm 8	dulcis	0,0247	0,0148		0,049	5,50
Zuchtstamm 80	amoenus	0,0111	0,0010		0,013	1,46
Zuchtstamm 102	liber	0,0072	0,0080		0,010	1,12

auch der Kornertrag genutzt. Für beide Nutzungsarten sollen hier Erträge der alkaloidhaltigen und alkaloidarmen Formen verglichen werden. Besonderes Interesse beansprucht der Kornertrag.

Sowohl die vegetative als auch die generative Entwicklung der Lupinen ist von einer großen Anzahl von klimatischen und edaphischen Bedingungen und darüber hinaus nicht zuletzt von der genetischen Konstitution der Pflanzen abhängig. Zu den als erblich erkannten Faktoren gehören außer denjenigen, die den Alkaloidgehalt steuern, weitere morphologische, anatomische und physiologische. Seit der Auffindung der alkaloidarmen Formen sind diese durch die Kreuzungsarbeiten für die Neuzüchtung wiederholt umkombiniert. Ein klares Bild über das Ausmaß der Vitalitätsbeeinflussung durch den Alkaloidgehalt wäre nur dann zu gewinnen, wenn von jedem der alkaloidarmen Stämme die alkaloidhaltige Ausgangsform, aus der die Mutante stammt, erhalten wäre.

Es ist bekannt, daß v. SENGBUSCH [8] die alkaloidarmen Mutationen aus Landsorten ausgelesen hat, die genetisch keineswegs als einheitlich anzusprechen sind. Es konnten auf Grund der damaligen Anbautechnik aus diesen Feldbeständen zu den alkaloidarmen Pflanzen keine alkaloidhaltigen Geschwisterpflanzen isoliert werden. Nur bei solchen Geschwisterpflanzen wäre die sonstige genetische Identität mit hoher Wahrscheinlichkeit gewahrt. Bei einem derartigen Vergleich wäre eine exakte Beantwortung der Frage der Vitalitätsbeeinflussung möglich. In Ermangelung dieser Voraussetzungen müssen daher Hilfswege beschritten und genetisch ähnliche Formen zum Vergleich herangezogen werden. Dies geschah mit solchen, die von besonderem wirtschaftlichen Interesse sind.

Den Anstoß zu den speziellen Untersuchungen über die Vitalitätsbeeinflussung gaben die in jedem Jahr beobachteten meist beachtlichen Differenzen im Kornertrag zwischen denselben alkaloidhaltigen und alkaloidarmen Formen. Diese wurden in sechsjährigen Prüfungen beobachtet, die im Rahmen der Sortenprüfungen auf Kornertrag und in dreijährigen Prüfungen auf Grünmasseertrag gemacht wurden. Die Kornertragsversuche wurden in den Jahren 1950—1955, die Grünmasseertragsversuche in den Jahren 1953—1955 in Müncheberg in Drillsaat durchgeführt. Die Ergebnisse sind in den Tabellen 2 und 3 zusammengestellt. Sie weisen eine hohe Streuung auf, lassen aber trotzdem die Tendenz erkennen, daß die mitgeprüfte alkaloidhaltige Form in der generativen Entwicklungsphase vitaler ist. Die Weiko-Sorten haben gegenüber der Gülzower Sorte einen Vorzug in der Erkennbarkeit als „Süßlupine" auch während der Vegetationszeit. Bei ihnen ist die Weißkörnigkeit pleiotrop bedingt. Weiko-Pflanzen sind an der Pigmentarmut besonders im Knospenstadium gut von bitteren oder anderen Formen zu unterscheiden. Das ist ein Vorzug, der auch eine Ertragsdepression rechtfertigt. Diese zu beseitigen ist selbstverständlich ein stark angestrebtes Zuchtziel.

Tabelle 2

Müncheberger Grünmassevergleiche zwischen alkaloidhaltigen und alkaloidarmen Sorten von *Lupinus luteus* in dz/ha

Erntejahr	Sortenbezeichnung				Trockensubstanz %
	Weiko II alkaloidarm dulcis	Weiko III alkaloidarm dulcis	Gülzower alkaloidarm dulcis	Schwako alkaloidhaltig	
1953	289,19	395,27	365,64	457,22	12,1–13,6
1954	176,55	222,09	221,11	216,64	16,5–17,0
1955	422,21	456,07	363,30	406,07	13,1–13,6
Durchschnittlich	295,98	357,81	316,68	359,97	
Relativ	82,22	99,39	87,97	100,00	

Um von Jahr zu Jahr und von Sorte zu Sorte vergleichbare Grünmasseerträge zu erhalten, war es nötig, die Pflanzen in annähernd demselben Entwicklungszustand zu schneiden. Die Trockensubstanzgehalte zeigen, daß dies weitgehend gelang. Der Schnitt erfolgte jeweils dann, wenn die größten Hülsen die Hälfte der normalen Hülsenlänge erreicht hatten. Den Vergleich der Kornerträge vermittelt die Tab. 3.

Tabelle 3

Müncheberger Kornertragsvergleiche zwischen alkaloidhaltigen und alkaloidarmen Sorten von *Lupinus luteus* in dz/ha bei 86% Trockensubstanzgehalt

Erntejahr	Sortenbezeichnung			
	Weiko II alkaloidarm dulcis	Weiko III alkaloidarm dulcis	Gülzower alkaloidarm dulcis	Schwako alkaloidhaltig
1950	19,96	19,55	27,22	29,45
1951	16,39	15,72	18,26	21,24
1952	6,57	6,51	11,93	13,26
1953	11,07	13,60	17,91	21,54
1954	8,68	7,24	13,02	24,53
1955	23,33	22,38	23,36	22,32
Durchschnittlich	14,33	14,16	18,61	22,05
Relativ	64,98	64,21	84,39	100,00

Während die genetisch auch unter sich noch verschieden veranlagten weißkörnigen alkaloidarmen Sorten in der Kornertragsleistung dem alkaloidhaltigen schwarzkörnigen Stamm „Schwako" bis zu 35% unterlegen waren, sind die Differenzen in der Grünmasseleistung wesentlich geringer. Das läßt zunächst darauf schließen, daß die vegetative Entwicklung weniger empfindlich ist als die generative. Ob echte Fertilitätsstörungen vorliegen, konnte nicht besonders beobachtet werden, dürfte aber bei *Lup. luteus* unwahrscheinlich sein. Um den Ursachen für die verringerte Kornleistung bei den alkaloidarmen Sorten näher zu kommen, machten sich noch speziellere Untersuchungen mit Formen notwendig, die sich mit Ausnahme des Alkaloidgehaltes in möglichst wenig anderen ertragsbeeinflussenden Genen unterscheiden. Außer den genetischen Faktoren mußten auch die der Umwelt untersucht werden. Da bei veränderter Saatzeit derartig bedingte Wirkungen die Pflanzen in anderen Entwicklungsstadien treffen, wurden Saatzeitversuche dazu herangezogen. Diese wurden in den Jahren 1954 und 1955 in Müncheberg durchgeführt. In diesen handgelegten Saatzeitversuchen auf je 5 qm großen Parzellen mit je 250 Pflanzen war in je vierfacher Wiederholung als Blockanlage, also mit insgesamt 1000 Pflanzen von jeder Form folgendes möglich:

1. Die Stämme 8, 80 und 102 mit den Genen dulcis, amoenus und liber, die die Alkaloidarmut oder den jeweils verschiedenen Restgehalt an Alkaloiden steuern, können im Kornertrag gegenübergestellt werden.

2. Jeder dieser alkaloidarmen Stämme wird mit einem aus ihm durch Kreuzung mit einem normal alkaloidhaltigen hervorgegangenen ebenfalls alkaloidarmen Stamm verglichen. Es ist dabei zu bemerken, daß der als Vater benutzte Stamm dieses Kreuzungsproduktes bei allen drei Mutterstämmen derselbe war. Es handelt sich bei dem Vaterstamm um den alkaloidhaltigen Stamm 3535 A, der über den Faktor invulnerabilis für Platzfestigkeit der Hülsen verfügt. Die Kreuzungsstämme sind Folgegenerationen von alkaloidarmen platzfesten Formen, die in der F_2 mit diesen kombinierten Eigenschaften ausgelesen und dann in mehreren Jahren unter züchterischen Gesichtspunkten aus vielen annähernd gleichartigen selektioniert wurden.

3. Die ständig geselbsteten für Alkaloidarmut mit Sicherheit und auch sonst weitgehend homozygoten Stämme können mit den ebenfalls alkaloidarmen Kreuzungsstämmen und dem als Vater benutzten alkaloidhaltigen platzfesten Stamm 3535 A verglichen werden.

In der Tab. 4 wird gezeigt, daß im Jahre 1954 zwischen den alkaloidarmen und den alkaloidhaltigen Formen in allen drei Saatzeiten deutliche Ertragsdifferenzen zu ungunsten der alkaloidarmen bestehen. Auch die Erträge der Kreuzungsstämme liegen in der Mehrzahl der Fälle unter denen ihrer alkaloidarmen Ausgangsformen. Dort, wo sie überlegen sind, liegen die Differenzen innerhalb des Zufallsbereiches. Die Ertragsdifferenzen übertreffen prozentual diejenigen, die in den erwähnten Drillprüfungen zwischen alkaloidarmen und alkaloidhaltigen gefunden wurden. Da diese Erscheinung in allen drei Saatzeiten vorliegt, bedürfen die Umweltverhältnisse einer näheren Betrachtung. Das Jahr 1954 war für die Lupine in seinem Witterungsablauf abnorm, da auf eine längere Vorsommertrockenheit mit Mainiederschlägen, die nur 55% und Juniniederschlägen, die nur 38,5% des langjährigen Mittels erreichten, ein sehr feuchter Juli folgte, welcher 173,2% des langjährigen Mittels an Feuchtigkeit brachte. Im Mai und Juni war es so trocken, daß die alkaloidarmen Lupinen die meisten Blüten des Haupttriebes abwarfen und nur ganz wenig Hülsen daran ansetzten. Die geringe Luftfeuchtigkeit dieser Monate trug sehr zum Abwerfen der Blüten bei. Bei dem alkaloidhaltigen Stamm wirkte sich diese Vorsommertrockenheit nicht in dem Ausmaß nachteilig aus. Der Entwicklungsablauf blieb wesentlich ungestörter.

Die Abb. 1 zeigt den verschiedenen morphologischen Aufbau der alkaloidarmen Sorte „Gülzower gelbe Süßlupine" und des alkaloidhaltigen Stammes 3535 A zur Erntezeit des letzteren im Jahre 1954. Die alkaloidarme Sorte konnte am 26. 8. 1954 als reif angesprochen werden, während der Stamm 3535 A bereits am 12. 8. 1954 soweit war. Diese 14-tägige Differenz ist in normalen Jahren nicht vorhanden, sondern muß als Auswirkung des fehlenden Alkaloidgehaltes unter den beschriebenen Verhältnissen angesehen werden.

Da die unter den geschilderten abnormen Witterungsbedingungen des Jahres 1954 erzielten Ergebnisse über die Kornertragsfähigkeit der verschiedenen Formen keinen Anspruch auf Allgemeingültigkeit erheben können, wurde derselbe Versuch 1955 erneut durchgeführt. In diesem Jahr zeigte er ein stark verändertes Bild. Die Tendenz, die 1954 ausnahmslos zu Gunsten der alkaloidhaltigen Stämme sprach, galt in dem Ausmaß nur noch gegenüber den Stämmen, deren Alkaloidarmut durch den Faktor liber gesteuert wurde. Es ergaben sich für die Stämme mit den Faktoren dulcis und amoenus gegenüber dem alkaloidhaltigen Stamm nur in der II. Saatzeit gesicherte Ertragsunterschiede und für Stämme mit dem Faktor liber zwar starke, aber nur solche Unterschiede, die man zum Teil auch mit einem erhöhten Krankheitsbefall erklären konnte. In der Frühsaat vom 5. 4. 1955 zeigte weder der platzende Stamm 102 noch der aus ihm hervorgegangene platzfeste Kreuzungsstamm einen so überraschen Leistungsabfall wie in den beiden späteren Saatzeiten. Die Differenzen zwischen dem bitteren platzfesten Stamm und den Stämmen mit dem Faktor liber sind in der ersten

Saatzeit nur für den platzenden Stamm 102 gesichert. In den späteren Saatzeiten liegt allerdings ein stark gesicherter Leistungsabfall für beide Formen mit dem Faktor liber vor. Die erhöhte Krankheitsanfälligkeit, insbesondere für Viren und Fusarien ist bei Spätsaaten von Lupinen eine bekannte Erscheinung. Während in dem abnormen Jahr von der Frühsaat

Abb. 1. Morphologische Unterschiede nach extremen Witterungseinflüssen bei alkaloidarmen (Gülzower 604) und alkaloidhaltigen (3535) *Lupinus luteus.*

über die Mittelsaat zur Spätsaat allgemein ein Ertragsanstieg zu beobachten war, zeigte das Jahr 1955 einen deutlichen Ertragsabfall von der Frühsaat zur Spätsaat. Die Vegetationsbedingungen lösen in den verschiedenen Jahren unterschiedliche Reaktionen aus. Dies geht aus der Abb. 2 hervor. Sie zeigt Saatzeitversuche mit der alkaloidarmen Sorte Weiko III und dem alkaloidhaltigen Stamm Schwako in den Jahren von 1951—1955. Letzterer ist auch hier fast immer leistungsfähiger.

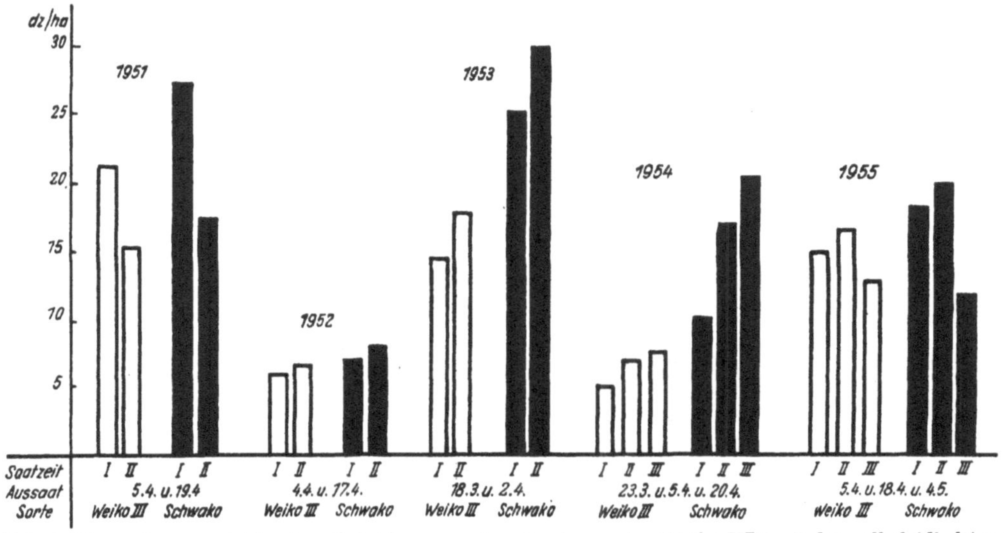

Abb. 2. Kornertragsvergleiche der alkaloidarmen gelben Lupinensorte „Weiko III“ mit dem alkaloidhaltigen Stamm „Schwako“ bei verschiedenen Saatzeiten in den Jahren 1951—1955.

Tabelle 4

Kornerträge von genetisch verschiedenen Stämmen von *Lupinus luteus* in drei Saatzeiten 1954 und 1955

1. Stamm mit je einem homozygot rezessiven Faktor für Alkaloidarmut. Direkte Nachkommen der Mutante. Mutter für d. St. zu 2.
2. Kreuzungsnachkomme mit je einem homoz. rez. Faktor für Alkaloidarmut und dem homoz. rez. Faktor für Platzfestigkeit der Hülsen.
3. Stamm mit nur dominanten Faktoren für Alkaloidgehalt und homoz. rez. Faktor für Platzfestigkeit der Hülsen. Vater für d. St. zu 2.

Stamm	Erbfaktoren	I. Saatzeit (24. 3. 54) dz/ha	rel.	II. Saatzeit (5. 4. 54) dz/ha	rel.	III. Saatzeit (20. 4. 54) dz/ha	rel.
1. St. 8 pl	dul Inv / dul Inv	5,60	37,76	11,43	56,87	11,88	50,99
2. St. 8 npl	dul inv / dul inv	6,62	44,64	10,35	51,49	14,78	63,45
3. St. 3535 A	Dul inv / Dul inv	14,83	100,00	20,10	100,00	23,30	100,00
1. St. 80 pl	am Inv / am Inv	5,70	38,44	12,08	60,10	18,15	77,90
2. St. 80 npl	am inv / am inv	4,52	30,48	9,10	45,27	13,83	59,36
3. St. 3535 A	Am inv / Am inv	14,83	100,00	20,10	100,00	23,30	100,00
1. St. 102 pl	lib Inv / lib Inv	6,30	42,48	6,65	33,08	12,65	54,29
2. St. 102 npl	lib inv / lib inv	5,70	38,44	9,55	47,51	15,63	67,08
3. St. 3535 A	Lib inv / Lib inv	14,83	100,00	20,10	100,00	23,30	100,00
		I. Saatzeit (5. 4. 55)		II. Saatzeit (18. 4.55)		III. Saatzeit (4. 5.55)	
1. St. 8 pl	dul Inv / dul Inv	23,6	104,42	18,60	72,66	12,00	100,00
2. St. 8 npl	dul inv / dul inv	20,6	89,38	18,20	71,09	12,00	100,00
3. St. 3535 A	Dul inv / Dul inv	22,6	100,00	25,60	100,00	12,00	100,00
1. St. 80 pl	am Inv / am Inv	24,8	110,62	21,80	85,16	12,40	103,33
2. St. 80 npl	am inv / am inv	23,0	101,77	19,00	74,22	16,00	133,33
3. St. 3535 A	Am inv / Am inv	22,6	100,00	25,60	100,00	12,00	100,00
1. St. 102 pl	lib Inv / lib Inv	16,4	72,57	5,60	21,88	2,40	20,00
2. St. 102 npl	lib inv / lib inv	19,4	85,84	17,60	68,75	6,80	56,67
3. St. 3535 A	Lib inv / Lib inv	22,6	100,00	25,60	100,00	12,00	100,00
		Grenz-Differenz = GD. i. % P = 5% = 23,78		GD. i. % P = 5% = 17,66		GD. i.% P = 5% = 26,10	

Diese Überlegenheit des bitteren schwarzkörnigen Stammes zeigte sich in den Saatzeitversuchen auch gegenüber anderen, nicht in Müncheberg gezüchteten Süßlupinensorten. Die Ertragsbeeinflussung durch andere, erblich analysierte oder auch unerkannte Faktoren wird durch die, welche den Alkaloidgehalt steuern bei stärkeren negativen Umweltveränderungen ständig überdeckt.

Einen weiteren Beitrag zu der Frage, wie die Vitalität durch den Alkaloidgehalt beeinflußt wird, können bei *Lupinus luteus* die Ertragsuntersuchungen an den Stämmen leisten, die für die Alkaloidarmut zwei rezessive Faktoren haben. Es gelang in Müncheberg durch die Kreuzung von Stämmen, die den Faktor dulcis enthalten, mit solchen, die über den Faktor liber verfügen, zu doppelt rezessiven Formen für die Alkaloidarmut zu gelangen. Die F_1 war erwartungsgemäß alkaloidhaltig. Von der F_2 wurden alle alkaloidarmen Pflanzen mit jeder der Ausgangsformen rückgekreuzt. Die Pflanzen, die in beiden Fällen alkaloidarme Nachkommen ergaben, konnten als doppelt rezessiv angesprochen werden. Die quantitative Analyse des Alkaloidgehaltes derartiger Stämme ergab nach der photometrischen Methode mit Molybdänblau nach SCHWARZE [9] folgendes Bild: (Tab. 5)

Tabelle 5

Alkaloidgehalt von Formen von *L. luteus* mit einfach und doppelt rezessiv bedingter Alkaloidarmut

Bezeichnung	Erbfaktoren	Alkaloidgehalt %	relativ
Sorte Weiko III	$\frac{\text{dul Lib}}{\text{dul Lib}}$	0,090	100,00
Stamm 102	$\frac{\text{Dul lib}}{\text{Dul lib}}$	0,059	63,33
doppelt rezessiv	$\frac{\text{dul lib}}{\text{dul lib}}$	0,054	60,00

Tabelle 6

Kornertragsvergleich zwischen der Sorte Weiko III und 21 Stämmen mit doppelt rezessiven Faktoren dulcis und liber f. Alkaloidarmut

Verrechnet nach Varianzanalyse, Anlage: Fisherblock
Aussaat: 7. 4. 55 Ernte: 15. 8. 55 Parzellengröße: 5 qm Wdhlg.: 4
Bezugsgröße: $\bar{x}$ aller Weiko III = 1,000 kg/T = 20,0 dz/ha = 100%

Nr.	Stamm	$\bar{x}$	dz/ha	rel.	Sich.	Rang	TKG*)
1	Wk. III	1,167	23,4	116,7	+	1	112,7
2	7202/50	0,980	19,6	98,0		3	112,2
3	7535/52	0,717	14,3	71,7	000	23	108,2
4	7537/52	0,885	17,6	88,5		9	111,1
5	7539/52	0,835	16,6	83,5	00	15	115,1
6	7540/52	0,659	13,8	69,5	000	24	108,9
7	7543/52	0,787	15,6	78,7	000	18	115,9
8	7544/52	0,922	18,4	92,2		7	121,6
9	Wk. III	0,985	19,6	98,5		4	120,8
10	7545/52	0,985	19,6	98,5		5	128,6
11	7546/52	0,840	16,8	84,0	0	13	113,2
12	7547/52	0,927	18,4	92,7		8	117,6
13	7548/52	0,882	17,6	88,2		10	123,1
14	7549/52	0,860	17,2	86,0	0	11	120,2
15	7553/52	0,857	17,0	85,7	0	12	116,8
16	7555/52	0,845	16,8	84,5	0	14	114,7

*) Tausendkorngewicht: g.

Fortsetzung: Tabelle 6

Nr.	Stamm	$\bar{x}$	dz/ha	rel.	Sich.	Rang	TKG
17	Wk.III	1,020	20,4	102,0		2	115,9
18	5144/51	0,745	14,8	74,5	000	22	107,2
19	5155/51	0,690	13,8	69,0	000	25	113,0
20	5157/51	0,770	15,4	77,0	000	20	110,4
21	5169/51	0,790	15,8	79,0	00	17	110,2
22	5170/51	0,785	15,6	78,5	000	19	105,8
23	5183/51	0,750	15,0	75,0	000	21	113,5
24	5184/51	0,972	19,4	97,2		6	124,7
25	Wk. III	0,824	16,4	82,4	00	16	115,2

Grenzdifferenzen

P	kg/T	dz/ha	%
5,0%	0,131	2,62	13,1
1,0%	0,174	3,48	17,4
0,1%	0,226	4,52	22,6

Im Jahre 1955 wurde die Leistungsfähigkeit der doppelt rezessiven Formen nur mit der Sorte Weiko III verglichen und zeigte das in Tab. 6 wiedergegebene Bild.

Die Tab. 6. zeigt bei 14 von 21 für die Alkaloidarmut doppelt rezessiven Stämmen eine signifikante Unterlegenheit gegenüber der einfach rezessiven Sorte Weiko III. Gegenüber dem Mittelwert dieser Sorte beträgt der Ertragsabfall der Stämme im Durchschnitt 16,5%. Der Schwankungsbereich der Unterlegenheit liegt zwischen 2—31%.

Zur Stützung dieser Befunde wurde im Jahre 1956 ein handgelegter Versuch zum Vergleich der Kornerträge zwischen folgenden Formen angestellt:

1. der einfach rezessiven Sorte Weiko III $\frac{\text{dul}}{\text{dul}}$
2. dem einfach rezessiven Stamm 102 $\frac{\text{lib}}{\text{lib}}$
3. dem doppelt rezessiven Stamm 7202 $\frac{\text{dul lib}}{\text{dul lib}}$
4. dem bitteren Stamm „Schwako" $\frac{\text{Dul Lib}}{\text{Dul Lib}}$

Die Ergebnisse dieses Versuches zeigt die Tab. 7.

Tabelle 7

Kornertragsvergleich von Formen mit einfach und doppelt rezessiv bedingter Alkaloidarmut mit dem alkaloidhaltigen Stamm „Schwako"

Verrechnet nach Varianzanalyse, Anlage: Lateinisches Quadrat
Aussaat: 23. 4. 56 Ernte: 11. 9. 56 Parzellengröße: 5 qm

Versuchsglied	Erbfaktor	kg/T	dz/ha	rel.	Sich.
Weiko III	$\frac{\text{dul}}{\text{dul}}$	0,890	17,80	100,00	—
St. Schwako	$\frac{\text{Dul Lib}}{\text{Dul Lib}}$	0,827	16,60	92,13	—
St. 102	$\frac{\text{lib}}{\text{lib}}$	0,740	15,20	83,14	—
St. 7202	$\frac{\text{dul lib}}{\text{dul lib}}$	0,640	12,80	71,91	0

Grenzdifferenzen

P	kg/T	dz/ha	%
5,0%	0,172	3,44	19,10
1,0%	0,260	5,20	29,21
0,1%	0,417	8,34	47,19

Dieser Versuch zeigt eine schwachgesicherte nicht unerhebliche Unterlegenheit der Form mit doppelt rezessiv bedingter Alkaloidarmut gegenüber dem Elternteil mit dem einfach rezessiven Faktor dulcis. Die Differenz gegenüber dem Elternteil mit dem Faktor liber liegt innerhalb des Zufallsbereiches. Bemerkenswert ist auch die, zwar noch im Zufallsbereich liegende Unterlegenheit des alkaloidhaltigen Stammes „Schwako" gegenüber der Sorte Weiko III. Hier liegt ein erneuter Nachweis dafür vor, daß die Formen mit dem Faktor dulcis für Alkaloidarmut in der Vitalität nicht grundsätzlich den alkaloidhaltigen Stämmen unterlegen sind. In der Tab. 8 wird eine Übersicht über den Prozentsatz kranker Pflanzen bei der Ernte gegeben. Aus ihr geht hervor, daß die alkaloidhaltige Form am wenigsten anfällig war.

Tabelle 8

Prozentualer Krankheitsbefall bei Formen mit bekannter genetischer Konstitution für den Alkaloidgehalt 1956

Versuchsglied	Erbfaktor	Gesamt-pflanzenzahl	Ertraglose Kranke %
Stamm Schwako	$\frac{\text{Dul Lib}}{\text{Dul Lib}}$	835	8,27
Weiko III	$\frac{\text{dul}}{\text{dul}}$	845	16,45
Stamm 102	$\frac{\text{lib}}{\text{lib}}$	804	17,91
Stamm 7202	$\frac{\text{dul lib}}{\text{dul lib}}$	819	18,08

Die Sorte Weiko III mit ihrem pleiotrop wirkenden Faktor niveus (niv.) für weiße Kornfarbe und Pigmentarmut in den Knospen, Blüten und Blättern ist gegenüber den $\frac{\text{Niv}}{\text{Niv}}$ Pflanzen von TROLL [11] als empfindlicher erkannt. Einer Kulturpflanze, an die erhöhte Ansprüche gestellt werden, muß oft eine gesteigerte Empfindlichkeit gegen klimatische und edaphische Einflüsse und Krankheitsanfälligkeit eingeräumt werden. Durch weitere Auslesearbeit ist der Grad dieses Nachteils wahrscheinlich zu mildern.

Von *Lupinus albus* sind ebenfalls mehrere Faktoren bekannt, die den Alkaloidgehalt steuern. Mit Sicherheit konnten von uns [10] bisher vier identifiziert werden, die mit mitis, nutricius, pauper und suavis bezeichnet wurden. Es wurde wiederholt beobachtet, daß bei *Lupinus albus* nach Kreuzungen eine stärkere Wüchsigkeit der F_1-Bastarde gegenüber den Elternformen*) auftritt. Es galt zu klären, ob es sich dabei um eine Alkaloid- oder um eine Heterosiswirkung handelt. Es wurden daraufhin zurückliegende Versuche in dieser Richtung durchgearbeitet. Die alkaloidarmen Pflanzen von Kreuzungen solcher Formen, deren Alkaloidgehalt von demselben Faktor gesteuert wird, wurden mit solchen verglichen, die deshalb alkaloidhaltig waren, weil ihre Eltern auf Grund verschiedener Faktoren für Alkaloidarmut alkaloidarm waren. An ersteren war im Vergleich mit ihren Elternformen eine Heterosiswirkung zu erkennen. Wenn die letzteren vitaler sind als die alkaloidarmen Kreuzungspflanzen, spielt darüber hinaus der Alkaloidgehalt hier eine Rolle. Die F_1-Pflanzen

*) d. h. den aus Selbstbestäubung der Elternpflanzen hervorgegangenen Pflanzen

und die aus derselben Vater- bzw. Mutterpflanze hervorgegangenen Geschwisterpflanzen aus Selbstbestäubung standen zur Vitalitätsprüfung im Zuchtgarten jeweils nebeneinander. Alle Pflanzen wurden während der Zeit, in welcher der Haupttrieb blühte, auf ihren Alkaloidgehalt qualitativ geprüft. Damit war über die Alkaloidvererbung der Nachweis zu erbringen, ob die Geschwisterpflanzen aus Selbstbestäubungen hervorgegangen waren, oder ob zufällige Fremdbefruchtung vorlag. Dies geht heute sehr gut mit dem KRAFTschen Tüpfeltest [4] oder einer der anderen Feldmethoden.

Die Vitalitätsvergleiche bei *Lupinus albus* wurden an 16 Kreuzungsnachkommenschaften von Formen mit demselben Faktor für Alkaloidgehalt und an 46 Kreuzungsnachkommenschaften von Partnern mit verschiedenen Alkaloidfaktoren durchgeführt. Die insgesamt 62 Gruppen von F_1-Pflanzen wurden in 29 Fällen mit der Gruppe, der von der Mutter abstammenden Geschwisterpflanzen und in 24 Fällen mit den direkten Nachkommen der Vaterpflanze und in 9 Fällen mit beiden verglichen.

Als zu vergleichende Merkmale für die Vitalität wurden Messungsergebnisse der Pflanzenlänge an drei Terminen und der Stengeldurchmesser am Wurzelhals an zwei Terminen benutzt. Darüber hinaus waren die Hülsenzahl am Haupttrieb und deren Kornbesatz Gegenstand des Vergleiches. In der Tab. 9 werden die Messungsergebnisse einander gegenübergestellt.

Tabelle 9

Messungsergebnisse an alkaloidhaltigen und alkaloidarmen F_1-Pflanzen gegenüber den direkten Nachkommen der alkaloidarmen Ausgangsformen in %

Formen	Zahl der untersuchten Pflanzen	Pflanzenlänge (relativ) am			Stengeldurchmesser (relativ)	
		21. 6.	30. 7.	Erntetag	26. 6.	1. 8.
Ausgangsformen	333	100,0	100,0	100,0	100,0	100,0
F_1 alk. haltig	238	118,8	117,8	116,1	123,2	120,6
F_1 alk. arme	98	113,5	114,1	114,9	115,4	118,2

Die Tab. 9 vermittelt die Messungsergebnisse der Pflanzenlänge und des Stengeldurchmessers, die für die alkaloidhaltigen und alkaloidarmen F_1-Pflanzen eine deutliche Vitalitätszunahme gegenüber den Ausgangsformen aber unter sich keine gesicherten Unterschiede aufweisen. Bei den alkaloidarmen Formen kann es nur eine Heterosiswirkung sein. Bei den alkaloidhaltigen F_1-Pflanzen können der Alkaloidgehalt und die Heterosis gemeinsam wirksam sein. Das ist entgegen den Erwartungen ein Befund, der sich nicht in die sonstigen Ergebnisse einordnet, aber trotzdem Interesse beansprucht. Um Angaben über den möglichen Einfluß des Alkaloidgehaltes machen zu können, fehlen hier zum Vergleich noch Untersuchungen über Kreuzungen von Elternformen, von denen mindestens der eine alkaloidhaltig ist. In dem Fall, in dem aus zwei alkaloidarmen Kreuzungspartnern eine bittere F_1 entsteht, geschieht dies aus einem alkaloidarmen Korn. Wenn dagegen eine alkaloidhaltige Pflanze als Mutter bei der Kreuzung benutzt wird, ist bereits das Ausgangskorn alkaloidhaltig und es wäre denkbar, daß der Alkaloidgehalt des Samens die weitere Alkaloidsynthese beeinflußt.

Außer den Messungswerten wurden an demselben Material ertragsanalytische Merkmale untersucht. Da die Pflanzen zum Teil nach der Blüte des Haupttriebes von Bräunevirus befallen wurden, konnten nur die Haupttriebe ausgewertet werden. Die Tab. 10 gibt über die Werte Auskunft, die über die Hülsenzahl der elterngleichen und Kreuzungsformen etwas aussagen. Es sind signifikante Differenzen zwischen den durch Selbstbestäubung entstandenen Nachkommen der Eltern und den Bastarden gefunden worden, die bei den alkaloidarmen Bastarden fast 50%, bei den alkaloidhaltigen aber nur 25% ausmachen.

Tabelle 10

Zusammenstellung der Untersuchungen über die Hülsenzahl bei Eltern und Kreuzungsformen von *Lupinus albus* aus dem Jahre 1952

Vergleich von	n	$\bar{x}$	rel.	s	s%	u	u_{tab}	P%
süßen Bastarden	93	5,61	148,8	2,37	42,24			
und						5,725	2,58	1
ihren Eltern	166	3,77	100,0	2,24	59,41			
bitt. Bastarden	219	5,48	125,4	2,90	52,91			
und						5,080	2,58	1
ihren Eltern	570	4,37	100,0	2,43	55,60			

In der Tab. 11 werden die Werte für die Kornzahl am Haupttrieb gegenübergestellt. Hier zeigt sich dasselbe Bild, wie bei der Hülsenzahl mit der Ausnahme, daß die Unterschiede im Ertragszuwachs zwischen den alkaloidarmen und alkaloidhaltigen Bastarden gegenüber den Elternformen wegfallen. Die süßen Bastarde zeigen demnach wieder eine Heterosiswirkung und bei den bitteren Bastarden ist noch offen, ob es sich vorwiegend um Heterosis oder Alkaloidwirkung handelt.

Tabelle 11

Zusammenstellung der Untersuchungen über die Kornzahl am Haupttrieb bei Eltern und Kreuzungsformen von *Lupinus albus* aus dem Jahre 1952

Vergleich von	n	$\bar{x}$	rel.	s	s%	u	u_{tab}	P%
süßen Bastarden	88	20,05	143,2	37,87	188,9			
und						4,01	2,57	1
ihren Eltern	130	14,00	100,0	9,09	64,9			
bitt. Bastarden	224	20,50	149,6	11,08	54,0			
und						7,91	2,57	1
ihren Eltern	551	13,74	100,0	9,94	72,2			

Bei *Lupinus albus* liegen auch aus anderen, insbesondere aus Saatzeitversuchen, ebensolche Nachweise für die Erhöhung der Empfindlichkeit von alkaloidarmen Formen vor, wie sie für *Lupinus luteus* nachgewiesen wurden.

Zusammenfassend kann auf Grund der Vergleiche von alkaloidarmen, alkaloidhaltigen und solchen Formen, die für die Alkaloidarmut als doppelt rezessiv anzusprechen sind, gesagt werden, daß der fehlende Alkaloidgehalt sich auf die Empfindlichkeit gegenüber Umwelteinflüssen merkbar auswirkt. Bei *Lupinus luteus* konnte nachgewiesen werden, daß die Formen mit vermindertem Alkaloidgehalt in der Vitalität nicht immer geschwächt sind. Bei *Lupinus albus* wurde bei Bastarden mit vermindertem Alkaloidgehalt eine erhöhte Leistungsfähigkeit gegenüber ihren alkaloidarmen Elternformen beobachtet.

LITERATUR

[1] Hackbarth, J. u. R. v. Sengbusch, Die Vererbung der Alkaloidfreiheit bei *Lupinus luteus* und *Lupinus angustifolius*. Züchter **6**, 249—255 (1934).

[2] Klinkowski, M. u. J. Hackbarth, Zur Kenntnis der züchterischen Bedeutung iberischer Wildformen von *Lup. lut.* u. *L. ang.* Z. f. Z. XXIII, 579—610 (1941).

[3] Klinkowski, M. u. E. Pfeil, Die Veränderlichkeit der chemischen Zusammensetzung der Pflanzen unter besonderer Berücksichtigung des Alkaloidgehaltes d. Lupine. Arb. d. Biol. Reichsanst. **2**, 249—257 (1938).

[4] Kraft, D., Die Tüpfelmethode in der Pflanzenzüchtung. Pharmazie **8**, 170—173 (1953).

[5] LAMBERTS, H., Verbreding van de Grondslagen voor de Veredeling van gele Voederlupine. Diss. Wageningen 1955.
[6] MACH, F. u. P. LEDERLE, Landw. Versuchst. 98, 117 (1921).
[7] NOTTBOHM u. MAYER, Der chemische Nachweis von entbittert gezüchteten gelben Lupinen. Landw. Versuchst. 81, 1 (1935).
[8] SENGBUSCH, R. v., Süßlupine und Öllupine. Ldw. Jahrbuch 91, 723—880 (1942).
[9] SCHWARZE, P. u. F. WOLLNER, Ein Serienverfahren zur Bestimmung des Alkaloidgehaltes in Süßlupinen. Züchter 17/18, 105—109 (1946/47).
[10] TROLL, H.-J., Erbgänge des Alkaloidgehaltes und Beobachtungen über Heterosiswirkung bei *Lup. albus*. Z. f. Pflz. (in Vorbereitung).
[11] TROLL, H.-J., Erbgänge der Samenfarbe bei weißkörnigen gelben Süßlupinen und ihre Bedeutung für die Erhaltungszucht im Zusammenhang mit Weichschaligkeit und Leistungsfähigkeit. Züchter 26, 41—53 (1956).

DISKUSSION

zu den Vorträgen von J. HACKBARTH und H.-J. TROLL

Herr STEINEGGER: Waren die verwendeten Alkaloidbestimmungsmethoden spezifisch, oder erfaßten sie eventuell auch gewisse Vorstufen? Sind die Begriffe bitter und alkaloidhaltig gleichzusetzen? Wäre es möglich, daß alkaloidfreie Pflanzen deshalb nicht gefunden wurden, weil sie lebensunfähig sind? Bei unseren *Datura*-Selektionierungen wurde der umgekehrte Fall gefunden, daß mit steigendem Alkaloidgehalt die Vitalität ebenfalls sank.

Herr HACKBARTH: 1. Die Chromatogramme haben erwiesen, daß der Restalkaloidgehalt der alkaloidarmen Sorten aus denselben Alkaloiden besteht wie bei den Bitterlupinen.
2. Alkaloidhaltig ist gleich bitter.
3. Der Stamm R St 14 von FEDOTOW ist fast alkaloidfrei, aber auch im Ertrag am schlechtesten.

Herr v. BRUCHHAUSEN: 1. Warum findet man beispielsweise in der Lüneburger Heide so selten Süßlupinenanbau, obwohl die Züchtung der Süßlupine für die Gebiete der Heide eine besondere Bedeutung hätte?
2. Was ist über den biologischen Wert der Lupinensamen bekannt?

Herr HACKBARTH: Die Schwierigkeiten des Anbaues von Süßlupinen sind in klimatischen und wirtschaftlichen Gründen zu suchen. Die biologische Wertigkeit des Süßlupineneiweißes ist sehr hoch und ähnlich der Wertigkeit von Soja.

Herr TROLL: Die biologische Wertigkeit des Eiweißes der Lupinenkörner wurde von MANGOLD und seinen Mitarbeitern untersucht und für Erhaltung und Wachstum bei Schweinen im Durchschnitt mit 57% befunden. Bei der Sorte Weiko, die den Faktor niveus für weiße Kornfarbe enthält, betrug nach Untersuchungen von COLUMBUS die biologische Wertigkeit für Erhaltung und Wachstum 71%.
(Lit.: MANGOLD, E., Die ernährungsphysiologischen Eigenschaften der Süßlupinen. Sitzungsbericht d. Deutschen Akad. d. Wiss., Mathm.-Naturw. Klasse, Jhg. 1949 Nr. III, Akad. Verlag Berlin 1950.
COLUMBUS, A., Die Ausnutzung und biologische Wertigkeit der Süßlupinenkörner, Forschungsdienst 1., 1936, 536.)

Herr MOTHES: 1. Daß auch heute noch, z. B. auf den Sandböden der Lüneburger Heide, bittere Lupinen angebaut werden, liegt daran, daß dort Lupinen zur Gründüngung und nicht zur Fütterung verwendet werden.
2. Soweit unsere, dem Umfange des Materials nach, noch bescheidenen Mutationsversuche ergeben haben, scheinen alkaloidreiche Formen im Wachstum gehemmt zu

sein, alkaloidfreie nicht oder sehr selten zu entstehen. Wir haben versucht, im Alkaloid einen zwar lebenswichtigen Stoff zu sehen, dessen Anhäufung aber schädliche Folgen haben kann. Verschiedene Tastversuche deuten darauf hin, daß Alkaloide in geringen Konzentrationen eine sehr weite Verbreitung haben. Das haben sie z. B. mit den Cumarinen gemeinsam. Wir haben eine große Zahl von Pflanzen verschiedenster Familien geprüft: sie enthielten alle Cumarine in irgendeiner Form. Alkaloide und Cumarine wirken im Rahmen des Auxin-Komplexes (Ramshorn).

3. Daß die Wirksamkeit der Alkaloide vom Klima abhängig ist, insbesondere vom Licht, haben wir bei unseren Pfropfungsversuchen ebenfalls gefunden. Nikotin wirkt auf Blätter von *Atropa*, *Lycopersicon* u. a. nur ausbleichend bei hoher Lichtintensität. Das ist nicht etwa nur dadurch bedingt, daß bei viel Licht auch mehr Nikotin entsteht. Man kann den gleichen Effekt beobachten, wenn Nikotin künstlich den Blättern appliziert wird.

Herr Cuzin: 1. In Bergerac (Tabakinstitut Frankreich) haben wir vor zwei Jahren 2 Stämme von *Nicotiana tabacum* gefunden, die völlig alkaloidfrei erscheinen (Silicowolframsäure-Fällung absolut negativ).

2. Die Beziehung zwischen Alkaloidgehalt und verschiedenen biologischen Faktoren ist bei der Tabakpflanze bei weitem nicht eindeutig. Z. B. sei erwähnt, daß die Korrelation zwischen Alkaloidgehalt und Anwesenheit von Anthocyanen in den Staubgefäßen in verschiedenen Jahren unterschiedlich war. Daraus folgt, daß die Determination des Faktors ,,Nikotin" keine einfache genetische sein kann.

3. Die Arbeiten, die Dr. Izard z. Z. in Bergerac durchführt, zeigen, daß Nikotin synergistisch oder auch antagonistisch mit verschiedenen Wachstumsfaktoren (β-Indolylessigsäure) wirken kann.

Herr Becker: Die Vitalitätsminderung bei Süßlupinen beruht von der genetisch-züchterischen Seite aus darauf, daß die Sorten weitgehend reine Linien sind und keine Populationen darstellen.

Herr Troll: Die Ausführungen von Herrn Becker weisen mit Recht auf die stark eingeengte genetische Konstitution der heutigen alkaloidarmen Lupinensorten gegenüber Populationen hin. Davon sind mit großer Wahrscheinlichkeit auch die ertragsbeeinflussenden Gene betroffen. Ein Hinweis dafür findet sich in der oft stärkeren Vitalität solcher Sorten, deren Zulassung zeitlich von der Kreuzungsgeneration nicht den Abstand hat, wie dies bei älteren, stark homozygoten Formen der Fall ist.

Herr Lohmann: In den Tabellen waren z. T. die Ertrags-%-Zahlen auf 2 Dezimalstellen genau angegeben. Wie groß ist die Versuchsgenauigkeit?

Herr Troll: Diese geht aus den angegebenen Grenzdifferenzen bei verschiedenen P-Werten in % hervor.

Herr Steinegger: Handelt es sich bei den Kontrollpflanzen zu den alkaloidarmen Lupinenstämmen nicht auch um reine Linien?

Herr Becker: Nein, die Vergleichspflanzen sind keine reinen Linien, sondern weitgehend Populationen.*)

Herr Deltscheff: Bei meiner Arbeit mit *Atropa bella-donna* und besonders mit *Hyoscyamus niger* habe ich im Verlaufe mehrerer Jahre festgestellt, daß, wenn diese Pflanzen an

*) Herr Troll: (Anmerkung während der Korrektur). Dies trifft aber nur für die Formen zu, an denen die quantitativen Alkaloiduntersuchungen gemacht wurden, die Tab. 1 angibt. Stamm 3535 A und Schwako sind fast homozygote bittere Stämme.

dunklen und schattigen Plätzen wachsen, ihr Alkaloidgehalt sehr gering ist (im Vergleich zu den Pflanzen, die an hellen und sonnigen Plätzen wachsen). Das hindert die Pflanze jedoch nicht, sich gut zu entwickeln.

Herr Hackbarth: Gibt es bei anderen Alkaloidpflanzen ähnliche genetische Erkenntnisse wie bei den Lupinenarten?

Herr Mothes: Genetische Untersuchungen über das Merkmal „Alkaloid" sind bisher nur im bescheidensten Ausmaße durchgeführt worden. Meist wurden in Bastardierungsversuchen nur die Dominanzverhältnisse geprüft. Etwas mehr wissen wir über die Entmethylierungsvorgänge am Nikotin bei verschiedenen Tabakarten und -sorten. Dieser Prozeß ist in hohem Maße entwicklungsphysiologisch beeinflußt. Es gibt bei *Nicotiana glutinosa*, vor allem aber bei *Nicotiana silvestris* Rassen, die sich durch die Entwicklungsphase unterscheiden, in der die Entmethylierung einsetzt: die einen entmethylieren immer in den Blättern, selbst im isolierten, bewurzelten Blatt, andere entmethylieren mit Erreichen des Blühstadiums; andere nach dem Blühen, andere im Stadium des Vergilbens und andere erst beim Trocknen. Dann sind mir Untersuchungen über die Vererbung des Merkmals „Glykoalkaloide" bei Kartoffeln von Prokoschew bekannt. Aber all das ist nicht bis zu einer eigentlichen genetischen Analyse geführt.

Aus dem Institut für Pflanzenzüchtung der polnischen Akademie der Wissenschaften, Posen

Die qualitative Zusammensetzung der Lupinenalkaloide im Lichte chromatographischer Untersuchungen

Von M. Wiewiórowski und M. D. Bratek*)

Seit einigen Jahren bemühen wir uns, mit größerer Genauigkeit, als dies bisher getan wurde, festzustellen, welche Alkaloide in *Lupinus luteus*, *L. angustifolius* uns *L. albus* vorkommen. Die Arbeit, welche noch im Gange ist, soll nach ihrem Abschluß Antwort auf eine Reihe Fragen geben, die sowohl für Züchtungsprobleme als auch für Untersuchungen über die Biogenese der Lupinen-Alkaloide von gewissem Interesse sind. Um einige Beispiele dieser Fragen zu nennen, seien folgende erwähnt:

1. Ist die qualitative Alkaloid-Zusammensetzung der einzelnen *Lupinus*-Arten beständig?
2. Ist das mengenmäßige Verhältnis der einzelnen Alkaloide zueinander in stabilisierten Biotypen, die der gleichen *Lupinus*-Art angehören und identische qualitative Alkaloid-Zusammensetzungen besitzen, beständig?
3. Wie verhält sich die qualitative Alkaloid-Zusammensetzung in verschiedenen Teilen der Pflanze und in den einzelnen Phasen ihrer Entwicklung?
4. Welche Faktoren bewirken Veränderungen der „normalen" Alkaloid-Zusammensetzung, soweit von diesen die Rede sein kann?
5. Kommt in der Ontogenese ein Übergang bestimmter Alkaloide in andere vor, und welche von ihnen kann man als Grund-Alkaloide ansehen?
6. Besteht eine deutliche Abhängigkeit der Alkaloid-Zusammensetzung von anderen Inhaltsstoffen der Pflanze?

Unterschiedlich von den bisherigen Untersuchungen dieser Probleme bauten wir unsere Einführungsarbeiten ausschließlich auf qualitativen Alkaloid-Analysen auf und stellten den Anteil der einzelnen Alkaloide in Mischungen lediglich durch Schätzung fest. Bisher legten wir noch keinen Wert auf genaue quantitative Bestimmungen.

L. Peters, F. Schwanitz und R. v. Sengbusch [1] beschäftigten sich dagegen in der ersten Mitteilung ihrer Arbeit „Über die Entstehung, den Entstehungsort und die Leitung der Alkaloide bei einigen Lupinen-Arten" ausschließlich mit dem Niveau der Alkaloidsumme und nicht mit der qualitativen Alkaloid-Zusammensetzung, kündigten jedoch gleichzeitig eine Erweiterung der Untersuchungen in Richtung einer qualitativen Analyse an.

Ähnlich den von uns ausgeführten Untersuchungen sind die Arbeiten von A. van der Kuy [2]. Diese Arbeiten sind viel ausführlicher sowohl in bezug auf die angewandten analytischen Methoden als auch auf das untersuchte biologische Material. A. van der Kuy stellte sowohl die absolute Menge der Alkaloide als auch ihre qualitative Zusammensetzung fest. Er wies in der Lupine verschiedene Alkaloide nach, konnte jedoch ihren mengenmäßigen Anteil nicht in allen Fällen bestimmen.

Das von ihm ausgearbeitete Verfahren erlaubte ihm lediglich, den Anteil des Lupinins, Sparteins und Lupanins in einzelnen *Lupinus*-Arten zu bestimmen. Auf Grund dessen beschränkt er sich in allen Tabellen und graphischen Darstellungen auf die drei genannten Alkaloide.

*) Vorgetragen von M. Wiewiórowski.

Bei unseren Untersuchungen wenden wir die papierchromatographische Methode an, wobei wir als besonders vorteilhaft die Ringtechnik nach Rutter [3], modifiziert von A. Seifer und G. Oreskes [4], fanden. Am häufigsten arbeiteten wir mit Rundfiltern und zwar aus Whatman-Papier I von einem Durchmesser von 11 cm und Whatman-Papier III von einem Durchmesser von 22 cm. Die zu untersuchende Lösung bringen wir mit Hilfe einer kalibrierten Platindrahtöse auf den Startpunkt, wobei wir auf ein Chromatogramm höchstens 7 verschiedene Lösungen nach der Methode von K. V. Giri und N. A. N. Rao [5] auftragen. Die nach Entwickeln des Chromatogramms erhaltenen Flecke machen wir durch Eintauchen in nach R. Munier [6] modifiziertes Draggendorff-Reagens sichtbar oder färben die Flecke mit dem Phosphor-Molybdän-Reagens nach P. H. List [7].

Große Schwierigkeiten hatten wir mit der Auswahl des Lösungsmittelsystems zur scharfen Auftrennung des Gemisches: Lupanin, Lupinin, Hydroxylupanin und Spartein. Unter einer scharfen Auftrennung verstehen wir Unterschiede in den Rf-Werten von mindestens 1/10. Obwohl wir eine Menge verschiedener Phasen untersuchten, gelang es uns nicht, ein gleichzeitig zur Trennung aller 4 Alkaloide geeignetes System zu finden, und deshalb wenden wir jetzt drei verschiedene Lösungsmittelsysteme an. Diese Phasen ergänzen sich gegenseitig so, daß sich die genannten vier Alkaloide gut auftrennen lassen. Die drei erwähnten Lösungsmittelsysteme sind folgende:

Phase Nr. 1. Wassergesättigtes n-Butanol. Diese Phase besitzt die größte Trennwirkung. Bei ihrer Anwendung müssen jedoch die Alkaloide als Hydrochloride auf das Chromatogramm aufgetragen werden. Beim Auftragen von reinen Basen muß der Startpunkt zusätzlich mit Salzsäure benetzt werden.

Phase Nr. 2. Mischung von gesättigter Ammonium-Sulfatlösung und absolutem Äthanol (25:0,3—V:V). A. Resplondy [8] konnte bestimmte Aminosäuren sowie einige Alkaloide erstmalig mit 4 m-Ammonium-Sulfatlösung trennen. Der von uns angewandte Äthanol-Zusatz bewirkte eine Verbesserung der Trennwirkung und Schärfe der Alkaloid-Ringe.

Phase Nr. 3. n-Butanol, konzentrierte Salzsäure und Wasser (50:7,5:13,5—V:V:V). Dieses Lösungsmittelsystem wurde von Fr. Jaminet [9] beschrieben; wir ersetzten lediglich iso-Butanol durch n-Butanol.

Die folgende Abbildung der Chromatogramme und Tabelle Nr. 1 geben Aufschluß über die Trenneigenschaften der erwähnten Phasen. In Tabelle Nr. 1 berücksichtigten wir ebenfalls die von uns neu entdeckten, Alkaloid-Eigenschaften bes-tzenden Substanzen und benannten diese bis zu ihrer endgültigen Identifizierung: „n_1", , n_2", „n_3", „$n_{4/5}$" und „n_6".

Aus Abb. 1 und Tabelle Nr. 1 ist ersichtlich, daß sich bei, den von uns angewandten Phasen die Reihenfolge der einzelnen Alkaloide auf den Chromatogrammen ändert. Diese Bemerkung ist von besonderer Bedeutung für die Identifizierung der einzelnen Alkaloide. Die Identifizierung der in biologischem Material anwesenden Alkaloide erfolgte nicht durch die Rf-Werte, sondern durch direkten Vergleich mit reinen Testsubstanzen.

Da die Lupinen-Alkaloide außer Spartein in Wasser gut löslich sind, ist eine präzise Extraktion aus dem Pflanzenmaterial mit großen Schwierigkeiten verbunden, was sich besonders bei der Reinigung der mit Begleitsubstanzen belasteten Rohextrakte bemerkbar macht. Die Alkaloid-Extraktion mit Methanol oder Äthanol und einem Zusatz von Essigsäure eignet sich zwar für die präparative Isolierung der Alkaloide, weist jedoch für Mikro-Serienanalysen keine Vorteile auf. Für diesen Zweck eignet sich unserer Meinung nach besonders die Extraktion mit Chloroform oder Chloroform-Äthermischung, wobei das Material vorher stark alkalisiert wird. In diesem Falle entwässert man vor der Extraktion das mit Natron-Lauge alkalisierte Material mit vorgetrocknetem Alabastergips [10] oder

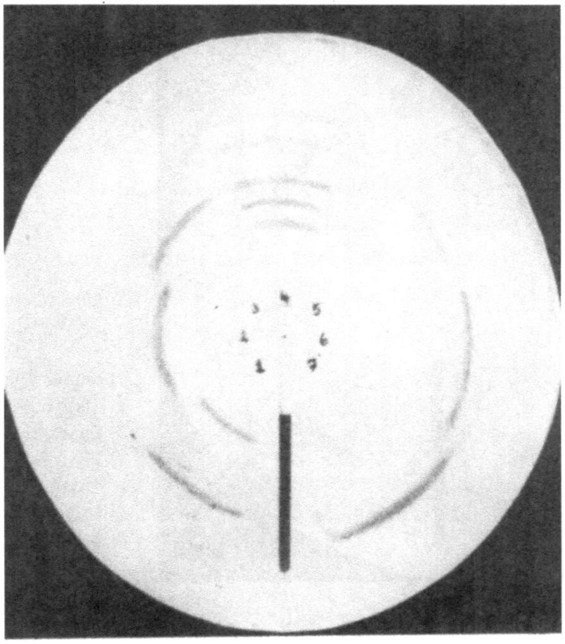

Abb. 1a
Lösungsmittelsystem Nr. 1
1. Lupanin und Alkaloid „n_3"
2. Spartein
3. Hydroxylupanin
4. Summe
5. Lupanin
6. Lupinin
7. Alkaloid „n_6"

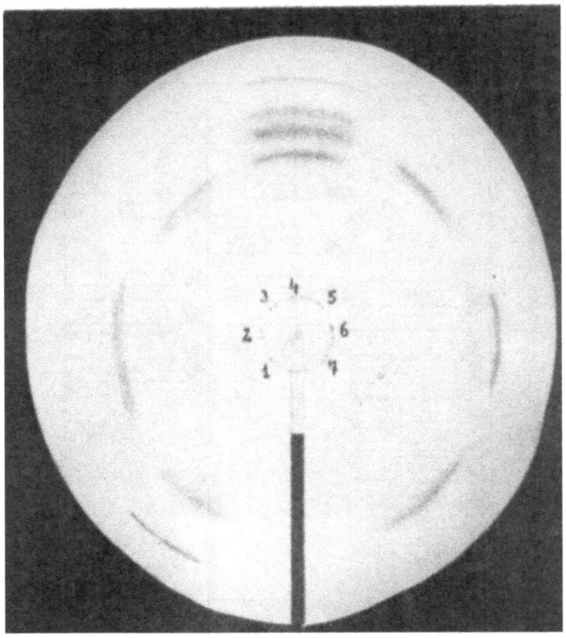

Abb. 1b
Lösungsmittelsystem Nr. 2
1. Lupanin und Alkaloid „n_3"
2. Spartein
3. Hydroxylupanin
4. Summe
5. Lupanin
6. Lupinin
7. Alkaloid „n_6"

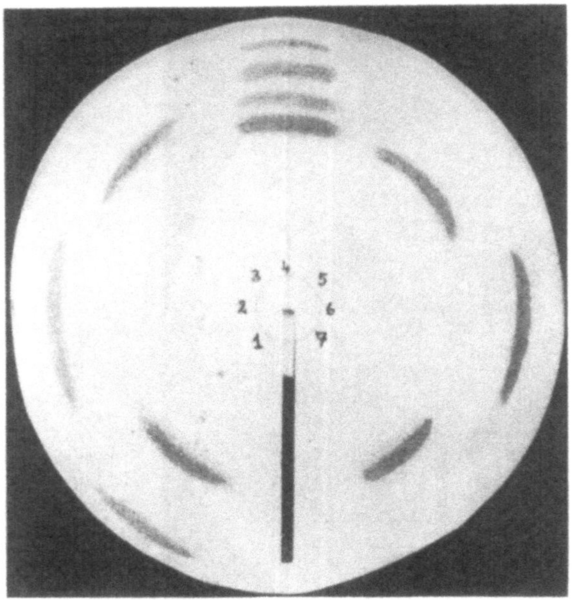

Abb. 1c
Lösungsmittelsystem Nr. 3
1. Lupanin und Alkaloid „n_3“
2. Spartein
3. Hydroxylupanin
4. Summe
5. Lupanin
6. Lupinin
7. Alkaloid „n_6“

Tabelle 1.

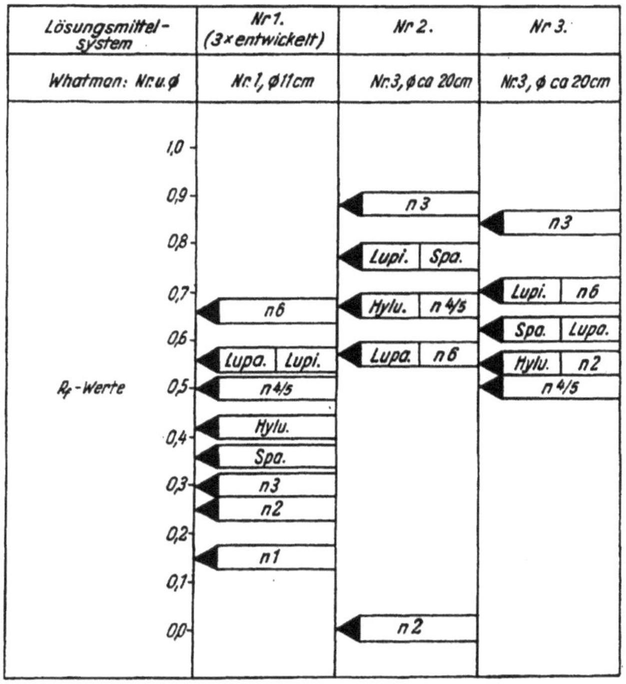

wasserfreiem Natrium-Carbonat [11]. Unsere Untersuchungen zeigten, daß die genannten Trockenmittel eine vollständige Alkaloid-Extraktion mit Chloroform nicht gestatten. Ein weitaus mehr Erfolg versprechendes Trockenmittel war Kieselgur, welches E. Graf [12] bei der Extraktion anderer Alkaloide anwandte. Die auf diese Weise erhaltenen Chloroform- oder Chloroform-Äther-Extrakte reinigt man durch Ausschütteln mit Säure. Diese Operation ist besonders im Falle von Extrakten aus Samen der Süßlupinen nicht leicht durchführbar, weil sich an der Phasengrenze eine schwerentmischbare Emulsion bildet, welche die Trennung erschwert. A. van der Kuy [2] und I. Reifer [11] schlagen vor, den wäßrigen Extrakt vor der quantitativen Alkaloid-Bestimmung nochmals alkalisch zu machen und die Alkaloide wieder in das organische Lösungsmittel aufzunehmen. Auf diese Weise sollen eventuelle Begleitsubstanzen völlig beseitigt werden. Die von uns durchgeführten Untersuchungen zeigten, daß beide Autoren in dieser Operation einen methodischen Fehler begehen. Der alkalisierte wäßrige Extrakt müßte nochmals getrocknet werden und erst dann müßten die Alkaloide in das organische Lösungsmittel übernommen werden. Beide Autoren wenden jedoch ein direktes Ausschütteln der wäßrigen Lösung an, wobei in der wäßrigen Schicht natürlich merkliche Mengen von Alkaloiden, besonders die leicht wasserlöslichen, zurückbleiben. A. van der Kuy begeht bei seiner Extraktion zusätzlich einen noch größeren Fehler. Er führt die Extraktion mit Äthyläther aus, wobei er die schwere Löslichkeit des Hydroxylupanins und des in *L. angustifolius* vorkommenden Alkaloids „n_6" nicht in Rechnung zieht. Auf diese Weise ist die Beweiskraft der interessanten Ergebnisse des Autors geschwächt.

Die ersten von uns ausgeführten Versuche über die Alkaloid-Extraktion wurden auf folgende Weise unternommen: Das nach Alkalisieren mit Kieselgur entwässerte biologische Material wurde mit Chloroform extrahiert, das Chloroform abdestilliert und nach Zugabe einiger Tropfen Methanol völlig beseitigt. Der Rückstand wurde in einer kleinen Menge Salzsäure aufgenommen, die Lösung filtriert und in kleinen Reagens-Gläsern im Vakuum bei 30°—40° C über Phosphor-Pentoxyd getrocknet. Der Rückstand wurde in 1—2 Tropfen Wasser aufgenommen und der chromatographischen Analyse unterworfen. Bei Anwendung dieses Verfahrens konnten wir in Extrakten aus *Lupinus angustifolius* und *L. albus* außer Lupanin und Hydroxylupanin weitere 5 Substanzen feststellen, welche auf Chromatogrammen mit den schon erwähnten Entwicklungs-Reagentien sowie auch mit Joddämpfen und dem Thalliumacetat-Reagens [6] farbige Flecke bilden. Diese Substanzen nannten wir bei Anwendung der Phase Nr. 1 nach ihren steigenden Rf-Werten „n_1", „n_2", „n_3", „$n_{4/5}$" und „n_6". Weitere Untersuchungen zeigten, daß drei der von uns gefundenen Substanzen: „n_1", „n_2" und „n_3" im biologischen Material nicht vorkommen und während der Extraktion entstehende Derivate der Grund-Alkaloide sind. Es konnte mit Sicherheit festgestellt werden, daß das in verschiedenen Extrakten von *L. angustifolius* und *L. albus* vorkommende Derivat „n_3" während des Abdampfens der starksauren Lösung aus Lupanin entsteht. Die Umbildung des Lupanins in das Derivat „n_3" ist bei ungefähr 20° C minimal, über 35° C jedoch sehr intensiv. Augenblicklich arbeiten wir an der Identifizierung von „n_3". Diese Untersuchungen hoffen wir ohne Schwierigkeit durchführen zu können, weil sich das Lupanin von „n_3" auf folgende Weise trennen läßt:

1. In dem Apparat nach Hanen wird eine Extraktion der Hydrochloride beider Substanzen mit Aceton ausgeführt. Das Lupanin-Hydrochlorid geht leicht in Lösung über und kann dann zur Kristallisation gebracht werden. Das „n_3"-Hydrochlorid ist in Aceton praktisch unlöslich.

2. Das Lupanin kann aus einer wäßrigen Lösung beider Basen leicht mit Chloroform extrahiert werden; „n_3" bleibt in der wäßrigen Schicht zurück.

Bisher haben wir die Reaktionen von „n_1" und „n_2" noch nicht näher untersucht. Beobachtungen der Chromatogramme berechtigen uns jedoch zu der Annahme, daß „n_1" aus „n_6" und „n_2" aus Hydroxylupanin entsteht. Untersuchungen anderer Faktoren, die während der Extraktion einen teilweisen Zerfall oder Übergang eines Alkaloids in ein zweites bewirken, zeigten, daß es nicht ratsam ist, die Chloroform-Extrakte der freien Basen längere Zeit stehen zu lassen; die Alkaloide, besonders das Spartein unterliegen in diesem Falle einer weitgehenden Umwandlung. In Anlehnung an die bisherigen Erfahrungen wenden wir jetzt für chromatographische Zwecke zwei Extraktions-Verfahren an.

a) Die Extraktion der Alkaloide aus Lupinensamen

Fein gemahlene Lupinensamen trocknen wir 48 Stunden im Vakuumexsikkator über Phosphor-Pentoxyd und verwenden je nach dem Alkaloidgehalt 0,2—5 g Lupinenmehl zur Analyse. Die Proben bringen wir in passende Extraktionsröhrchen, deren untere Öffnung mit Watte abgeschlossen ist, auf der eine Schicht von 200 mg Aluminiumoxyd liegt. Den Inhalt des Röhrchens klopfen wir so lange fest, bis sämtliche Zwischenräume verschwinden und die Säule ein fast einheitliches Aussehen erhält. Anschließend lassen wir auf je 1 g Mehl 25 ml Tetrachlorkohlenstoff hindurchlaufen. Der Tetrachlorkohlenstoff löst die meisten Lipoide sowie Farbstoffe und einen Teil der Alkaloide, jedoch werden die letzteren von der Aluminiumoxydschicht festgehalten. Darauf führen wir 10—50 ml einer Ammoniak-Methanol-Chloroformmischung (gesättigte Ammoniaklösung in Chloroform wird mit Ammoniumsulfat entwässert und mit Methanol vermischt 95:5 V:V) durch die Säule und engen die eben erhaltenen Extrakte auf 5 ml ein. Diese Lösung verdünnen wir mit 10 ml Petroläther und nehmen die Alkaloide in einer kleinen Menge angesäuerten Wassers auf, um sie dann auf das Chromatogramm aufzutragen.

b) Die Extraktion der Alkaloide aus anderen Pflanzenteilen

Diese Extraktion soll an völlig frischem oder an durch Hochvakuum-Gefriertrocknung vorbereitetem Material ausgeführt werden. Unsere Untersuchungen zeigten, daß Trocknen der frischen Pflanzenteile bei Zimmertemperatur oder erhöhter Temperatur nicht ratsam ist. Diese Trocknung bewirkt z. B. ein fast völliges Verschwinden des in *Lupinus angustifolius* vorkommendes Alkaloids „n_6".

Da wir über keinen Gefrier-Trocknungsapparat verfügten, führten wir die Alkaloid-Extraktion aus völlig frischem Pflanzenmaterial auf folgende Weise aus: Das Material wurde alkalisiert, im Mörser gut zerrieben und mit Kieselgur getrocknet. Die so erhaltene Masse wurde in Röhrchen gebracht und mit Chloroform gründlich extrahiert. Der Chloroform-Extrakt wurde bis auf einige Milliliter eingeengt, mit Petroläther verdünnt und die Alkaloide in einer kleinen Menge verdünnter Säure aufgenommen. Diese Lösung wurde dann direkt auf die Chromatogramme aufgetragen.

Es wurde umfangreiches Pflanzenmaterial mit den oben angegebenen Verfahren in den Jahren 1953—1956 untersucht. Da jedoch erst im letzten Jahre die modifizierte Extraktion und die dreifache chromatographische Analyse zur Anwendung kamen, berufen wir uns hauptsächlich auf die Ergebnisse aus diesem Zeitabschnitt. Das untersuchte Material war folgendes: Samen, verschiedene vegetative Pflanzenteile mit Berücksichtigung der einzelnen Entwicklungsphasen. Wie schon erwähnt, bestimmten wir außer der qualitativen Alkaloid-Zusammensetzung ebenfalls die ungefähren quantitativen Verhältnisse im Alkaloid-Gemisch. Diese wurden jedoch leider nur durch visuelle Auswertung der Chromatogramme abgeschätzt. Wir sind davon überzeugt, daß die auf diese Weise erhaltenen quantitativen Ergebnisse nur mit gewisser Vorsicht betrachtet werden können. Sie wurden von uns in den weiteren Ausführungen nur dann herangezogen, wenn eine deutliche Diskrepanz zwischen den Ergebnissen anderer Autoren und den unsrigen bestand.

1. *Lupinus luteus.*

In gelber Lupine entdeckten wir außer Lupinin und Spartein ebenfalls Lupanin und konnten somit die Feststellung von A. VAN DER KUY [2] bestätigen, der ebenfalls das Lupanin in gelber Lupine fand. Außer dieser Übereinstimmung stellten wir jedoch folgende Unterschiede fest: 1. A. VAN DER KUY konnte in der dritten und vierten Entwicklungsphase von *L. luteus*, nach 55 und 65 tägigem Wachstum der Pflanze, die Anwesenheit des Lupinins nicht feststellen. Gleichfalls sei zu bemerken, daß A. VAN DER KUY das Lupinin auch in der Wurzel von *L. luteus* nicht nachweisen konnte. Unsere Untersuchungen zeigten jedoch, daß Lupinin während der Ontogenese von *L. luteus* dauernd anwesend ist, wobei die Wurzel ebenfalls dieses Alkaloid führt. Wir stellten fest, daß in der 60tägigen Wachstumsperiode der Anteil des Lupinins an der Gesamtmenge der Alkaloide ungefähr 60% beträgt. 2. Nach A. VAN DER KUY beträgt der Anteil des Lupanins an der Gesamtmenge der Alkaloide in vegetativen Sproßteilen von *L. luteus* am 41. Wachstumstag bis 64%. Wir schätzen diesen Anteil anhand der Chromatogramme nur auf ungefähr 20%. 3. Die Annahme A. VAN DER KUYS, daß *L. luteus* Hydroxylupanin führt, konnten wir nicht bestätigen. Zwar bemerkten wir bei Anwendung der Phase Nr. 3 ein Alkaloid, welches chromatographisch mit Hydroxylupanin identisch sein könnte, konnten jedoch diese Übereinstimmung bei Anwendung der Phasen Nr. 1 und 2 nicht feststellen. Das nach A. VAN DER KUY vermutliche Hydroxylupanin, welches bei Phase Nr. 1 chromatographisch mit dem Alkaloid „n_2“ identisch ist, bleibt bei Phase Nr. 1 auf dem Startpunkt zurück. Es zeigte sich, daß große Mengen dieses Alkaloids, besonders in eingeengten sauren Extrakten vorkommen, was uns zu der Annahme führte, daß es sich nicht um ein genuines Alkaloid von *L. luteus*, sondern um ein Derivat handelt, welches während der Extraktion entsteht. In einigen *L. luteus*-Extrakten bemerkten wir bei Phase Nr. 1 zusätzlich 2 Ringe, welche größere Rf-Werte als das Alkaloid „n_6“ besaßen. Wir nehmen an, daß dies Umwandlungsprodukte des Sparteins sind.

Lupinus angustifolius:

Es wurden untersucht:

1. *L. angustifolius*, rosa, bitter (rozowy-gorzki)
2. *L. angustifolius*, blau, bitter (niebieski-gorzki)
3. *L. angustifolius*, mut. alkaloidarm, blaugrau (pastewny, niebiesko-szary)
4. *L. angustifolius*, R—101. (Poznań-Przebendowo).

Die Untersuchungen zeigten, daß *L. angustifolius* außer Lupanin und Hydroxylupanin das Alkaloid „n_6“ führt. Der Anteil dieses Alkaloids an der Gesamtmenge der Alkaloide beträgt meistens ungefähr 25% und unterliegt während der Ontogenese nur geringen Schwankungen. In *L. angustifolius* konnten wir die Anwesenheit des Sparteins nicht nachweisen, während A. VAN DER KUY angibt, daß nach 86 Tagen der Anteil des Sparteins an dem in der Wurzel enthaltenen Gesamtalkaloid 96% beträgt. Wir nahmen zunächst an, daß A. VAN DER KUY das Alkaloid „n_6“ für Spartein hält; solch eine Verwechslung scheint jedoch nicht möglich zu sein, da sich bei Anwendung von Phase Nr. 3, welche von A. VAN DER KUY benutzt wurde, das Alkaloid „n_6“ chromatographisch wie Lupinin und nicht wie Spartein verhält. Das Alkaloid „n_6“ ist außerdem mit Wasserdampf nicht flüchtig und konnte von A. VAN DER KUY also nicht mit dem Spartein verwechselt werden, welches er von Lupanin durch Wasserdampfdestillation trennte. Diese Tatsache läßt sich daraus erklären, daß entweder ein grundsätzlicher Fehler im Analysengang begangen wurde oder —

was annehmbarer ist — daß der Autor einen spezifischen Biotyp von *L. angustifolius* untersuchte, der sich von dem von uns untersuchten grundsätzlich unterscheidet. Die Identifizierungsversuche des Alkaloids „n_6“ sind noch nicht abgeschlossen und die einzigen physikalischen Daten, die wir für diese Verbindung angeben können, sind leider nur die Rf-Werte in drei verschiedenen Phasen. Das Alkaloid „n_6“ ist ähnlich wie Hydroxylupanin in Äthyl-Äther und besonders in Petroläther schwer löslich und läßt sich daher leicht von Lupanin trennen, welches in diesen Solventien gut löslich ist. Die Trennung des Alkaloids „n_6“ von Hydroxylupanin kann auch auf einer Aluminium-Oxydsäule durchgeführt werden. Das Alkaloid „n_6“ verläßt die Säule beim Eluieren mit Chloroform früher als das Hydroxylupanin.

Lupinus albus:

Bisher wurde angenommen, daß *L. albus* die gleichen Alkaloide wie *L. angustifolius* führt, d. h. Lupanin und Hydroxylupanin. Vor einiger Zeit haben wir jedoch festgestellt [13], daß in *L. albus* in verschiedenen Entwicklungsphasen das Spartein ebenfalls anwesend ist. Unsere Feststellungen wurden kürzlich von A. van der Kuy bestätigt. Unsere später ausgeführten Untersuchungen zeigten, daß *L. albus* eine weitere Base, nämlich „$n_{4/5}$“ führt. Diese konnte sowohl in dem Blütenstand als auch in den Früchten und Samen nachgewiesen werden. Die Isolierung dieser Verbindung in chemisch reinem Zustand konnten wir bisher leider noch nicht durchführen, und deshalb beschränken wir uns lediglich auf die Angabe des Rf-Wertes. Die Annahme, daß das Alkaloid „$n_{4/5}$“ ein Derivat eines der Grundalkaloide von *L. albus* sei und während des Extraktionsverfahrens entstehe, scheint uns unannehmbar zu sein. Wenn es jedoch ein Artefakt sein sollte, hätten wir es hier mit sehr interessanten und für *L. albus* spezifischen Verhältnissen zu tun. Beim Vergleich der Ergebnisse A. van der Kuys mit den unsrigen konnte festgestellt werden, daß außer großen Übereinstimmungen auch in diesem Falle bestimmte Unterschiede bestehen. Es handelt sich u. a. um die Alkaloid-Zusammensetzung in der Wurzel. Nach A. van der Kuy führt diese während der ganzen Ontogenese Spartein, wobei dessen Anteil an der gesamten Alkaloidmenge ungefähr 81% beträgt. Die Wurzel ist nach unseren Untersuchungen besonders arm an Spartein. In der Zeit, in der die ganze Pflanze maximale Sparteinmengen aufweist, kann man dieses auch in der Wurzel feststellen. Da A. van der Kuy nicht über eine selektive Methode zur quantitativen Bestimmung des Lupanins neben Hydroxylupanin verfügte, konnte die letztere Base von ihm nicht erfaßt werden. Er konnte somit die sehr interessante Tatsache, daß das Hydroxylupanin von allen Pflanzenteilen in beträchtlichen Mengen geführt wird, nicht feststellen. In den Blättern findet man das Hydroxylupanin erst dann, wenn sie zu welken beginnen.

Es wurden noch zahlreiche Analysen ausgeführt zur Klärung der Frage, ob die Samen der stabilisierten und alkaloidarmen Mutanten von *L. albus* eine charakteristische und beständige prozentuale Alkaloidzusammensetzung zeigen. Im Laufe dieser Untersuchungen, die wir keinesfalls als abgeschlossen betrachten, haben wir festgestellt, daß der Anteil von Lupanin und Hydroxylupanin an der gesamten Alkaloidmenge großen Schwankungen unterworfen ist. Die von uns angewandten Verfahren erlaubten uns jedoch bisher noch nicht, festzustellen, ob die Samen der einzelnen Biotypen von *L. albus* charakteristische und beständige prozentuale Zusammensetzungen des Alkaloidgemisches zeigen.

Abschließend kann festgestellt werden, daß die drei von uns untersuchten *Lupinus*arten bestimmte gemeinsame Alkaloide führen. In allen untersuchten *Lupinus*arten stellten wir Lupanin fest; gleichzeitig führen die einzelnen *Lupinus*arten spezifische Alkaloide: *L. luteus* — Lupinin, *L. angustifolius* — das Alkaloid „n_6“, *L. albus* — das Alkaloid „$n_{4/5}$“.

Wir möchten die Gelegenheit nicht versäumen, um eine nach unserer Meinung interessante Mitteilung zu machen: Elektrophoretische Untersuchungen [14] über die Eiweißsubstanzen aus Samen der von uns untersuchten *Lupinus*arten haben bestimmte Zusammenhänge gezeigt. Es konnte festgestellt werden, daß die Samen von *L. albus* und *L. angustifolius* ähnliche Eiweißtypen besitzen, wobei zu bemerken sei, daß die Alkaloidzusammensetzung dieser *Lupinus*-Arten ebenfalls sehr ähnlich ist. Dagegen weisen die Samen von *L. luteus*, die gegenüber *L. angustifolius* und *L. albus* eine sehr unterschiedliche Alkaloidzusammensetzung besitzen, auch verschiedene Eiweißtypen auf.

LITERATUR

[1] PETERS, L., F. SCHWANITZ u. R. v. SENGBUSCH, Kulturpflanze, Beih. **1**, 246 (1956).
[2] VAN DER KUY, A., — Bijdrage tot de Kennis van Alkaloide-Vorming bij enkele Species van het Genus Lupinus. — Uitgeverij Excelsior-Oranieplein 96 — 'S-Gravenhage (1956).
[3] RUTTER, L., Nature **161**, 435 (1948).
[4] SEIFER, A. u. J. ORESKES, Anal. Chem. **25**, 1539 (1953).
[5] GIRI, K. V. u. N. A. N. RAO, Nature **169**, 923 (1952).
[6] MUNIER, R. u. M. MACHEBOEUF, Bull. Soc. Chim. Biol. **31**, 1144 (1949); **32**, 192 (1950); **33**, 846 (1951).
[7] LIST, P. H., Naturwissenschaften **41**, 454 (1954).
[8] RESPLONDY, A. u. CH. SAUNIE, C. R. Ac. Sc. Paris **241**, 65 (1955).
[9] JAMINET, FR., J. Pharm. Belg. N. S. **9**, 9 (1954).
[10] WIERZCHOWSKI, Z. u. L. OBUCHOWSKA, Roczniki Nauk Rolniczych **61**, 159 (1952).
[11] REIFER, I. u. M. MOZEJKO, Acta Biochemica Polonica **1**, 197 (1954).
[12] GRAF, E., Dtsch. Apoth. Ztg. **91**, 797 (1952).
[13] WIEWIÓROWSKI, M. u. M. D. BRATEK., Bull. de Acad. Polon. des Sci. Cl. II. **4**, Nr. 1 3 (1956).
[14] WIEWIÓROWSKI, M. u. J. AUGUSTYNIAK, Acta Biochemica Polonica, **3**, 345 (1956).

DISKUSSION

Herr v. BRUCHHAUSEN: Es besteht die Möglichkeit, daß sich bei der Extraktion der Lupinenalkaloide das Chloroform zersetzt. Methylenchlorid wäre vielleicht als Extraktionsmittel mehr zu empfehlen.

Herr GALINOVSKY: Spartein ist sehr luftempfindlich.

Herr PÖHM: Eine Zersetzung der Lupinenalkaloide läßt sich vielleicht durch Hochvakuumdestillation vermeiden. Diese wird am besten unmittelbar vor der Papierchromatographie ausgeführt.

Aus dem Pharmakognostischen Institut der Universität Wien und der Forschungsabteilung der pharm.-chem. Fabrik A. v. Waldheim in Wien

Cytisin und N-Methylcytisin in der Goldregenpflanze (*Cytisus laburnum*)

Von M. Pöhm

Der Goldregen, *Cytisus laburnum* L., auch *Laburnum vulgare* oder *Laburnum anagyroides*, ist ein in Süd- und Südosteuropa vorkommender Strauch, der aber auch in Mitteleuropa seiner goldgelben Blütentrauben wegen als Zierpflanze sehr verbreitet ist. Vergiftungen, manchmal sogar mit tödlichem Ausgang, durch Genuß von verschiedenen Teilen dieser Pflanze werden alljährlich gemeldet; sie werden teils dadurch verursacht, daß die Blütentrauben mit denen der Robinie verwechselt werden, deren Blüten von Kindern gerne gekaut werden, zum Teil auch dadurch, daß die süßlich schmeckende Wurzel mit Radix Liquiritiae verwechselt wird, aber auch durch den Genuß der Milch von Ziegen, die größere Mengen Goldregenblätter gefressen haben.

Die Giftwirkung des Goldregens ist sehr komplexer Natur. Auf zentral motorischer Reizung beruhen die Krämpfe, die später in eine Lähmung übergehen, welche schließlich sogar zum Tod durch Atmungslähmung führen kann. Ähnlich äußert sich auch die periphere Wirkung. Beide Angriffsmöglichkeiten führen auch zu einer erheblichen Steigerung des Blutdruckes. Das Erscheinungsbild der *Cytisus*-Vergiftung ist qualitativ identisch mit einer Nikotinvergiftung. Angeblich soll bei starken Rauchern eine *Cytisus*-Vergiftung symptomärmer verlaufen.

Es ist somit verständlich, daß man sich schon sehr früh für die giftigen Inhaltsstoffe dieser Pflanze interessierte; als Entdecker des „Cytisins" gelten Husemann und Marmé (1865 [1]), obwohl es schon im Jahre 1818 dargestellt worden war, allerdings nicht in kristallisierter Form [2]. Das Cytisin war Gegenstand zahlreicher Forschungen, und erst lange nach seiner Entdeckung wurde seine Konstitution gemäß Formel Ia) durch Arbeiten von Späth und Galinovsky [3], sowie von Ing [4] sichergestellt.

Das Cytisin, das auch in zahlreichen anderen Schmetterlingsblütlern aufgefunden wurde [5], galt Jahrzehnte lang als das einzige Alkaloid des Goldregens, bis in den letzten Jahren Galinovsky et al. verschiedene Nebenalkaloide auffinden konnten. Die von den früheren Bearbeitern angewandten Aufarbeitungsmethoden waren nicht geeignet, die nur in sehr geringen Mengen vorkommenden Nebenalkaloide zu erfassen. Da die Samen am alkaloidreichsten sind, haben auch wir zunächst die Alkaloide nur aus den Samen gewonnen und neben dem Cytisin ein flüssiges Alkaloid, das wir Laburnin nannten [6], ferner ein in seiner Konstitution noch unbekanntes kristallisiertes Alkaloid [7] und N-Methylcytisin (Formelbild Ib) isoliert [8]. Für das Laburnin konnte die Konstitution eines 1-Oxymethyl-pyrrolizidins (II) bewiesen werden [6].

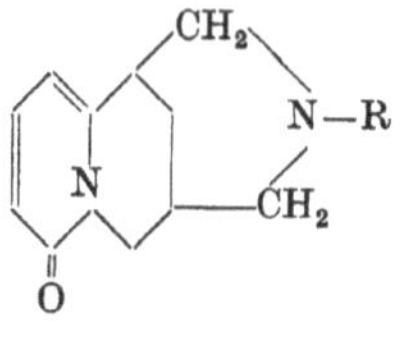

I a) $R = H$
b) $R = CH_3$

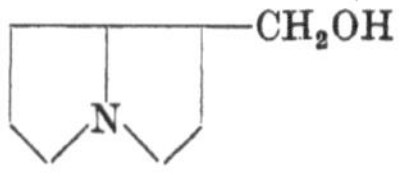

II

Später dehnten wir unsere Untersuchungen auch auf die anderen, alkaloidärmeren Pflanzenteile des Goldregens aus und konnten feststellen, daß das N-Methylcytisin stets einen wesentlich größeren Prozentsatz am Gesamtalkaloidgehalt ausmacht als in den Samen. In den frischen, zeitig im Frühjahr geernteten Sprossen erwies sich das N-Methylcytisin sogar durchaus als das Hauptalkaloid [9]. Daraus zogen wir den Schluß, daß das N-Methylcytisin für den Stoffwechsel der Goldregenpflanze eine besondere Bedeutung besitzen dürfte.

Nunmehr versuchten wir aufzuklären, welches Alkaloid primär von Goldregen gebildet wird, und ob in der Zusammensetzung des Alkaloidgemischs vielleicht jahreszeitliche Unterschiede festzustellen wären. Nach der von uns schon früher ausgearbeiteten Technik [8] bestimmten wir zu diesem Zweck den Gehalt an Cytisin und N-Methylcytisin von Wurzel und Ästen, jeweils getrennt im Holzteil und im Bastteil, und zwar zu Beginn der Vegetationsperiode, zur Zeit der Samenreifung und am Beginn der Winterruhe. Das verwendete Pflanzenmaterial stammte stets von demselben Strauch.

Die experimentell erhaltenen Resultate sind in Tabelle 1 zusammengefaßt. Auffallend erschien uns die besondere Konstanz des Verhältnisses N-Methylcytisin/Cytisin im Holz der Wurzel (s. u.); es ist jedoch zu erkennen, daß keine wesentlichen qualitativen Unterschiede in den verschiedenen Jahreszeiten bestehen.

Die anderen, früher in den Samen aufgefundenen Nebenalkaloide konnten wir bei diesen Untersuchungen nicht nachweisen. Im Bast der Äste jedoch fanden wir noch ein weiteres, um 200° C im Hochvakuum destillierendes Alkaloid, für das wir auch eine α-Pyron-Struktur nachweisen konnten. Nach seinem papierchromatographischen Verhalten nennen wir dieses Alkaloid „MC 130". Es ist möglicherweise mit Anagyrin identisch, jedenfalls konnten wir es von diesem papierchromatographisch nicht abtrennen. Der Bast der Äste enthielt im April 0,003%, im Juli 0,01% und im November 0,06% dieses bisher im Goldregen noch nicht festgestellten Alkaloids.

Eine bessere Übersicht erhält man durch Tabelle 2, wo die Prozentgehalte von Cytisin und N-Methylcytisin in den frischen Pflanzenteilen wiedergegeben sind; die schon früher mitgeteilten Ergebnisse bei Sprossen und Samen sind ebenfalls aufgenommen.

Für die in Tabelle 2 wiedergegebenen Angaben stellen wir folgende Interpretation zur Diskussion. Die Mengen an N-Methylcytisin stellen, zusammengenommen, nur einen kleinen Bruchteil der Cytisin-Menge dar, daher kann wohl das Cytisin als primäres Alkaloid angesehen werden. Die Bast-Teile der Pflanze sind ihrerseits derart alkaloidreich, daß das Cytisin auch wahrscheinlich in diesen Teilen der Pflanze gebildet werden dürfte. Eine Alkaloidbildung im Holz können wir uns nach dessen anatomischer Struktur kaum vorstellen. Aus dem Bast der Wurzel treten die Alkaloide zum Teil im Rahmen des Wassertransportes in das Holz der Wurzel über; beim Durchtritt durch das meristematische Kambium könnte ein Teil des Cytisins methyliert werden, wodurch sich das konstante Verhältnis Cytisin/N-Methylcytisin im Holz der Wurzel erklären ließe. Auch das bei den jungen Sprossen beobachtete Überwiegen des N-Methylcytisins könnte dann auf das Vorhandensein eines lebhaft tätigen Meristems zurückgeführt werden. Zur Zeit der Samenreifung ist die ganze Pflanze mit Ausnahme der Samen etwas an Alkaloiden verarmt, da diese in den Samen gespeichert werden. Der Alkaloidtransport zu den Samen vollzieht sich sowohl im Holz als auch im Siebteil, doch scheint der Stoffbedarf der Samen hinsichtlich des Cytisins stärker zu sein als gegenüber N-Methylcytisin, wodurch es zu einer gewissen relativen Anreicherung des N-Methylcytisins im Holz der Äste zur Zeit der Samenreifung kommt.

Wir haben bisher bei obigen Betrachtungen außer Acht gelassen, daß sich das N-Methylcytisin ja auch gleichzeitig neben dem Cytisin bilden könnte und nicht erst aus diesem. Im Falle des Goldregens halten wir auf Grund unserer Ergebnisse diese Möglichkeit für unwahrscheinlich. Jedoch konnten wir die vom Cytisin unabhängige Bildung des N-Methylcytisins

Tabelle 1

Erntezeit	Pflanzen-material	Frisch-gewicht g	Trocken-gewicht g	Cytisin + N-Methyl-cytisin mg	Verhältnis N-Methylcytisin:Cytisin (papierchromat.)
April	Wurzel, Bast	40	16,5	305	1:32
April	Wurzel, Holz	59	34,1	115	3:17
April	Ast, Bast	12,5	5,5	49	1:9
April	Ast, Holz	12,5	8,0	9	7:13
Juli	Wurzel, Bast	11,5	5,0	77	1:19
Juli	Wurzel, Holz	9,0	5,1	9	3:17
Juli	Ast, Bast	20,0	9,9	20	1:9
Juli	Ast, Holz	44,0	30,0	9	3:2
November	Wurzel, Bast	9,6	4,5	45	1:24
November	Wurzel, Holz	20,5	11,7	32	3:17
November	Ast, Bast	6,9	3,7	30	2:23
November	Ast, Holz	12,8	7,7	7	1:4

Tabelle 2

Erntezeit	% Cytisin (obere Zahl) und N-Methylcytisin (untere Zahl) in den frischen Pflanzenteilen					
	Wurzel		Äste		Sprosse	Samen
	Bast	Holz	Bast	Holz		
April	0,75 0,024	0,17 0,03	0,36 0,04	0,05 0,025	0,008 0,11	—
Juli	0,64 0,03	0,085 0,015	0,09 0,01	0,008 0,012	—	1,20 0,04
November	0,47 0,02	0,13 0,02	0,40 0,04	0,04 0,01	—	—

bei *Caulophyllum thalicroides*, einer Berberidacee, die in den Wäldern Kanadas heimisch ist, nachweisen. In den Rhizomen dieser Pflanze wurde das N-Methylcytisin überhaupt zum ersten Male in der Natur aufgefunden [10], Cytisin wurde in den Rhizomen nicht gefunden; über die Alkaloide anderer Pflanzenteile war bisher nichts bekannt. Wir haben nun frische Früchte[1]) untersucht und einen Gehalt von 0,22% N-Methylcytisin festgestellt; Cytisin konnten wir nicht finden, auch nicht in Spuren.

Wir betrachten den vorliegenden Beitrag als Mitteilung unserer experimentellen Ergebnisse, die daraus gezogenen Schlüsse jedoch nicht als endgültig, da die Untersuchungen noch nicht abgeschlossen sind; weitere Aufklärung erhoffen wir uns vom Studium der Vorgänge bei der Keimung der Goldregensamen.

Dennoch wollten wir aber immerhin versuchen, auf diesem Teilgebiet der Physiologie der Alkaloide vielleicht einige Anregungen zu geben. Gibt es doch außer dem Goldregen in der Natur mehrere Pflanzen, die eine Base in ihrer methylierten und in ihrer nicht methylierten Form nebeneinander enthalten! Hier wären noch neue Beziehungen zu suchen. Vielleicht kann die Einjährigkeit von manchen Pflanzen (*Nicotiana tabacum*[2]), *Lobelia inflata*) mit dem Überwiegen der methylierten Alkaloidform in irgendeinen Zusammenhang gebracht werden. Auch für das Überwiegen der nicht methylierten Form bei mehr als einjährigen Pflanzen gibt es noch weitere Beispiele (*Punica granatum*, *Conium maculatum*). Wir glauben sicher, daß

[1]) Für die freundliche Beschaffung danken wir dem Montreal Botanical Garden.

[2]) *Nicotiana glauca* Grah. (Hauptalkaloid Anabasin) und *Nicotiana tomentosa* Ruiz & Pav. (Hauptalkaloid Nornikotin) sind mehrjährige Pflanzen.

die Pflanzenphysiologie noch viele Probleme auf dem Sektor der Alkaloide vorfindet, deren experimentelle Bearbeitung dank besonders leistungsfähiger analytischer Methoden heute durchaus möglich ist, wie die Methode der Papierchromatographie, die auch für unsere Untersuchungen von entscheidender Bedeutung gewesen ist.

LITERATUR

[1] HUSEMANN, A. u. W. MARMÉ, Z. Chem. **1865**, 161.
[2] CHEVALIER u. LASSEIGNE, J. pharm. chim. **4**, 340 (1818).
[3] SPÄTH, E. u. F. GALINOVSKY, Ber. dtsch. chem. Ges. **65**, 1526 (1932); **66**, 1338 (1933); **69**, 761 (1936).
[4] ING, H. R., J. Chem. Soc. London **1931**, 2195; **1932**, 2778; **1933**, 504.
[5] PLUGGE, P. C. u. A. RAUWERDA, Arch. Pharmaz. **229**, 48 (1891).
[6] GALINOVSKY, F., H. GOLDBERGER u. M. PÖHM, Mh. Chem. **80**, 550 (1949) — F. GALINOVSKY, O. VOGL u. H. NESVADBA, Mh. Chem. **85**, 913 (1954).
[7] GALINOVSKY, F., O. VOGL u. H. NESVADBA, Sci. Pharmac. **21**, 256 (1953).
[8] PÖHM, M. u. F. GALINOVSKY, Mh. Chem. **84**, 1197 (1953).
[9] PÖHM, M., Mh. Chem. **86**, 875 (1955).
[10] POWER, F. B. u. A. H. SALWAY, J. chem. Soc. London **103**, 191 (1913).

DISKUSSION

Herr KUFFNER: In der einjährigen *Nicotiana tabacum* finden sich noch 2 Paare von tertiären und sekundären Basen, nämlich Anabasin — Methylanabasin und Anatabin — Methylanatabin. Hier aber überwiegen sicher, obwohl nicht quantitativ gearbeitet wurde, die sekundären Alkaloide — im Gegensatz zu Nikotin — Nornikotin.

Herr ACKERMANN: Ein Analogon für das Vorkommen einer Base in methyliertem Zustand neben derselben in nicht methyliertem Zustand findet sich auch im Tierkörper besonders bei Sauropsiden. Es ist dies das Carnosin, das GULEWITSCH entdeckte, und das von mir seinerzeit beschriebene Anserin.

Herr POETHKE: Es ist von Interesse, ob die Alkaloidbestimmungen mit frischem oder getrocknetem Pflanzenmaterial durchgeführt wurden. Es sei auf die Schwierigkeiten der Alkaloidbestimmung in frischen Pflanzentrieben hingewiesen.

Herr ILJIN: Wir beobachten in verschiedenen Arten der Gattung *Nicotiana* das gemeinsame Auftreten von Nikotin und Nornikotin. In den Pflanzen von *Convolvulus* wird im Laufe der Vegetationsperiode und während der Samenreife eine Umwandlung von Convolamin in Convolvin festgestellt. Das Auftreten von Cytisin und N-Methylcytisin in *Cytisus laburnum* sowie deren Gehaltsunterschiede in den verschiedenen Geweben und Organen der Pflanzen ist als eine interessante Tatsache anzusehen. Diese Beobachtungen sprechen für eine Beteiligung der Alkaloide, welche N-Methylgruppen enthalten, an den Stoffwechselvorgängen, das heißt an den Transmethylierungsreaktionen.

Herr SCHRÖTER: Es ist nicht ohne weiteres möglich, den Ort der Alkaloidakkumulation auch als Ort der Alkaloidbildung zu bezeichnen. *Cytisus*-Samen enthalten eine größere Menge von Alkaloiden, die zweifellos dort nicht gebildet werden.

Herr BAUMGARTEN: Die Frage der O- und N-Methylierung ist heute schon öfter diskutiert worden, und wir wissen, daß die Pflanze beide Methylierungen gleich leicht durchführt. Ein entgegengesetzter Fall wie hier beim Cytisin und Methylcytisin liegt hinsichtlich einer O-Methylierung bzw. Entmethylierung bei dem Mohnalkaloid Narkotolin vor. Nach KERBOSCH enthält der Mohnsamen als einziges Alkaloid Narkotin (mit einer OCH_3-Gruppe im Tetrahydroisochinolin-System). Während man nun im Opium, dem eingedickten Milchsaft der frischen, grünen Mohnkapsel, nur Narkotin findet, enthält die reife, entsamte Mohnkapsel größere Mengen des entmethylierten Narkotins, des Narkotolins. Im Gegensatz zum Cytisin-Methylcytisin ist also hier die methylierte Verbindung die primäre, die entmethylierte die sekundäre.

Herr Pfeifer: Narkotolin konnte neuerdings auch im Opium nachgewiesen werden.

Herr Šantavý: Ähnliches können wir auch bei Herbstzeitlosen finden: in Samen ist fast nur am Sauerstoff methyliertes Colchicin enthalten und sehr wenig Demecolcin, welches am Stickstoff methyliert ist. In Knollen finden wir viel weniger Colchicin als in Samen und viel größere Mengen von Demecolcin. Interessant ist, daß in Herbstzeitlosenblüten mehr Substanz E_1 als Colchicin existiert. Diese Substanz hat eine phenolische Gruppe am aromatischen Ring A. Durch Methylierung entsteht aus dieser Substanz Colchicin. Herbstzeitlosensamen enthalten also größtenteils am Sauerstoff methylierte Substanzen und nur wenig Substanzen, welche am Stickstoff methyliert sind, während Herbstzeitlosenknollen größere Mengen Substanzen (Demecolcin und Substanz S) enthalten, welche am Sauerstoff und auch am Stickstoff methyliert sind; Herbstzeitlosenblüten enthalten sehr viel Substanz, welche am Sauerstoff des Ringes A demethyliert ist.

Herr Schröter: Die Herkunft von Methylgruppen bei der Alkaloid-Biosynthese ist gut erforscht, der weitere Verbleib von Alkaloid-CH_3-Gruppen allerdings ist kaum bekannt.

Herr Sadykow: Es werden sehr interessante Fragen über das gleichzeitige Auftreten und über die Umwandlungsdynamik von Nor-Basen in N-methylierte Derivate diskutiert. Doch aus der Literatur ist auch der entgegengesetzte Fall bekannt. Bei der langjährigen Arbeit mit *Anabasis aphylla*, mit Proben, die zu verschiedener Vegetationszeit und unter verschiedenen Bedingungen gesammelt wurden, konnten wir ein Auftreten von N-Methylanabasin nicht feststellen. Darüber publizierte seinerzeit auch unser Lehrer Orechow, der das Anabasin in *Anabasis aphylla* entdeckt hat.

Herr Henecka: Es sei darauf hingewiesen, daß bei Betrachtungen über biogenetische Probleme wie N-Methylierung oder Entmethylierung bzw. ihre zeitliche Folge die Reaktionsbedingungen, insbesondere die H^+-Ionenkonzentration und die Basenkonstanten der Reaktionsprodukte beachtet werden sollten.

Herr Deltscheff: Man darf nicht annehmen, daß in allen Fällen die Wurzel der Hauptbildungsort der Alkaloide ist. Es sind viele Fälle bekannt, daß alkaloidhaltige Pflanzen, die man auf nicht alkaloidhaltige aufgepfropft hat, trotzdem weiterhin die für sie typischen Alkaloide bilden.

Herr Ackermann: Die erste biologische Methylierung wurde von Wöhler beim Übergang von telluriger Säure in Methyl-Tellurid beobachtet.

Herr Pöhm: Es wurde eingewendet (Kuffner), daß in *Nicotiana tabacum* zwei Nebenalkaloidpaare überwiegend in ihrer nicht methylierten Form vorliegen. Unseres Wissens gilt dies jedoch mit Sicherheit nur für fermentierte Blätter (Handelstabake); außerdem muß man grundsätzlich zwischen den „Hauptgeleisen“ und den „Nebengeleisen“ unterscheiden.

Wir glauben ebenfalls, daß die Wurzel als exklusive Bildungsstätte für Alkaloide oft überschätzt wird und möchten besonders darauf hinweisen, daß eine Wurzel, deren Sproß abgeschnitten wird, auf gar keinen Fall dieselben Funktionen in gleicher Weise weiter ausüben wird, wie in der ganzen Pflanze; das gleiche gilt für das aufgepfropfte Reis! Aussagen, die auf Grund von Untersuchungen ganzer Wurzeln und des ganzen Sprosses gemacht werden, können, unserer Meinung nach, dann ein völlig verfälschtes Bild vermitteln, wenn bei diesen Untersuchungen nicht auch eine Trennung nach Geweben gemacht wurde, worüber in der Literatur der Physiologie der Alkaloide nur äußerst selten berichtet wird. Sind doch die morphologischen Unterschiede zwischen den verschiedenen Geweben sehr groß, während sich der Bast des Sprosses von dem der Wurzel in seinem anatomischen Aufbau nicht wesentlich unterscheidet ebenso das Holz in Wurzel und Sproß. Außer den meristematischen Geweben dürfte auch den Geleitzellen im Phloem eine besondere Bedeutung bei der Alkaloidformung zukommen.

Aus dem Institut für organische Chemie der Universität Szeged (Ungarn)

Sterische Probleme bei der Alkaloidsynthese

Von G. FODOR

Stereochemische Untersuchungen scheinen in der organischen Chemie immer größere Bedeutung zu gewinnen. Sie helfen uns bei Konstitutionsermittlungen, z. B. bei der Klärung der Feinstruktur organischer Naturstoffe; mit ihrer Hilfe können wir heute auch die Rolle sterischer Faktoren in einem bestimmten Reaktionsverlauf voraussagen. Beide Möglichkeiten können sowohl bei stereospezifischen Synthesen als auch zum besseren Verständnis eines Biogeneseverlaufs — beispielsweise von Alkaloiden — von Nutzen sein. Besonders auf dem umfangreichen Gebiet der Tropanalkaloide half die Kenntnis des sterischen Baues erheblich bei der Durchführung stereospezifischer Synthesen (von Scopolamin und Valeroidin, in unserem Laboratorium, des dritten und vierten Racemats des Cocains in NIH in Washington bzw. in Ingelheim). Daneben ist es möglich, daß den ungesättigten Tropanen eine gewisse Rolle in der Biogenese ihrer entsprechenden Sauerstoff-Derivate zukommt, was auch mit Untersuchungen vereinbar wäre, die in Gatersleben durchgeführt wurden.

Zunächst soll die Rolle der stereochemischen Faktoren bei der Totalsynthese des Scopolamins betrachtet werden. 1923 schien die chemische Struktur dieses Alkaloids schon bekannt zu sein, obwohl WILLSTÄTTER sich nicht entscheiden konnte, dem Scopolamin eine der vier möglichen sterischen Formeln zuzuschreiben. Die Weiterentwicklung der theoretischen organischen Chemie, besonders dank der englischen Schule, erlaubte es 1951, die Umlagerung des Scopins in Oscin als eine Einwirkung der C_3-OH-Gruppe innerhalb des Moleküls auf die Brücken-C-Atome der Epoxydgruppe zu erklären. Demgemäß wurde dem Scopolamin die Formel des 3α-Tropoyloxy-6,7-β-epoxy-tropans zuerteilt, womit die 3 anderen möglichen Formeln ausgeschlossen wurden.

Der Bestimmung des chemischen Baues waren die ersten Versuche, das Alkaloid zu synthetisieren, vorausgegangen, so z. B. von SCHÖPF und SCHMETTERLING, die Epoxy-succindialdehyd einer ROBINSONschen Kondensation unterwarfen, was jedoch zu einer Aufspaltung des 3 gliedrigen Ringes führte.

Ein anderer Weg wurde von PREOBRASHENSKI vorgeschlagen, er beabsichtigte $\Delta_{6,7}$-Tropenol zu Scopin bzw. Teloidin zu oxydieren. Schon 1945 war die Herstellung von Tropenon beschrieben worden, jedoch konnten in keinem der von verschiedenen Autoren durchgeführten Versuche einer Wiederholung dieser Synthese beträchtliche Mengen dieses Zwischenproduktes gewonnen werden.

Das Mißlingen kann — nach SCHÖPF — auf einer spontanen Aromatisierung des Tropenons zu Tropon beruhen, eine Mutmaßung auf Grund von analogen Reaktionen.

Folglich beabsichtigten wir, das Problem von einer anderen Seite anzugreifen, von einem stabilen Tropanderivat auszugehen, etwa von 3α, 6β-Tropandiol, dies in Tropenol umzuwandeln und dann daraus Scopin herzustellen.

Bevor mit der experimentellen Arbeit begonnen werden konnte, waren 4 theoretische Fragen zu klären.

1. mußte die Dehydratisierung des 3,6-Tropandiols in stereospezifischer Weise durchgeführt werden?

2. Wenn ja, würde das ungesättigte Tropan nicht zu große Spannungen haben, um isoliert und oxydiert werden zu können?
3. Was war in bezug auf den sterischen Verlauf bei der Oxydation der Doppelbindung zu erwarten?
4. Wie ließ sich die Oxydation des Stickstoffatoms im Tropenolring vermeiden?

Die zweite Frage konnte zufriedenstellend beantwortet werden durch Prüfung des Stuart-Briegleb-Modells des Tropenols, denn es scheint geringere Spannungen zu enthalten als sein gesättigtes Analoges.

Zu 1. Eine selektive Dehydratisierung des Tropandiols in C_6-C_7-Stellung konnte auf zwei verschiedene Weisen durchgeführt werden: a) durch Ringschluß zu 3 α, 6 α-Oxydo-tropan durch einen S_N 2-i Mechanismus und anschließende stereospezifische Ringspaltung in 3 α-Acetoxy-6 β-brom-tropan. Abspaltung von Halogenwasserstoff durch Collidin führte zu Trop-6-en-3 α-yl-acetat. b) Das gleiche Resultat wurde auch über 3 α, 6 β-Tropandiol-3-monoacetat erreicht.

Zu 3. Nun war zu erwarten, daß die Oxydation an der Äthylenbindung einen „exo"-verlauf nehmen würde, denn in anderen bicyclischen Systemen mit einer Brücke war dies allgemein die Regel.

Zu 4. Die größte Schwierigkeit verursachte die Konkurrenz des N-Atoms im Tropenolring bei der Oxydation mit elektrophilen Stoffen, z. B. Peraziden. Ein geringer Überschuß von Monoperphthalsäure führte zur Bildung des N-Oxyds, während mit 20 Mol anschließend auch Epoxydbildung erfolgte, Acetylscopin-N-oxyd wurde identifiziert durch Hydrogenolyse zu 3 α-acetoxy-6 β-hydroxytropan. Die Ausbeute war jedoch nicht zufriedenstellend, außerdem dauerte der letzte Oxydationsschritt einen Monat.

Folglich schien es günstiger, zunächst das N-Atom zu blockieren. Sowohl das Hydrochlorid als auch das Perchlorat des Tropenylacetats widerstanden jedoch jedem Versuch der Oxydation; so zeigte sich eine merkliche Abnahme der Aktivität der Doppelbindung, die durch die *I*-Wirkung des quartären N-Atoms hervorgerufen wurde.

Um diese Schwierigkeit zu überwinden, wurde die stärker elektrophile Trifluorperessigsäure anstatt Monoperphthalsäure benutzt, deren Reaktion mit dem trifluoressigsauren Salz des Tropenylacetats zu Acetylscopin führte. Die Identifizierung wurde durch Vergleich mit Reinsubstanz, die durch Acetylierung von Scopin gewonnen war, durchgeführt. Das Scopin war nach Willstätter und Berner durch milde Hydrolyse aus Scopolamin hergestellt worden.

Nachdem die obenerwähnten Vorbedingungen für die Synthese erfüllt waren, mußte als letzter Schritt das Acetylscopin in Scopolamin bzw. Hyoscin umgewandelt werden.

Selektive Hydrolyse der Acetylgruppe wurde unter sehr milden Bedingungen durchgeführt nach der Methode von Kunz und Hudson unter Benutzung von n NaOH in Aceton.

Die Acylierung bereitete jedoch gewisse Schwierigkeiten. Nach einer Reihe von erfolglosen Versuchen gelang die Acylierung des Scopinhydrochlorids mit überschüssigem Acetyltropasäurechlorid in Nitrobenzol bei 65° C. Die Abtrennung des Acetylscopolamins wurde durch Verteilungschromatographie an Cellulosepulversäulen erreicht; anschließende selektive Hydrolyse führte zu Scopolaminhydrochlorid, das in jeder Beziehung mit dem natürlichen Alkaloid übereinstimmte. Es sind bereits Versuche im Gange, Tropin durch Azodicarbonsäurediäthylester oder mittels Hg(2)-azetat zum Tropenol zu dehydrieren.

In Hinblick auf biogenetische Beziehungen sei betont, daß alle Tropanderivate mit Sauerstoffgruppen am Pyrrolidinteil diese in β-Stellung tragen; wenn man dazu noch die Regel der exo-Addition in Betracht zieht, so scheint es wahrscheinlich, daß Tropenol in verschiedene

Alkamine umgewandelt werden kann durch Reaktionen, die in pflanzlichen Geweben und zwar in stereo-spezifischer Weise ablaufen können (Hydratisierung, Glykolbildung, Epoxydierung, Hydrierung usw.).

Diese Annahme beruht auf einer Veröffentlichung CROMWELLS zu Beginn der 40iger Jahre. Jedoch berichten LEETE, MARION und SPENSER, daß bei Fütterung von *Datura stramonium* mit α-^{14}C-Ornithin lediglich radioaktives Hyoscyamin, jedoch nur inaktives Scopolamin gefunden wurde. Sie schließen daraus, daß die beiden Alkaloide aus verschiedenen Vorstufen entstehen. ROMEIKE dagegen fand, daß *Datura ferox* in ihren oberirdischen Organen Hyoscyamin zu Hyoscin zu oxydieren vermag. Mit allen nötigen Vorbehalten dürfen wir vermuten, daß diese sehr interessante Oxydation über den Tropasäureester des Tropenols als Zwischenstufe verläuft. Fütterungsversuche mit diesem Ester werden uns helfen, diese Frage zu klären, und es ist zu hoffen, daß diese Untersuchungen dazu beitragen, den Mechanismus der Bildung der Tropanalkaloide in der Pflanze näher zu beleuchten. Die hier mitgeteilten Resultate weisen auf die Möglichkeiten hin, die die Stereochemie zum besseren Verständnis biogenetischer Probleme bietet.

DISKUSSION

Herr HEUSNER: Die thermische Spaltung von Phenylurethanen ist schon früher durchgeführt worden, weshalb den Phenylurethanen zeitweise auch der Charakter echter Verbindungen abgesprochen wurde. Es wurde jedoch in letzter Zeit erwiesen, daß es sich um echte Verbindungen handelt. (HAYES u. a., Experientia **11**, 61 (1955)).

Herr FODOR: Der vorübergehende Schutz von OH-Gruppen durch den Phenylcarbonylrest ist von FISCHER und ABDERHALDEN bereits beim Oxyprolin angewendet; die Estergruppe spaltete man nachträglich durch alkalische Hydrolyse. Dies war hier wegen der Empfindlichkeit der Essigestergruppe nicht angebracht. Die Dissoziation der Phenylurethane ist von japanischen Forschern vor zwei Jahren an Hand einfacher Beispiele bereits erörtert worden. Die Arbeit in „Experientia", die von Herrn HEUSNER zitiert wurde, stellt fest, daß Urethane echte Verbindungen und keine „komplexen Addukte" sind.

Herr HEUSNER: Wie ist es zu erklären, daß bei der Ringsprengung von Desoxyscopolin mittels Acetylbromid das Halogenatom an C_6 bzw. C_7 tritt, während aus Scopolin in diesem Fall die 3-Brom-Verbindung entsteht?

Herr FODOR: Die Bildung von 6 β-Brom-3 α-acetoxytropan bei der Ringspaltung von 3 α, 6 α-Oxydotropan erfolgt deswegen stereospezifisch, weil C_6 sterisch unbehindert ist, wogegen beim Oscin C_6 durch die OH-Gruppe an C_7 sterisch und elektrostatisch behindert ist.

Herr WEYGAND: Vor Jahren von uns ausgeführte Versuche zur Synthese von optisch aktivem Äpfelsäuredialdehyd, um ihn für derartige Versuche verfügbar zu haben, schlugen alle fehl.

Herr FODOR: Äpfelsäuredialdehyd wurde von G. GÁL (Budapest) aus (±) Äpfelsäuredimethylanilid durch $LiAlH_4$-Reduktion nach F. WEYGAND hergestellt; die Reaktion verlief glatt. Bei optisch aktivem Äpfelsäuredianilid ist der α-Kohlenstoff, wie Herr WEYGAND feststellte, optisch labil. Für (—) Valeroidin wäre dieser optisch aktive Dialdehyd ein geeignetes Ausgangsprodukt.

Herr ZEILE: Die Synthese des Scopolamins ist wirtschaftlich noch nicht mit der Gewinnung aus der Pflanze konkurrenzfähig.

Herr FODOR: Der gleichen Meinung bin ich auch, jedoch sind wir in unserem Laboratorium dabei, das beschriebene Synthese-Verfahren in geeigneter Weise abzuändern, um es vom wirtschaftlichen Standpunkt aus zu verbessern.

Herr Henecka: Ist es auch möglich, 3α, 6α-Oxydotropan mit Hilfe von Acetylchlorid anstatt Acetylbromid zu spalten?

Herr Fodor: Das Addukt von Acetylchlorid mit 3α, 6α-Oxydotropan konnte leider nicht umgelagert werden.

Herr Galinovsky: Weist das Kalotten-Modell des Tropenols eine nichtklassische Spannung auf?

Herr Fodor: Die nichtklassische Spannung ist im Tropen geringer als beim Tropan.

Herr Galinovsky: Sind mikrobiologische Versuche zur Einführung von Sauerstoff in das Ringsystem durchgeführt worden?

Herr Fodor: Die enzymatische Addition von Sauerstoff an Tropenol wird in Budapest von Herrn Dr. Wix bearbeitet.

Herr James: Es ist mir sehr interessant, Herrn Fodors Ergebnisse zu hören. Das Verhältnis zwischen Scopolamin und Hyoscyamin in Pflanzengeweben war immer schwierig festzustellen. Ich glaube, die Frage ist noch immer offen. Isotopen-Versuche sind eine starke Waffe und wie alle starken Waffen gefährlich auch für den Benutzer. Ich glaube nicht, daß Scopolamin und Hyoscyamin verschiedenen Ursprung haben, weil Marion und Mitarbeiter in ihren Versuchen Scopolamin ohne Radioaktivität und Hyoscyamin mit Aktivität erhielten. Es ist z. B. sehr schwierig, Radioaktivität in Fumarsäure einzuführen, obwohl alle anderen Säuren des Krebs-Cyklus Aktivität enthalten. Es wurde gestern gesagt, negative Ergebnisse sind nie befriedigend. Das trifft m. E. auch hier zu.

Herr von Bruchhausen: Mit Mercuriacetat erreicht man nicht ohne weiteres eine Dehydrierung an der Kohlenstoffkette C_6–C_7 (II), wie sie zur Bildung von Scopolamin durch Epoxydbildung erforderlich wäre. Es greift in erster Linie an der N–C-Bindung an

I II III IV

unter Bildung einer Imoniumbase III, die über die Pseudocarbinolbase in Enamin IV übergehen könnte.

Herr Fodor: Ich glaube, Struktur IV ist durch die Bredtsche Regel verboten. Durch alkoholische Salzsäure öffnet man den Weg, wie es durch Perkin bei Kryptopin geschah, zur Ringspaltung bzw. Umlagerung von III zum Keton. Die Umlagerung von Tropenol-N-oxyd in Epoxyd ist vielleicht thermisch realisierbar.

Herr von Bruchhausen: Da das Enamin IV, wie Herr Prof. Fodor bemerkt, gegen die Bredtsche Regel verstößt, könnte die Doppelbindung vielleicht in die gewünschte Lage wie bei II übergehen.

Herr Mothes: Eine Verschiedenheit der Biosynthesewege zum Hyoscyamin und zum Scopolamin ist wenig wahrscheinlich. Wenn die Markierungsversuche von Leete, Marion und Spenser (1954) in dieser Richtung gedeutet worden sind, so kann das verschiedene Ursachen haben. Zunächst liegen auf diesem Gebiet überhaupt eine Reihe widersprechender Angaben vor; es muß geklärt werden, worin diese Unterschiede begründet sind. Daß bei einer sekundären Entstehung des Scopolamins aus Hyoscyamin Scopolamin nicht immer im gleichen Maße wie Hyoscyamin markiert ist, entspricht eigentlich der Erwartung. Die Epoxydbildung scheint ausgesprochen entwicklungsphysiologisch beeinflußt zu sein. Nun, wir wissen auch ganz allgemein von den Oxydationsmechanismen, z. B. aus den Untersuchungen von James, daß die Endoxydation in verschiedenen Alterszuständen eines Organes von verschiedenen Enzymen katalysiert wird.

Herr SCHREIBER: Auch von SZPILFOGEL wurde bei den *Solanum*alkaloiden mit tertiär gebundenem Stickstoff (Solanidin-Typ) festgestellt, daß bei Reaktion mit Persäuren, ähnlich wie beim Tropenolacetat, bevorzugt eine N-Oxyd-Bildung stattfindet. Erst anschließend erfolgt auch eine Epoxydierung der Δ_5-Doppelbindung. Es wäre interessant, zu prüfen, ob auch beim Solanidin mit Trifluorperessigsäure ausschließlich das Epoxyd und kein N-Oxyd entsteht.

Zur Prüfung von Pflanzen auf ihre Fähigkeit zur Epoxydbildung wären vielleicht Modellsubstanzen des Tropenols geeignet.

Herr FODOR: Leider habe ich mit Modellverbindungen schlechte Erfahrungen gemacht; z. B. konnte MANSKE Phenylglyoxal nicht zum Phenyl-äthanolamin reduktiv aminieren, während es uns gelang, Sympathol aus p-Oxyphenylglyoxal auf dem gleichen Wege herzustellen. Tropenol ist nun zugänglich; es kann für Versuche über die Biogenese angewandt werden.

Aus dem II. Chemischen Institut der Universität Wien

Zur Chemie und Biosynthese der Pyrrolidin-Alkaloide Hygrin und Cuskhygrin und der Granatapfelbaum-Alkaloide

Von F. GALINOVSKY

Es ist fast 40 Jahre her, daß R. ROBINSON [1] in einer für die damalige Zeit kühnen Hypothese Reaktionswege für die phytochemische Synthese verschiedener Alkaloide und Alkaloidgruppen, so auch der Alkaloide der Atropin- und Cocaingruppe, aufgestellt hat. Diesen Alkaloiden stehen die relativ sehr einfach gebauten Basen Hygrin und Cuskhygrin nahe; für deren Biosynthese nach ROBINSON folgendes Schema in Betracht kam:

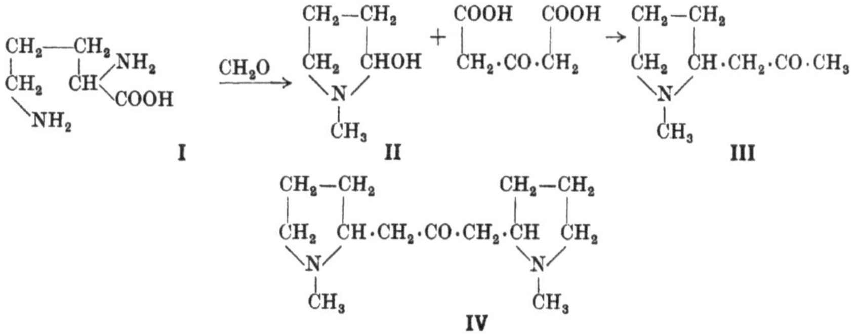

Ornithin (I) geht danach unter Einwirkung von Formaldehyd in den γ-Methylamino-butyraldehyd — II ist die tautomere Aldehydammoniakform — über, der durch Kondensation mit Acetondicarbonsäure Hygrin (III), bzw. Cuskhygrin (IV) liefert. SCHÖPF [2] hat dann in zahlreichen Arbeiten gezeigt, daß der Reaktion von II mit β-Ketocarbonsäuren analoge Umsetzungen unter zellmöglichen Bedingungen, also bei physiologischen Konzentrations-, Temperatur- und p_H-Verhältnissen vor sich gehen. Über eine experimentelle Darstellung von Hygrin und Cuskhygrin aus dem γ-Methylamino-butyraldehyd gemäß obigem Schema wurde aber lange nichts veröffentlicht; erst vor einigen Jahren haben ANET, HUGHES und RITCHIE [3] und GALINOVSKY, WAGNER und WEISER [4] diese Umsetzung beschrieben. Die australischen Autoren gingen vom Acetal des Aminoaldehyds aus, wir vom N-Methyl-pyrrolidon, das, mit ¼ Mol $LiAlH_4$ umgesetzt, das Carbinolamin II gibt.

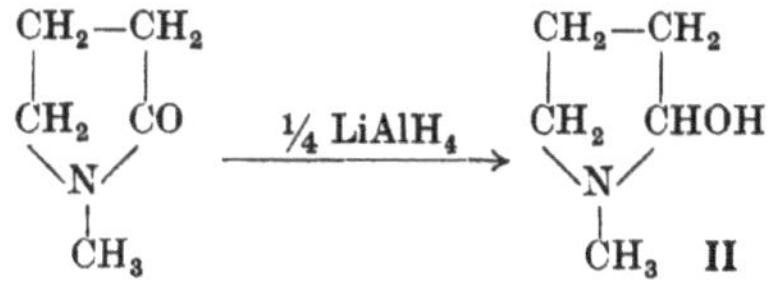

Beide Alkaloide können so, Hygrin bei weiterer Umsetzung unter physiologischen Bedingungen mit Acetessigsäure, Cuskhygrin mit ½ Mol Acetondicarbonsäure, in einer präparativ sehr einfachen Reaktion mit 60%iger Ausbeute gewonnen werden.

Eine besonders günstige Möglichkeit, den ersten Teil des von ROBINSON postulierten Biosyntheseweges, also die Brauchbarkeit des Ornithins als Baustein, experimentell zu überprüfen, war gegeben, als mit Radiokohlenstoff markiertes Ornithin zur Verfügung stand. Da liegen aus neuerer Zeit Arbeiten von LEETE, MARION und SPENSER [5] vor, allerdings nicht beim Hygrin bzw. Cuskhygrin, sondern bei den verwandten Tropanalkaloiden. Die kanadischen Forscher fanden, daß *Datura stramonium*, wenn der Kulturflüssigkeit mit ^{14}C in α-Stellung markiertes Ornithinhydrochlorid zugesetzt wird, radioaktives Hyoscyamin liefert. Wie Abbauversuche zeigten, sind die Brückenkopf-C-Atome markiert, was beweist, daß der Pyrrolidinring des Tropanskeletts aus dem Ornithin entstehen kann.

Dieses Ergebnis macht es sehr wahrscheinlich, daß auch bei den verwandten Basen Hygrin und Cuskhygrin der Pyrrolidinring aus Ornithin gebildet werden kann, wenngleich hier noch keine direkten Versuche vorliegen. Eine weitere Aufklärung des Biosyntheseweges durch Experimente mit markierten Verbindungen ist zu erwarten, besonders auch was den Methylierungsvorgang betrifft, für den, wie wir jetzt wissen, Formaldehyd selbst nicht in Betracht kommt.

Für die Granatapfelbaum-Alkaloide Pseudopelletierin (V), Isopelletierin (VI) und Methylisopelletierin (VII) gilt ein analoges Schema der phytochemischen Synthese, nur tritt an Stelle von Ornithin Lysin als möglicher Baustein für den Aufbau des Piperidinringes.

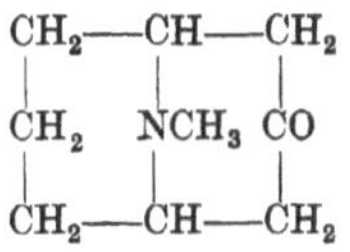

V

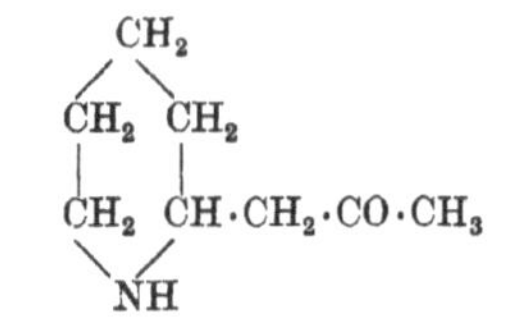

VI

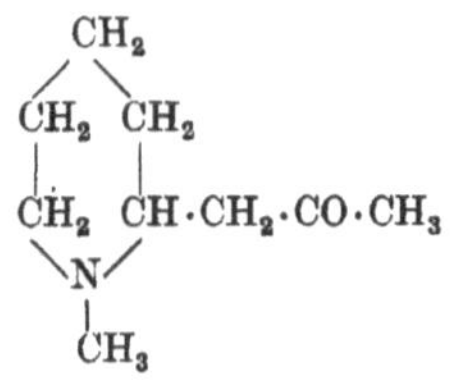

VII

Als viertes und neben dem Pseudopelletierin in der Rinde des Granatapfelbaumes in zweitgrößter Menge vorkommendes Alkaloid wurde in der Literatur noch das Pelletierin angeführt, das nach HESS eine ziemlich stabile und im Vakuum destillierbare, leicht racemisierbare Verbindung vorstellt. HESS und EICHEL [6] haben für dieses Alkaloid ohne zwingende Beweise die Formel eines β-(2-Piperidyl)-propionaldehyds (VIII) angegeben. Eine solche Verbindung ist aber nichts anderes als ein ω-Aminoaldehyd und ein Vorkommen in größerer Menge in der Natur vom Standpunkt biogenetischer Überlegungen unwahrscheinlich, da diese Substanzen infolge ihrer Reaktionsfähigkeit ja nur als Zwischenprodukte bei phytochemischen Synthesen zu erwarten sind. GALINOVSKY, VOGL und WEISER [7] konnten die Verbindung VIII durch partielle Reduktion von 2-Oxoindolizidin (IX) mit $LiAlH_4$ herstellen und ihre Bildung durch Abfangverfahren beweisen. Sie ist erwartungsgemäß instabil und läßt sich im monomeren Zustand ebensowenig isolieren wie die einfachen ω-Methylaminoaldehyde.

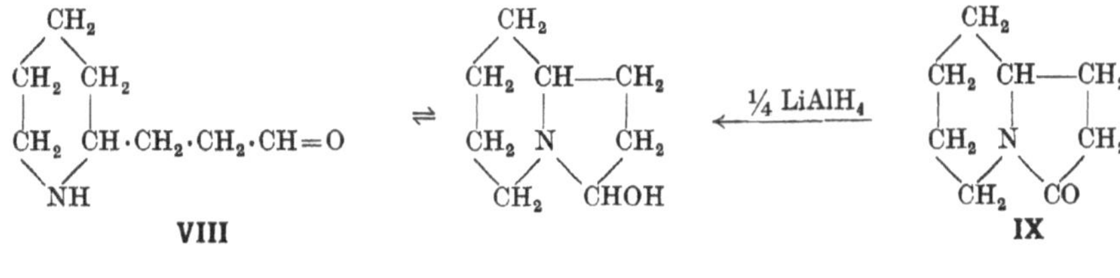

VIII IX

Aus diesen Versuchen ging jedenfalls eindeutig hervor, daß das Pelletierin der Literatur nicht die ihm von HESS zugeschriebene Konstitution haben kann. Als wir darauf die Granatapfelbaum-Alkaloide einer erneuten Untersuchung unterwarfen, zeigte es sich, daß das Isopelletierin darin in weit größerer Menge vorkommt [8], als von den früheren Bearbeitern angegeben wurde. Das Isopelletierin liegt neben dem Pseudopelletierin als Hauptalkaloid in der Rinde vor. Es ist anzunehmen, daß es auf Grund der HESSschen Angaben in der Literatur häufig mit „Pelletierin" — die Schmp. der Derivate des „Pelletierins" stimmen auch fast durchweg mit denen des Isopelletierins überein [9] — verwechselt wurde.

Bei den genannten Alkaloiden Hygrin, Cuskhygrin, Isopelletierin und Methylisopelletierin liegt noch ein anderes bemerkenswertes Problem vor, nämlich das ihrer optischen Aktivität, bzw. ihrer leichten Racemisierbarkeit. Für Hygrin wurde von LIEBERMANN eine schwache Linksdrehung angegeben. Man kann synthetisches Hygrin über das Bitartrat in die Antipoden spalten und sieht dann, daß es eine ziemlich starke Drehung (in Alkohol ca. 60°) besitzt, sich aber in alkalischer Lösung racemisiert [10]. Das natürliche wie synthetische Cuskhygrin stellt die Mesoform dar. Wenn das Cuskhygrin in der Pflanze optisch aktiv vorkommt, dann lagert es sich bei der Aufarbeitung in die Mesoform, die gegenüber der Racemform energetisch begünstigt ist, um [10]. Auch beim Isopelletierin und Methylisopelletierin fanden wir, daß sich die optisch aktiven Verbindungen in alkalischer Lösung racemisieren, das Methylisopelletierin noch erheblich rascher als die sekundäre Base [11]. Bei diesen beiden Alkaloiden ist es heute erwiesen, daß sie in der Natur optisch aktiv vorkommen und sich erst bei der Isolierung ganz oder teilweise racemisieren. Ebenso ist beim Hygrin und Cuskhygrin anzunehmen, daß die beiden Basen im sauren Zellsaft der Pflanze optisch aktiv vorliegen. In allen erwähnten Verbindungen steht die CO-Gruppe in β-Stellung zum asymmetrischen C-Atom, es muß also ein besonderer und bis dahin noch nicht beschriebener Mechanismus der Racemisierung vorliegen. Er sei hier am Beispiel des Hygrins erläutert:

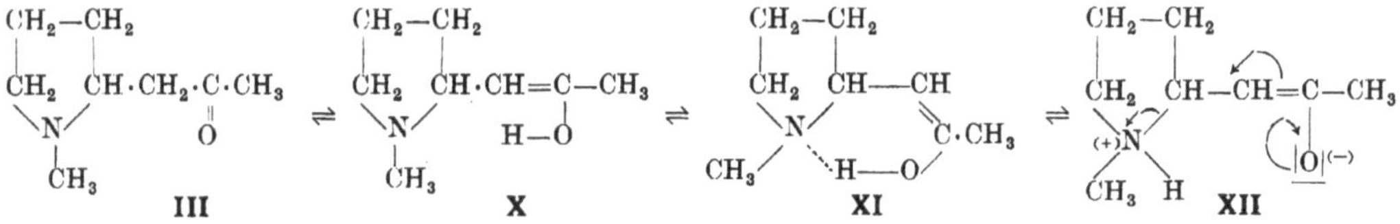

III X XI XII

Der erste Schritt ist die Enolisierung des Aminoketons (X). Dann bildet sich eine Wasserstoffbrücke zwischen O- und N-Atom aus (XI), wodurch der Übergang des Protons zum Stickstoff ermöglicht wird (XII). Die in XII angedeuteten Elektronenverschiebungen führen im Grenzfall zu einem ungesättigten Aminoketon, das die Autoracemisierung erklärt. Dieser Wasserstoffbrücken-Mechanismus ist nur dann möglich, wenn am Stickstoff ein einsames Elektronenpaar zur Verfügung steht. Man kann das leicht überprüfen. Wie erwähnt, racemisiert sich das opt. akt. Isopelletierin. Das N-Acetylisopelletierin, in dem das einsame Elektronenpaar des Stickstoffs durch die Mesomerie der Säureamidgruppe gebunden ist, bleibt dagegen in alkalischer Lösung optisch völlig stabil [12]. Dieser Befund macht den angegebenen Mechanismus der Racemisierung sehr wahrscheinlich.

Diese Ergebnisse gaben Veranlassung, auch die Bildung dieser Aminoketone aus dem Carbinolamin und der β-Ketosäure näher zu betrachten. Diese Reaktion ist ja eine MANNICHreaktion im weiteren Sinn. Man nimmt heute an, daß bei der MANNICHreaktion ein mesomeres Ion eine wichtige Rolle spielt, das beim γ-Methylamino-butyraldehyd wie folgt formuliert werden kann (XIII):

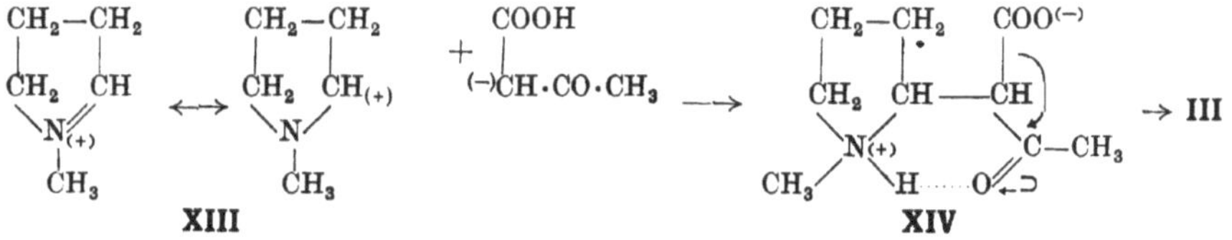

XIII XIV

Die Reaktion von XIII mit der aciden CH-Verbindung führt dann zur Herstellung der Bindung zwischen den beiden Komponenten. SCHÖPF [2] hat nun gezeigt, daß sich bei solchen Reaktionen die COOH-Gruppe im physiologischen p_H-Bereich und bei Zimmertemperatur leicht abspaltet. Wenn man den Mechanismus bekannter Decarboxylierungsreaktionen und den oben angegebenen H-Brücken-Mechanismus in umgekehrter Richtung heranzieht, kann man diese leichte CO_2-Abspaltung gut verstehen. Der nucleophile Stickstoff ermöglicht die Bildung eines Zwitterions (XIV), das Proton tritt vom Stickstoff zum Sauerstoff über, wobei sich unter Ausbildung der Enoldoppelbindung CO_2 abspaltet und Hygrin (III) gebildet wird. Diese Betrachtung des Reaktionsmechanismus führt also zu einer plausiblen Vorstellung, warum diese Reaktion, inbegriffen die leichte Abspaltbarkeit der COOH-Gruppe, unter zellmöglichen Bedingungen ablaufen kann.

LITERATUR

[1] ROBINSON, R., J. Chem. Soc. London **111**, 876 (1917).
[2] Zusammenfassung: SCHÖPF, C., Angew. Chem. **50**, 779, 797 (1937).
[3] ANET, E., G. K. HUGHES u. E. RITCHIE, Nature **163**, 289 (1949); **164**, 501 (1949).
[4] GALINOVSKY, F., u. R. WEISER, Exper. **6**, 377 (1950), GALINOVSKY, F., A. WAGNER u. R. WEISER, Mh. Chem. **82**, 551 (1951); GALINOVSKY, F., u. H. ZUBER, ibid. **84**, 798 (1953).
[5] LEETE, E., L. MARION u. I. D. SPENSER, Nature **174**, 650 (1954).
[6] HESS, K. u. A. EICHEL, Ber. dtsch. chem. Ges. **50**, 1192 (1917).
[7] GALINOVSKY, F., O. VOGL u. R. WEISER, Mh. Chem. **83**, 114 (1952).
[8] GALINOVSKY, F., u. O. VOGL, Mh. Chem. **83**, 1055 (1952); WIBAUT, J. P., H. C. BEYERMANN u. P. H. ENTHOVEN, Rec. trav. chim. Pays-Bas **73**, 102 (1954); WIBAUT, J. P., und M. I. HIRSCHEL, ibid. **75**, 229 (1956); HOLLSTEIN, U., Dissertation Universität Amsterdam (1956).
[9] VOGL, O., u. G. BIANCHETTI, Mh. Chem. **86**, 1024 (1955).
[10] GALINOVSKY, F., u. H. ZUBER, Mh. Chem. **84**, 798 (1953).
[11] GALINOVSKY, F., G. BIANCHETTI u. O. VOGL, Mh. Chem. **84**, 1221 (1953).
[12] GALINOVSKY, F., u. R. HÖLLINGER, Mh. Chem. **85**, 1012 (1954).

DISKUSSION

Herr FODOR: Läßt sich N-Methylsuccinimid in ähnlicher Weise wie N-Methylpyrrolidon mit $LiAlH_4$ partiell reduzieren und zum Tropinon umsetzen?

Herr GALINOVSKY: Ja, aber die Ausbeuten sind in diesem Fall sehr schlecht.

Herr FODOR: Muß als Zwischenprodukt bei der CO_2-Abspaltung die Bildung des Enols angenommen werden?

Herr GALINOVSKY: Wenn das Proton vom Stickstoff zum Sauerstoff wandert, muß eine Hydroxylgruppe entstehen. Es handelt sich insgesamt um eine gleitende Umsetzung, die unter geringem Energieaufwand abläuft.

Aus dem Laboratorium voor Technische Biologie der Technische Hogeschool te Delft

Biosynthese von Alkaloiden in sterilen Wurzelkulturen von *Atropa bella-donna*

Von P. Reinouts van Haga

Grundlegend für die vorliegenden Untersuchungen waren folgende Tatsachen: 1. Aus den Resultaten von Robinson ergab sich die Hypothese, daß Ornithin eine Vorstufe des Tropins ist. 2. Die Untersuchungen von Cromwell und James bestätigen diese Hypothese. Allerdings müssen hier Einschränkungen gemacht werden; es ist festgestellt worden, daß die Hauptmenge der Alkaloide in den Wurzeln synthetisiert wird, Cromwell aber arbeitete mit ganzen Pflanzen, James mit abgeschnittenen Blättern. Im ersten Fall ist eine Wechselwirkung zwischen Wurzel und Sproß schwer zu vermeiden, im zweiten Fall handelt es sich um eine Synthese, die möglicherweise von geringerer Bedeutung ist, jedenfalls um eine Synthese in einem Pflanzenteil, der „zum Tode verurteilt ist".

Isolierte, aseptische Wurzelkulturen sind ein weit geeigneteres Material. Die Wurzeln wurden von steril keimenden Samen isoliert, d. h. die Samen wurden zunächst mit konzentrierter Schwefelsäure geätzt und danach mit 1%igem Bromwasser behandelt, bevor sie in sterilisierte Petrischälchen überführt wurden, wo sie zur Keimung kamen. Die Würzelchen wurden dann unter aseptischen Verhältnissen auf sterile Nährlösung übertragen.

Als Nährmedium erwies sich Whitesche Nährlösung als geeignet, wie sie von White zur Kultur von Tomatenwurzeln verwendet wurde, jedoch ohne Zusatz von Nikotinsäure und Glycin, die entwicklungshemmend wirkten. Als Kohlenhydrat wurde handelsüblicher Rübenzucker verwendet, und es ist sehr wahrscheinlich, daß dieser noch wichtige, Wachstum-fördernde Substanzen enthielt, denn Saccharose „pro analysi" ermöglichte nur ein mangelhaftes Wachstum.

Mit diesen Wurzelkulturen wurden mehrere Experimente durchgeführt. Am Ende jedes Versuchs wurde der Alkaloidgehalt kolorimetrisch nach Allport und Wilson bestimmt unter Anwendung kleiner Variationen. Zum qualitativen Nachweis der Alkaloide diente die Papierchromatographie. Wegen der langen Dauer der einzelnen Versuche (im Durchschnitt 2 Monate) konnten nur die wichtigsten Substanzen auf ihre Beeinflussung des Alkaloidgehaltes hin geprüft werden.

Arginin oder Ornithin (0,0002 M) förderten beide in gleichem Maße sowohl Wachstum als auch Alkaloidgehalt stark; nach 40 Tagen hatten die Kontrollwurzeln ein Trockengewicht von 30 mg und einen Alkaloidgehalt von 0,5% (auf Trockengew.), während Wurzeln, die unter Zusatz einer der genannten Aminosäuren kultiviert waren, ein Trockengewicht von 40 mg und einen Alkaloidgehalt von 0,8% hatten. Die Chromatogramme von Versuchen und Kontrollen stimmten völlig überein, die beiden Aminosäuren hatten also weder zu qualitativen Änderungen des Alkaloidgehalts noch zu quantitativen Verschiebungen im Verhältnis der einzelnen Alkaloide geführt.

Zusatz von Putrescin zeigte qualitativ die gleichen Resultate, nur wurden hier Wachstum und Alkaloidgehalt etwas weniger gefördert als bei Arginin- oder Ornithinzusatz. Chromatographisch zeigten sich nur geringe Unterschiede.

Eine Steigerung der Saccharosegabe von 2 auf 4% hatte eine weitere Erhöhung des Alkaloidgehalts zur Folge, der bei gleichzeitiger Zufuhr von Arginin oder Ornithin, von 0,8 auf 1% stieg.

Ein zweiter Effekt der Erhöhung des Saccharosegehaltes war die erhöhte Toleranz der Wurzeln für Prolin in einer Konzentration von 0,0002 M. Bei einem Saccharosegehalt des Mediums von 2% hatte eine derartige Dosierung eine stark hemmende Wirkung.

Das Chromatogramm der unter Prolingabe gezogenen Wurzeln gab ein ganz anderes Bild als das der Kontrollwurzeln oder der mit Ornithin gefütterten; es zeigte sehr große Mengen eines unbekannten Alkaloids mit niedrigem Rf-Wert.

Zwar war dieser Fleck auch stets in Chromatogrammen von normal gewachsenen *Atropa*-wurzeln anwesend, jedoch in ganz kleinen Konzentrationen.

Ungefähr zu gleicher Zeit fand ich diesen Stoff in Chromatogrammen von *Atropa*-Keimlingen. Nun wurde an *Atropa*-Keimlingen untersucht, ob beim ersten Auftreten der mydriatisch wirkenden Alkaloide eine Verschiebung im Gemisch der freien Aminosäuren zu beobachten ist. Das Endosperm der Samen ist bekanntlich frei von Alkaloiden.

Ich fand keine deutliche Korrelation, nur konnte ich feststellen, daß die Keimlinge eine bedeutende Menge Prolin enthalten und daß das zuerst auftretende Alkaloid nicht eins der mydriatischen Alkaloide war, sondern das oben erwähnte, unbekannte Alkaloid. Kurz darauf erschien Scopolamin und dann Hyoscyamin. Es war also möglich, daß dieses unbekannte Alkaloid eine Vorstufe der mydriatischen Alkaloide war, und eine genauere Untersuchung wurde durchgeführt.

Mittels Elementaranalyse, Bestimmung der Schmelzpunkte von Derivaten und Vergleich mit einem synthetischen Produkt, das ich von Prof. GALINOVSKY aus Wien erhielt, konnte nachgewiesen werden, daß dieser Stoff identisch mit Cuskhygrin ist, einem Alkaloid, dessen Vorkommen im *Coca*-Strauch seit längerer Zeit bekannt ist. Meine Vermutung, daß es mit dem von KING und WARE aus bulgarischer *Atropa* isolierten, aber nicht identifizierten, Bellaradin identisch sei, ist inzwischen von STEINEGGER und PHOKAS bestätigt worden. Diese Ergebnisse lassen den Schluß zu, daß Arginin eine Vorstufe der beiden mydriatischen Alkaloide und Prolin eine Vorstufe des Cuskhygrins sei.

Wenn wir die beiden Strukturformeln von Tropin und Cuskhygrin vergleichen, so zeigt sich eine gewisse Ähnlichkeit.

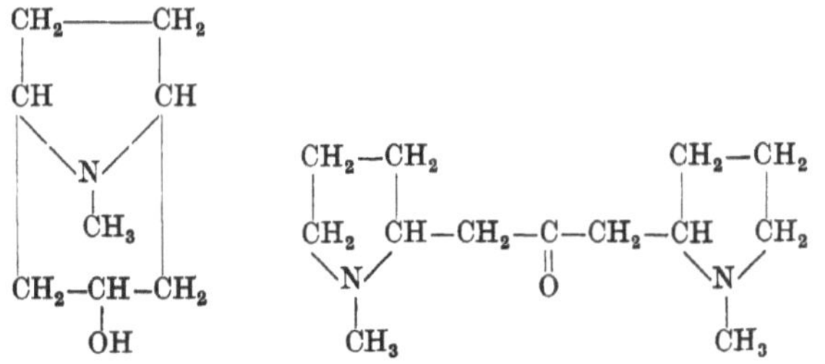

In beiden Fällen handelt es sich um eine Brücke von 3-C-Atomen, welche in einem Falle doppelt mit einem Pyrrolidinkern verbunden ist, im anderen Falle in gleicher Stellung, aber mit 2 Pyrrolidinkernen verknüpft ist.

Diese Ähnlichkeit läßt vermuten, daß auch der Biosyntheseweg ähnlich ist. Eine mögliche Erklärung ist z. B., daß der Baustein für die 3-C-Gruppe, wahrscheinlich ein Produkt des Kohlenhydratstoffwechsels, in beiden Fällen gleich oder nahezu gleich ist und zwei reaktive Endgruppen besitzt.

In dem einen Fall reagiert dieses Produkt mit zwei Molekülen eines Pyrrolderivates, das nur eine reaktionsfähige Gruppe hat, z. B. Prolin, und im anderen Fall findet eine Reaktion mit einem Molekül eines Pyrrolderivates statt, das zwei gleichwertige und symmetrisch gelagerte reaktionsfähige Gruppen besitzt.

Aus den Alkaloidchromatogrammen von Wurzeln, die unter Ornithinzusatz ernährt waren, ergab sich, daß nicht nur der Gehalt an mydriatischen Alkaloiden gesteigert war, sondern auch der Cuskhygringehalt. Es ist also wahrscheinlich, daß Ornithin auch eine Vorstufe für Cuskhygrin ist, und dies deutet auf eine Umsetzung von Ornithin in Prolin hin. Eine derartige Beziehung zwischen diesen beiden Aminosäuren ist bei höheren Pflanzen noch nicht bekannt, wohl aber bei Mikroorganismen, wie z. B. *Torulopsis utilis* und *Neurospora crassa*.

Diese Umsetzung verläuft über folgende Stufen:

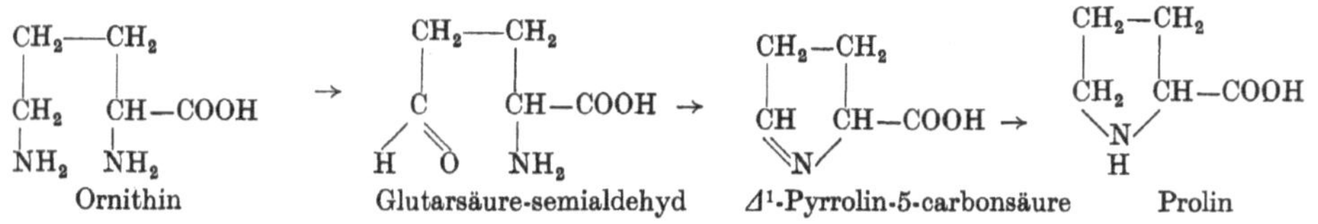

VOGEL u. a. haben gezeigt, daß die erste Stufe eine δ-Transaminierung ist, und ich konnte nachweisen, daß tatsächlich im Wurzelpreßsaft von *Atropa* eine Ornithin-Glutaminsäure-Transaminase vorhanden ist.

Beweisend für das Bestehen von einer ähnlichen Ornithin-Prolin Relation in *Atropa bella-donna* sind diese Befunde nicht, sollte aber tatsächlich der Syntheseweg des Prolins in dieser Weise verlaufen, so wäre es denkbar, daß auch eine Vorstufe des erwähnten symmetrischen Pyrrolderivats im Verlaufe dieser Reaktionsfolge gebildet wird.

Rein theoretische Erwägungen haben zu der Hypothese dieses symmetrischen Zwischenproduktes geführt. Eine Unterstützung für diese Theorie wird von DEWEY geliefert. Auf Grund von Experimenten über die Biosynthese von Nikotin mit radioaktivem Ornithin schließt auch DEWEY auf ein symmetrisches Zwischenprodukt. Die Aktivität von 2-^{14}C-Ornithin findet sich im Pyrrolidinring des Nikotins in C_2- und C_5-Stellung wieder.

Abschließend seien noch kurz einige Resultate über die Fähigkeit des Sprosses zur Synthese mydriatischer Alkaloide mitgeteilt. Wie viele Vorgänger, habe auch ich Untersuchungen an Pfropfungen von *Atropa* auf Tomate durchgeführt. Ich habe dabei ein Reis einer gut gewachsenen Pfropfung erneut auf Tomate gepfropft. Nach 2 Monaten konnte ich im Extrakt von verschiedenen Pflanzenteilen keine mydriatische Reaktion zeigen. Papierchromatographisch ließ sich aber eine deutliche Menge Cuskhygrin nachweisen.

Die oberirdischen Teile der *Atropa* sind also jedenfalls zur Alkaloidsynthese imstande. In welchem Maße und unter welchen Umständen sie vielleicht auch mydriatische Alkaloide zu bilden vermögen, ist noch eine offene Frage.

DISKUSSION

Herr ACKERMANN: Vielleicht könnte statt Putrescin auch das biologisch beobachtete Tetramethyl-Putrescin zu einer Alkaloid-Vermehrung führen. Dies wäre dann ein Beispiel für eine biologische Entmethylierung.

Da ich seinerzeit durch Saprophyten sowohl Prolin wie Arginin in δ-Amino-valeriansäure überführen konnte, könnte man prüfen, ob auch δ-Aminovaleriansäure eine Vermehrung der Alkaloide hervorruft.

Herr HEUSNER: Es wäre interessant, festzustellen, ob die Methylierung des Stickstoffs am Ende der biogenetischen Reaktionsfolge oder bereits in einem früheren Stadium erfolgt?

Herr v. BRUCHHAUSEN: Hygrin könnte als Vorstufe der Tropanalkaloide angesehen werden. Eine Dehydrierung an der C–N-Bindung würde zur Imoniumbase und weiter in bekannter Weise zur Pseudocarbinolbase führen, die als Aldehydammoniak die Voraussetzung für eine MANNICH-Kondensation zum Tropinon geben würde.

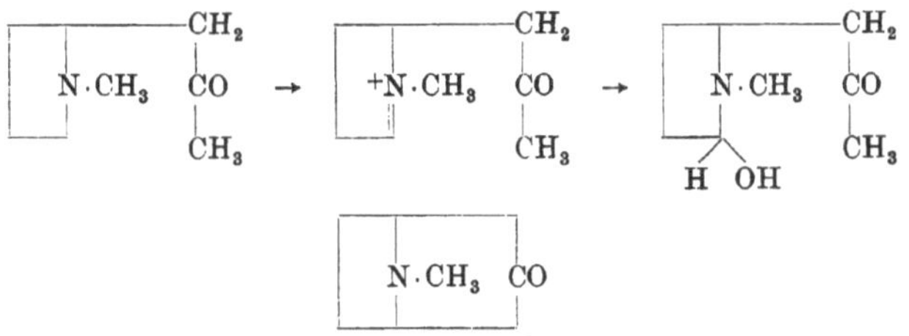

Herr MOTHES: Es erscheint von großer Bedeutung, daß Ornithin als Vorstufe des Pyrrolidinringes auftritt, da seine Beziehungen zum Prolin einerseits und zur Glutaminsäure andererseits geklärt erscheinen. Nach den Untersuchungen von WAELSCH und Mitarb. (1948) ist offenbar das Schicksal der Glutaminsäure entscheidend durch die CO_2-Konzentration bestimmt, so daß damit vielleicht Hinweise auf mögliche Vorbedingungen der Ringschlüsse gefunden werden können. Die Markierungsversuche von LEETE, MARION und SPENSER (1954) bestätigen Ihre Versuche auf das beste. Man muß ohne solche Markierung auch immer mit einem reinen Wachstumseffekt rechnen, denn Arginin hat sich in zahlreichen Fällen nicht allein bei Mikroorganismen, sondern auch bei Organkulturen höherer Pflanzen als wachstumsfördernd erwiesen.

Herr REINOUTS VAN HAGA: Ornithin wird vom pflanzlichen Gewebe in verschiedener Weise umgesetzt, je nachdem die Zufuhr endogen oder exogen erfolgt.

Herr MOTHES: Auch bei dem einfacheren Problem der Ernährung mit NH_3 sind Unterschiede bei endogener und exogener Zufuhr beobachtet worden; aber sie beruhen wahrscheinlich darauf, daß das von außen eindringende NH_3 in anderen Zellen reagiert als das im Organ selbst entstandene.

Herr REINOUTS VAN HAGA: In Wurzelkulturen von *Atropa* fand ich Scopolamin früher als Hyoscyamin, so daß man hier auf eine Umwandlung des Scopolamins in Hyoscyamin schließen könnte. Der Widerspruch, der sich so zu den Befunden von ROMEIKE ergibt, läßt sich vielleicht dadurch erklären, daß dort das Hyoscyamin den Versuchspflanzen exogen zugeführt wurde, es wäre möglich, daß die Reaktion bei endogener Zufuhr anders verläuft.

Fräulein ROMEIKE: Bei Pfropfung von *Datura ferox* auf hyoscyaminreiche Solanaceen, wie z. B. *Atropa bella-donna*, wird das Hyoscyamin, das aus der Wurzel emporwandert, dem Reis endogen zugeführt. Auch in diesem Falle wird es weitgehend in Scopolamin umgewandelt, ebenso wie bei exogener Zufuhr.

Herr SCHREIBER: Es wäre denkbar, daß in der Pflanze fermentativ auch eine Reduktion des Epoxyds zu Tropenol möglich ist.

Herr FODOR: Direktes Entoxydieren von Epoxyden ist in der Literatur nur in zwei speziellen Fällen bekannt. a) durch Chrom (2) chlorid b) nach WITTIG, mittels Triphenylphosphin. Bei den Carotinoiden ist zwar eine Epoxydbildung bekannt, nichts aber über deren Spaltung zum Olefin. Demnach ist es nicht sehr leicht verständlich, auf welchem Wege Scopolamin zu Atropin reduziert werden könnte.

Aus dem Biochemischen Institut der Karls-Universität in Prag

Über den Einfluß von Arginaseaktivatoren auf die Alkaloidbiosynthese in *Datura stramonium*

Von A. JINDRA, I. SYROVÝ, J. BÖSWART, V. JIRÁČEK, A. MAJEROVÁ *)

Potentielle Vorstufen der Alkaloide sind die Aminosäuren, welche entweder beim Eiweißzerfall entstehen oder in der Pflanze synthetisiert werden. Im Falle der Tropan-Alkaloide, die in verschiedenen *Datura*-Arten enthalten sind, wurden als Vorstufen Arginin und Ornithin festgestellt. Da Ornithin nur in geringem Umfang am Aufbau der Pflanzeneiweiße beteiligt ist, bleibt als Grundstoff für die Tropan-Alkaloide das Arginin, welches durch

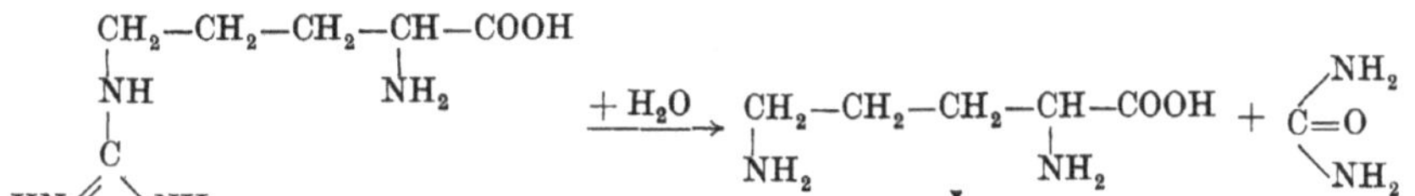

I

Abspaltung von Harnstoff in Ornithin (I) übergeht. Aus Ornithin wird in der Pflanze über weitere Reaktionsstufen der Pyrrolidinkern des Tropins aufgebaut. Zunächst erfolgt oxydative Desaminierung, wie es Versuche mit Enzympräparaten aus Blättern und Wurzeln der Tollkirsche (*Atropa bella-donna*) zeigten (JAMES). Als Reaktionsprodukt wurde die α-keto-δ-aminovaleriansäure (II) in der Form ihres Hydrazons identifiziert. Aus jungen

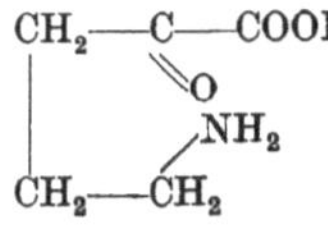

II

Wurzeln von *Datura tatula* wurde eine spezifische Dehydrogenase extrahiert, welche ausschließlich die Oxydation des Ornithins katalysiert. Über die weiteren Stufen gibt es nur theoretische Betrachtungen. Es wird angenommen, daß die Verbindung III, die mit einem C_3-Körper den Tropinring bilden kann, ein weiteres Zwischenprodukt darstellt.

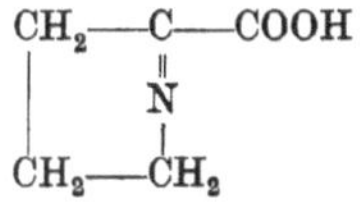

III

Daß Ornithin wirklich einen Baustein für den Pyrrolidinteil des Hyoscyamin-Moleküls darstellt, wurde erst vor kurzem mit Hilfe von radioaktivem Ornithin bewiesen, das Kulturen von *Datura stramonium* über die Nährlösung zugeführt wurde. (LEETE, MARION u. SPENSER). Es folgt daraus, daß für die Biosynthese der Tropan-Alkaloide, namentlich des Hyoscyamins, diejenige Reaktion von größter Wichtigkeit ist, welche genügende Ornithin-Mengen für weitere Reaktionsstufen liefert. Diese Reaktion stellt die Umwandlung des Arginins in Ornithin dar, die in den Solanaceen durch die Arginase katalysiert wird. Der Alkaloidgehalt in *Datura tatula* steigt parallel zur erhöhten Fermentaktivität (FULLER).

*) Vorgetragen von A. JINDRA.

Wir befaßten uns näher mit dem Studium der Reaktion Arginin→Ornithin und gleichzeitig mit dem Einfluß der Arginaseaktivatoren (Mn, Co) auf den Alkaloidgehalt in *Datura stramonium* im Laufe der Vegetationsperiode. Weiter verfolgten wir auch die Änderungen in der Zusammensetzung des Aminosäuregemisches im Pflanzengewebe unter denselben Bedingungen. Die Untersuchungen über die Beeinflussung der Arginaseaktivität sind zur Zeit noch nicht abgeschlossen.

Versuchsanstellung:

Datura stramonium-Pflanzen wurden in Sandkulturen unter Verwendung von MITSCHERLICH-Gefäßen in Nährlösungen nach KNOP u. HOAGLAND kultiviert. Die Samen wurden in der KNOPschen Nährlösung vier Tage vorgekeimt und in gereinigten Sand übergesetzt. Die Keimlinge wurden mit möglichst kleinen Mengen der Nährlösung begossen. Nach 14 Tagen waren die Pflanzen etwa 7 cm hoch und konnten in einzelne Gefäße übergesetzt werden. Die Untersuchung des Einflusses von Mangan und Kobalt haben wir auf folgendem Wege durchgeführt:

Als Kontrollversuch dienten Pflanzen mit Nährlösungen normaler Zusammensetzung (vier Gefäße). Der Einfluß der Metalle wurde so verfolgt, daß der Gehalt an Mangan auf das drei-, fünf- und zehnfache, der an Kobalt auf das dreifache desjenigen in der normalen Nährlösung erhöht wurde. Gleichzeitig wurden Nährlösungen ohne Mangan und Kobalt verwendet. In den Versuchen mit verschiedenen Metall-Konzentrationen wurden die Versuchspflanzen immer in 3, bzw. 2 Gefäßen kultiviert. In jedes Gefäß wurden stets 12 drei Wochen alte Pflanzen eingesetzt. Jedes Gefäß wurde dreimal beerntet: in der siebenten Woche wurden 7 Pflanzen, in der elften Woche 3 Pflanzen und in der sechzehnten Woche 2 Pflanzen immer um 8 Uhr früh entnommen. Jedes Gefäß wurde mit entsprechender Nährlösung begossen (ca. 200 ml) wechselnd mit redestilliertem Wasser. Die Gefäße wurden gegen Witterungseinflüsse geschützt. Wir injizierten auch Aktivator- und Argininlösungen direkt in die Gefäße der Pflanzen, und zwar in den unteren Teil des Sprosses, in der Weise, daß die Lösung von selbst in die Pflanze einfloß. Bei jeder Ernte wurden die Pflanzen herausgenommen, ihre Wurzeln abgeschnitten und die oberirdischen Teile aller Pflanzen eines Gefäßes gemeinsam verarbeitet.

Ergebnisse:

Die qualitative Prüfung auf den Alkaloidgehalt der dreiwöchigen Pflanzen war negativ. Nach jeder Ernte wurde eine entsprechende Pflanze aus jedem Gefäß bei 60—65° C zwei Tage lang getrocknet und auf den Alkaloidgehalt mittels der Titrationsmethode nach dem Tschechoslowakischen Arzneibuch Nr. 2 analysiert. Wir geben Mittelwerte einiger Bestimmungen an.

Tabelle 1

	Alkaloidgehalt in %		
	1. Ernte	2. Ernte	3. Ernte
Kontrollversuch	0,035	0,061	0,063
3fache Mn-Konzentration	0,152	0,079	0,085
5fache Mn-Konzentration	0,068	0,116	0,122
10fache Mn-Konzentration	0,019	0,069	0,055
3fache Co-Konzentration	0,023	0,103	0,092
ohne Mn u. Co	0,028	0,045	0,051

Bei der ersten Ernte wurde festgestellt, daß der Alkaloidgehalt der Pflanzen, die in Nährlösungen mit der dreifachen Mn-Menge kultiviert wurden, sich um etwa 335% erhöhte; in den Pflanzen, die die fünffache Menge von Mangan erhielten, war die Erhöhung des Alkaloidgehaltes etwa 94%. Die übrigen Versuche ergaben eine Erniedrigung des Alkaloidgehaltes.

Bei der zweiten Ernte wurde die Erhöhung des Alkaloidgehaltes besonders in den Kulturen mit der fünffachen Mn-Menge (90%) und der dreifachen Co-Menge (69%) beobachtet. Der Alkaloidgehalt der Pflanzen, die im Nährboden ohne Mangan und Kobalt wuchsen, war wesentlich erniedrigt.

Bei der dritten Ernte waren die relativen Beziehungen zwischen dem Alkaloidgehalt der Versuchspflanzen und dem der Kontrolle im wesentlichen die gleichen wie bei der zweiten. Eine bedeutende Erhöhung erfolgte in der Nährlösung mit fünffacher Mn-Menge (94%), eine kleinere dann in der Nährlösung mit dreifacher Co-Konzentration (ca. 46%).

Welchen aktivierenden Einfluß die Zugabe von Mangan und Kobalt zur Nährlösung auf die Alkaloidbildung in einzelnen Teilen der Versuchspflanzen hatte, zeigen die Resultate der Analysen einzelner Organe nach 16 Wochen (Tabelle 2).

Tabelle 2

	Alkaloidgehalt in % bei der 3. Ernte	
	Blätter	Samen
Kontrollversuch	0,120	0,088
3fache Mn-Konzentration	0,178	0,118
5fache Mn-Konzentration	0,240	0,157
10fache Mn-Konzentration	0,097	0,079
3fache Co-Konzentration	0,198	0,138
ohne Mn und Co	0,098	0,078

Die fünffache Mn-Konzentration in der Nährlösung erhöhte den Alkaloidgehalt der Blätter um etwa 100%, die dreifache Mn-Konzentration um 48%, die dreifache Co-Menge um 65%. In den reifen Samen erhöhte die Nährlösung mit fünffacher Mn-Konzentration den Alkaloidgehalt um 77%, die mit dreifacher Co-Konzentration um 52% und die mit dreifacher Mn-Konzentration um 30%.

Die Analysen von Pflanzengeweben nach Beendigung der vegetativen Entwicklung (16 Wochen) ergaben in den Versuchsreihen mit fünffacher Mn-Konzentration in der Nährlösung und mit injizierten Argininlösungen in beiden Fällen erhöhte Alkaloidgehalte (Tabelle 3).

Tabelle 3

	Alkaloidgehalt in %		
	oberirdische Teile der Pflanzen ohne Samen	Blätter	Samen
Kontrollversuch	0,063	0,120	0,088
Arginin-Injektion	0,090	0,167	0,112
Mangan-Gabe	0,102	0,199	0,148

Chromatographische Analyse des Argininggehaltes in verschiedenen Organen von *Datura stramonium*

Da die Arginase eine wichtige Rolle im Stickstoffhaushalt der Pflanze spielt, lag die Frage nahe, ob verschiedene Aktivator-Konzentrationen in den Nährlösungen das Spektrum der freien Aminosäuren in den Geweben des Stechapfels beeinflussen würden. Zur

Extraktion der freien Aminosäuren aus den Geweben (Wurzeln und Blätter) des Stechapfels wurde 70%iges Äthanol verwendet; die gewonnenen Extrakte wurden papierchromatographisch untersucht. Das Arginin wurde auf den Chromatogrammen mit dem Sakaguchi-Reagens bestimmt. Dieses hat den Vorteil, daß es nur mit Arginin und nicht mit den übrigen Aminosäuren reagiert, so daß eine vorherige Trennung des Arginins von den übrigen Aminosäuren nicht unbedingt erforderlich ist. Es gelang nämlich selbst bei der Anwendung der Technik der mehrfachen Entwicklung nicht, die basischen von den neutralen Aminosäuren befriedigend zu trennen. Auf den zweidimensionalen Chromatogrammen erreichten wir ebenfalls keine gute Trennung.

Auf das Filterpapier (Whatman Nr. 1) wurden 200 μl der Extrakte aufgetragen, die Entwicklung der Chromatogramme geschah absteigend in einer Mischung von Butanol-Eisessig-Wasser (4:1:5). Die Chromatogramme wurden mehrfach (bis siebenmal) entwickelt. Es wurde nur der Arginingehalt verfolgt und dessen Änderungen, verursacht durch die Arginaseaktivierung durch Mn- und Co-Ionen. Die Argininmenge wurde dann durch Vergleich der Größe und Intensität der violettroten Flecke des Arginins auf dem Chromatogramm mit dem Fleck eines Arginin-Standards, der in einer Menge von 10 μg aufgetragen wurde, geschätzt.

Die Ergebnisse der chromatographischen Analyse der Stechapfelextrakte auf ihren Arginingehalt zeigten, daß in allen Extrakten Arginin anwesend ist, und zwar in den Blättern in einer größeren Menge als in den Wurzeln. In den Extrakten aus Stechapfelgeweben bei der ersten und zweiten Ernte war der Arginingehalt umgekehrt proportional dem Alkaloidgehalt der Pflanzen. In den Pflanzen, in denen eine Erhöhung des Alkaloidgehaltes durch Mangan- und Kobaltionen verursacht wurde, war die Menge des Arginins kleiner als in den Kontrollpflanzen. Die Änderungen der Größe und Intensität der Farbflecke waren verhältnismäßig gering, aber doch deutlich sichtbar. In den Extrakten aus Stechapfelgewebe der dritten Ernte waren keine Veränderungen des Arginingehaltes im Vergleich zu dem der Extrakte von Kontrollpflanzen zu beobachten.

DISKUSSION

Herr Pöhm: Die mitgeteilten Zahlenwerte sprechen nach unserer Meinung eher für eine prinzipielle Hemmung der Alkaloidsynthese durch Mangan, wie sie schon 1931 von K. Boshart beim Stechapfel festgestellt wurde; dann bestünde auch eine gewisse Parallele zu *Claviceps purpurea*.

Die durch geringe Manganmengen zunächst beobachtete Steigerung des Alkaloidgehaltes könnte so erklärt werden, daß diese geringen Manganmengen auf den Allgemeinzustand der Pflanze, der sich natürlich schwer genau definieren läßt, in förderndem Sinne wirken.

Herr Steinegger: Wurde neben dem %-Gehalt auch die Gesamtmenge der gebildeten Alkaloide bestimmt, da dies über die Beeinflussung der Alkaloidbildung mehr aussagen würde? Konnte ein Einfluß auf die Alkaloidzusammensetzung festgestellt werden?

Herr Jindra: Es ist schon längere Zeit bekannt, daß Mangan in kleinen Mengen das Wachstum einer großen Reihe von Pflanzen stimuliert, in größeren Mengen dagegen hemmt. Ob die Erhöhung des Alkaloidgehaltes im Stechapfel eine Folge der Gesamtstimulation des Pflanzenmetabolismus ist oder ob es sich um eine Aktivierung eines bestimmten Enzyms handelt, könnte nur nach Untersuchung der Arginase-Aktivität im Pflanzenmaterial beurteilt werden. Diese Korrelationen werden von uns untersucht; die Arbeiten sind noch im Gange.

Bedeutendere Unterschiede im Wachstum der Versuchspflanzen wurden zwar nicht beobachtet, doch der Prozentgehalt der Alkaloide im Trockenmaterial gibt uns eine gute Information über die Änderungen im Alkaloidgehalt.

Herr MOTHES: Der Einfluß der Mikroelemente sollte im Zusammenhange mit der Alkaloidbildung sicherlich aufmerksamer studiert werden. Ich verweise in diesem Zusammenhange auf neuere Mitteilungen von STEINBERG (1956), wonach bei Bor-Mangel die Nikotinproduktion erhöht sein soll. Bemerkenswerterweise liegt auch der Prolin-Gehalt hoch, der der Glutaminsäure aber niedrig. Exorbitante Werte aber erreicht das Tyramin, das normalerweise dem Tabak praktisch fehlt.

Wenn eine Ornithin-Stauung den Weg zur Tropan-Synthese öffnen soll, wofür vieles spricht, muß man m. E. nicht allein auf eine Förderung des Abbaus des Arginins zum Ornithin achten, sondern auch umgekehrt auf eine Hemmung der Synthese des Arginins aus dem Ornithin.

Herr ACKERMANN: Außer Arginin käme auch noch sein Decarboxylierungs-Produkt Agmatin als Muttersubstanz des Ornithins in Betracht, das in *Secale cornutum* und bei Vertebraten und Avertebraten beobachtet ist. Es gibt gleichfalls die Sakaguchi-Reaktion, ist also nur durch die Verschiedenheit der R_F-Werte von Arginin zu unterscheiden.

Aus dem Institut für Biochemie „A. N. Bach" der Akademie der Wissenschaften der UdSSR, Moskau

Biogenese der Tabak-Alkaloide

Von G. S. Iljin

In unseren früheren Untersuchungen über die Physiologie der Alkaloide des Tabaks und der Machorka haben wir uns mit den Zusammenhängen des Alkaloid- und Eiweißstoffwechsels beschäftigt, insbesondere auch mit dem Abbau der Alkaloide im reifenden Samen und in den übrigen Pflanzenteilen [2, 3, 7, 8].

Durch die Untersuchungen von Schmuck [9, 10] ist das Pfropfungsexperiment in die Alkaloidforschung erneut eingegangen, nachdem früher Strasburger, Meyer u. a. schon auf ähnlichem Wege versucht haben, Aufklärung über die Bildung der Alkaloide zu erhalten, ohne dabei zu einem klaren Erfolg gekommen zu sein. Diese Pfropfungsexperimente sind auch in anderen Ländern erneut aufgenommen worden [11, 12].

Bei rückschauender Betrachtung darf man sagen, daß diese Versuche unsere Kenntnisse über den Bildungsort der Alkaloide sehr vertieft haben [13]. Trotzdem bleibt noch viel zu tun [1].

Im besonderen haben wir uns auch mit dem Prozeß der gegenseitigen Verwandlung von Nikotin, Nornikotin und Anabasin beschäftigt, wobei über das Pfropfungsexperiment hinaus die Vakuuminfiltration wesentliche Dienste geleistet hat [14, 15].

Hier berichte ich über neue Versuche, bei denen zu den schon erwähnten Methoden noch die der radioaktiven Markierung von Alkaloiden hinzukommt.

Die Anwendung von ^{14}C für das Studium der Alkaloidsynthese in der Tabakpflanze

Die Anwendung markierter Verbindungen für das Studium der Alkaloide hat gezeigt, daß Methionin, Cholin, Glycin und Ameisensäure als Ausgangsmaterial der Methylgruppen von Nikotin dienen können (Ganz, Kelsey, Gelling [16], Brown, Byerrum [17], Byerrum, Wing [18], Dewey, Byerrum, Ball [19], Byerrum, Hamill, Ball [21]); Ornithin dient nach den Resultaten von Dewey, Byerrum, Ball [20] und Leete [22] zur Synthese des Pyrrolidinringes von Nikotin.

Zur Untersuchung der Tabakalkaloide und der weiteren Klärung der Frage nach ihrer Rolle im Stoffwechsel dieser Pflanze wurden von uns Versuche mit radioaktivem Kohlenstoff durchgeführt [23, 24, 25].

Versuche mit Keimlingen von *N. tabacum*, die bei Beleuchtung und im Dunkeln auf Knopscher Nährlösung, die $NaH^{14}CO_3$ enthielt, durchgeführt wurden, haben gezeigt, daß sich beim Keimen von Tabaksamen radioaktives Nikotin bildet (Tab. 1).

Man kann eine gewisse Gesetzmäßigkeit in der Anhäufung von ^{14}C in den Keimlingen wahrnehmen: am fünften Tag ist die Radioaktivität der Keimlinge sehr schwach (5—7 Impulse/Min/mg), am zehnten Tag erreicht sie 80—100 Imp/Min/mg. Die Verdoppelung der Konzentration der markierten Kohlensäure führt im Licht zu einer proportionalen Zunahme der Radioaktivität der Keimlinge; im Dunkeln wird diese Erscheinung nicht beobachtet. Die Messung der Radioaktivität der Nikotin-Dipikratfällungen, die aus grünen und etiolierten Keimlingen gewonnen wurden, zeigt, daß die Intensität der Biosynthese des markierten Nikotins bei Beleuchtung proportional der $^{14}CO_2$ Konzentration anwächst; im

Dunkeln bleibt sie auf demselben Niveau. Wahrscheinlich kann der Überschuß des absorbierten $^{14}CO_2$ im Dunkeln wegen des Energiemangels nicht ausgenutzt werden.

Tabelle 1

Die Absorption von $NaH^{14}CO_3$ bei *N. tabacum* und der Einbau von ^{14}C in Nikotin (Exposition 10 Tage)

Versuchs-bedingungen	^{14}C in μCurie auf 25 ml KNOP-Lösung	Imp/Min/mg Trocken-gewicht der Keimlinge	Imp/Min/mg Nikotin	Imp/Min/mM Nikotin $\times 10^4$
Im Licht	22	80	81	1,3
	44	158	171	2,8
Im Dunkeln	22	82	69	1,1
	44	98	76	1,2

Die Absorption von $^{14}CO_2$ aus Natriumbicarbonat und sein Einbau in das Nikotinmolekül ist im Hinblick auf die Arbeiten über den Verbrauch von CO_2 durch das Wurzelsystem von großem Interesse (KURSANOW, KUSIN, MAMUL [22]).

Um die Bedingungen der Absorption der Kohlensäure durch die Pflanzen und ihrer Ausnutzung im Laufe des Stoffwechsels zu untersuchen, wurden Versuche mit erwachsenen Pflanzen von *N. glutinosa* und *N. glauca* durchgeführt. Einige Pflanzen der Nornikotin führenden Art *N. glutinosa* wurden in eine Nährlösung, die $NaH^{14}CO_3$ enthielt, gestellt; der Gehalt an ^{14}C betrug 22 μCurie auf 100 ml der KNOPschen Lösung, die für eine Pflanze verbraucht wurde. (Exposition 7—9 Tage; s. Tab. 2.)

Tabelle 2

Die Absorption von $NaH^{14}CO_3$ durch *N. glutinosa* und der Einbau von ^{14}C in Nornikotin

Versuchsobjekt	Imp/Min/mg Trocken-gewicht	Imp/Min/mg Nornikotin
1. Wurzellose Pflanzen: Blätter mittlerer Insertionshöhe	141	0
Blätter oberer Insertionshöhe	173	
2. Pflanzen mit Wurzeln: Blätter mittlerer Insertionshöhe	272	15
Blätter oberer Insertionshöhe	1001	

Die *N. glutinosa*-Pflanzen absorbieren die Kohlensäure aus der Lösung sowohl durch den Sproß als auch durch das Wurzelsystem, aber Nornikotin wird nur in Anwesenheit des Wurzelsystems synthetisiert.

Pflanzen der Anabasin führenden Art *N. glauca* wurden ohne Wurzeln in eine $NaH^{14}CO_3$ enthaltende KNOPsche Lösung gestellt. Der Gehalt an ^{14}C betrug 22 μCurie in 100 ml Flüssigkeit auf eine Pflanze. (Exposition 7 Tage s. Tab. 3.)

Tabelle 3

Die Absorption von $NaH^{14}CO_3$ durch *N. glauca* und der Einbau von ^{14}C in Anabasin

Versuchsobjekt	Imp/Min/mg Trocken-gewicht	Imp/Min/mg Anabasin
Wurzellose Pflanzen:		
Blätter mittlerer Insertionshöhe	222	38
Blätter oberer Insertionshöhe	890	

Eine beträchtliche Radioaktivität der *N. glauca*-Pflanzen weist auf die Absorption der Kohlensäure hin. Die Bildung von Anabasin geht, wie wir schon früher feststellten, in Abwesenheit des Wurzelsystems vor sich. Hierin besteht die spezifische Eigentümlichkeit der Anabasin-Biogenese. Zur Bildung des Alkaloids wird das $NaHCO_3$ ausgenutzt. Die Kohlensäure der Umgebung des Wurzelsystems der Tabakpflanze kann neben der Kohlensäure der Luft als Quelle für die Bildung solch komplizierter Produkte der sekundären Synthese wie Nornikotin und Anabasin dienen.

Die Lebensfunktion der Wurzel und die Synthese der Alkaloide

Da die Wurzel der Tabakpflanze zur Synthese des Nikotins und anderer stickstoffhaltiger und biologisch-aktiver Verbindungen fähig ist, vermuteten wir, daß auch die Fixierung der in die Wurzel eingedrungenen Kohlensäure dort geschieht.

Wasserkulturen von *N. tabacum* wurde $NaH^{14}CO_3$ zugefügt; die Aktivität des ^{14}C betrug 22 μCurie auf 100 ml der Nährlösung, der p_H-Wert war 8,0 (Tabelle 4).

Tabelle 4

Absorption von $NaH^{14}CO_3$ durch *N. tabacum* und der Einbau von ^{14}C in Nikotin

	Expositionszeit, Tage	Versuchsobjekt	Imp/Min/mg Trockengewicht	Imp/Min/mg Nikotin (aus der ganzen Pflanze)	Imp/Min/mM Nikotin
1	5	Wurzel	1200	144	$2{,}3 \times 10^4$
2	5	Blätter mittlerer Insertionshöhe	279	190	$3{,}0 \times 10^4$
		Bl. oberer Insertionshöhe	463		
3	11	Wurzel	4509	1786	$2{,}9 \times 10^5$
4	11	Blätter mittlerer Insertionshöhe	564	828	$1{,}3 \times 10^5$
5	11	Bl. oberer Insertionshöhe	1132	1865	$3{,}0 \times 10^5$

In der Verteilung von ^{14}C in verschiedenen Pflanzenteilen kann man eine gewisse Gesetzmäßigkeit beobachten; in den Wurzeln des Tabaks findet man die größte Radioaktivität, eine geringere in den Blättern; dabei ist die Radioaktivität desto größer, je höher die Blätter inseriert sind.

Die absorbierte Kohlensäure schließt sich in den Kreis des Stoffwechsels schon in der Wurzel ein, was daraus zu ersehen ist, daß schon in der Wurzel der radioaktive Kohlenstoff im Nikotin aufgefunden wird. Die spezifische Aktivität des gewonnenen Nikotins, und die Aktivität der Gewebe der Tabakpflanze steht in direkter Beziehung sowohl zur Expositionszeit in der radioaktiven Nährlösung als auch zur Absorption der Nährstoffe durch die Wurzeln.

Die Anhäufung des markierten Nikotins auf Kosten des durch die Wurzeln eingedrungenen $NaH^{14}CO_3$ ist schon nach 24 Stunden ziemlich groß (Tab. 5).

Um die Frage nach der Bildungsstätte des Nikotins in der Tabakpflanze und nach der Rolle der Wurzel in diesem Prozeß zu klären, wurden 5 Pflanzen von *N. tabacum* ohne Wurzeln für 7 Tage jede in 100 ml Knopsche Lösung, die 22 μCurie ^{14}C enthielt, gestellt. An drei dieser Pflanzen begann während dieser Periode ein neues Wurzelsystem sich auszubilden, zwei Exemplare — No 1 und No 3 — blieben ohne Wurzeln (Tabelle 6).

Die Blätter der Pflanzen weisen eine bedeutende Radioaktivität auf; die Größe der Radioaktivität hängt von der Insertionshöhe der Blätter ab. Nikotin wurde in allen Versuchspflanzen aufgefunden. Aber dort, wo ein physiologisch aktives Wurzelsystem vorhanden war, fand der den Tabakpflanzen eigene Prozeß der Nikotinsynthese statt, der durch den

Tabelle 5

Absorption von $NaH^{14}CO_3$ durch *N. tabacum* und der Einbau von ^{14}C in Nikotin

Expositions-zeit in Stunden	Imp/Min/mg Trockengewicht der Blätter	Imp/Min/mM Nikotin
6	167	0
11	76	0
24	124	$0,3 \times 10^4$
50	496	$4,9 \times 10^4$
75	356	$4,2 \times 10^4$

Tabelle 6

Absorption von $NaH^{14}CO_3$ in *N. tabacum* und der Einbau von ^{14}C in Nikotin

Pflanze No	Versuchsobjekt	Imp/Min/mg Trockengewicht	Imp/Min/mg Nikotin (aus der ganzen Pflanze)	Imp/Min/mM Nikotin
1	Blätter unterer Insertionshöhe	1568	0	0
	,, mittlerer Insertionshöhe	640		
	,, oberer Insertionshöhe	1855		
2	Blätter mittlerer Insertionshöhe	1074	42	$0,7 \times 10^4$
	,, oberer Insertionshöhe	2788		
3	Blätter mittlerer Insertionshöhe	720	0	0
	,, oberer Insertionshöhe	1275		
4	Blätter unterer Insertionshöhe	425	79	$1,2 \times 10^4$
	,, mittlerer Insertionshöhe	544		
	,, oberer Insertionshöhe	5935		
5	Blätter unterer Insertionshöhe	816	72	$1,1 \times 10^4$
	,, mittlerer Insertionsh.	678		
	,, oberer Insertionshöhe	2218		
	Wurzeln	4218		

Einschluß des radioaktiven Kohlenstoffs in das Nikotinmolekül wahrzunehmen ist. Die wurzellosen Pflanzen (No 1 und No 3) waren nicht fähig, Nikotin zu synthetisieren, sie enthielten kein radioaktives Nikotin.

Analoge Resultate erhielten wir in Versuchen mit wurzellosen Pflanzen, bewurzelten Sprossen und mit isolierten Blättern von *N. tabacum.* Nur in Anwesenheit eines Wurzelsystems konnte man radioaktives Nikotin auffinden (48 Stunden). Die Radioaktivität ist in diesem Versuch wegen der kürzeren Expositionszeit bedeutend kleiner (Tab. 7).

Tabelle 7

Radioaktivität von *N. tabacum* und Nikotin

Versuchsobjekt		Imp/Min/mg Trockengewicht der Blätter mittlerer Insertionshöhe	Imp/Min/mg Nikotin (aus der ganzen Pflanze)	Imp/Min/mM Nikotin
Pflanzen mit Wurzeln	1	207	49	$0{,}8 \times 10^4$
	2	278	45	$0{,}7 \times 10^4$
Pflanzen ohne Wurzeln	1	100	0	0
	2	135	0	0
Isolierte Blätter	1	242	0	0

Diese Versuche haben gezeigt, daß die Kohlensäure der Lösung von den Pflanzen unabhängig davon, ob sie Wurzeln haben oder nicht, aufgenommen wird. Aber die Tabakpflanzen können die absorbierte Kohlensäure nur dann zur Synthese des Nikotins ausnutzen, wenn sie ein Wurzelsystem besitzen. Wurzellose Pflanzen und Blätter synthetisieren kein radioaktives Nikotin. Nur nach der Bewurzelung der Sprosse kann man in den Pflanzen radioaktives Nikotin auffinden; das weist darauf hin, daß das Nikotin sich in den Wurzeln bildet (s. auch Mothes [27]).

LITERATUR

[1] Mothes, K., Physiology of alkaloids. Ann. Rev. plant physiology, **6**, 393 (1955).

[2] Iljin, G. S., Die Alkaloidbildung beim Keimen der Tabaksamen. Gosud. Inst. Tabakowedenija, Nr. 57 (1929) (Russisch).

[3] Iljin, G. S., Umwandlung des Nikotins bei der Samenreife. Wsesojus, Instit. Tabatschn. prom Nr. 104 (1933) (Russisch).

[4] Bernard, Cl., Leçons sur les phénomènes de la vie commune aux animaux et aux végétaux. T. I, S. 272 (1878).

[5] Prjanischnikow, D. N., Stickstoff im Leben der Pflanzen und in der Landwirtschaft der SSSR. M.-L., (1945) (Russisch).

[6] Kretowitsch, W. L., Enzymatische Umwandlung der Aminodicarbonsäuren und Amide in den Pflanzen. Die Kulturpflanze, Beiheft I, **69**, (1956).

[7] Iljin, G. S., Die Umwandlung des Nikotins in Tabakpflanzen. Gosud. Instit. Tabakowedenija Nr. 69, (1930) (Russisch).

[8] Iljin, G. S., Der Zerfall des Nikotins in Tabakpflanzen. Wsesojus. Instit. Tabatschn. prom Nr. 104 (1933) (Russisch).

[9] Schmuck, A. A., D. Kostow u. A. S. Borosdina, Strukturänderung bei Alkaloiden unter dem Einfluß der Pfropfung. Dokl. Akad. Nauk SSSR **25**, 477 (1939) (Russisch).

[10] Schmuck, A. A., Biochemische Beeinflussung von gepfropften Pflanzen. Uspechi sowremen. Biolog. **21**, Nr. I (1946) (Russisch).

[11] Hieke, K., Pflanzenphysiologische Untersuchungen über die Alkaloide. II. Zur Alkaloidführung der Pfropfpartner bei heteroplastischen Solanaceen-Pfropfungen. Planta, **33**, 185 (1942).

[12] Dawson, R. F., Nicotine synthesis of excised tobacco roots. Am. J. Bot., **29**, 66 (1942); Accumulation of anabasine in reciprocal grafts of Nicotiana glauca and Tomato. Am. J. Bot., **31**, 351 (1944); Alkaloid biogenesis. Adv. Enzym., **8**, 203 (1948).

[13] Iljin, G. S., Das gemeinsame Prinzip der Alkaloidsynthese in gepfropften Pflanzen von Nicotiana. Biochimija **14**, Nr. 6 (1949) (Russisch).

[14] Iljin, G. S., Demethylierung des Nikotins in vegetativen Geweben. Dokl. Akad. Nauk SSSR **59**, Nr. 1 (1948) (Russisch).

[15] Kusin, A. M. u. W. J. Merenowa, Über die Biogenese des Nikotin-^{14}C und Methylierungsprozesse in Tabakblättern. Dokl. Akad. Nauk SSSR **85**, 393 (1952) (Russisch).

[16] Ganz, A., F. E. Kelsey, E. M. K. Geiling, Biosynthesis of radioactive nicotine. Bot. Gaz., **113**, 195 (1951).

[17] Brown, S. A. u. R. U. Byerrum, The origin of the methyl carbon of nicotine formed by Nicotiana rustica. J. Am. Chem. Soc., **74**, 1523 (1952).

[18] Byerrum, R. U. u. R. E. Wing, The role of choline in some metabolic reactions of Nicotiana rustica. J. Biol. Chem., **205**, 637 (1953).

[19] Dewey, L. I., R. U. Byerrum u. C. D. Ball, The origin of the methyl group of nicotine through transmethylation. J. Am. Chem. Soc., **76**, 3997 (1954).

[20] Dewey, L. I., R. U. Byerrum u. S. D. Ball, The biosynthesis of the pyrrolidine ring of nicotine. Biochim. Biophys. Acta, **18**, N I (1955).

[21] Byerrum, R. U., R. L. Hamill u. C. D. Ball, The incorporation of glycine into nicotine in tobacco plant metabolism J. Biol. Chem., **210**, 645 (1954).

[22] Leete, E., The biogenesis of nicotine. Chemistry and Industry, **259**, 537 (1955).

[23] Iljin, G. S., Synthese von Nikotin-^{14}C beim Keimen des Tabaks. Biochimija **21**, Nr. 1, (1956) (Russisch).

[24] Iljin, G. S., Biosynthese von Nornikotin-^{14}C und Anabasin-^{14}C. Dokl. Akad. Nauk SSSR **105**, Nr. 4 (1955) (Russisch).

[25] Iljin, G. S., Die Rolle der Wurzel des Tabaks bei der Nikotinsynthese. Physiologija rasten. **2**, Nr. 6 (1955) (Russisch).

[26] Kursanow, A. D., A. M. Kusin u. Ja. W. Mamul. Über die Bedeutung der Aufnahme von Karbonaten aus dem Grundwasser. Dokl. Akad. Nauk SSSR **89**, 685 (1951) (Russisch).

[27] Mothes, K., Die Wurzel der Pflanzen, eine chemische Werkstatt besonderer Art. Abhandlg. d. Dtsch. Akad. Wiss. zu Berlin, Klasse Chemie, Nr. 6, 1955.

DISKUSSION

Herr Mothes: Ist die Ringerweiterung Nikotin — Anabasin durch Isotopenversuche bestätigt?

Herr Iljin: Die Untersuchung einer Umwandlung von Nikotin in Nornikotin und Anabasin mit Hilfe von markierten Atomen wird die Aufgabe unserer künftigen Forschung sein.

Herr Schröter: War die Radioaktivität in dem gewonnenen markierten Nikotin gleichmäßig auf alle C-Atome verteilt, und wurden auch Nebenalkaloide auf ihre Aktivität hin untersucht?

Herr Iljin: Die Verteilung von ^{14}C im Nikotinmolekül sowie die Begleitalkaloide wurden nicht erforscht. Die Versuche wurden nur so lange ausgedehnt, bis die ersten Anzeichen einer Bildung von radioaktiven Alkaloiden festzustellen waren.

Herr Mothes: Es muß durchaus damit gerechnet werden, daß das markierte $^{14}CO_2$ in der langen Versuchszeit den Weg von der Wurzel über den Sproß wieder zurück zur Wurzel findet. Es wäre interessant zu wissen, ob das gebildete Nikotin total oder nur partiell markiert ist. Daraus könnte man schließen, ob die Assimilation des CO_2 in der Wurzel, die zweifellos stattfindet, aber wahrscheinlich kein Kohlenhydrat ergibt, unmittelbar zum Nikotin führt, oder ob erst im Sproß Kohlenhydrat entstehen muß, so daß allmählich eine Markierung aller Verbindungen eintritt.

Herr Iljin: Die Möglichkeit eines primären Auftretens von CO_2, das durch die Wurzeln in den Sproß transportiert wird, bevor es für die Synthese des Nikotins in den Wurzeln verwendet werden kann, ist nicht ausgeschlossen.

Herr Mothes: Es wurde in der Sowjetunion auch eine Synthese von Nikotin im Sproß gefunden (Mashkovcev u. Sirotenko). Können diese Synthesen durch Isotopenversuche bestätigt werden?

Herr Iljin: Die Möglichkeit einer Alkaloidsynthese im Sproß, wie es die Arbeiten aus dem Laboratorium von Mothes zeigen, schließen wir nicht aus. Jedoch haben wir in Pfropfreisern auf alkaloidfreier Unterlage nie markiertes Nikotin gefunden. Pfropfreiser, die eine Wurzelbildung aufwiesen, haben wir verworfen und haben uns ausschließlich mit wurzelfreien Pfropfungen beschäftigt.

Aus dem Institut für Tabakforschung Dresden

Das Verhalten einiger Alkaloide unter dem Einfluß von Pfropfungen bei verschiedenen *Nicotiana*-Arten

Von C. Pyriki und R. Müller[1])

In einer Reihe von Untersuchungen, bei denen wir die Verteilung der wasserdampfflüchtigen Alkaloide in den Pflanzenorganen einer Anzahl von *Nicotiana*-Arten prüften, haben wir festgestellt, daß nicht immer das Blatt das nikotinreichste Organ der Tabakpflanze ist, wie öfters in der Literatur angegeben wird. Wir fanden bei verschiedenen *Nicotiana*-Arten, daß in dem von uns als „Jungstadium" bezeichneten Zustand, d. h. $2^1/_2$—3 Monate nach dem Keimen, wobei die Pflanzen je nach Sorte eine Größe von 15—40 cm hatten, sich die höchsten Mengen an wasserdampfflüchtigen Alkaloiden stets in der Wurzel befinden. Im späteren Entwicklungsstadium verlagerte sich das Alkaloid-Maximum in die Blätter. Es ergaben sich aber auch verschiedentlich Fälle, insbesondere bei alkaloidarmen Formen, wo die Wurzel weiterhin das Alkaloid-Maximum behielt.

Aus den bisherigen Versuchen läßt sich erkennen, daß besonders *Nicotiana tabacum* die Tendenz zur Verlagerung der Alkaloide von der Wurzel in die Blätter zeigt. Sie besitzt die Fähigkeit, verhältnismäßig frühzeitig die Alkaloide über die ganze Pflanze zu verteilen. Auf diesen Punkt möchten wir nicht näher eingehen, da unsere diesbezüglichen Versuche bereits publiziert sind [1] und weitere Belege, die dies bestätigen, in absehbarer Zeit bekanntgegeben werden.

Bei den erwähnten Arbeiten wurde die Identifizierung der wasserdampfflüchtigen Alkaloide nur orientierend durchgeführt. Die weiteren Untersuchungen, die sich auf die genaue Identifizierung der aus Wurzeln, Stengeln und Blättern in Form von Dipikraten und Kieselwolframaten gewonnenen Alkaloide richteten, sowie auf die noch zu besprechenden Pfropfungsversuche, ergaben folgendes:

In den Pflanzen verschiedener *Nicotiana*-Arten und zwar in:

Nicotiana tabacum (Urform)
„ „ var. *atropurpurea*
„ „ „ *lacerata*
„ „ „ NFT 51

Roter Ziertabak (botanisch scheinbar zur Art *Nic. longiflora* gehörig)

Nicotiana acuminata
„ *affinis*
„ *alata*
„ *langsdorfii*
„ *paniculata*
„ *silvestris*
„ *texana*

---

[1]) Vorgetragen von C. Pyriki.

auf die in den erwähnten Veröffentlichungen eingegangen wurde, sowie in den Vergleichspflanzen der Pfropfungen

Nicotiana	*tabacum*	Geudertheimer III
,,	,,	Havana II c
,,	,,	Neuforchheimer
,,	*glauca*	
,,	*glutinosa*	
,,	*longiflora*,	

die bei den weiterhin zu erwähnenden Pfropfungsversuchen verwendet wurden, konnten mit Ausnahme des Jugendstadiums von *Nicotiana longiflora* und *Nicotiana glauca* alle drei Alkaloide, Nikotin, Nornikotin und Anabasin, auf die unsere Untersuchungen hinausgingen, identifiziert werden. Wenn auch verschiedentlich neben dem Hauptalkaloid nicht unwesentliche Mengen Nebenalkaloide vorkamen, so enthielten jedoch von den Blättern der untersuchten Pflanzen nur Geudertheimer III und *N. glutinosa* eindeutig Nornikotin und *N. glauca* Anabasin als Hauptalkaloid. Bei sämtlichen übrigen Pflanzen dominierte das Nikotin. Hier sei aber erwähnt, daß der rote Ziertabak, der botanisch wahrscheinlich zur Art *Nic. longiflora* gehört, und *Nicotiana affinis*, die in den Blättern nur geringe Mengen Alkaloid enthielten und lediglich papierchromatographisch untersucht wurden, Nikotin und Nornikotin in etwa gleicher Menge aufwiesen. In der Wurzel führten alle Pflanzen Nikotin, mit Ausnahme von *Nic. glauca*, die als Hauptalkaloid Anabasin führte. Es sei aber bemerkt, daß in der Wurzel zum Teil nicht unwesentliche Mengen von Nornikotin vorkamen.

Aus der Literatur ist uns bekannt, daß Nornikotin in den Blättern durch Demethylierung des Nikotins entsteht. Auf Grund dessen können die von uns festgestellten Mengen nur auf eine Rückwanderung des in den Blättern gebildeten Nornikotins in die Wurzel zurückzuführen sein, wenn nicht auch hier gewisse Demethylierungsvorgänge erfolgen. Egri [2] nimmt an Hand seiner Versuche an, daß in der Wurzel primär nicht Nikotin gebildet wird sondern Nornikotin, das dann durch Methylierung zu Nikotin umgewandelt wird und als solches mit dem Saftstrom in die Blätter gelangt. Besitzt nun das Blatt die Fähigkeit, das Nikotin zu demethylieren, so wird das Nikotin wieder zu Nornikotin umgewandelt.

Die Annahme von Egri deckt sich insofern mit unseren Ergebnissen, als wir, wie bereits erwähnt, in der Wurzel nicht selten eindeutige Mengen Nornikotin ermittelten. Dies steht aber in Widerspruch zu den uns bekannten Literaturangaben [3], nach denen noch kein Organ der Tabakpflanze gefunden worden ist, das Nornikotin primär bildet. Es wird bezweifelt, daß in der Wurzel der *Nicotiana*-Arten dieses Alkaloid überhaupt zur Bildung kommt. Nach der Ansicht Egris [4] kann durch Steuerung der Form der Stickstoffdüngung die Pflanze zur Nornikotinbildung veranlaßt werden. Interessant ist unsere Beobachtung, daß Zigaretten, die hauptsächlich Nornikotin enthalten, entgegen den in der letzten Zeit in einer amerikanischen Zeitschrift gemachten Andeutungen [5], daß Nornikotin die Tabake für das Rauchen unerwünscht macht, keinerlei nachteiligen Geschmack zeigten, sondern leicht und mild waren, im Gegensatz zu solchen, die die gleichen Alkaloidmengen als Nikotin enthielten.

Nach diesen Ausführungen möchten wir nun zu unserem eigentlichen Thema, zur Umwandlung der Alkaloide durch Pfropfungen, übergehen.

Derartige Untersuchungen wurden wohl bereits früher von anderen Autoren durchgeführt, jedoch lag uns daran, unter unseren klimatischen und Bodenverhältnissen, unter denen diese Pflanzen herangezogen wurden, die Dynamik der Alkaloidveränderungen kennenzulernen. Wie allgemein bekannt ist, können bei Veränderung der Bedingungen grundlegend andere Erscheinungen auftreten. So wird z. B. in unseren weiteren Ausführungen beschrieben, daß

Samen der Art *Nicotiana glutinosa*, die auf unserem früheren Versuchsfeld in Biendorf ausgesät worden waren, Pflanzen ergaben, deren Blätter als Hauptalkaloid Nornikotin aufwiesen. Dagegen enthielten die Blätter von Pflanzen desselben Saatguts, die auf unserer Versuchs-Station in Dresden wuchsen und die geköpft worden waren, als Hauptalkaloid Nikotin. Weiterhin sei erwähnt, daß in Blättern der bulgarischen Tabaksorte Djebel, von verschiedenen Orten des Ursprungslandes stammend, als Hauptalkaloid mitunter Nornikotin gefunden wurde [2], obwohl es sich um eine ausgesprochen nikotinführende Sorte handelt.

Zu diesen unterschiedlichen Befunden sei noch hinzugefügt, daß nach der Literatur die Blätter der Sorte Geudertheimer in der Hauptsache Nikotin führen [6] u. [7]. Im Gegensatz dazu enthielten jedoch Blätter der Probe Geudertheimer III, die wir zu unseren Versuchen benutzen, Nornikotin als Hauptalkaloid, wie es auch andere Autoren [8], allerdings an fermentiertem Tabak dieser Sorte, festgestellt haben.

Wir untersuchten die Tabake im frischen, grünen Zustand, wie schon von anderen Autoren beschrieben, indem wir das Untersuchungsmaterial durch gewisse Erhitzung fixierten und dann schnell trockneten. Andere Autoren dagegen verwenden dachtrockene bzw. fermentierte Tabake. Die Resultate, die sich infolge der verschiedenen Behandlungsweise des Materials ergeben, müssen verständlicherweise getrennt betrachtet werden, denn wie wir wissen, kann bei der Trocknung und Fermentation einer Reihe von *Nicotiana*-Arten eine Veränderung der Alkaloide eintreten.

Wir sehen also, daß durch veränderte Bedingungen die Alkaloidführung einer *Nicotiana*-Art abweichend sein kann. Dadurch erklären sich die im Schrifttum zu findenden, nicht übereinstimmenden Angaben verschiedener Autoren bezüglich des Hauptalkaloides mancher *Nicotiana*-Arten.

I. Versuchsanordnung

Auf Grund dessen möchten wir hier einige Versuche erwähnen, die das angeschnittene Thema behandeln [9]. Sie wurden in zwei aufeinanderfolgenden Jahren durchgeführt und gliedern sich in zwei Versuchsreihen auf.

In der ersten Versuchsreihe handelt es sich hier um *Nic. tabacum*, Sorte Geudertheimer III, *Nic. longiflora*, *Nic. glutinosa* und *Nic. glauca*. Die ungepfropften Vergleichspflanzen der ersten drei Arten hatten bei der Ernte das Entwicklungsstadium „1. Kapsel sichtbar“ und die der *Nic. glauca* „Knospen noch nicht sichtbar“. Die gepfropften Pflanzen zeigten bei der Ernte mit Ausnahme der Pfropfungen von *Nic. glauca* auf Geudertheimer III und *Nic. glauca* auf *Nic. glauca* das Entwicklungsstadium „1. Kapsel sichtbar“. Bei den beiden zuletzt erwähnten Pfropfungen waren hingegen die Knospen noch nicht sichtbar. Die Pfropfungen wurden in der Weise vorgenommen, daß je nach der Stärke der Unterlage oder des Reises entweder kopuliert oder in den Spalt gepfropft wurde. An der Unterlage wurden 2—3 Blätter belassen, die später vertrockneten und entfernt wurden.

Für die zweite Versuchsreihe zogen wir *Nic. tabacum*, Sorte Neuforchheimer, und *Nic. tabacum*, Sorte Havana II c, sowie *Nic. glauca* und *Nic. glutinosa* heran. Die Pfropfungen wurden in der gleichen Weise wie bei der ersten Versuchsreihe vorgenommen. Bei dieser zweiten Versuchsreihe wurden sowohl die ungepfropften Vergleichspflanzen als auch die Pfropfungen geköpft, weshalb hier eine Ermittlung des Entwicklungszustandes, die auf Grund der Ausbildung des Blütenstandes vorgenommen wird, nicht möglich war. Hierzu sei aber erwähnt, daß die Ernte sowohl der Vergleichspflanzen als auch der gepfropften im Laufe des Monates September stattfand. Das Köpfen erfolgte bei Beginn der Blüte und zwar in der Weise, wie es in der Praxis üblich ist.

II. Untersuchungsmethodik

Das geerntete Versuchsmaterial (Blätter, Stengel und Wurzel) wurde zunächst bei einer Temperatur von ca. 70 bis 80° C in einem Zeitraum von etwa 2 Stunden fixiert und hierauf unter weiterer Luftumwälzung bei einer Temperatur von 35 bis 40° C vollständig getrocknet.

Da sich unsere Untersuchungen lediglich auf die wasserdampfflüchtigen Alkaloide bezogen, verfuhren wir methodisch in der Weise, daß wir aus 10—40 g Substanz nach starkem Alkalisieren mit konzentrierter Natronlauge und Natriumchlorid-Zusatz sowie Zugabe von Wasser bis zur negativen Kieselwolframsäure-Reaktion die Alkaloide abdestillierten. Das Destillat wurde nach dem Ansäuern entsprechend eingeengt, nach der Neutralisation mit Pikrinsäure fraktioniert gefällt und zum Schluß die Filtrate mit Kieselwolframsäure versetzt. Die abfiltrierten Dipikrate wurden nach Prüfung der Schmelzpunkte bis zur Schmelzpunktkonstanz wiederholt umkristallisiert, wobei auch die in der Mutterlauge verbleibenden Berücksichtigung fanden. Die einzelnen angefallenen Fraktionen sind jeweils quantitativ ermittelt worden. Diese Arbeiten führten wir durch, weil wir auf eine weitgehendst quantitative Bestimmung der Alkaloide Wert legten. Die Prüfung der Dipikrate auf ihre Einheitlichkeit wurde nach der Feststellung der Schmelzpunkte und Misch-Schmelzpunkte papierchromatographisch vorgenommen. Auch die Kieselwolframate sind papierchromatographisch untersucht worden. Die Alkaloidmengen, die eventuell unter die Löslichkeitsgrenze der Dipikrate bzw. Kieselwolframate fallen, wurden bei unseren Arbeiten nicht erfaßt.

Zur papierchromatographischen Untersuchung wandten wir eine Kombination an [9], indem wir die Ruttersche Rundfiltermethode nach Kraft [10], jedoch unter Anwendung von Bromcyan-Anilin [11] wählten. Wir entschieden uns für diese Arbeitsweise, da die Rundfiltermethode einen geringeren Zeitaufwand in Anspruch nimmt und die Bromcyan-Anilin-Methode nach unseren Feststellungen anderen Methoden gegenüber als empfindlicher befunden wurde. Unsere Untersuchungen bezogen sich, wie bereits erwähnt, auf die wasserdampfflüchtigen Alkaloide Nikotin, Nornikotin und Anabasin, mit denen sich die internationale Forschung in der Hauptsache beschäftigt, wobei wir bei etwaigen nicht einheitlichen Gemischen gleichzeitig Alkaloide verschiedener Konzentrationen als Vergleich im Chromatogramm mitlaufen ließen. Hierauf erfolgte dann die Auswertung auf Grund der Intensitäten der Ringe.

III. Ergebnisse

Aus den von uns durchgeführten ausführlichen Arbeiten [9] soll hier in kurzer Form lediglich ein Ausschnitt behandelt werden, der in den zwei Versuchsreihen den Einfluß des Pfropfens auf die Alkaloidverteilung innerhalb der Pflanzenorgane verschiedener *Nicotiana*-Arten behandelt.

Es sollen nun zunächst die Vergleichspflanzen zu den Pfropfungen der ersten Versuchsreihe näher betrachtet werden, die in der Tabelle 1 aufgeführt sind. Sowohl in dieser als auch in der nachfolgenden sind aus Gründen der Platzersparnis und besseren Übersichtlichkeit der Tabelle die Alkaloide lediglich in % des Gesamtalkaloides des jeweiligen Pflanzenorganes angeführt. Sie wurden auf die Rohdipikrate bezogen, in denen die umgerechneten Kieselwolframate enthalten sind. Betreffs der Angaben der Alkaloidgewichte verweisen wir auf unsere bereits veröffentlichten diesbezüglichen Arbeiten [1 u. 9]. Die in der Tabelle mit „Sp" bezeichneten Mengen bedeuten das Auftreten von Spuren, die nur papierchromatographisch nachgewiesen werden konnten. Dort, wo unter den angewandten Substanzmengen die papierchromatographische Prüfung negativ ausfiel, wurde mit „Null" bezeichnet.

Wie aus dieser Tabelle zu erkennen ist, tritt bei *Nic. glutinosa* und *Nic. tabacum*, Sorte Geudertheimer III, in ausgesprochenem Maße die Fähigkeit der Blätter zur Nornikotinbildung hervor; denn in beiden Fällen stellt Nornikotin in den Blättern das Hauptalkaloid

Tabelle 1

1. Versuchsreihe

Art bzw. Sorte der Unterlage	Vergleichspflanzen									Art bzw. Sorte des Reises	Gepfropfte Pflanzen								
	Wurzel			Stengel			Blatt				Wurzel			Stengel			Blatt		
	Ni	No	A	Ni	No	A	Ni	No	A		Ni	No	A	Ni	No	A	Ni	No	A
	in % des Gesamtalkaloides										in % des Gesamtalkaloides								
Geudert-heimer III	93	7	Sp	100	Sp	Sp	33	65	Sp	Geudert-heimer III	97	Sp	Sp	99	Sp	Sp	79	16	Sp
										Nicotiana longiflora	89	8	Sp	12	88	Sp	4	91	Sp
										Nicotiana glutinosa	89	7	Sp	99	Sp	Sp	3	96	Sp
										Nicotiana glauca	77	Sp	19	15	Sp	83	Sp	42	56
Nicotiana glutinosa	99	Sp	Sp	90	10	Sp	13	85	Sp	Geudert-heimer III	96	1	Sp	100	Sp	Sp	34	64	Sp
Nicotiana glauca	Sp	Sp	99	Sp	Sp	97	Sp	Sp	99	Geudert-heimer III	Sp	0	93	71	Sp	22	40	0	55
										Nicotiana glauca	Sp	12	87	Sp	Sp	100	3	Sp	91
Nicotiana longiflora	87	13	Sp	100	Sp	0	100	0	0	—	—	—	—	—	—	—	—	—	—

dar. Darüber hinaus ist zu ersehen, daß auch in den Wurzeln von Geudertheimer III und in den Stengeln von *Nic. glutinosa* wägbare Mengen von Nornikotin vorkommen.

Bei *Nic. longiflora*, deren sämtliche Organe sehr arm an Alkaloid waren, tritt das Nornikotin lediglich in den Wurzeln in wägbaren Mengen auf. Die anabasinführende *Nic. glauca* enthielt in allen Organen nur Spuren von Nikotin und Nornikotin.

Auf Grund der nun zu besprechenden Pfropfungen dieser Vergleichspflanzen untereinander soll geprüft werden, welchen Einfluß das Pfropfen auf den Alkaloidgehalt dieser Pflanzen hat.

Bei den Pfropfungen, wo auf die Unterlage von Geudertheimer III Reiser von Geudertheimer III, *N. longiflora*, *N. glutinosa* und *N. glauca* gepfropft wurden, kommt in jedem Falle in deutlichem Maße die Fähigkeit der Blätter zur Nornikotinbildung zum Ausdruck. Besonders eindeutig zeigen diese Erscheinung die Pfropfungen von *N. glutinosa* und *N. longiflora* auf Geudertheimer III, bei denen über 90% Nornikotin in den Blättern gefunden wurden. Beide Pfropfungen ergaben auch in den Wurzeln Nornikotin in wägbaren Mengen, wobei in der Pfropfung *N. longiflora* auf Geudertheimer III auch Nornikotin in den Stengeln als Hauptalkaloid auftritt.

Von zwei weiteren Pfropfungen, bei denen Geudertheimer III auf eine Unterlage von *N. glutinosa* bzw. *N. glauca* gepfropft wurde, weisen in der ersten die Blätter das Nornikotin als Hauptalkaloid neben Nikotin auf, während die letztere, d. h. Geudertheimer III auf *N. glauca*, die hauptsächlich Anabasin und erhebliche Mengen von Nikotin führt, eigentümlicherweise keine Fähigkeit zur Nornikotinbildung zeigt. Dies ist verwunderlich, da sowohl die Blätter der Pfropfung Geudertheimer III auf Geudertheimer III als auch die ungepfropften Vergleichspflanzen dieser Sorten zur Nornikotinbildung befähigt sind. Die reziproke Pfropfung, nämlich *N. glauca* auf Geudertheimer III, läßt, wie wir gesehen haben, in den Blättern im Gegensatz hierzu das Nornikotin mit 42% der Gesamtalkaloide in diesem Pflanzenorgan neben Anabasin als Hauptalkaloid in sehr deutlicher Weise hervortreten.

Zur Untermauerung und Erweiterung der gefundenen Ergebnisse sind in einer zweiten Versuchsreihe eine Anzahl von Pfropfungen zu betrachten. Hier kamen sowohl die gepfropften als auch die ungepfropften Vergleichspflanzen geköpft zur Untersuchung. Das Köpfen erfolgte, um eine Alkaloidvermehrung zu erwirken und weiterhin zu prüfen, ob andere Erscheinungen auftreten.

Für diese Versuchsreihe wurden die Sorten Neuforchheimer und Havana II c und die Arten *N. glauca* und *N. glutinosa* herangezogen. Es sollen zunächst in der Tabelle 2 die ungepfropften Vergleichspflanzen näher betrachtet werden.

Wie aus dieser Aufstellung zu erkennen ist, ist bei Neuforchheimer ein deutliches Nornikotinvorkommen in den Blättern festzustellen, während Havana II c und *N. glauca* in keinem Falle wägbare Mengen von Nornikotin enthalten. Auch in den Blättern von *N. glutinosa* kommen neben Nikotin nur kleine Mengen von Nornikotin vor, im Gegensatz zu den entsprechenden ungeköpften Pflanzen der ersten Versuchsreihe (Tab. 1).

Mit den 4 bei den soeben beschriebenen Untersuchungen benutzten Sorten bzw. Arten sind eine Reihe Pfropfungen durchgeführt worden, deren Ergebnisse ebenfalls in der Tabelle 2 zusammengestellt sind und nun besprochen werden sollen.

Die Sorte Neuforchheimer, die mit sich selbst gepfropft wurde, läßt in Übereinstimmung mit den ungepfropften Vergleichspflanzen das Nornikotinvorkommen sehr deutlich in den Blättern erkennen, wenngleich hier die Mengen geringer sind als bei den ungepfropften Vergleichspflanzen. Havana II c andererseits mit sich selbst gepfropft zeigt in Übereinstimmung mit den ungepfropften Vergleichspflanzen dieser Sorte wieder keinerlei Fähigkeit zur Umwandlung von Nikotin in Nornikotin durch die Blätter. Es konnten lediglich Spuren von Nornikotin und Anabasin ermittelt werden.

Tabelle 2

2. Versuchsreihe. Sämtliche Pflanzen geköpft

Vergleichspflanzen

Art bzw. Sorte der Unterlage	Wurzel Ni	Wurzel No	Wurzel A	Stengel[1]) Ni	Stengel[1]) No	Stengel[1]) A	Blatt Ni	Blatt No	Blatt A
	in % des Gesamtalkaloides								
Neuforch-heimer	91	Sp	Sp	96	Sp	Sp	55	42	Sp
Havana II c	97	Sp	Sp	100	Sp	Sp	100	Sp	Sp
Nicotiana glauca	3	Sp	94	Sp	Sp	94	Sp	Sp	100
Nicotiana glutinosa	100	Sp	Sp	99	Sp	Sp	94	6	Sp

Gepfropfte Pflanzen

Art bzw. Sorte der Unterlage	Art bzw. Sorte des Reises	Wurzel Ni	Wurzel No	Wurzel A	Stengel[1]) Ni	Stengel[1]) No	Stengel[1]) A	Blatt Ni	Blatt No	Blatt A
		in % des Gesamtalkaloides								
Neuforch-heimer	Neuforch-heimer	97	Sp	Sp	100	Sp	Sp	85	13	Sp
					99	Sp	Sp			
Neuforch-heimer	Havana II c	95	3	Sp	99	1	Sp	99	Sp	Sp
					96	4	Sp			
Havana II c	Neuforch-heimer	96	2	Sp	99	Sp	Sp	74	25	Sp
					99	Sp	Sp			
Havana II c	Havana II c	99	Sp	Sp	100	Sp	Sp	100	Sp	Sp
					100	Sp	Sp			
Havana II c	*Nicotiana glauca*	97	1	Sp	8	34	55	2	66	31
					97	Sp	Sp			
Havana II c	*Nicotiana glutinosa*	99	Sp	Sp	99	Sp	Sp	75	25	Sp
					99	Sp	Sp			
Nicotiana glauca	Havana IIc	8	Sp	92	68	Sp	24	52	Sp	48
					9	0	85			
Nicotiana glauca	*Nicotiana glauca*	2	Sp	95	Sp	Sp	100	Sp	Sp	96
					Sp	0	100			
Nicotiana glutinosa	Havana IIc	100	Sp	Sp	97	Sp	Sp	100	Sp	Sp
					100	Sp	Sp			

[1]) Die obere Spalte enthält den Befund der oberen Stengelteile (des Reises), die darunter liegende den der unteren (der Unterlage).

Bei der Pfropfung von Havana II c auf die Unterlage von Neuforchheimer treten in den Blättern ebenfalls nur Spuren von Nornikotin auf. Unter der Voraussetzung, daß nur die Blätter zur Nornikotinbildung befähigt sind, wäre dies auch hier nicht anders zu erwarten. In den Wurzeln und Stengeln hingegen sind geringe Mengen von Nornikotin vorhanden.

Die reziproke Pfropfung, d. h. Neuforchheimer auf Havana II c, zeigt demgegenüber ein anderes Bild. Hier enthalten nämlich die Blätter des Reises erhebliche Mengen Nornikotin, die offensichtlich auf die Fähigkeit des Neuforchheimers zur Umwandlung von Nikotin in Nornikotin zurückzuführen sind. Auch in den Wurzeln dieser Pfropfungen kommen geringe Mengen Nornikotin vor.

Interessant ist eine weitere Pfropfung, bei der auf die Unterlage von Havana II c die Art *Nic. glauca* gepfropft wurde, da hier in den Blättern und oberen Stengelteilen erhebliche Mengen Nornikotin neben Anabasin vorkommen. Das Nornikotin in den Blättern stellt hier sogar das Hauptalkaloid dar. Das Auftreten erheblicher Mengen Nornikotin in diesen Pflanzenorganen erscheint als Besonderheit, da in den Blättern der gepfropften und ungepfropften Pflanzen von Havana II c und auch in denen von *Nic. glauca* Nornikotin nur in Spuren festgestellt werden konnte.

Bei den Vergleichspflanzen von Havana II c wäre insofern eine Nornikotinbildung denkbar, da Nikotin als Ausgangsprodukt für eine Umwandlung vorhanden ist. Wenn nun Havana II c diese Fähigkeit trotzdem nicht zeigt, so dürfte dies auf einer Eigenheit dieser Sorte beruhen. Anders liegen die Verhältnisse bei *Nic. glauca.* Setzt man nämlich voraus, daß das Nornikotin aus Nikotin in den Blättern gebildet wird, so wäre diese Möglichkeit zur Nornikotinbildung bei unseren Vergleichspflanzen von *Nic. glauca* schon aus dem Grunde nicht gegeben, da hier Nikotin nur in geringen Mengen als Substrat vorhanden war. Trotzdem kann *Nic. glauca* natürlich diese Fähigkeit zur Nornikotinbildung besitzen, die dann zum Ausdruck kommt, wenn ihr durch bestimmte Manipulationen Nikotin als Substrat zugeführt wird. Das kann z. B. dadurch geschehen, daß sie auf eine nikotinführende Pflanze, die als Unterlage dient, gepfropft wird, wobei das Nikotin aus den Wurzeln über die Stengel in die Blätter der *Nic. glauca* gelangt und dort die Möglichkeit zur Nornikotinbildung geschaffen wird. Die bereits erwähnte Pfropfung von *Nic. glauca* auf Havana II c bringt dieses klar zum Ausdruck.

Ebenso könnte das sehr starke Nornikotinvorkommen in den Blättern der Pfropfungen *Nic. glutinosa* auf Geudertheimer III und *N. longiflora* auf Geudertheimer III, die im Rahmen der ersten Versuchsreihe besprochen wurden (Tab. 1), zu deuten sein.

Die reziproke Pfropfung, nämlich Havana II c auf *Nic. glauca,* läßt keine wägbaren Mengen von Nornikotin nachweisen, was wiederum auf das Unvermögen der Havana-Blätter zur Nornikotinbildung zurückzuführen ist. Hier tritt in den Wurzeln und unteren Stengelteilen neben Nikotin das Anabasin und in den oberen Stengelteilen und Blättern neben Anabasin das Nikotin als Hauptalkaloid auf.

Das Unvermögen der Havana-Blätter zur Nornikotinbildung kommt auch in zwei weiteren Pfropfungen zum Ausdruck, bei denen einerseits *N. glutinosa* als Unterlage und Havana II c als Reis und andererseits umgekehrt *N. glutinosa* als Reis und Havana II c als Unterlage verwendet wurde. Während in den Blättern der als Reis herangezogenen *N. glutinosa* eine deutliche Nornikotinbildung festzustellen ist, konnte die Pfropfung mit Havana II c als Reis und *N. glutinosa* als Unterlage keine wägbaren Mengen an Nornikotin erkennen lassen.

Zusammenfassend kann aus unseren Ausführungen entnommen werden, daß die Blätter einer Reihe ungepfropfter und miteinander gepfropfter *Nicotiana*-Arten, die unter unseren Umweltbedingungen herangezogen wurden, die Fähigkeit zur Umwandlung von Nikotin zu Nornikotin besitzen. Während Neuforchheimer, Geudertheimer und *N. glutinosa* sowie

N. longiflora und *N. glauca* bei der Pfropfung als Reis verwandt, die Fähigkeit in deutlicher Weise zeigten, wurde diese bei Havana II c in keinem Falle festgestellt. Das bekannte Vermögen der *Nic. glauca* zur Bildung von Anabasin kam auch durch verschiedene von uns angewendete Kombinationen von Pfropfungen eindeutig zum Ausdruck. Hervorzuheben ist noch, daß in der Wurzel einer Reihe von *Nicotiana*-Arten außer Nikotin und Anabasin auch wägbare Mengen Nornikotin ermittelt werden konnten, so daß die oberen Pflanzenorgane nicht die einzigen sind, die Nornikotin in wägbaren Mengen führen können.

LITERATUR

[1] Pyriki, C., u. W. F. Homann, Zur Frage der Verteilung der wasserdampfflüchtigen Alkaloide in den Organen von *Nicotiana*-Arten und ihre Abhängigkeit vom Entwicklungszustand der Pflanze. Die Pharmazie **10**, 195 (1955).
Pyriki, C., Die Verteilung der wasserdampfflüchtigen Alkaloide in den Organen von *Nicotiana*-Arten bei geköpften und ungeköpften Pflanzen. Pharmazeutische Zentralhalle **95**, 91 (1956).

[2] Nach privater Mitteilung von Egri, L., Direktor des Institutes für Tabakforschung, Budapest.

[3] Paech, K., Biochemie und Physiologie der sekundären Pflanzenstoffe. Springer-Verlag 1950, S. 235.

[4] Vgl. [2] und auch die Kandidat-Arbeit von Egri, L., Die Untersuchung der Alkaloide einzelner Tabaktypen, in besonderem Hinblick auf den Mechanismus der Nornikotinbildung. Konferenzthesen, gedruckt von der Akademie der Wissenschaften, Budapest 1956 (ungarisch).

[5] Ohne Autor, New Test Developed for Alkaloids in Tobacco Varieties. Tobacco **142**, Nr. 16, S. 26 (1956).

[6] Schröter, H.-B., Untersuchungen über die Alkaloide des Gaterslebener Tabak-Sortimentes (Anbaujahr 1954). Die Kulturpflanze **III**, 114 (1955).

[7] Wegner, E., Papierchromatographische Studien zur Frage der Nornikotinbildung in einigen nikotinarmen Tabaksorten. Tabak-Forschung Nr. 18, 39 (1956).

[8] Wegner, E., Zur Kenntnis der Leitalkaloide fermentierter Tabake. Tabak-Forschung Sonderheft S. 20 (1953).

[9] Vgl. auch Pyriki, C., R. Müller u. R. Herrmann, Die Veränderung der Alkaloide des Tabaks und ihre gegenseitige Umwandlung unter dem Einfluß von Pfropfungen. Berichte des Institutes für Tabakforschung **3**, 248 (1956).

[10] Kraft, D., Zur papierchromatographischen Trennung von Alkaloiden. Die Pharmazie **8**, 251 (1953).

[11] Wegner, E., Trennung und Nachweis von Nikotin, Nornikotin und Anabasin auf gepufferten Papierchromatogrammen. Tabak-Forschung Nr. 11, 4 (1954).

DISKUSSION

Herr Schröter: Auf welche Weise wurden die %-Angaben ermittelt? Konnten Pflanzen gefunden werden, in denen nur ein einziges Alkaloid vorkam?

Herr Pyriki: Die Angaben der innerhalb der verschiedenen Pflanzenorgane gefundenen Anteile von Nikotin, Nornikotin und Anabasin in %, wie sie in den angeführten Tabellen aufgezeigt wurden, stellen, wie bereits aus der Schreibweise hervorgeht, die etwaigen Mengen dieser Alkaloide dar, die sich durch Kombination der fraktionierten Fällung und der Papierchromatographie ergaben. Auf die weitere Frage eingehend wäre zu bemerken, daß bei den von uns zur Untersuchung herangezogenen Pflanzen mit zwei Ausnahmen alle drei Alkaloide, auf die geprüft wurde, festgestellt werden konnten. Alkaloidfreie Pflanzen konnten wir im Sinne der Papierchromatographie nicht feststellen.

Herr Poethke: Besteht die Möglichkeit, daß sich bei der fraktionierten Fällung der Tabakalkaloide Monopikrate bilden?
Was kann über die pharmakologische Wirkung des Nornikotins gesagt werden? Ist es weniger toxisch als Nikotin?

Herr Pyriki: Bei unseren Untersuchungen haben wir keinerlei Beobachtungen gemacht, die auf die Bildung eines Monopikrates hindeuten könnten. Die durch Fällung mit Pikrinsäure erhaltenen Niederschläge zeigten nach deren wiederholter Umkristallisation in allen Fällen eindeutige Schmelzpunkte der Nikotin-, Nornikotin- und Anabasindipikrate.

Auf die Frage nach der Toxizität des Nornikotin wäre zu erwähnen, daß schon infolge der schwereren Flüchtigkeit des Nornikotins beim Verrauchen in der Glutzone eine weitgehendere Zersetzung als beim Nikotin erfolgt. Nach den in meinem Referat angeführten Versuchen von EGRI ist zu erkennen, daß Zigaretten, die weitgehend Nornikotin enthalten, beim Rauchen wesentlich leichter empfunden werden als solche, die die gleiche Nikotinmenge enthalten. Außer den Angaben über die Schwerflüchtigkeit des Nornikotins und dessen Zersetzung in der Glutzone liegen auch pharmakologische Untersuchungen vor, die besagen, daß das Nornikotin weniger toxisch als Nikotin ist.

Herr ILJIN: Habe ich richtig verstanden, daß Nornikotin in den Wurzeln von *Nicotiana glutinosa* gefunden wurde? Bei Pfropfungen von Tomate auf *Nicotiana glutinosa* wurde von uns nur Nikotin gefunden. Die Umwandlung des Nikotins in Nornikotin geht in den Blättern vor sich. Wie erklären Sie das Auftreten von Nornikotin in den Wurzeln?

Herr PYRIKI: Wie ich bereits in meinem Referat erwähnte, ist die Frage der primären Nornikotinbildung in den Wurzeln durch EGRI aufgeworfen worden, der dies auf Grund entsprechender Versuche vermutet. Es kann auch eine Rückwanderung der gefundenen Nornikotinmenge vom Sproß nach den Wurzeln hin erfolgt sein, wenn nicht gar auch in der Wurzel eine Demethylierung erfolgt.

Herr REUTER: Bei unseren Untersuchungen konnte Nornikotin im Blutungssaft von *Nicotiana rustica* gefunden werden.

Herr MOTHES: Das Vorkommen von Nornikotin in der Tabakwurzel und im Blutungssaft, das in unserem Laboratorium wiederholt beobachtet worden ist, brauchen nicht unbedingt auf einer Rückwanderung aus dem Sproß beruhen, sondern es ist durchaus noch offen, ob nicht Nornikotin die Vorstufe des Nikotins ist. Selbstverständlich könnte die Methylierung auch vor dem Ringschluß erfolgen.

Die großen Verschiedenheiten im Auftreten vom Nornikotin in den Blättern haben sicherlich zwei verschiedene Ursachen: genetische und entwicklungsphysiologische. In mehreren Fällen haben wir beobachtet, daß die Entmethylierung im Blatt von *Nicotiana sylvestris* und *N. glutinosa* erst nach dem Blühen, oft erst im alternden Blatt, ja sogar erst im Zuge eines submortalen Stoffwechsels einsetzt.

Erstaunlich erscheint mir das Ergebnis der Pfropfungen auf *Nicotiana glauca*-Unterlage. Die Vergleichspflanzen und die Kontrollpfropfungen *N. glauca* auf *N. glauca* enthalten nur sehr wenig Nikotin, aber auch nur wenig Nornikotin, jedoch viel Anabasin. Havana IIc auf *N. glauca* enthält aber neben Anabasin viel Nikotin. Wenn dabei keine anderen Ursachen im Spiel sind, müßte man die Frage aufwerfen, ob Nikotin aus Anabasin entstehen kann.

Herr PYRIKI: Auch uns erschienen gerade die Pfropfungen mit N. *glauca* interessant wegen des Vorkommens erheblicher Mengen von Nikotin im Reis bei gleichzeitig geringem Vorkommen in den Wurzeln, wobei sich die Frage nach dem Bildungsort des Nikotins ergibt. Es könnte hier entweder zu einer Nikotinbildung im Reis oder auch zu einer Akkumulation der aus den Wurzeln in geringen Mengen in den Sproß abgeführten Nikotinmengen kommen, wenn nicht sogar die Möglichkeit einer Umwandlung von Anabasin in Nikotin besteht.

Herr SCHRÖTER: Unter Anwendung der Papierchromatographie konnten wir feststellen, daß trockene reife Samen von *Nicotiana glauca* im Gegensatz zu den Samen anderer *Nicotiana*-Arten eine relativ große Alkaloidmenge enthalten. In Samenproben verschiedener Herkünfte wurden durchschnittlich 0,05—0,1% Anabasin gefunden, andere Alkaloide waren in den ruhenden Samen nicht oder höchstens in Spuren nachweisbar.

An Pfropf-Kombinationen, bei denen *Nicotiana tabacum* und *N. glauca* als Unterlage und *Solanum tuberosum* als Reis dienten, wurde die — mehrfach in der Literatur beschriebene — Bildung von Luftknollen beobachtet (Abb. 1). Die Luftknollen entstanden etwa vier Wochen nach dem Abblühen der Kartoffelreiser an deren unteren Abschnitten und wuchsen, bei kugeliger oder länglicher Gestalt, rasch zu einer Länge von 4—5 cm heran. Die Bildung der Knollen ist möglicherweise auf Assimilat-Stauungen oder auf Wuchsstoff-Effekte zurückzuführen. An den Reisern der Kontroll-Pfropfungen Kartoffel auf Kartoffel wurden keine Luftknollen angelegt.

Abb. 1

Herr KÜSSNER: Die Methode der fraktionierten Fällung mit Pikrinsäure erscheint mir sehr umständlich.

Herr PYRIKI: Wir verwandten hier die langwierige Methode zur Trennung von Nikotin, Nornikotin und Anabasin, um diese Alkaloide weitgehendst quantitativ bestimmen zu können, wogegen z. B. bei der ausschließlich papierchromatographischen Arbeitsweise wesentlich größere Ungenauigkeitsfaktoren auftreten. Um eine photometrische Bestimmung durchführen zu können, ist ebenfalls eine vorherige Trennung erforderlich. Die papierchromatographische Trennung mit nachfolgender Elution und photometrische Bestimmung ist mit Fehlerquellen verbunden, die ebenfalls ein ungenaues Bild ergeben.

Die chemische Selektion einer großen Pflanzenzahl (10^5)

Von F. Seehofer

Es wird über die Weiterentwicklung der Selektionsmethode von Kraft berichtet und die damit erzielten Erfolge bei der chemischen Qualitätszüchtung an Tabak unter besonderer Berücksichtigung von Nikotin- und Zuckergehalt. Dieser Vortrag ist in erweiterter Form in der Zeitschrift „Der Züchter" 27, 244—245 (1957) erschienen.

Hierzu machte Herr Hackbarth folgende Diskussionsbemerkung: In der Alkaloiduntersuchung der Lupinen ist man noch einen Schritt weiter gegangen. Wir benutzen die Pflanzen selbst, indem wir Blätterteile direkt mit dem Reagens in Berührung bringen und in der nächsten Sekunde den Alkaloidgehalt feststellen können. Diese Methode ist noch weit leistungsfähiger als alle anderen bisher angewandten.

Aus der Lenin-Universität Taschkent und der Akademie der Wissenschaften der Usbekischen SSR

Chemie und Biochemie der Alkaloide von *Anabasis*

Von A. S. Sadykow

Mein Lehrer, Alexander Pawlowitsch Orechow, entdeckte bei der Untersuchung der mittelasiatischen Pflanze *Anabasis aphylla* im Jahre 1929 ein neues flüssiges Alkaloid, das die Bruttoformel $C_{10}H_{14}N_2$ hat (Isomeres des Nikotins), und nannte es Anabasin. Weiterhin klärte er zusammen mit G. P. Menschikow die Struktur dieses Alkaloids, welches ein α-Piperidyl-β-Pyridin darstellt. Außer Anabasin wurden aus den Pflanzen das schon früher bekannte Lupinin, das Aphyllidin, das Aphyllin und die Base Nr. 5 (Schmelzpunkt 162—164°) gewonnen. Später fanden Späth und Galinovsky im Alkaloidgemisch eine Base mit dem Schmelzpunkt 181—182°.

Orechow und Mitarb. klärten auch die Struktur des Aphyllidins und des Aphyllins.

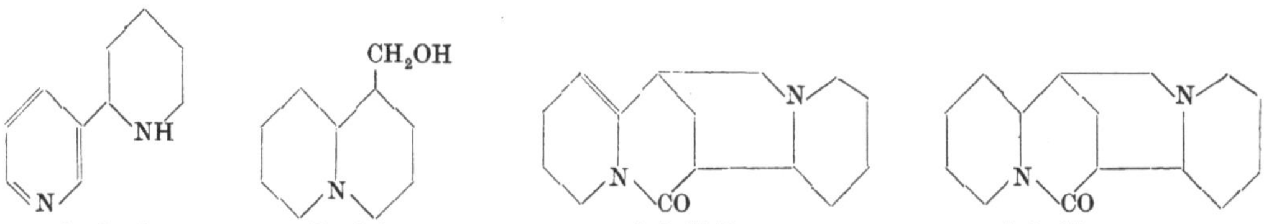

Anabasin Lupinin Aphyllidin Aphyllin

Bald nach der Entdeckung des Anabasins bemerkte man seine wertvollen insektiziden Eigenschaften und organisierte die industrielle Verarbeitung der *Anabasis* zu Anabasinsulfat. Technisch fand Anabasinsulfat Anwendung zur Schädlingsbekämpfung in der Landwirtschaft. Die Gattung *Anabasis* gehört zur Familie der *Chenopodiaceae*. In der Sowjetunion kennt man 32 Arten dieser Gattung, von denen 22 in Mittelasien wachsen.

Nach den Angaben verschiedener Forscher (Massagetow, Iljin, Klyschew u. a.) wächst *Anabasis* hauptsächlich in den Gebieten der Aralkaspischen Niederung unter den Bedingungen eines Wüstenklimas aber bei mäßiger Bodenfeuchtigkeit. Wir haben ca. 10 Arten auf ihren Alkaloidgehalt, auf ihre organischen Säuren und andere Stoffe chemisch untersucht. Gleichzeitig untersuchten wir die Dynamik der Akkumulation und die Veränderungen der Alkaloide an 100 aus verschiedenen Boden- und Klimaverhältnissen gesammelten Pflanzen.

Am besten untersucht in chemischer, in biochemischer und in botanischer Hinsicht ist *A. aphylla*, welche industriell zur Gewinnung von Alkaloidgemischen verwendet wird.

Das wichtigste Alkaloid dieser Pflanze, das Anabasin, erwies sich als pharmako-dynamisch aktiver Stoff, der aber nicht unmittelbar für medizinische Zwecke verwendet werden kann. Wenn man die Struktur des Anabasins aufmerksam betrachtet, sieht man jedoch, daß es als Ausgangsstoff für verschiedene Synthesen und chemische Umwandlungen dienen kann. Gewisses Interesse für medizinische Zwecke erlangten auch die Begleitstoffe des Anabasins.

Von solchen Gesichtspunkten ausgehend führt unser Arbeitskreis Untersuchungen über die Chemie der Alkaloide von *Anabasis* — des Anabasins und der Nebenalkaloide — durch.

Es gelang uns, einige Methoden auszuarbeiten, die es uns gestatteten, Anabasin und Lupinin in bedeutender Menge und genügender Reinheit zu erhalten (die Trennung eines Gemisches von Anabasin–Lupinin mit metallischem Natrium oder mit Amiden in Kohlenwasserstoffen oder in flüssigem Ammoniak, die Fällung von Anabasin in Form von Monochlorhydrat mit Hilfe von Chlorwasserstoff oder Ammoniumchlorid, die Trennung mit konzentrierter Schwefelsäure). Die Trennung von Aphyllidin und anderen hochsiedenden Alkaloiden wurde mit Hilfe einer mehrmaligen Auslaugung der Chlorhydrate dieser Basen erreicht (A. ORECHOW und G. MENSCHIKOW). Anabasin, seine Derivate und Gemische von

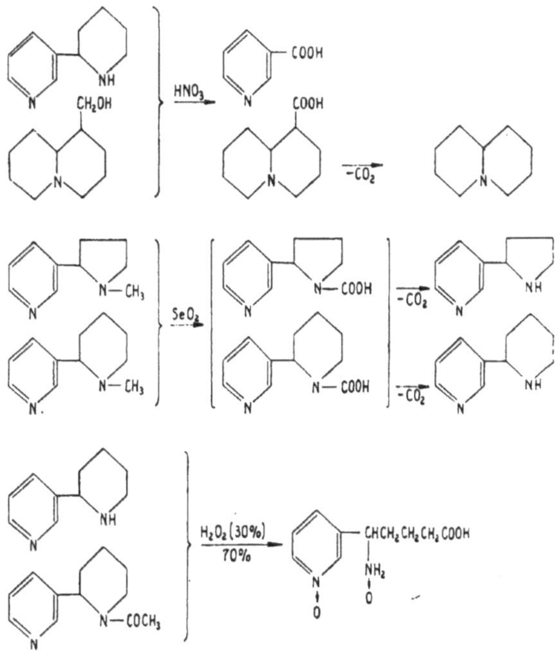

Abb. 1

Anabasin und Lupinin wurden mit verschiedenen Oxydationsmitteln oxydiert. Der Reaktionsverlauf wurde aufgeklärt und eine bedeutende Menge Nikotinsäure erhalten. Diese wurde zu medizinischen Zwecken und zur Synthese verschiedener Derivate verwandt. Die Einwirkung von Wasserstoffperoxyd auf Anabasin führte zur Bildung von δ-Amino-δ-N-(dioxydopyridyl)-valeriansäure (Abb. 1).

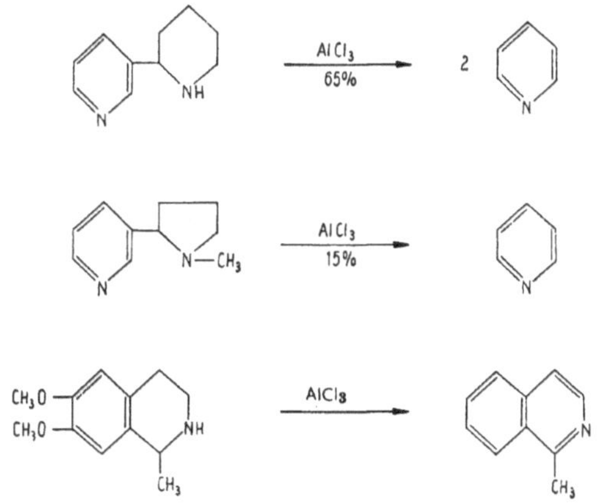

Abb. 2

Weiterhin wurden von uns verschiedene Reaktionen des Anabasins untersucht (Oxydation, Sulfurierung, Cyanäthylierung, Aminierung etc.).

Eine interessante Reaktion stellt die Aufspaltung des Anabasins an seiner 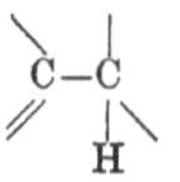 -Bindung mit Hilfe von Aluminiumchlorid oder metallischem Natrium dar. Eine genauere Untersuchung dieser Reaktionen mit Anabasin und mit anderen Alkaloiden (Nikotin, Salsolidin) gestattet uns, einen Reaktionsmechanismus vorzuschlagen (Abb. 2).

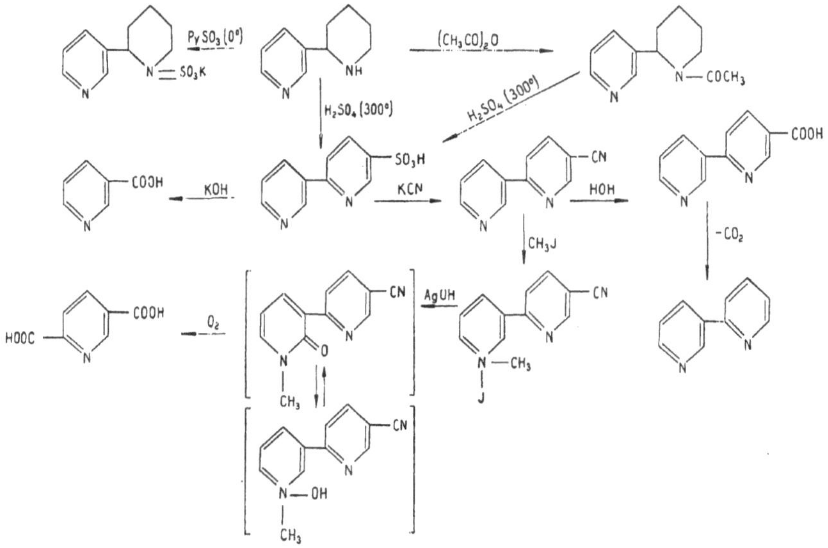

Abb. 3

Die Sulfurierung des Anabasins mit Pyridinsulfotrioxyd und konzentrierter Schwefelsäure unter verschiedenen Bedingungen gab uns die Möglichkeit, bestimmte Annahmen über den unterschiedlichen Charakter des Stickstoffatoms im Pyridin- und im Piperidinkern des Anabasins zu machen. Es wurden verschiedene Produkte bei der Sulfurierung des Anabasins und seiner Derivate erhalten und charakterisiert (Abb. 3).

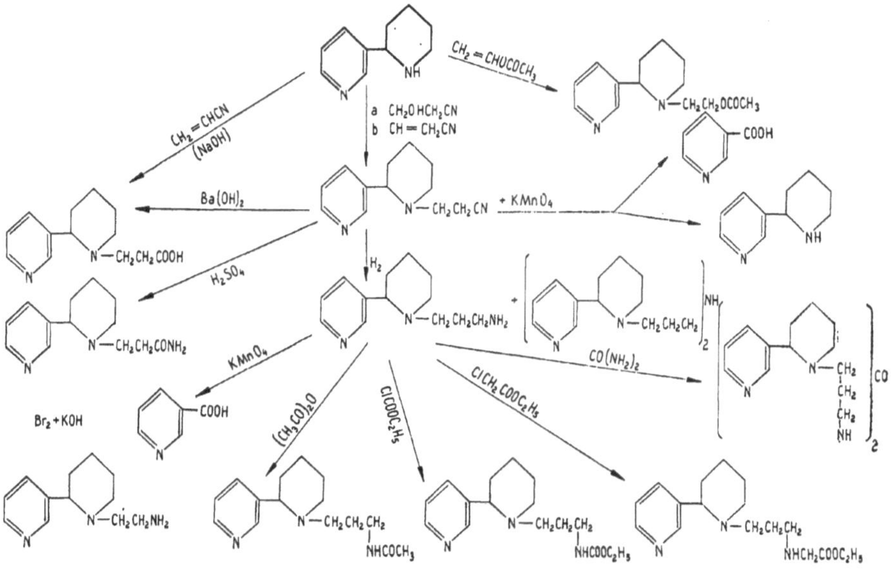

Abb. 4

Weiterhin untersuchten wir auch die Einwirkung von Acrylonitril auf Anabasin. Bei der Cyanäthylierung des Anabasins wurde der Einfluß des Wassers auf die Reaktionsgeschwindigkeit studiert; dieser Umstand wurde von uns mit der teilweisen Bildung des Hydrates der Ammoniumbase erklärt, die auch einen Katalysator darstellt. Das erhaltene N-(β-Propionnitril)-Anabasin wurde für weitere Zwecke — Synthesen und Umwandlungen — verwandt (Abb. 4).

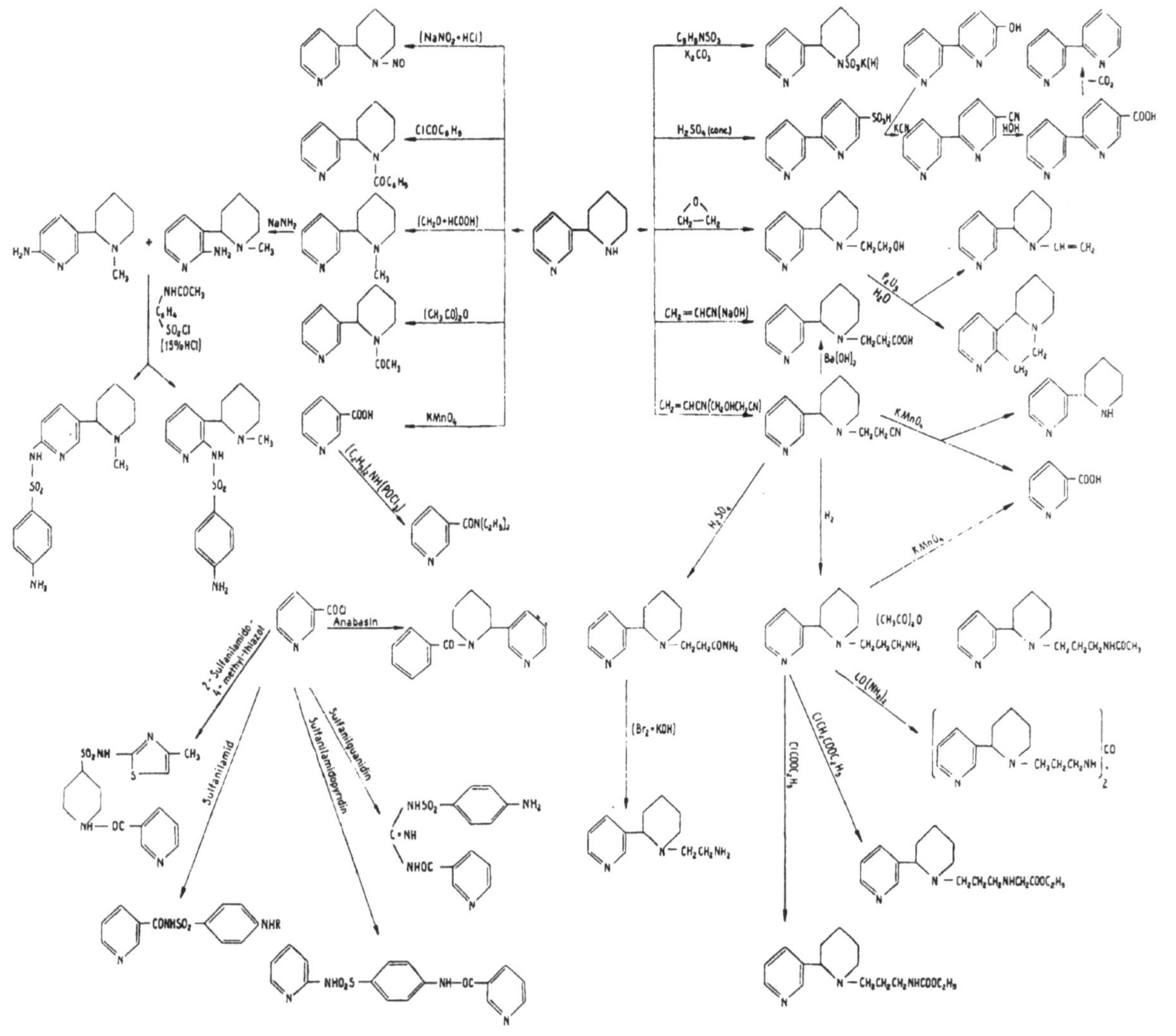

Abb. 5

Angesichts dessen, daß verschiedene Acetylderivate des aminierten Anabasins bestimmte pharmakologische Eigenschaften besitzen, wurden von uns die Aminierungsreaktionen des Anabasins und seiner Derivate untersucht. Es wurde festgestellt, daß sich in Abhängigkeit von den Reaktionsbedingungen Aminierungsprodukte in verschiedener Ausbeute bilden (Abb. 5).

Neben dem Studium der Chemie des Anabasins wurden von uns auch die Nebenalkaloide aus *Anabasis* untersucht und verschiedene Derivate des Lupinins synthetisiert.

Von den Nebenalkaloiden des Anabasins in *Anabasis aphylla* besitzt das Aphyllin in Form seines Hydrochlorids lokalanaesthetische Wirkung (I. AKOPOW, R. KONOWALOWA). Im

Zusammenhang damit ergab sich die Aufgabe, eine Methode zur Darstellung von Aphyllin aus Alkaloidgemischen auszuarbeiten und die Alkaloide der höhersiedenden Fraktionen der *Anabasis*-Alkaloide genau zu untersuchen. Bei der Trennung gelang es, noch zwei neue Alkaloide zu entdecken. Eines von ihnen besitzt basischen Charakter und wurde von uns Oxyaphyllin genannt, während das andere, welches neutralen Charakter hat, die Bezeichnung Oxoaphyllidin erhielt.

Die Strukturformeln des Oxyaphyllins und des Oxoaphyllidins wurden, nachdem man die Spaltung des Oxyaphyllins mit Oxydationsmitteln und die Umwandlung des Aphyllins in Dihydrooxoaphyllidin untersucht hatte, aufgestellt.

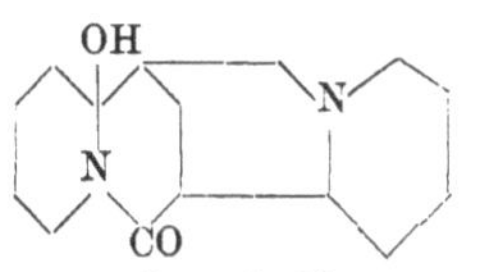

Oxyaphyllin

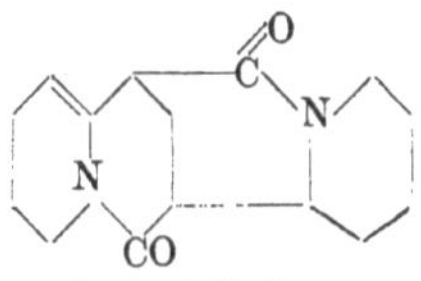

Oxoaphyllidin

Auf diese Weise wurde die Anwesenheit von mindestens sechs Alkaloiden (Anabasin Lupinin, Aphyllidin, Aphyllin, Oxyaphyllin und Oxoaphyllidin) in *A. aphylla* festgestellt.

Durch Arbeiten anderer Forscher und durch unsere eigenen Untersuchungen im Rahmen des Studiums der Alkaloidpflanzen, insbesondere von *Anabasis aphylla*, während der Vegetationsperiode zeigte es sich, daß die Quantität und das Verhältnis der einzelnen Alkaloide in der Pflanze inkonstant sind. Die Frage der Bildung und der Lokalisation der Alkaloide im pflanzlichen Organismus sowie die Frage nach ihrer Rolle im Leben der Pflanzen bleiben vorläufig noch ungelöst. Die Frage des Verschwindens von Alkaloiden mit bestimmter chemischer Struktur und des Auftretens von neuen völlig anders gebauten im Verlauf der Vegetationsperiode ist noch ungeklärt.

Eine der Möglichkeiten zur Klärung der wechselseitigen Umwandlung der Alkaloide stellt die Synthese der verschiedenen Zwischenverbindungen und das Studium der chemischen Umwandlungen der Alkaloide dar.

Diese Arbeit ist von großem theoretischen Interesse und hat außerdem große praktische Bedeutung, da die synthetisierten Zwischenverbindungen sich als physiologisch aktive Stoffe erweisen können.

Außerdem kann man bei einer Struktur-Veränderung der Alkaloide den Zeitpunkt des Auftretens von neuen physiologischen Eigenschaften beobachten. Für diese Arbeiten kann man die von uns erhaltenen Aminoalkohole verwenden:

N-(β-oxyäthyl)-Anabasin und N-(β-oxypropyl)-Anabasin

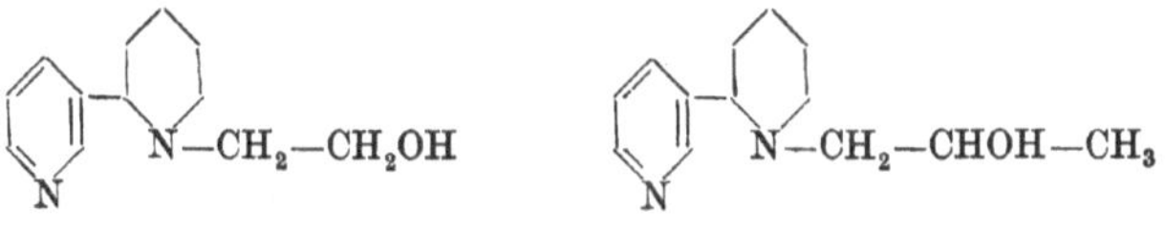

Nachdem wir das N-(β-oxyäthyl)-Anabasin einer Wechselwirkung mit Phosphorsäureanhydrid unterworfen hatten, erhielten wir eine neue Verbindung: 4,5-(α, β-Pyridylen)-Norlupinan.

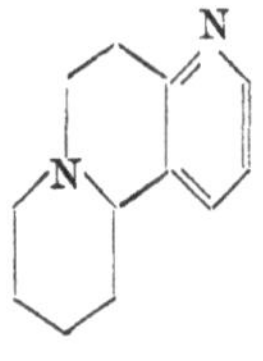

Ferner wurden von uns auch Spaltungsprodukte von Aphyllidin und Aphyllin untersucht, welche Zwischenprodukte zwischen den zwei Strukturtypen Pachykarpin und α,β-Dipiperidyl darstellen, zu denen die Alkaloide von *Anabasis* gehören.

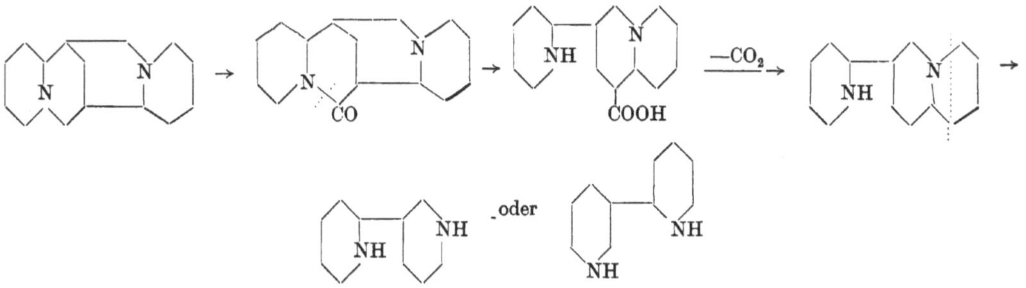

Die Durchführung ähnlicher synthetischer Arbeiten kann wertvolle Hinweise auf die Lösung des Problems des wechselseitigen Übergangs der Alkaloide in der Pflanze geben.

Das Studium der Abbaureaktionen von Aphyllin und Aphyllidin könnte auch für die Entdeckung eines gemeinsamen Syntheseweges für die Struktur der C_{15}-Alkaloidreihe (davon sind über 30 bekannt) von Bedeutung sein.

Neben den oben dargelegten Arbeiten wurden in unserem Laboratorium auch Untersuchungen über die Biochemie der Alkaloide von *Anabasis* durchgeführt. Wie bereits erwähnt, dienten als Versuchsobjekt in Turkmenien wachsende Herkünfte von *Anabasis aphylla*. Unsere Versuche zeigten, daß unsere *Anabasis* an Alkaloiden reicher ist als das Material, das zur Gewinnung des Anabasinsulfats in der Industrie verwendet wird. Der Anabasingehalt in der turkmenischen *Anabasis* beträgt durchschnittlich 3,5%.

Durch die Arbeiten von Klyschew, der eingehende biochemische Untersuchungen von *A. aphylla* in Kasachstan durchführte und durch unsere Untersuchungen der turkmenischen *Anabasis* wurde gezeigt, daß die Alkaloide in der Pflanze ungleichmäßig verteilt sind; die kleinen grünen Zweige der Pflanze haben stets einen höheren Alkaloidgehalt als ältere. Auch im Verlaufe der Vegetationsperiode bleibt der Alkaloidgehalt nicht konstant. Der Gesamtalkaloidgehalt sinkt durchschnittlich von 4,2 auf 1,9%, der Anabasingehalt von 2,9 auf 1,2%.

Es muß erwähnt werden, daß während der Vegetationsperiode die Menge des Anabasins in der Pflanze im Vergleich zu den anderen Alkaloiden überwiegt: zum Beginn der Vegetationsperiode sind es 69%, zur Zeit der Samenreife 63,4%.

Der Einfluß des Bodentyps auf den Gehalt und den Charakter des Alkaloids im Verlauf der Vegetationsperiode wurde auch von Klyschew aufgezeigt.

Beim Studium der turkmenischen und der kasachstanischen *Anabasis* wurde festgestellt, daß der Alkaloidgehalt der *Anabasis aphylla* vom Alter der Pflanze abhängt. Der höchste Alkaloidgehalt wird an 10- bis 12-jährigen Sträuchern beobachtet.

Die Veränderung des Alkaloidgehaltes in der turkmenischen *Anabasis* verschiedenen Alters trägt verschiedenen Charakter, jedoch sinkt der Gehalt zum Schluß der Vegetationsperiode gewöhnlich ab.

Es ist eine Reihe von agrotechnischen Verfahren bekannt, die eine Steigerung des Alkaloidgehaltes von *Anabasis* herbeiführen, wie z. B. das Abhacken der Sträucher. Dabei erhöht sich der Ertrag der grünen Masse und steigt der Alkaloidgehalt. Die intensivierte Alkaloidbildung in einer verjüngten Pflanze erklären Massagetow und Klyschew durch einen verstärkten Zufluß von Stimulantien aus dem Wurzelsystem in die oberirdischen Organe.

Interessant ist auch zu erwähnen, daß der Alkaloidgehalt steigt, je näher am Erdboden die Sträucher abgeschlagen werden. Auch das Verhältnis der Einzelalkaloide ändert sich.

Bei den an der Erdoberfläche abgeschlagenen Sträuchern fand man 66% Anabasin (bezogen auf Gesamtalkaloid), bei der Kontrollpflanze 32,4% Anabasin und bei den weiter oben abgeschlagenen 14,5% Anabasin.

Abgesehen vom theoretischen Interesse gestattet das Abschlagen der Sträucher eine Steuerung der Entwicklung und damit auch der Reife-Termine der Samen.

Neben dem Abschlagen ist auch ein anderes agrotechnisches Verfahren von Bedeutung, und zwar die Entfernung von Knospen und Blüten. Es wurde festgestellt, daß sich in den so behandelten *Anabasis*-Pflanzen der Alkaloidgehalt im Verlauf der Vegetationsperiode sehr wenig verändert, während er bei den unbehandelten Kontrollpflanzen absinkt. Für die Steigerung des Alkaloidgehaltes ist neben der Selektion und der Düngung das Auffinden von höchst leistungsfähigen Rassen sehr wichtig.

Die Sammlung von experimentellem Material auf dem Gebiet der Biogenese der Alkaloide ist bei der Lösung dieses großen Problems und für die Klärung der Rolle der Alkaloide in der Pflanze sowie auch beim Studium der in der Pflanze verlaufenden biochemischen Prozesse von sehr großer Bedeutung. Wichtig ist auch die Kenntnis über die anderen wesentlichen Inhaltsstoffe der Pflanze (organische Säuren, Kohlenhydrate, Eiweiße u. a.). Gehalt und qualitative Zusammensetzung sowie auch ihre Lokalisation stehen während der Vegetationsperiode anscheinend in einer bestimmten Verbindung mit den Alkaloiden.

DISKUSSION

Herr SCHREIBER: Vom Vortragenden wurde die Entmethylierung des Nikotins mit Hilfe von Selendioxyd erwähnt. Unter welchen Bedingungen, mit welchen Ausbeuten und in welchem Lösungsmittel wurde diese Reaktion durchgeführt?

Von JERCHEL wurde kürzlich für die Pyridinreihe die selektive Selendioxyd-Oxydation ohne Lösungsmittel empfohlen.

Herr SADYKOW: Wir führten die Oxydation von Nikotin und N-Methylanabasin mit Hilfe von Selendioxyd in Dioxan-Lösung durch. Die Arbeit über die selektive Oxydation mit Hilfe von SeO_2 ist uns bekannt, im Lösungsmittel erhalten wir jedoch eine bessere Ausbeute. Als Reaktionsprodukte konnten Nornikotin und Anabasin isoliert und identifiziert werden.

Herr HEGNAUER: Sind auch andere *Anabasis*arten untersucht worden? Welche Alkaloide sind darin enthalten? Sie wären vielleicht für biogenetische Betrachtungen sehr interessant.

Herr SADYKOW: Bei unseren Untersuchungen fanden wir etwa zehn in Mittelasien heimische *Anabasis*arten, die kein Anabasin jedoch andere Alkaloide führen. Die nähere Untersuchung dieser *Anabasis*arten ist im Gange. Selbstverständlich sollen unsere Arbeiten zur Klärung der Frage nach der Alkaloidbiogenese beitragen.

Herr SCHRÖTER: Ist Anabasin auch in *Anabasis*-Samen enthalten?

Herr SADYKOW: Ja, in Spuren. Die *Anabasis*-Samen sind wenig auf ihren Alkaloidgehalt hin untersucht. Wir haben vor, in nächster Zeit auch diese Frage zu klären.

Fräulein SCHÄFER: Hat die als Anaesthetikum erwähnte Substanz eine besondere therapeutische Eigenschaft gegenüber anderen Anaesthetika?

Herr SADYKOW: Unter den Alkaloiden aus *Anabasis aphylla* besitzt das Aphyllin in Form seines Hydrochlorids lokalanaesthetische Wirkung. Bis jetzt sind andere therapeutische Eigenschaften dieses neuen Anaesthetikums noch nicht erforscht. Gegenwärtig wird eine klinische Prüfung von Aphyllyn-Hydrochlorid durchgeführt.

Aus dem Chemischen Institut der Humboldt-Universität (Berlin)

Alkaloide der Amaryllidaceen

Von H.-G. Boit

Die Amaryllidaceen sind eine mit den Liliaceen nahe verwandte Familie einkeimblättriger Pflanzen aus der Ordnung der *Liliiflorae*. Sie werden im allgemeinen in 4 Unterfamilien aufgegliedert, von denen die der Amaryllidoideen (Amaryllidaceen im engeren Sinne) mit 55 Gattungen die umfangreichste darstellt. Von den weit über 100 Arten und Varietäten dieser Unterfamilie, die bisher mehr oder weniger eingehend untersucht worden sind, haben sich alle bis auf wenige Ausnahmen als alkaloidhaltig erwiesen, während bei den anderen Unterfamilien anscheinend keine Alkaloide auftreten. Die folgenden Ausführungen beziehen sich daher ausschließlich auf Amaryllidoideen.

Die Amaryllidoideen sind in ihrer überwiegenden Mehrzahl Zwiebelpflanzen, die ihre Hauptverbreitungsgebiete in den Steppen der Tropen und Subtropen vornehmlich der südlichen Hemisphäre haben. Nur wenige Gattungen, wie *Narcissus, Galanthus, Leucojum* und *Pancratium*, erreichen die kältere gemäßigte Zone; mehrere tropische Gattungen und Arten werden jedoch in Mitteleuropa als Zierpflanzen kultiviert und sind daher verhältnismäßig leicht zugänglich. Als die bekanntesten Vertreter sind *Amaryllis, Clivia, Crinum, Haemanthus, Nerine* und *Vallota* zu nennen.

Die physiologischen Wirkungen einiger Amaryllidaceen waren bereits im Altertum bekannt. Dies gilt insbesondere für verschiedene *Narcissus*-Arten, deren Zwiebeln vor der Einführung der Ipecacuanha zu den gebräuchlichsten Brechmitteln gehörten. Gewisse Arten von *Buphane, Haemanthus* und *Crinum* sollen noch heute in Afrika von den Eingeborenen für Heilzwecke und auch zur Bereitung von Pfeilgiften verwendet werden. Die Erforschung der wirksamen Prinzipien dieser Pflanzen hat jedoch ziemlich spät eingesetzt und ist, offensichtlich bedingt durch anfängliche Mißerfolge, nur sehr zögernd fortgeführt worden. Zwar hat schon Gerrard (1877) nachgewiesen, daß der emetisch wirkende Inhaltsstoff der Gelben Narcisse (*Narcissus pseudonarcissus*) alkaloidischer Natur ist, doch wurde erst im Jahre 1910 von Ewins aus dieser Pflanze eine einheitliche, kristallisierte Base isoliert, die sich mit dem von Morishima (1897) in der japanischen Amaryllidacee *Lycoris radiata* entdeckten Lycorin als identisch erwies. Die nachfolgenden Untersuchungen haben ergeben, daß Lycorin bei den Amaryllidaceen außerordentlich weit verbreitet vorkommt und nur bei wenigen Arten zu fehlen scheint, so daß es als das Leitalkaloid der Amaryllidaceen angesehen werden kann.

Lycorin blieb für längere Zeit das einzige einwandfrei charakterisierte Amaryllidaceen-Alkaloid, bis von Kondo (1928–1933) noch 7 weitere Basen aus *Lycoris radiata* isoliert wurden. Die chemischen Untersuchungen anderer Arten hingegen beschränkten sich, von wenigen Ausnahmen abgesehen, im wesentlichen auf die Isolierung von Lycorin, das wegen seiner Kristallisationsfreudigkeit und geringen Löslichkeit leicht zu gewinnen ist. So blieben die Kenntnisse über die in den Amaryllidaceen vorkommenden Alkaloide bis vor etwa 3 Jahren sehr lückenhaft; einschließlich der aus *Lycoris radiata* isolierten waren nur 10 oder 11 als einheitlich anzusprechende Basen bekannt, und außer dieser Pflanze war kaum eine Amaryllidaceen-Art einigermaßen gründlich auf ihre Inhaltsstoffe geprüft worden.

Dieses Bild hat sich seitdem erheblich gewandelt. Die Untersuchungen der letzten Jahre haben gezeigt, daß in den Amaryllidaceen eine ungewöhnlich alkaloidreiche Pflanzenfamilie vorliegt. In ungefähr 50 verschiedenen Arten, die in dieser Zeit analysiert wurden, sind bis heute mehr als 60 einwandfrei charakterisierte Alkaloide aufgefunden worden, und es ist damit zu rechnen, daß sich ihre Zahl noch beträchtlich erhöht, wenn die Untersuchungen auf weitere Arten ausgedehnt werden. Dabei ist besonders hervorzuheben, daß keines dieser Alkaloide an anderer Stelle im Pflanzenreich vorkommt oder jedenfalls bisher entdeckt worden ist, und daß die Strukturtypen, denen sie nach den derzeitigen Kenntnissen angehören, bei Alkaloiden aus anderen Pflanzenfamilien anscheinend nicht auftreten. Eine Ausnahme macht lediglich die Menispermacee *Cocculus laurifolius*, die in ihrer Heimat Ostasien Alkaloide vom Benzylisochinolin-, Bisbenzylisochinolin- und Aporphin-Typ, im Kaukasus hingegen eine Phenolbase Cocculin und deren Methyläther Cocculidin bildet, die wahrscheinlich das gleiche Grundgerüst wie Lycorin besitzen. Sonst aber liegen keine Anzeichen dafür vor, daß die Alkaloide der Amaryllidaceen mit denen aus anderen Pflanzenfamilien strukturverwandt sind, insbesondere nicht mit den Alkaloiden der botanisch den Amaryllidaceen nahestehenden Familie der Liliaceen, bei denen bekanntlich Steroid-Basen und Verbindungen der Colchicin-Gruppe auftreten.

Die Aufklärung der Struktur der neuen Amaryllidaceen-Alkaloide befindet sich verständlicherweise noch im Anfangsstadium, doch lassen sich bei vielen von ihnen bereits mehr oder weniger gesicherte Aussagen über ihre Konstitution machen. Es sind bisher 5 Strukturtypen aufgefunden worden, die zweckmäßig nach den am besten bekannten Repräsentanten als Lycorin-Typ, Crinidin-Typ, Lycorenin-Homolycorin-Typ, Tazettin-Typ und Galanthamin-Typ bezeichnet werden.

Die Alkaloide vom Lycorin-Typ besitzen ein partiell hydriertes 4.5-Äthano-phenanthridin-Gerüst, welches am aromatischen Ring durch zwei, am hydroaromatischen Ring durch eine oder zwei Sauerstoffunktionen (Oxy-, Methoxy- oder Methylendioxy-Gruppen) substituiert ist. Außer dem Lycorin gehören zu dieser Gruppe Pseudolycorin (aus *Lycoris radiata*), Methylpseudolycorin (aus *Narcissus pseudonarcissus*), Galanthin (aus *Galanthus woronowii* und *Narcissus*-Arten), Caranin (aus *Ammocharis coranica*, *Amaryllis bella-donna* und *Nerine*-Arten), dessen Acetyl-Derivat Bellamarin (aus *Amaryllis bella-donna*) und Pluviin (aus *Narcissus*-Arten).

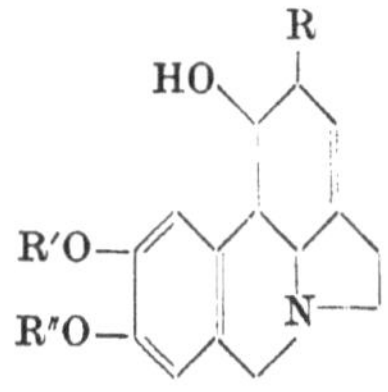

Lycorin: R = OH, R′ + R″ = CH_2
Pseudolycorin: R = OH, R′ und R″ = H und CH_3
Methylpseudolycorin: R = OH, R′ = R″ = CH_3
Galanthin: R = OCH_3, R′ = R″ = CH_3
Caranin: R = H, R′ + R″ = CH_2
Pluviin: R = H, R′ = R″ = CH_3

Die beiden einzigen mit Sicherheit bekannten Vertreter des zweiten Strukturtyps sind das Crinidin (Crinin; aus *Crinum*-Arten) und sein optischer Antipode Vittatin (aus *Hippeastrum vittatum*, *Pancratium illyricum* und *Nerine corusca*), denen ein partiell hydriertes 5. 10b-Äthano-phenanthridin-Gerüst zugrunde liegt.

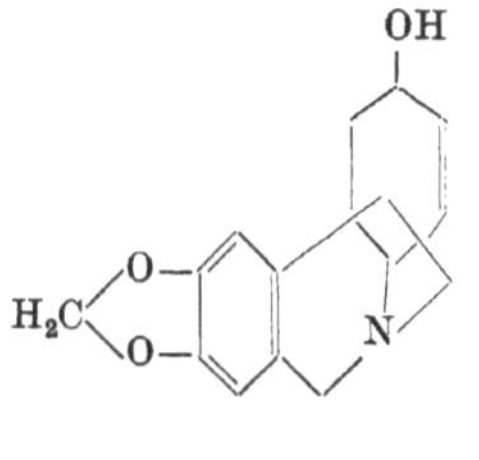

Crinidin, Vittatin

Bei den nachstehend aufgeführten Alkaloiden ist noch nicht entschieden, ob sie dem Crinidin- oder dem Lycorin-Typ angehören.

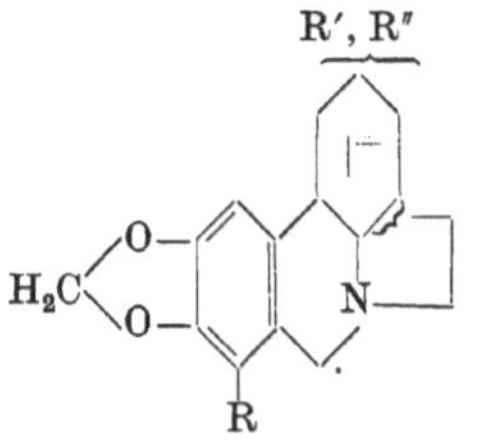

Buphanisin: R = R′ = H, R″ = OCH_3
Haemanthamin, Crinamin: R = H, R′ = OH, R″ = OCH_3
Falcatin, Buphanamin, Powellin: R = OCH_3, R′ = H, R″ = OH
Buphanidrin: R = R′ = OCH_3, R″ = H
Ambellin: R = R′ = OCH_3, R″ = OH

Lycorenin (aus *Lycoris radiata* und *Narcissus*-Arten) ist eine Lactolbase, die auch in der tautomeren Oxyaldehyd-Form reagieren kann und durch Oxydation in das Lacton Homolycorin übergeht, welches häufig in Begleitung des Lycorenins vorkommt. Ähnliche Lactol-Lacton-Paare liegen im Nerinin und Albomaculin (aus *Nerine sarniensis* bzw. *Haemanthus albomaculatus*) sowie im Krigein und Neronin (aus *Nerine*-Arten) vor, während die den Lactonen Hippeastrin (aus *Hippeastrum vittatum*) und Nivalin (aus *Galanthus nivalis*) entsprechenden Lactole noch nicht bekannt sind.

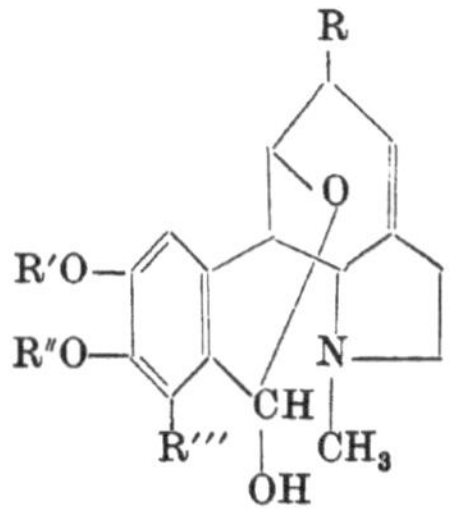

Lycorenin: R = R‴ = H, R′ = R″ = CH_3
Nerinin: R = H, R′ = R″ = CH_3, R‴ = OCH_3
Krigein: R = OH, R′ + R″ = CH_2, R‴ = OCH_3

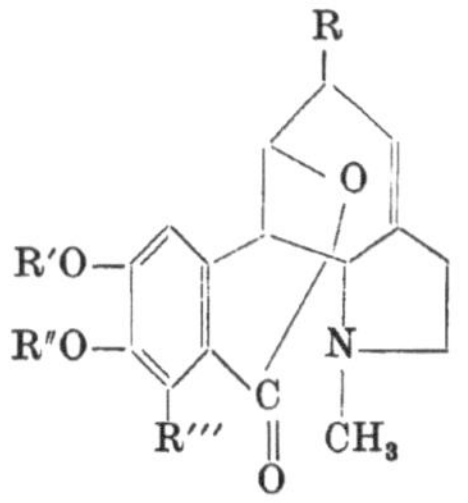

Homolycorin: R = R‴ = H, R′ = R″ = CH_3
Albomaculin: R = H, R′ = R″ = CH_3, R‴ = OCH_3
Neronin: R = OH, R′ + R″ = CH_2, R‴ = OCH_3
Hippeastrin: R = OH, R′ + R″ = CH_2, R‴ = H
Nivalin: R = OCH_3, R′ + R″ = CH_2, R‴ = H

Der vierte Typ wird bisher nur durch das Tazettin und sein N-Desmethyl-Derivat Haemanthidin vertreten, die als charakteristisches Strukturelement eine β-Aminoketal-Gruppierung in Nachbarschaft zu einem quartären Kohlenstoffatom enthalten. Tazettin ist nächst dem Lycorin das am weitesten verbreitete Amaryllidaceen-Alkaloid, während Haemanthidin nur vereinzelt vorkommt, z. B. in *Haemanthus*-Arten, *Sprekelia* und *Vallota.*

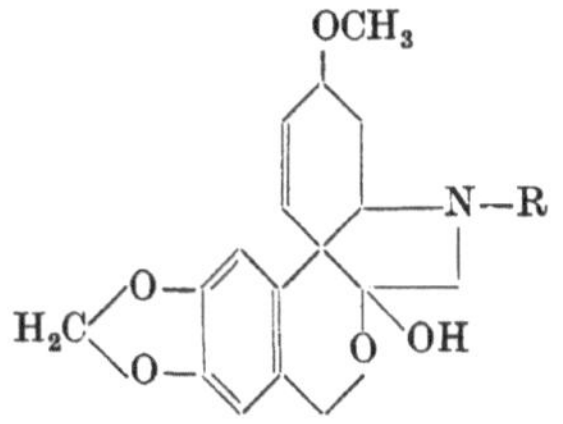

Tazettin: R = CH_3
Haemanthidin: R = H

Die Konstitution des den 5. Strukturtyp repräsentierenden Galanthamins, welches in vielen Amaryllidaceen aufgefunden worden ist, steht noch nicht endgültig fest, doch kommen nach den Abbau-Ergebnissen nur die beiden durch die nachstehende Klammerschreibweise wiedergegebenen Formeln mit sieben- oder achtgliedrigem Heterocyclus in Betracht. Nahe verwandt mit Galanthamin sind Lycoramin (aus *Lycoris radiata*), welches mit Dihydrogalanthamin identisch ist, ferner das als Narcissamin bezeichnete N-Desmethyl-galanthamin (aus *Narcissus pseudonarcissus*) und die Phenolbase Chlidanthin (aus *Chlidanthus fragrans*), die sich vom Galanthamin durch Vertauschung der Methoxy- und der Oxy-Gruppe unterscheidet.

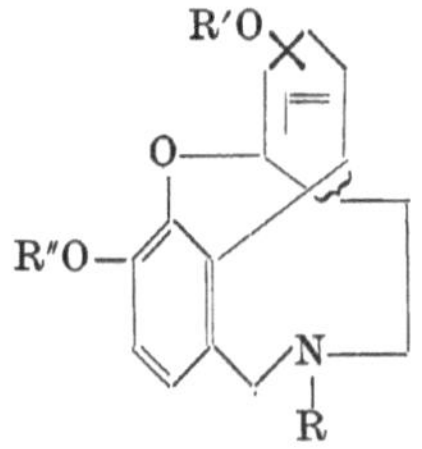

Galanthamin: R = R'' = CH_3, R' = H
Narcissamin: R = R' = H, R'' = CH_3
Chlidanthin: R = R' = CH_3, R'' = H

Wie bei anderen Pflanzenfamilien, so kommen auch bei den Amaryllidaceen in einer Pflanze fast immer Alkaloide mehrerer Strukturtypen nebeneinander vor, und es ist daher zu erwarten, daß zwischen ihnen biogenetische Beziehungen bestehen. Damit erhebt sich die Frage, aus welchen Bausteinen die Amaryllidaceen-Alkaloide synthetisiert werden. Als gemeinsames Strukturelement enthalten sie alle zwei direkt miteinander verknüpfte, durch Sauerstoffunktionen substituierte Carbocyclen, einen aromatischen und einen hydroaromatischen, die letzten Endes aus je einem Molekül Dioxyphenylalanin entstanden sein dürften. Da aber die Verknüpfung zweier Moleküle dieser Aminosäure oder biochemisch äquivalenter Verbindungen, z. B. Dioxyphenyläthylamin oder Dioxyphenylacetaldehyd, zu Ringgerüsten mit 16 Kohlenstoffatomen führen würde, während die Grundgerüste aller Amaryllidaceen-Alkaloide bekannter Konstitution nur 15 Kohlenstoffatome aufweisen, muß bei einer der beiden Dioxyphenylalanin-Einheiten vor oder während der Synthese ein Abbau der Seitenkette angenommen werden.

Für Lycorin, welches bis vor kurzem das einzige in seiner Struktur aufgeklärte Amaryllidaceen-Alkaloid war, ist von Wenkert (1953) ein Biosynthese-Weg vorgeschlagen worden, dessen wesentliche Züge die Kondensation von zwei Dioxyphenylalanin-Äquivalenten, z. B. Dioxyphenyläthylamin, mit einem Formaldehyd-Äquivalent nach dem Prinzip der Mannich-Reaktion und die Verknüpfung der beiden Phenylkerne unter gleichzeitiger Abstoßung der einen Aminoäthan-Seitenkette sind, entsprechend der nachstehenden Formelfolge.

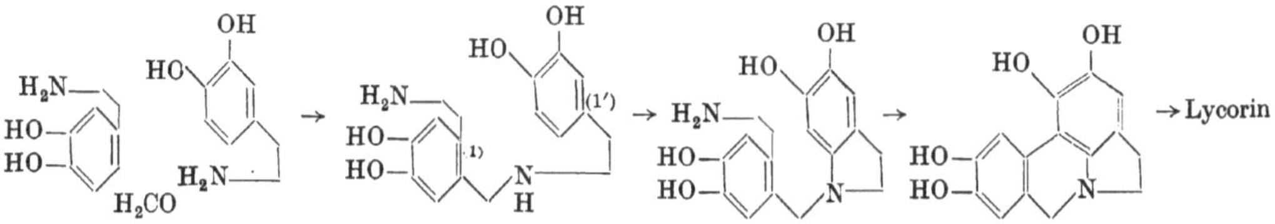

Diese Theorie ist aber, abgesehen von ihrer ausschließlichen Anwendbarkeit auf die Alkaloide vom Lycorin-Typ, deshalb unbefriedigend, weil sie die partielle Reduktion eines der beiden aromatischen Ringe in dem bereits fertig ausgebildeten Lycorin-Gerüst fordert. Sie müßte deshalb in der Weise abgeändert werden, daß dieser Ring schon bei der Verknüpfung mit dem anderen seinen aromatischen Zustand irreversibel aufgibt, indem eines seiner Kohlenstoffatome quartär wird. Damit ist zwar ein direkter Weg zum Lycorin verschlossen, aber man gelangt ohne Schwierigkeit zum Gerüst des Crinidins, wenn nämlich in dem Amin I die beiden Carbocyclen über die Kohlenstoffatome 1 und 1' unter Eliminierung der Aminoäthan-Kette miteinander verknüpft werden und bei dem gebildeten Zwischenprodukt II der Indolin-

Ringschluß sowie eine Hydrierung und Dehydratisierung des nicht-aromatischen Ringes erfolgen.

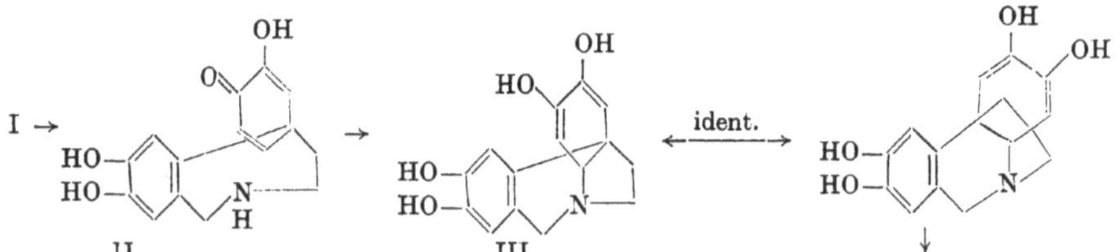

II III Crinidin

Ein Vergleich der Ringgerüste des Crinidins und des Lycorins zeigt, daß sich beide lediglich im Angriffspunkt des aromatischen Ringes am Indolin-System unterscheiden. Es ist daher denkbar, daß die als Vorstufe der Alkaloide vom Lycorin-Typ anzusehende Verbindung IV aus der Crinidin-Vorstufe III gebildet wird, indem sich bei dieser der aromatische Kern vom quartären Kohlenstoffatom ablöst und an das übernächste Kohlenstoffatom wandert. Diese Umlagerung könnte natürlich auch bei der Verbindung II, also vor dem Indolin-Ringschluß, erfolgen.

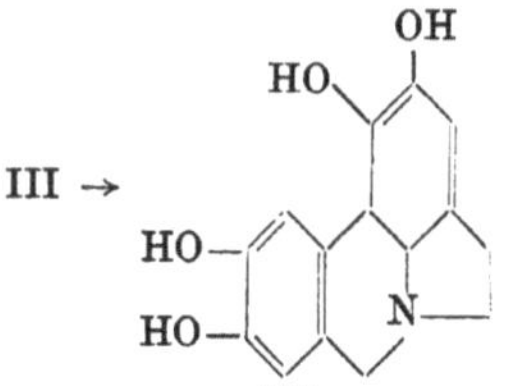

IV

Die Alkaloide vom Lycorenin-Homolycorin-Typ stehen ihrerseits in naher struktureller Beziehung zu denen des Lycorin-Typs. Eine Base der Struktur des Pluviins könnte z. B. durch Oxydation der Methylen-Gruppe des Benzyl-Restes in ein α-Carbinolamin und den mit diesem tautomeren Oxyaldehyd übergehen, aus dem durch Methylierung am Stickstoff die Oxyaldehyd-Form des Lycorenins entstehen würde. Wenn auch diese oder eine analoge Reaktionsfolge experimentell bisher nicht verwirklicht worden ist, dürfte sie doch in der Pflanzenzelle durchaus möglich sein. Die Lactol-Alkaloide und die aus ihnen durch Oxydation erhältlichen Lactone sind daher wahrscheinlich am Stickstoff methylierte Oxydationsprodukte von Basen des Lycorin-Typs.

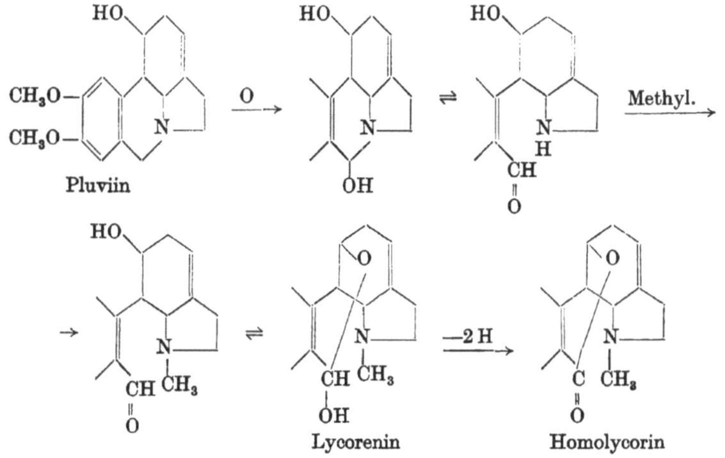

Pluviin Lycorenin Homolycorin

Ausgehend von der als Vorstufe des Crinidins angesehenen Verbindung II läßt sich auch ein Weg zum Aufbau des Tazettin-Gerüstes angeben. Die Base II müßte in diesem Falle durch Oxydation der Methylen-Gruppe des Benzyl-Restes in ein α-Carbinolamin und den tautomeren Aminoaldehyd V umgewandelt werden, der durch Indolin-Ringschluß, Hydrierung und Dehydratisierung in den Aminoaldehyd VI übergehen würde. Das zur Ausbildung des im Tazettin vorliegenden Ketalringes erforderliche Sauerstoffatom am Kohlenstoffatom 3 des Indolin-Systems könnte bereits in dem als Baustein der Base II verwendeten Dioxyphenyläthylamin vorgelegen haben, zumal α-Oxy-β-phenyläthylamine mehrfach als Naturstoffe aufgefunden worden sind. Mit der Reaktion zwischen der auf diese Weise eingeführten Sauerstoff-(Keton)-Funktion und der aus der Aldehyd-Gruppe durch Reduktion gebildeten Alkohol-Funktion wäre das Ringgerüst des Tazettins komplett.

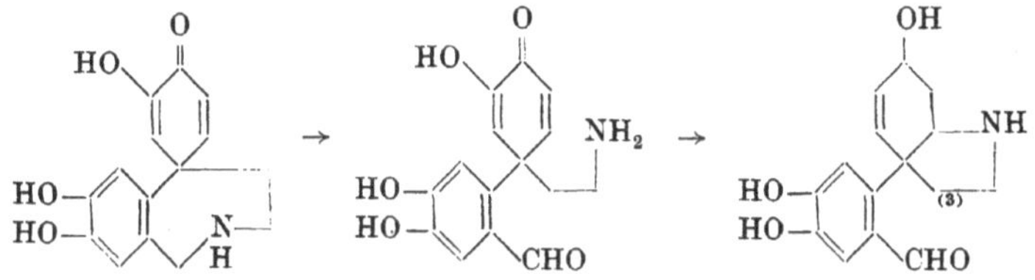

II (andere Schreibweise) — V — VI

Es bleibt nun noch die mögliche Biogenese der Alkaloide vom Galanthamin-Typ zu erörtern. Nimmt man für diese die Struktur mit 7-gliedrigem Heterocyclus als die wahrscheinlichere an, so liegt zwar ihr vollständiges Stickstoff-Kohlenstoff-Gerüst in der Base II bereits vor, aber die Sauerstoffunktionen am aromatischen Ring befinden sich nicht in den geforderten Positionen. Die gleiche Schwierigkeit ergibt sich bei Zugrundelegung der Struktur mit 8-gliedrigem Heterocyclus, deren Grundgerüst aus der Base II durch Wanderung des aromatischen Restes vom quartären Kohlenstoffatom in die Nachbarstellung hervorgehen würde. Die Alkaloide der Galanthamin-Gruppe lassen sich daher von der Base II nicht ableiten, sondern nur von einer isomeren Base der Struktur VIII, die ihrerseits aus dem 3. 4. 3′.4′-Tetraoxy-N-benzyl-β-phenyläthylamin (VII) durch Verknüpfung der Ring-Kohlenstoffatome 2 und 1′ gebildet werden könnte. Das Amin VII ist aber nicht nur eine mögliche Vorstufe der Base VIII, sondern auch der Base II, in die es durch Verknüpfung der Kohlenstoffatome 6 und 1′ übergehen würde. Damit können unter Verzicht auf die Hypothese von Wenkert die Amaryllidaceen-Alkaloide aller fünf Typen biogenetisch von einer gemeinsamen Vorstufe der Struktur VII abgeleitet werden, die als Kondensationsprodukt von Dioxyphenyläthylamin und Dioxybenzylalkohol oder äquivalenter Verbindungen anzusehen ist.

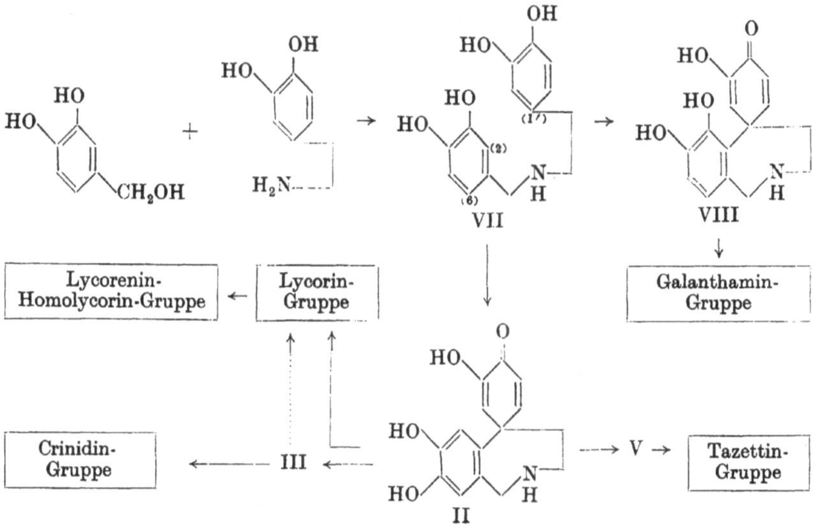

DISKUSSION

Herr Hegnauer: Die Tatsache, daß botanisch nahe verwandte Arten oder selbst verschiedene Varietäten einer Art verschiedene Alkaloidtypen erzeugen, scheint mir eine Stütze für die Auffassung des Referenten, daß alle Alkaloidtypen der Familie aus einem gemeinsamen Grundkörper entstehen. Die Synthese des Grundkörpers scheint ein charakteristisches Merkmal der Familie. Die kultivierten Amaryllidaceen sind komplizierte Bastarde. Wurden auch schon die ursprünglichen Arten und die von ihnen stammenden Bastarde untersucht? Die Analyse der Ausgangsarten und ihrer Bastarde wäre sehr interessant, da sie zeigen könnte, wie chemische Merkmale durch Hybridisierung beeinflußt werden.

Herr Boit: Reine Wildformen sind in ausreichender Menge kaum zu beschaffen.

Herr Schreiber: Sind Sie der Ansicht, daß die bei morphologisch scheinbar einheitlichem Pflanzenmaterial festgestellten beachtlichen quantitativen und qualitativen Unterschiede im Alkaloidgehalt genetisch (chemische Rassen) oder von Außenfaktoren (Standortvarianten) bedingt sind?

Herr Boit: Die qualitativen Unterschiede dürften im wesentlichen genetisch bedingt sein, während quantitative Unterschiede schon bei verändertem Standort auftreten können. Darüber hinaus muß mit beträchtlichen Veränderungen des Alkaloidgehaltes im Verlaufe der Wachstumsperiode gerechnet werden, über die bei den Amaryllidaceen noch keine systematischen Untersuchungen angestellt worden sind. Um einigermaßen vergleichbare Ergebnisse zu erhalten, verwenden wir im allgemeinen gelagerte, d. h. im Ruhezustand befindliche Zwiebeln, wie sie vom Blumenzwiebelhandel geliefert werden, die überdies nach unseren Erfahrungen den höchsten Alkaloidgehalt aufweisen.

Herr Grisebach: Ist Ihnen bekannt, ob freies 3,4-Dioxyphenyläthylamin, welches in dem Biosynthese-Schema vorkommt, jemals frei in Pflanzen gefunden wurde?

Herr Boit: Es ist sehr fraglich, ob Dioxyphenyläthylamin als Baustein von Alkaloiden verwendet wird; in dem Biogenese-Schema hat es nur die Bedeutung eines Dioxyphenylalanin-Äquivalents. Freies Dioxyphenyläthylamin ist im Besenginster und in *Hermidium alipes* aufgefunden worden.

Herr Kuffner: Da oft in relativ nahe untereinander verwandten Pflanzen in den Mengenverhältnissen der Alkaloide große Schwankungen vorkommen, wäre es interessant zu wissen, ob da oder dort wirklich nur ein oder zwei Alkaloidtypen vorkommen oder ob weitere Alkaloide bloß mengenmäßig extrem stark zurücktreten aber doch anwesend sind. Ist Lycorin in Schneeglöckchen stets nur in sehr geringen Mengen vorhanden?

Herr Boit: Die von uns untersuchten Zwiebeln und Blätter von *Galanthus nivalis* aus Holland enthielten fast ausschließlich Tazettin (über 90% der Gesamtalkaloide) und nur Spuren von Lycorin; dagegen hat Wildman kürzlich aus Zwiebeln, die vermutlich aus Amerika stammten, Tazettin und Lycorin in einem Mengenverhältnis von $\sim 2:1$ und darüber hinaus noch geringe Mengen Nivalin isoliert.

Herr Mothes : Die Samenanlagen der Agaven deuten darauf hin, daß sie zu den Liliaceen gehören. Das Nichtvorkommen von Alkaloiden in den Agaven kann als weiterer systematischer Anhaltspunkt für Zugehörigkeit zu den Liliaceen gewertet werden.

Herr Hegnauer: Englische Botaniker zählen längst die Agaven nicht mehr zu den Amaryllidaceen.

Herr Rochelmeyer: Was ist über die pharmakologische Wirksamkeit der Amaryllidaceen-Alkaloide bekannt?

Herr Boit: Es liegen nur wenige vorläufige Untersuchungsergebnisse vor. Lycorin hat in erster Linie emetische Wirkung; Haemanthamin und Crinamin wirken schwach hypotensiv. Alkaloide mit quartärem C-Atom, z. B. Galanthamin, Lycoramin, Crinidin und Buphanidrin, besitzen z. T. beträchtliche analgetische Eigenschaften.

Aus der Biologischen Zentralanstalt der Deutschen Akademie der Landwirtschaftswissenschaften zu Berlin, Forschungsstelle für Kartoffelkäferbekämpfung, Mühlhausen/Thür.

Neuere Untersuchungen auf dem Gebiet der *Solanum*-Alkaloide

von K. SCHREIBER

Die konstitutionsabhängige Wirkung der *Solanum*-Alkaloidglykoside auf den Kartoffelkäfer und seine Larven [1], die zunehmende Bedeutung dieser Alkaloide als Ausgangsmaterial für die Steroid-Hormon-Synthese [2] sowie die Frage nach der Biosynthese dieser Verbindungen in der Pflanze [3] veranlaßte uns, die Stereochemie einiger dieser Steroidalkaloide vergleichend zu untersuchen.

Die innerhalb der Pflanzenfamilie der Solanaceen vorkommenden *Solanum*-Alkaloide sind Steroidalkaloidglykoside, das heißt, ein basisches, sechsringiges, steroides Aglykon mit einem Kohlenstoffgerüst aus 27 C-Atomen ist O-glykosidisch über eine 3β-ständige OH-Gruppe mit Kohlenhydraten verbunden. Während die Konstitution der bisher bekannten Aglykone durch die Untersuchungen der Arbeitskreise um BRIGGS, FONTAINE, KUHN, JACOBS, MOSETTIG, PRELOG, ROCHELMEYER und SATO [4] in den vergangenen 15 Jahren im wesentlichen geklärt werden konnte und der Aufbau des Kohlenhydratteiles durch die Arbeiten von KUHN und LÖW [5] bekannt wurde, bestand hinsichtlich des räumlichen Baues dieser Alkaloide, insbesondere ihres heterocyclischen Teiles, bis heute noch keine völlige Klarheit [6].

In der Tabelle 1 wurden die Konstitutionsformeln der Aglykone der 4 bekanntesten *Solanum*-Alkaloide zusammengestellt. Während Solanidin (I) und Demissidin (II) ein bicyclisch gebundenes, tertiäres Stickstoffatom besitzen, sind Solasodin (III) und Tomatidin (IV) sekundäre Amine mit Spiroketal-Struktur. Andererseits unterscheiden sich Solanidin und Solasodin von Demissidin und Tomatidin durch das Vorliegen einer Δ^5-Doppelbindung. Im Demissidin und Tomatidin sind die Ringe A und B trans-(5α)-verknüpft.

Tabelle 1

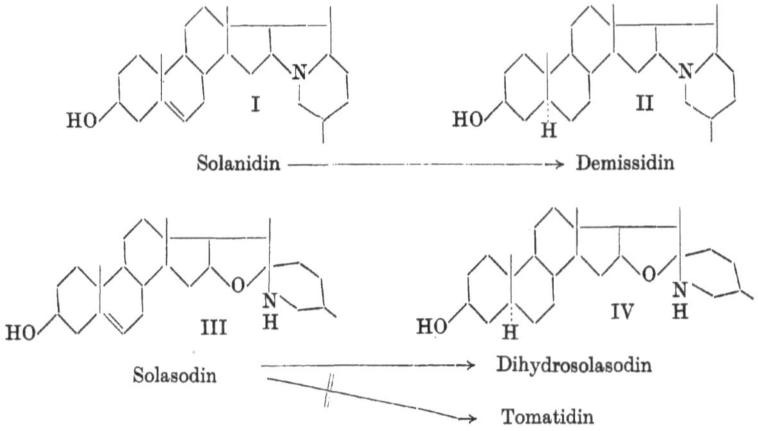

Bei der katalytischen Hydrierung des Solanidins (Solaniden-(5)-ol-(3β) I) mit Platinoxyd und Wasserstoff wird in guter Ausbeute Demissidin (5α-Solanidanol-(3β) II) erhalten [7]. Auch aus Solasodin (Solasoden-(5)-ol-(3β) III) entsteht bei der katalytischen Hydrierung 5α-Solasodanol-(3β) (IV) [8], jedoch ist dieses nicht mit dem konstitutionsgleichen Tomatidin

(5α-Tomatidanol-(3β)) (IV) identisch [9]. In der Tabelle 2 sind die physikalischen Konstanten von beiden stereoisomeren Verbindungen sowie einiger ihrer Derivate zusammengestellt.

Die nahe chemische Verwandtschaft der *Solanum*-Alkaloide mit den Steroidsapogeninen (formell lassen sich diese aus den Alkaloiden mit Spiranstruktur durch Ersatz der sekundären Aminogruppe im heterocyclischen Ring F durch ein Sauerstoffatom darstellen) ließ vermuten, daß sich 5α-Solasodanol-(3β) und 5α-Tomatidanol-(3β) im räumlichen Bau des heterocyclischen Teiles, das heißt in der Konfiguration der C-Atome 20, 22 und (oder) 25, voneinander unterscheiden. Durch die Untersuchungen zahlreicher Arbeitskreise [15] wurde in den letzten Jahren die Stereochemie der Steroidsapogenine in den wesentlichsten Punkten geklärt. Diese Arbeiten führten zu dem Ergebnis, daß sich die beiden Hauptgruppen der Steroidsapogenine („normal"- und „iso"-Serie), entgegen der ursprünglichen Annahme von Marker [16], insbesondere durch ihre Konfiguration am C-Atom 25 unterscheiden („normal" = 25 L; „iso" = 25 D). Die partialsynthetische Verknüpfung der Steroidsapogenine mit den Steroidalkaloiden[1]) sowie dieser Alkaloide miteinander[2]) erlaubte spekulativ die Annahme, daß auf der einen Seite Tomatidin, Demissidin und Solanidin sowie Rubijervin und Isorubijervin zur „normal"-25L-Serie und auf der anderen Seite Solasodin zur „iso" -25 D-Serie gehören [23].

Tabelle 2

	Schmp.	$[\alpha]_D$	Lit.
5α-Solasodanol-(3β)	208–209°	−56,2°	[10]
5α-Tomatidanol-(3β)	210–211°	+ 5,0°	[11]
O,N-Diacetyl-5α-solasodanol-(3β)	186–187°	−13,2°	[10]
O,N-Diacetyl-5α-tomatidanol-(3β)	192–194°	+ 8,0°	[12]
Dihydro-5α-solasodanol-(3β)	291–295°	− 7,0°	[10]
Dihydro-5α-tomatidanol-(3β)	202°	+ 5,0°	[12]
O,N,N-Triacetyl-ψ-5α-solasodanol-(3β)	160°	−20,2°	[13]
O,N,N-Triacetyl-ψ-5α-tomatidanol-(3β)	102°	− 6,9°	[14]

Die Diskussion über die Konfiguration und Konformation (Konstellation) (vgl. [25]) der Steroidsapogenin-Seitenkette ist noch nicht abgeschlossen. In mehreren Punkten gehen die Meinungen der verschiedenen Arbeitskreise, insbesondere hinsichtlich der Konformation dieser Verbindungen an den Asymmetriezentren C 22 und C 25 auseinander (vgl. [24]). Unseres Erachtens erscheint es nicht gerechtfertigt, durch Analogieschluß die in der Sapogeninreihe gewonnenen Ergebnisse sowie die darüber geäußerten Anschauungen, vor allem hinsichtlich der Konfiguration und Konformation am C-Atom 22, ohne weiteres auf die Steroid-Alkaloide mit Spiranstruktur zu übertragen.

Im folgenden soll über unsere Untersuchungen zur Ermittlung der relativen und absoluten Konfiguration sowie Konformation der *Solanum*-Alkaloide berichtet werden. Entsprechende Arbeiten auf anderen Gebieten der Alkaloidchemie wurden kürzlich von mehreren Arbeitskreisen durchgeführt bzw. in Angriff genommen (vgl. z. B. [26]).

Die stereoisomeren Alkaloide 5α-Solasodanol-(3β) und 5α-Tomatidanol-(3β) besitzen 12 Asymmetriezentren, die in dem Formelbild V (Tabelle 3) durch Punkte markiert wurden. Theoretisch sind somit allein konfigurativ 2^{12} = 4096 stereoisomere Formen möglich, wobei

[1]) Sarsasapogenin („normal"-Serie) → 5β-Solanidanol-(3β) [17]; Neotigogenin („normal"-Serie) → Tomatidin (5α-Tomatidanol-(3β)) [18]; Diosgenin („iso"-Serie) bzw. Kryptogenin („iso"-Serie) → Solasodin (Solasoden-(5)-ol-(3β)) [19]; Solasodin (Solasoden-(5)-ol-(3β)) → Diosgenin („iso"-Serie) [20].

[2]) Tomatidin (5α-Tomatidanol-(3β)) bzw. Solanidin (Solaniden-(5)-ol-(3β)) → Demissidin (5α-Solanidanol-(3β), (7)) [21]; Rubijervin (Solaniden-(5)-diol-(3β, 12α)) bzw. Isorubijervin (Solaniden-(5)-diol-(3β, 18)) → Solanidin (Solaniden-(5)-ol-(3β)) bzw. 5α-Solanidan und Demissidin (5α-Solanidanol-(3β)) [22].

eine Variation der im Prinzip möglichen Konstellationen unberücksichtigt blieb. Wohl aus thermodynamischen Gründen treten in der Natur nur eine sehr beschränkte Anzahl dieser Formen auf.

Beim oxydativen Abbau der Triacetyl-pseudoderivate des 5α-Solasodanol-(3β) und des 5α-Tomatidanol-(3β) wird einheitlich nur Acetyl-allopregnen-(16)-ol-(3β)-on-(20)(VI) gebildet (bezüglich des 5α-Tomatidanol-(3β)-Abbaues vgl. [27]). Dieser Befund erlaubt die Feststellung, daß die beiden stereoisomeren Alkaloide in der Konfiguration ihrer Asymmetriezentren C 3, C 5, C 8, C 9, C 10, C 13 und C 14 übereinstimmen. Ebenfalls wurde ein gleiches steroides Reaktionsprodukt — 3-Acetyl-tigogeninlacton (XI) (Tabelle 4) [28], das zu Tigogeninlacton [28] hydrolysiert werden konnte — beim oxydativen Abbau der beiden unterschiedlichen O,N-Diacetylderivate (IX und X) erhalten (bezüglich des O,N-Diacetyl-5α-tomatidanol-(3β)-Abbaues vgl. [29]).

Im Tigogeninlacton sind im Vergleich zu Allopregnen-(16)-ol-(3β)-on-(20) zusätzlich die Asymmetriezentren C 16, C 17 und C 20 enthalten, deren Konfigurationen somit gleichfalls in den beiden Alkaloiden identisch sind.

Tabelle 3

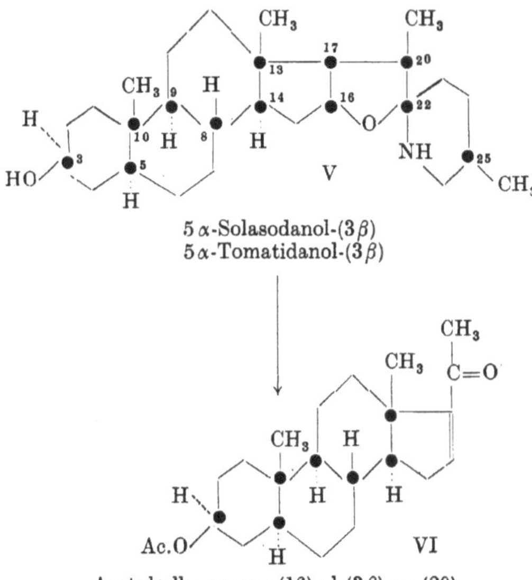

Acetyl-allopregnen-(16)-ol-(3β)-on-(20)

Für das Tigogeninlacton — und somit auch für die von uns untersuchten *Solanum*-Alkaloide — darf die in die Strukturformel (XI) eingezeichnete Konfiguration des steroiden Grundkörpers angenommen werden. Über die Konformation unterrichtet [25].

C 17: Durch Reaktionen, die wahrscheinlich keine Konfigurationsänderung an C 17 herbeiführten, wurde von MARKER und TURNER [30] Cholesterin aus Diosgenin dargestellt. Im Cholesterin ist die Seitenkette — wie in allen natürlichen Sterinen — β-ständig mit dem C-Atom 17 verbunden [31]. Unter Berücksichtigung der Tatsache, daß Diosgenin in Tigogenin überführbar ist und aus diesem Sapogenin durch Abbau Tigogeninlacton erhalten wird, kann auch für die Alkaloide 5α-Solasodanol-(3β) und 5α-Tomatidanol-(3β) eine 17β-Konfiguration der Kohlenstoffseitenkette konstatiert werden (vgl. u. a. [32]).

C 16: Von HEUSNER [33] wurde darauf hingewiesen, daß bei Annahme einer 17β-ständigen Seitenkette aus sterischen Gründen auch an C 16 eine β-Konfiguration der Sauerstoffbindung, d. h. cis-Verknüpfung der Ringe D und E, zwangsläufig notwendig ist.

C 20: Entgegen der ursprünglichen Annahme von Fieser [34] steht heute fest, daß in allen natürlich vorkommenden Steroiden eine α-ständige C 21-Methylgruppe vorhanden ist [35], während für die instabilen (alkoholische Salzsäure), unnatürlichen 20-Iso- [36], bzw. Neo- [37], bzw. Ana- [38], bzw. Cyclopseudosapogenine [39] eine 20β-Konfiguration der Methylgruppe wahrscheinlich gemacht werden kann. Die Instabilität der 20β-Isosapogenine

Tabelle 4

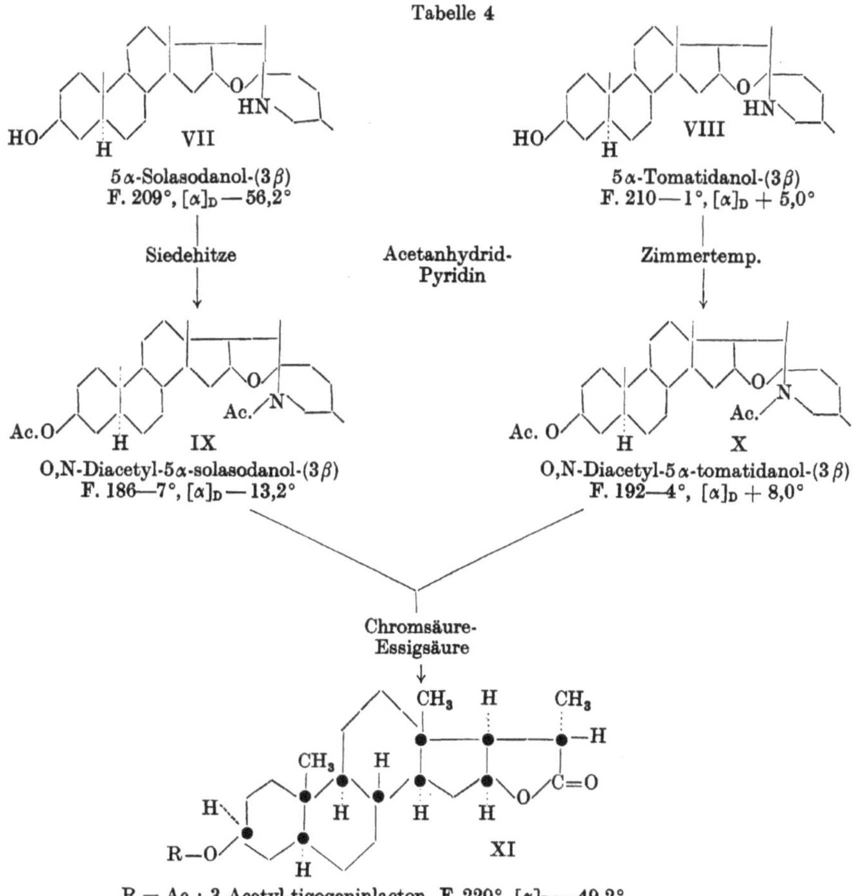

ist vermutlich durch die thermodynamisch benachteiligte Konformation der sich sterisch behindernden β-ständigen C 18- und C 21-Methylgruppen begründet. 5α-Solasodanol-(3β) und 5α-Tomatidanol-(3β) verändern sich nicht unter dem Einfluß von alkoholischen Mineralsäuren. Nach dem oben Gesagten gehören sie zweifellos zu den Steroiden der 20α-Reihe (vgl. [40]).

Da die Steroide mit dem D-Glycerinaldehyd eindeutig konfigurativ verknüpft worden sind [40], wird in der angeführten Tigogeninlactonformel (XI) nicht nur die relative Konfiguration der einzelnen Asymmetriezentren zueinander, sondern darüber hinaus die absolute Konfiguration des steroiden Ringgerüstes wiedergegeben.

Von den 12 in der Konstitutionsformel der stereoisomeren Alkaloide 5α-Solasodanol-(3β) und 5α-Tomatidanol-(3β) vorliegenden asymmetrischen C-Atome fanden somit 10 ihre bestimmte Zuordnung. Ungeklärt bleibt lediglich der räumliche Bau der Alkaloide an den C-Atomen 22 und 25.

Im folgenden soll über die Ermittlung der absoluten Konfiguration des Kohlenstoffatomes 25 in den *Solanum*-Spiranalkaloiden berichtet werden [13]:

Nach dem oxydativen Abbau der O,N,N-Triacetyl-pseudoderivate des 5α-Solasodanol-(3β) bzw. des 5α-Tomatidanol-(3β) (Tabelle 5) sowie nach Hydrolyse der sich bildenden Ester konnten aus den Reaktionsgemischen nach Abtrennung der Neutralstoffe (Acetyl-allopregnen-(16)-ol-(3β)-on-(20)) (XVI) sowie nach Reinigung der Rückstände 2 epimere Verbindungen isoliert werden, die sich im Falle des 5α-Solasodanol-(3β)-Abbaues als D-(+)-5-Methylpiperidon-(2) (XVIII)[1], im Falle des 5α-Tomatidanol-(3β) als L-(—)-5-Methyl-piperidon-(2) (XX) identifizieren ließen.

Tabelle 5

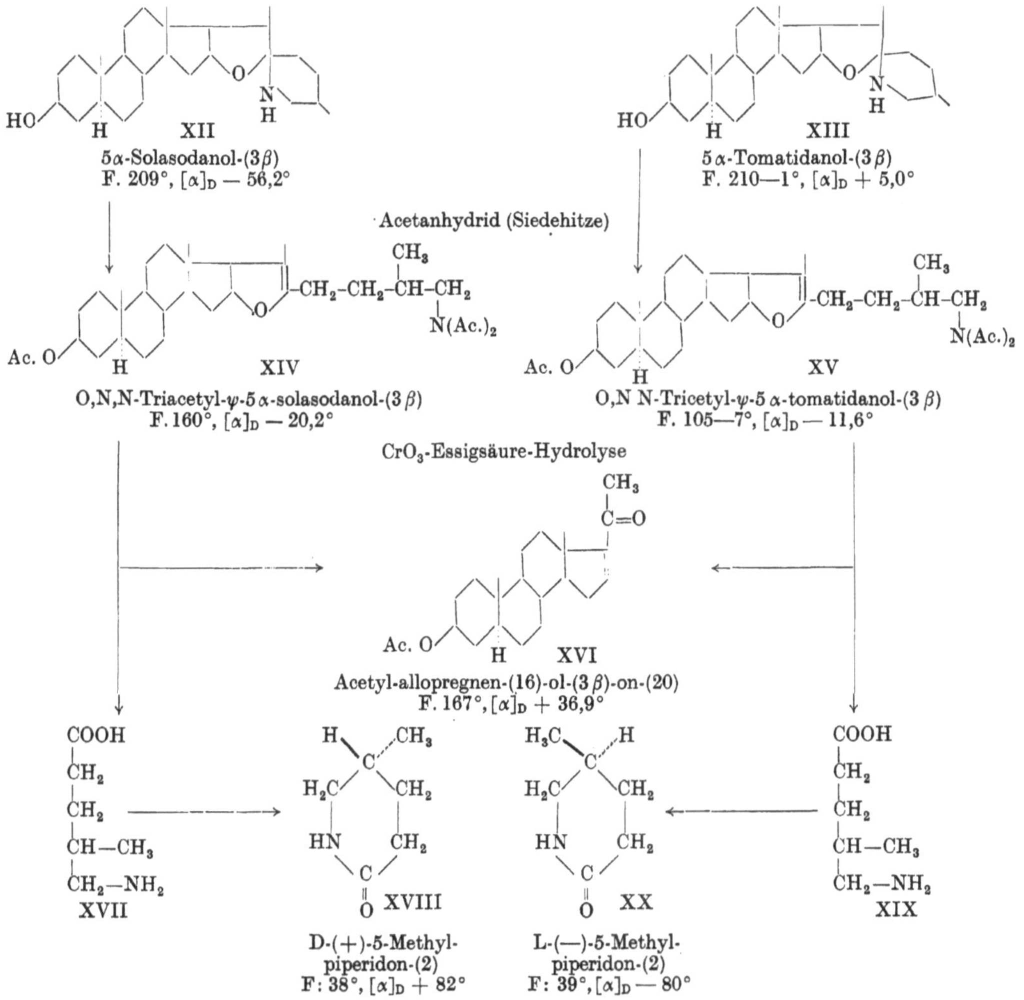

Die L-(—)-Verbindung konnte kürzlich von JEGER, PRELOG, SUNDT und WOODWARD [41] — vgl. [42] — als Abbauprodukt des *Veratrum*-Alkaloids Cevin — vgl. [43] — erhalten werden. Die D-(+)-Verbindung wurde von den gleichen Autoren [41] aus D-(+)-Citronellal, das mit dem D-Glycerinaldehyd konfigurativ bereits verknüpft worden war [44], synthetisiert.

[1]) Hinsichtlich sämtlicher Konstanten siehe die Tabellen.

Die Methyl-piperidone stellen die Lactame der epimeren δ-Amino-γ-methyl-valeriansäuren (XVII u. XIX) dar, die durch Absprengung der Steroidalkaloid-Seitenketten an den $\Delta^{20:22}$-Doppelbindungen aus den 6 C-Atomen 22 bis 27 entstanden sind.

Nach Hydrolyse der Lactame wurden die beiden δ-Amino-γ-methylvaleriansäuren in die entsprechenden δ-Oxy-γ-methyl-valeriansäuren überführt und diese zu den beiden epimeren α-Methyl-glutarsäuren oxydiert (Tabelle 6). Auf diese Weise wurde aus dem D-(+)-5-Methylpiperidon-(2) (aus 5α-Solasodanol-(3β)) die D-(—)-α-Methyl-glutarsäure (XXIII), aus dem L-(—)-5-Methyl-piperidon-(2) (aus 5α-Tomatidanol-(3β)) die L-(+)-α-Methyl-glutarsäure (XXVI) dargestellt.

Tabelle 6

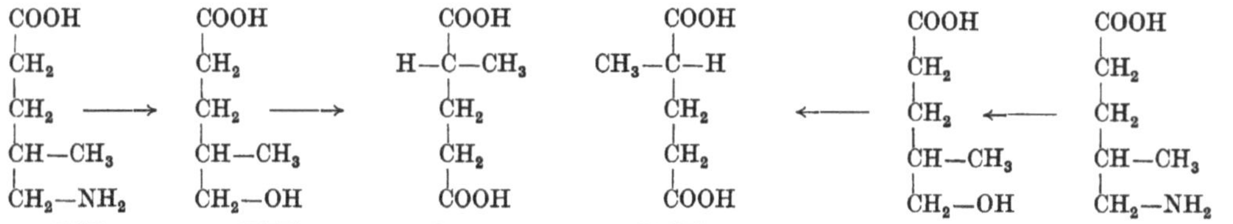

XXI XXII XXIII XXVI XXV XXIV

aus 5α-Solasodanol-(3β) — D(—)-α-Methyl-glutarsäure F. 80, 3°, $[\alpha]_D$ = — 19,2° — L(+)-α-Methyl-glutarsäure F. 80°, $[\alpha]_D$ = + 18,7° — aus 5α-Tomatidanol-(3β)

Beide epimeren Säuren wurden als Abbauprodukte der Pseudo-steroidsapogenine erhalten [45]. Die (—)-α-Methyl-glutarsäure ist konfigurativ mit der (+)-Methyl-bernsteinsäure verknüpft worden [46], deren Zugehörigkeit zur D-Reihe eindeutig gesichert ist [47].

Diese, bei dem Abbau der *Solanum*-Alkaloide erzielten Ergebnisse, erlauben die Feststellung, daß sich 5α-Solasodanol-(3β) und somit auch Solasodin („iso"-25D-Serie) durch ihre unterschiedliche Konfiguration am C-Atom 25 vom 5α-Tomatidanol-(3β) (Tomatidin, „normal"-25L-Serie) unterscheiden. Damit werden die früheren Annahmen [23] hinsichtlich C25 bestätigt.

Tabelle 7

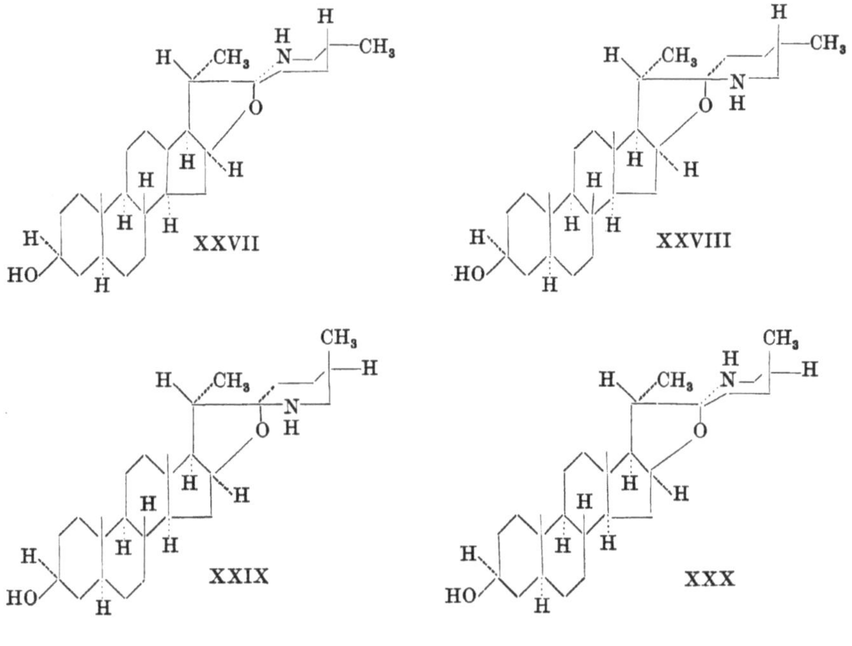

XXVII XXVIII XXIX XXX

Für die Konfiguration am C-Atom 22 ergeben sich nunmehr unter der Voraussetzung der thermodynamisch stabilsten Sesselkonformation des Ringes F sowohl für die D- als auch für die L-Reihe theoretisch je zwei Formen (Tabelle 7). In Übereinstimmung mit HIRSCHMANN und Mitarbeitern [48], aber im Gegensatz zu allen anderen Arbeitskreisen [15], [23], sind wir der Ansicht, daß entscheidend für die thermodynamisch begründete Stabilität der in Frage kommenden Formen die äquatoriale Konformation der Methylgruppe an C 25 ist. Die Annahme einer gleichen äquatorialen Konformation für die beiden konfigurativ unterschiedlichen D- bzw. L-C 27-Methylgruppen hat jedoch zur Folge, daß beide Alkaloide, also 5α-Solasodanol-(3β) und 5α-Tomatidanol-(3β), eine entgegengesetzte Konfiguration am Spirankohlenstoffatom 22 besitzen (Tabelle 7, Formel XXVII und XXVIII). Unseres Erachtens findet diese Hypothese in den unterschiedlichen chemischen und physikalischen Eigenschaften beider Alkaloide und ihrer Derivate eine Stütze.

Die Acetylierung des 5α-Tomatidanol-(3β) zum O,N-Diacetylderivat mit Hilfe von Acetanhydrid und Pyridin erfolgt ohne Schwierigkeiten und mit guten Ausbeuten bei Raumtemperatur [12] (Tabelle 8, Formel XXXIII → XXXIV). Die molare Drehungsänderung beträgt bei dieser Umsetzung + 19,2°.

Tabelle 8

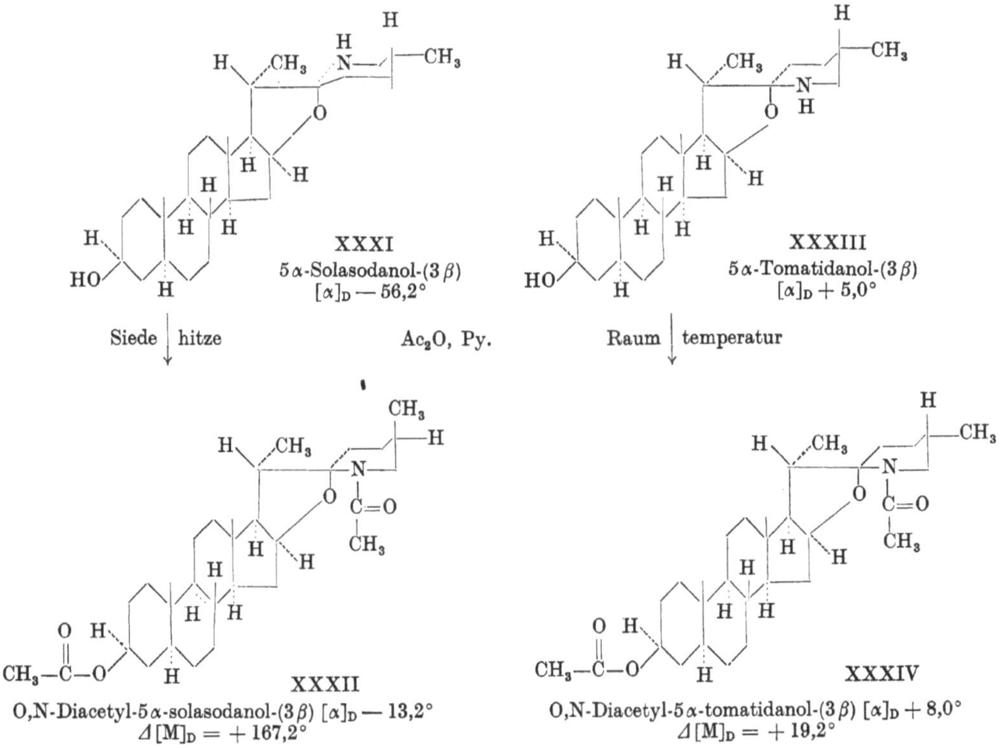

Demgegenüber ist eine Diacetylierung des 5α-Solasodanol-(3β) unter diesen Bedingungen nicht möglich. Es erfolgt lediglich die Bildung eines Mono-O-acetylderivates; die sekundäre Aminogruppe zeigt — im Gegensatz zum 5α-Tomatidanol-(3β) — eine bemerkenswert geringe Reaktionsfähigkeit. Wir möchten dieses Verhalten durch eine sterisch bedingte „Abschirmung" der α-ständigen sekundären Aminogruppe durch die benachbarte, cis-ständige α-C 21-Methylgruppe erklären. Unter stärkeren Reaktionsbedingungen (vielstündiges Erhitzen mit dem Acetylierungsgemisch unter Rückfluß) findet schließlich auch eine O,N-Diacetylierung statt [10] (Tabelle 8, Formel XXXI → XXXII). Bemerkenswert ist die im Vergleich zur Tomatidin-Diacetylierung erheblich größere molare Drehungsänderung von +167,2°. Wir führen diese auf eine Konfigurationsänderung am Spirankohlenstoffatom 22 zurück (vgl. Formel XXXI und XXXII): Erst nach dieser Umkehrung — eine solche dürfte unter den gegebenen Reaktionsbedingungen durchaus möglich sein — kann eine N-Acetylierung erfolgen.

Unter Berücksichtigung dieser Befunde möchten wir für das Solasodin (Solasoden-(5)-ol-(3β)), das Dihydrosolasodin (5α-Solasodanol-(3β)) und für das Tomatidin (5α-Tomatidanol-(3β)) die in der Tabelle 9 angeführten Raumstrukturen zur Diskussion stellen. In Anlehnung an die Nomenklaturvorschläge der Londoner Konferenz der „CIBA-Foundation" im Jahre 1950 [49] möchten wir für das heterocyclische Grundgerüst dieser Alkaloide den Namen

Tabelle 9

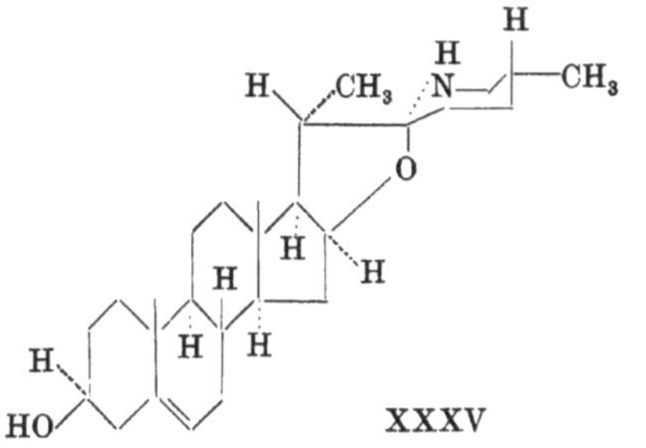
XXXV

Solasodin
Solasoden-(5)-ol-(3β)
22a, 25D-Spirosolen-(5)-ol-(3β)

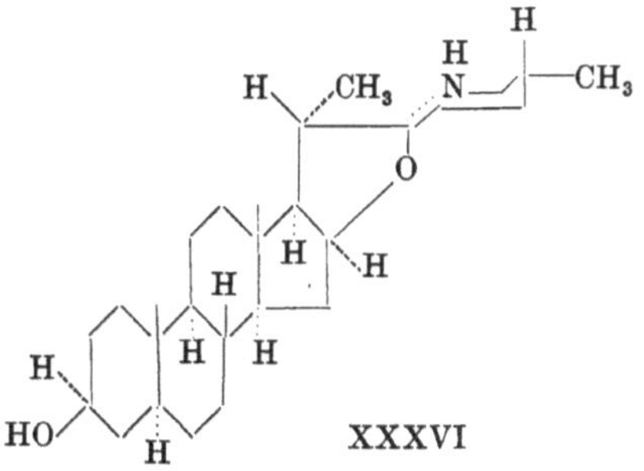
XXXVI

Dihydrosolasodin
5α-Solasodanol-(3β)
5α, 22a, 25D-Spirosolanol-(3β)

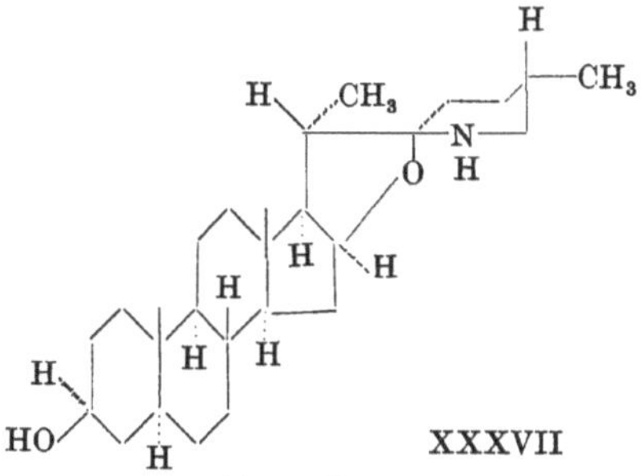
XXXVII

Tomatidin
5α-Tomatidanol-(3β)
5α, 22b, 25L-Spirosolanol-(3β)

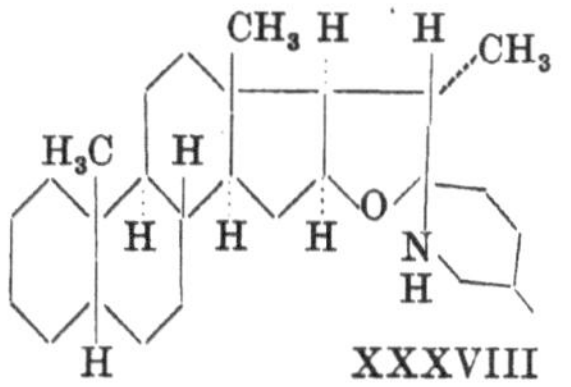
XXXVIII

Spirosolan

„Spirosolan" vorschlagen (Tabelle 9, Formel XXXVIII). 5β-Solasodan wäre somit 22a, 25D-Spirosolan und 5β-Tomatidan 22b,25L-Spirosolan. Solasodin müßte dann mit 22a,25D-Spirosolen-(5)-ol-(3β) und Tomatidin mit 5α,22b,25L-Spirosolanol-(3β) bezeichnet werden.

Die nahe chemische Verwandtschaft der Steroidalkaloide mit den Steroidsapogeninen, die durch die oben angeführten stereochemischen Untersuchungen bestätigt werden konnte, läßt vermuten, daß auch die Biosynthese dieser Verbindungen in der Pflanze gleichlaufend, eventuell über ein gemeinsames Zwischenprodukt, durchgeführt wird (vgl. [3]). Sapogenine (Saponine) konnten bereits mehrmals aus *Solanum*-Alkaloid führenden Pflanzen isoliert bzw. in diesen Pflanzen nachgewiesen werden [50]. Besonders bedeutungsvoll ist in diesem Zusammenhang die Mitteilung von Sato und Latham (vgl. [50]), daß aus den Früchten von *Sol. xanthocarpum* neben Solasodin kleine Mengen Diosgenin isoliert werden konnten.

Tabelle 10

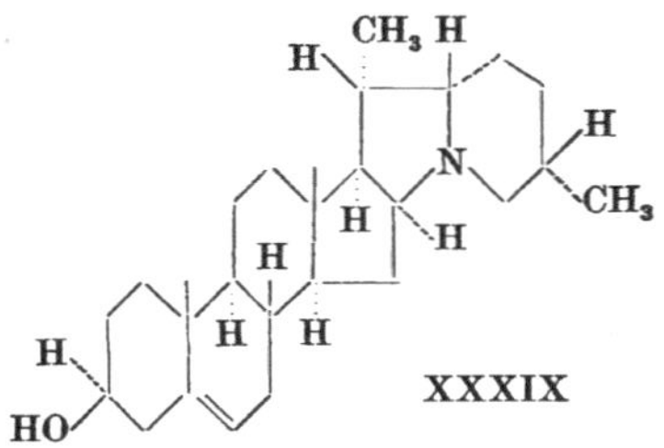

XXXIX

Solanidin
F: 218°, $[\alpha]_D$ — 28°

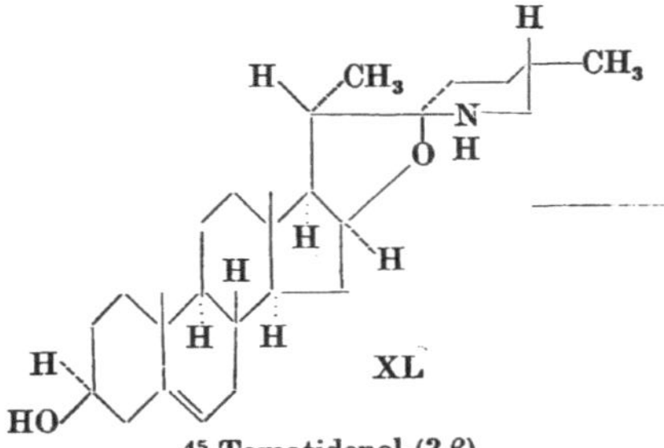

XL

Δ^5-Tomatidenol-(3β)
F: 206°, $[\alpha]_D$ — 45°

→

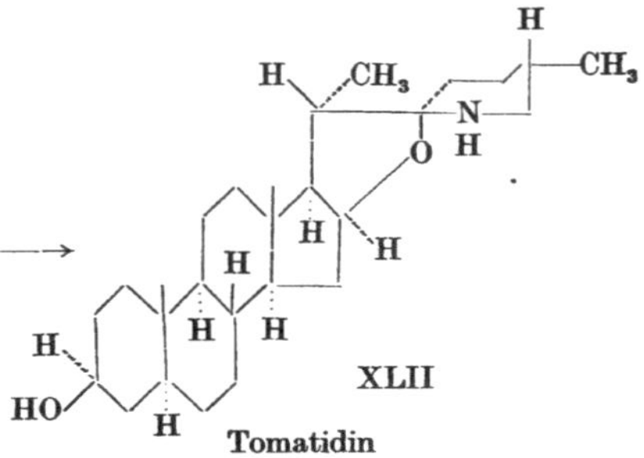

XLII

Tomatidin
F: 210—11°, $[\alpha]_D$ + 5°

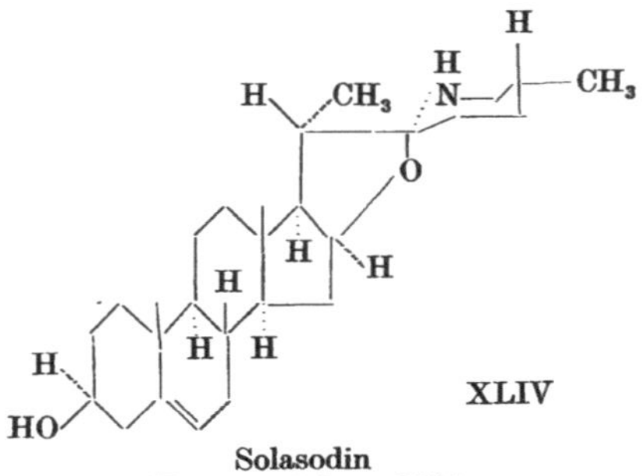

XLIV

Solasodin
F: 209°, $[\alpha]_D$ — 100°

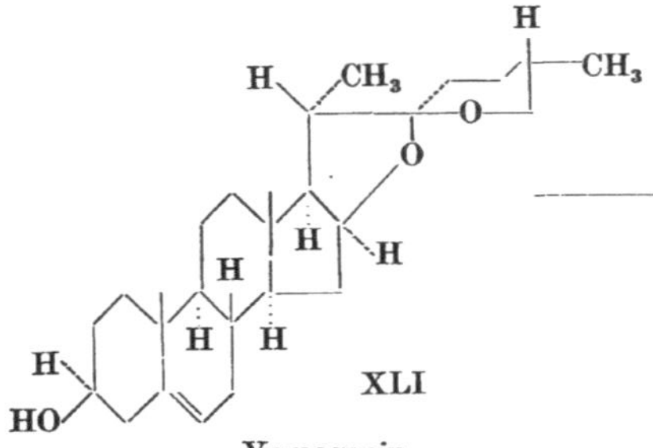

XLI

Yamogenin
F: 200°, $[\alpha]_D$ — 129°
Aus *S. tuberosum* (D.-Keime)

→

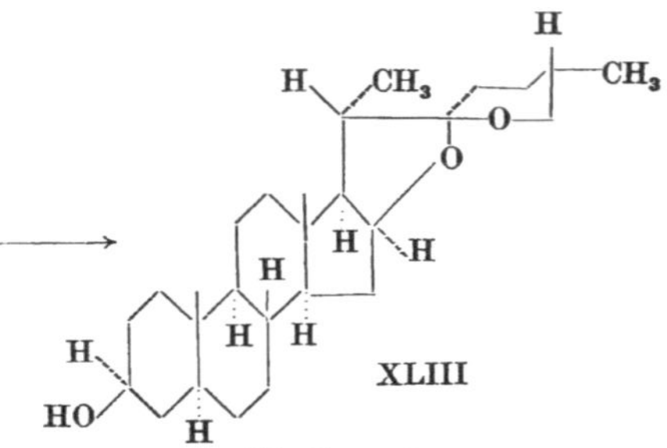

XLIII

Neotigogenin
F: 202°, $[\alpha]_D$ — 65°
Aus *Lyc. pimpinellifolium*
(Freiland-Blätter)

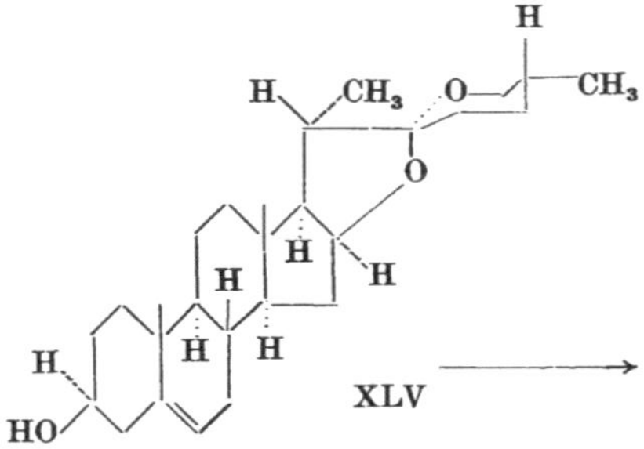

XLV

Diosgenin
F: 208°, $[\alpha]_D$ — 129°
Aus *S. aviculare*
(Freiland-Blätter)

→ Tigogenin
F: 204°, $[\alpha]_D$ — 48°

Im Rahmen unserer Arbeiten über *Solanum*-Alkaloide [13] konnten nun ebenfalls aus den Mutterlaugen der Alkaloide Solanidin (aus den Dunkelkeimen von *Sol. tuberosum*), Tomatidin (aus den Blättern von *Lyc. pimpinellifolium*) und Solasodin (aus den Blättern von *Sol. aviculare*) die nachstehend angeführten Mengen der entsprechenden Sapogenine (Yamogenin, Neotigogenin bzw. Diosgenin) sowie ein Nebenalkaloid — vermutlich Δ^5-Tomatidenol-(3β) — gewonnen werden (siehe Tabelle 10) (vgl. [51]).

Aus etwa 1000 g Rohsolanidin:	900 g	Solanidin
	30 mg	Δ^5-Tomatidenol-(3β)
	80 mg	Yamogenin
Aus 50 g Rohtomatidin:	48,1 g	Tomatidin
	15 mg	Neotigogenin
Aus 65 g Rohsolasodin:	60,8 g	Solasodin
	12 mg	Diosgenin.

Durch katalytische Hydrierung konnte aus Δ^5-Tomatidenol-(3β) 5α-Tomatidanol-(3β) (Tomatidin), aus Yamogenin Neotigogenin und aus Diosgenin Tigogenin dargestellt werden.

Zweifellos wird die Biosynthese dieser Steroide, die nebeneinander in den hauptsächlich Steroidalkaloid führenden Pflanzen vorkommen, eng miteinander verbunden sein. Derartige biogenetische Zusammenhänge wurden bereits von Tschesche und Korte [3] erörtert. Diese Autoren nehmen an, daß auf dem in der Tabelle 11 skizzierten Weg über ein gemeinsames

Tabelle 11

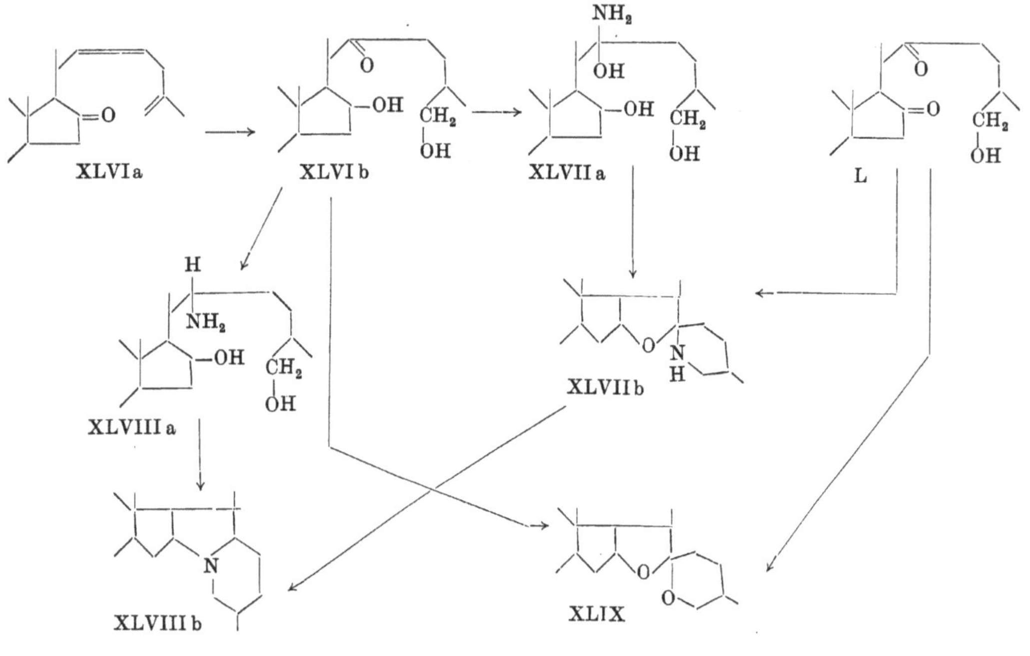

$\Delta^{22,25}$-16-Keto-Intermediärprodukt (XLVI a) die Biosynthese der Sapogenine (XLIX), der Steroidalkaloide mit Spiranstruktur (XLVII) sowie der tertiären Alkaloide vom Typ des Solanidin (XLVIII) denkbar wäre. Es sei bemerkt, daß das gemeinsam mit Sapogeninen in Dioscoreaceen vorkommende Kryptogenin (L) fast die von Tschesche und Korte vorgeschlagene Struktur des hypothetischen Intermediärproduktes besitzt (vgl. [52]). Außerdem sei erwähnt, daß, vom Kryptogenin (L) ausgehend, die Partialsynthese des Diosgenin (XLIX) [53] sowie des Solasodin (XLVII b) [54] bereits durchgeführt wurde. Von KUHN und Mitarbeitern [21] wurde die Synthese des Demissidin (XLVIII b) aus Tomatidin (XLVIIb) beschrieben.

In diesem Zusammenhang interessiert eventuell die von uns gemachte Beobachtung, daß im Gewächshaus herangezogene *Sol. aviculare*-Pflanzen im Vergleich zu den Freilandpflanzen einen wesentlich geringeren Solasodin-Gehalt aufwiesen. Demgegenüber war die relative Diosgenin-Ausbeute bei den alkaloidarmen Pflanzen weitaus besser. Der ultraviolette Anteil des Sonnenlichtes scheint für die Synthese der *Solanum*-Alkaloide in der Pflanze von entscheidender Bedeutung zu sein (vgl. [55]).

Abschließend soll über die Auffindung einer vermutlich neuen Aminosäure in den absterbenden Blättern der Tomatin enthaltenden Primitivtomate *Lyc. pimpinellifolium* berichtet werden [13].

Nach der Fraktionierung, Reinigung und papierchromatographischen Untersuchung eines wäßrigen (alkoholischen) Extraktes der Tomatenblätter wurden u. a. auch 3 Isatin-positive Aminosäuren nachgewiesen (vgl. u. a. [56]). Vermutlich handelt es sich bei einer der aufgefundenen Substanzen (sekundäre Aminosäure) um die bis heute noch unbekannte 5-Methylpiperidin-2-carbonsäure (5-Methyl-pipecolingruppe). Diese Annahme stützt sich auf einen Vergleich (Rf-Werte und IR-Spektren) mit synthetischer DL-5-Methyl-piperidin-2-carbonsäure. Die Synthese dieser Verbindung wurde auf folgendem Wege durchgeführt (siehe Tabelle 12):

Tabelle 12

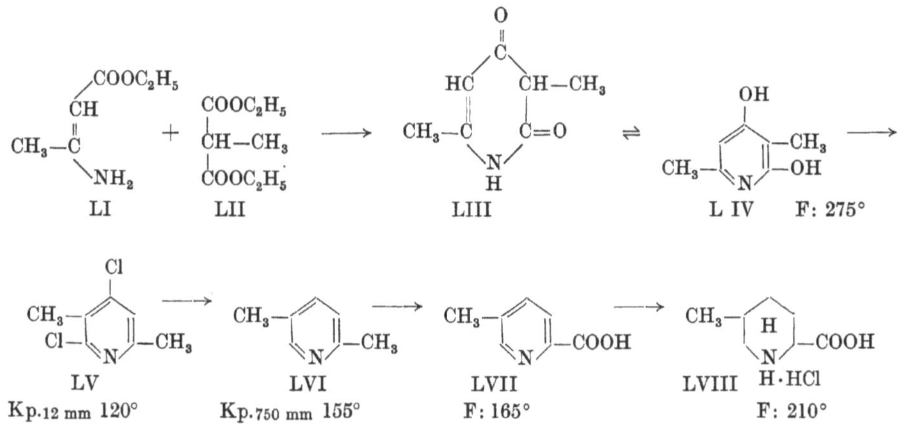

β-Amino-crotonsäure-äthylester (LI) wurde mit Methyl-malonsäurediäthylester (LII) zu 4,6-Dioxy-2,5-dimethyl-pyridin (LIII + LIV) kondensiert [57]. Durch Umsetzung mit Phosphoroxychlorid bzw. -bromid wurde aus diesem 4,6-Dichlor-2,5-dimethyl-pyridin (LV) bzw. die entsprechende Bromverbindung dargestellt [57]. Enthalogenierung mit Raney-Ni führte zum 2,5-Dimethylpyridin (2,5-Lutidin) (LVI) [57]. In Anlehnung an eine Vorschrift von JERCHEL [58] konnte durch selektive Oxydation des Dimethylpyridins mit Selendioxyd die 5-Methyl-pyridin-2-carbonsäure (5-Methyl-picolinsäure) (LVII) synthetisiert werden [13]. Die Darstellung dieser Verbindung ist kürzlich [59] auch auf anderem Wege gelungen (Lit.-Schmp. 163—164°). Die Reduktion der 5-Methyl-picolinsäure mit Natrium und Alkohol führte zur DL-5-Methyl-piperidin-2-carbonsäure (DL-5-Methyl-pipecolinsäure) (LVIII), die als Hydrochlorid isoliert wurde [13].

Es wäre denkbar, daß diese Aminosäure im intermediären Stoffwechsel des Tomatidins, insbesondere hinsichtlich des Alkaloidabbaues in der Pflanze, eine Rolle spielt. Es sei der in der Tabelle 13 skizzierte Abbauweg zur Diskussion gestellt.

Tabelle 13

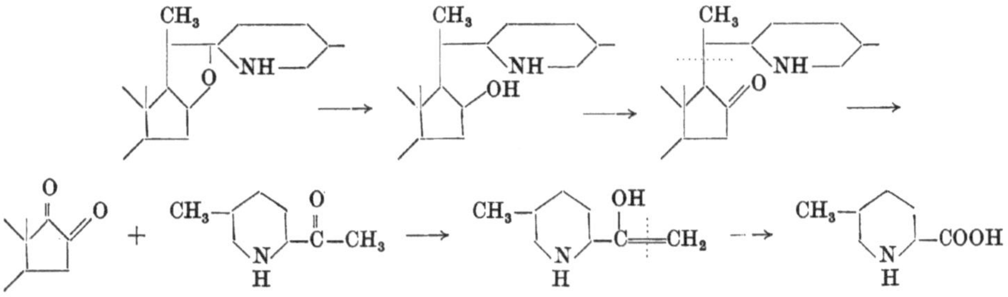

Über die mitgeteilten Untersuchungen soll demnächst an anderer Stelle ausführlich berichtet werden.

LITERATUR

[1] Kuhn, R., u. I. Löw, Chem. Ber. **80**, 406 (1947); Kuhn, R., u. A. Gauhe, Z. Naturforsch. **2b**, 407 (1947); Kuhn, R., I. Löw u. A. Gauhe, Chem. Ber. **83**, 448 (1950); Kuhn, R., u. I. Löw, Ciencia (Mexico) **14**, 7 (1954); Kuhn, R., I. Löw u. H. Trischmann, Chem. Ber. **88**, 1492 (1955); Schreiber, K., Chem. Techn. **6**, 648 (1954); Pharmazie **10**, 379 (1955); Die Kulturpflanze: Beih. 1: Biochemie der Kulturpflanzen S. 239 (1956); Dissert. Rostock 1953; Petrotschenko, E. I., Dissert. Moskau (1953); Vortrag anläßlich der Alkaloid-Tagung in Quedlinburg 1956, vgl. diesen Band S. 158; vgl. auch H. Buhr, Pflanzenschutzkongreß Berlin 1955, Kongreßbericht, S. 105, Berlin 1956.

[2] Sato, Y., A. Katz u. E. Mosettig, J. Amer. chem. Soc. **73**, 880 (1951); **74**, 538 (1952); Sato, Y., H. K. Miller u. E. Mosettig, J. Amer. chem. Soc. **73**, 5009 (1951); Kuhn, R., u. I. Löw, Chem. Ber. **85**, 416 (1952); Camerino, B., C. G. Alberti u. A. Vercellone, Gazz. chim. ital. **83**, 795 (1953); Tuzson, P., Bulcsu u. Kertész, Ungar. Patent RI. 91/a vom 15. 2. 1953; Tuzson, P., Dissert. Budapest 1954; Bognár, R., u. F. Makleit, Pharmazie **11**, 376 (1956); Sander, H., Arch. Pharm. **289**, 308 (1956).

[3] Vgl. Tschesche, R., Fortschr. Chem. organ. Naturstoffe **12**, 131 (1955); Tschesche, R., u. F. Korte, Angew. Chem. **64**, 633 (1952).

[4] Prelog, V., u. O. Jeger in R. H. F. Manske u. H. L. Holmes: The Alkaloids, Vol. III, S. 247, New York 1953; Fernholz, H., in H. Lettré, H. Inhoffen u. R. Tschesche: Über Sterine, Gallensäuren und verwandte Naturstoffe, S. 247, Stuttgart 1954.

[5] Kuhn, R., u. I. Löw, Chem. Ber. **86**, 1027 (1953); **88**, 289 (1955); Kuhn, R., I. Löw u. H. Trischmann, Chem. Ber. **88**, 1690 (1955); Angew. Chem. **68**, 212 (1956).

[6] Vgl. Uhle, F. C., u. J. A. Moore, J. Amer. chem. Soc. **76**, 6412 (1954); Kuhn, R., I. Löw u. H. Trischmann, Angew. Chem. **68**, 212 (1956).

[7] Kuhn, R., u. I. Löw, Chem. Ber. **80**, 406 (1947); Prelog, V., u. S. Szpilfogel, Helv. chim. Acta **27**, 390 (1944); Soltys, A., Ber. dtsch. chem. Ges. **66**, 764 (1933); Bergel, F., u. R. Wagner, Ber. dtsch. chem. Ges. **66**, 1096 (1933).

[8] Briggs, L. H., R. P. Newbold u. N. E. Stace, J. chem. Soc. **1942**, 3; Rochelmeyer, H., H. Stützel u. H. Chen, Arch. Pharm. **282**, 92 (1944).

[9] McKenna, J., Quart. Rev. **7**, 231 (1953); vgl. Briggs, L. H., W. E. Harvey, R. H. Cocker, W. A. McGillivray u. R. N. Seelye, J. chem. Soc. **1950**, 3013.

[10] Briggs, L. H., u. T. O'Shea, J. chem. Soc. **1952**, 1654.

[11] Fontaine, T. D., J. S. Ard u. R. M. Ma, J. Amer. chem. Soc. **73**, 878 (1951); Kuhn, R., u. I. Löw, Chem. Ber. **85**, 416 (1952).

[12] Kuhn, R., I. Löw u. A. Gauhe, Chem. Ber. **83**, 448 (1950); Kuhn, R., u. I. Löw, Chem. Ber. **85**, 416 (1952).

[13] Schreiber, K., unveröffentlicht.

[14] Kuhn, R., u. I. Löw, Chem. Ber. **85**, 416 (1952).

[15] Scheer, I., R. B. Kostic u. E. Mosettig, J. Amer. chem. Soc. **75**, 4871 (1953); **77**, 641 (1955); James, V. H. T., Chem. and Ind. **1953**, 1388; J. chem. Soc. **1955**, 637; Callow, R. K., u. V. H. T. James, Chem. and Ind. **1954**, 691; Dickson, D. H. W., J. Elks, R. M. Evans, A. G. Long, J. F. Oughton u. J. E. Page, Chem. and Ind. **1954**, 692; Callow, R. K., D. H. W. Dickson, J. Elks, R. M. Evans, V. H. T. James, A. G. Long,

J. F. OUGHTON u. J. E. PAGE, J. chem. Soc. **1955**, 1966; TAYLOR, D. A. H., Chem. and Ind. **1954**, 1066; CORNFORTH, J. W., Ann. Rept. on Progr. Chem. (Chem. Soc. London) **50**, 219 (1954); WALL, M. E., C. R. EDDY u. S. SEROTA, J. Amer. chem. Soc. **76**, 2849 (1954); **77**, 1230 (1955); WALL, M. E., S. SEROTA u. L. P. WITNAUER, J. Amer. chem. Soc. **77**, 3086 (1955); WALL, M. E., C. R. EDDY, M. L. MCCLENNAN u. M. E. KLUMPP, Analyt. Chem. **24**, 1337 (1952); EDDY, C. R., M. E. WALL u. M. K. SCOTT, Analyt. Chem. **25**, 266 (1953); WALL, M. E., Experientia **11**, 340 (1955); WALL, M. E., u. S. SEROTA, J. Amer. chem. Soc. **76**, 2850 (1954); WALL, M. E., C. R. EDDY, S. SEROTA u. R. F. MININGER, J. Amer. chem. Soc. **75**, 4437 (1953); ZIEGLER, J. B., W. ROSEN u. A. C. SHABICA, J. Amer. chem. Soc. **76**, 3865 (1954); **77**, 1223 (1955); JONES, R. N., E. KATZENELLENBOGEN u. K. DOBRINER, J. Amer. chem. Soc. **75**, 158 (1953); HIRSCHMANN, H., F. B. HIRSCHMANN u. J. W. CORCORAN, J. org. Chemistry **20**, 572 (1955).

[16] MARKER, R. E., R. B. WAGNER, P. R. ULSHAFER, E. L. WITTBECKER, D. P. J. GOLDSMITH u. C. H. RUOF, J. Amer. chem. Soc. **69**, 2167 (1947); MARKER, R. E., u. E. ROHRMANN, J. Amer. chem. Soc. **61**, 846 (1939); **62**, 518 (1940); MARKER, R. E., E. ROHRMANN u. E. M. JONES, J. Amer. chem. Soc. **62**, 648 (1940).

[17] UHLE, F. C., u. W. A. JACOBS, J. biol. Chemistry **160**, 243 (1945); vgl. PRELOG, V., u. S. SZPILFOGEL, Helv. chim. Acta **27**, 390 (1944); ROTHEN, A., u. L. C. CRAIG, J. Amer. chem. Soc. **65**, 1102 (1943).

[18] UHLE, F. C., u. J. A. MOORE, J. Amer. chem. Soc. **76**, 6412 (1954).

[19] UHLE, F. C., J. Amer. chem. Soc. **75**, 2280 (1953); **76**, 4245 (1954).

[20] BRIGGS, L. H., u. T. O'SHEA, J. chem. Soc. **1952**, 1654.

[21] KUHN, R., I. LÖW u. H. TRISCHMANN, Angew. Chem. **64**, 397 (1952).

[22] BURN, D., u. W. RIGBY, Chem. and Ind. **1952**, 668; J. chem. Soc. **1953**, 963; PELLETIER, S. W., u. W. A. JACOBS, J. Amer. chem. Soc. **74**, 4218 (1952); **75**, 4442 (1953); SATO, Y., u. W. A. JACOBS, J. biol. Chemistry **179**, 623 (1949); WEISENBORN, F. L., u. D. BURN, J. Amer. chem. Soc. **75**, 259 (1953).

[23] ROSEN, W. E., u. D. B. ROSEN, Chem. and Ind. **1954**, 1581; UHLE, F. C., u. J. A. MOORE, J. Amer. chem. Soc. **76**, 6412 (1954); vgl. KUHN, R., I. LÖW u. H. TRISCHMANN, Angew. Chem. **68**, 212 (1956).

[24] WALL, M. E., Experientia **11**, 340 (1955); CALLOW, R. K., D. H. W. DICKSON, J. ELKS, R. M. EVANS, V. H. T. JAMES, A. G. LONG, J. F. OUGHTON u. J. E. PAGE, J. chem. Soc. **1955**, 1966; HIRSCHMANN, H., F. B. HIRSCHMANN u. J. W. CORCORAN, J. org. Chemistry **20**, 572 (1955).

[25] BARTON, D. H. R., J. chem. Soc. **1953**, 1027; NASAROW, I. N., u. L. D. BERGELSON, Fortschr. der Chemie **23**, 566 (1952) (russ.); vgl. dtsch. Übersetzung: Schriftenreihe des Verlages Technik, Bd. 115, Berlin 1954.

[26] FODOR, G., Ö. KOVÁCS, J. TÓTH, I. WEISZ u. I. WEISZ-VINCZE, Vortrag anläßlich der Hauptjahrestagung der Chem. Ges. in der DDR, Leipzig 1954, Tagungsbericht S. 137, Berlin 1955; COOKSON, R. C., Chem. and Ind. **1953**, 337; JEGER, O., V. PRELOG, E. SUNDT u. R. B. WOODWARD, Helv. chim. Acta **37**, 2302 (1954); GAUTSCHI, F., O. JEGER, V. PRELOG u. R. B. WOODWARD, Helv. chim. Acta **38**, 296 (1955); KALVODA, J., P. BUCHSCHACHER u. O. JEGER, Helv. chim. Acta **38**, 1847 (1955); CORRODI, H., u. E. HARDEGGER, Helv. chim. Acta **38**, 2030 (1955); BENTLEY, K. W., u. H. M. E. CARDWELL, J. chem. Soc. **1955**, 3252 u. a.

[27] SATO, Y., A. KATZ u. E. MOSETTIG, J. Amer. chem. Soc. **73**, 880 (1951); **74**, 538 (1952); KUHN, R., u. I. LÖW, Chem. Ber. **85**, 416 (1952).

[28] TSCHESCHE, R., u. A. HAGEDORN, Ber. dtsch. chem. Ges. **68**, 1412 (1935).

[29] KUHN, R., u. I. LÖW, Chem. Ber. **85**, 416 (1952).

[30] MARKER, R. E., u. D. L. TURNER, J. Amer. chem. Soc. **63**, 767 (1941); vgl. SCHEER, I., u. E. MOSETTIG, J. Amer. chem. Soc. **77**, 1820 (1955).

[31] FIESER, L. F., u. M. FIESER, Natural Products Related to Phenanthrene, 3. Aufl., New York 1949, S. 665; HEUSNER, A., Angew. Chem. **63**, 59 (1951).

[32] MARKER, R. E., T. TSUKAMOTO u. D. L. TURNER, J. Amer. chem. Soc. **62**, 2525 (1940); MARKER, R. E., E. ROHRMANN u. E. M. JONES, J. Amer. chem. Soc. **62**, 1162 (1940); WALL, M. E., C. R. EDDY, M. L. MCCLENNAN u. M. E. KLUMPP, Analyt. Chem. **24**, 1337 (1952); JONES, R. N., E. KATZENELLENBOGEN u. K. DOBRINER, J. Amer. chem. Soc. **75**, 158 (1953).

[33] HEUSNER, A., Angew. Chem. **63**, 59 (1951); vgl. auch MUELLER, G. P., R. E. STOBAUGH u. R. S. WINNIFORD, J. Amer. chem. Soc. **75**, 4888 (1953).

[34] FIESER, L. F., u. M. FIESER, Experientia **4**, 285 (1948).

[35] WIELAND, P., u. K. MIESCHER, Helv. chim. Acta **32**, 1922 (1949); TURNER, R. B., J. Amer. chem. Soc. **72**, 878 (1950); KLYNE, W., Chem. and Ind. **1951**, 426; CALLOW, R. K., u. V. H. T. JAMES, Chem. and Ind. **1954**, 691; DICKSON, D. H. W., J. ELKS, R. M. EVANS, A. G. LONG, J. F. OUGHTON u. J. E. PAGE, Chem. and Ind. **1954**, 692; ZIEGLER, J. B., W. E. ROSEN u. A. C. SHABICA, J. Amer. chem. Soc. **76**, 3865 (1954); 77, 1223 (1955); CALLOW, R. K., D. H. W. DICKSON, J. ELKS, R. M. EVANS, V. H. T. JAMES, A. G. LONG, J. F. OUGHTON u. J. E. PAGE, J. chem. Soc. **1955**, 1966; WALL, M. E., C. R. EDDY u. S. SEROTA, J. Amer. chem. Soc. **76**, 2849 (1954); **77**, 1230 (1955); WALL, M. E., Experientia **11**, 340 (1955).

[36] WALL, M. E., C. R. EDDY u. S. SEROTA, J. Amer. chem. Soc. **76**, 2849 (1954); **77**, 1230 (1955); WALL, M. E., Experientia **11**, 340 (1955).

[37] Ziegler, J. B., W. Rosen u. A. C. Shabica, J. Amer. chem. Soc. **76**, 3865 (1954); **77**, 1223 (1955).
[38] Callow, R. K., u. V. H. T. James, Chem. and Ind. **1954**, 691; Dickson, D. H. W., J. Elks, R. M. Evans, A. G. Long, J. F. Oughton u. J. E. Page, Chem. and Ind. **1954**, 692.
[39] Taylor, D. A. H., Chem. and Ind. **1954**, 1066; Callow, R. K., D. H. W. Dickson, J. Elks, R. M. Evans, V. H. T. James, A. G. Long, J. F. Oughton u. J. E. Page, J. chem. Soc. **1955**, 1966.
[40] Mills, J. A., J. chem. Soc. **1952**, 4976; Dauben, W. G., D. F. Dickel, O. Jeger u. V. Prelog, Helv. chim. Acta **36**, 325 (1953); Riniker, B., D. Arigoni u. O. Jeger, Helv. chim. Acta **37**, 546 (1954); Cornforth, J. W., I. Youhotsky u. G. Popják, Nature **173**, 536 (1954); Viscontini, M., u. P. Miglioretto, Helv. chim. Acta **38**, 930 (1955); vgl. auch Fredga, A., Sv. Kem. Tidskr. **67**, 343 (1955).
[41] Jeger, O., V. Prelog, E. Sundt u. R. B. Woodward, Helv. chim. Acta **37**, 2302 (1954).
[42] Craig, L. C., u. W. A. Jacobs, J. biol. Chemistry **141**, 258, 267 (1941).
[43] Barton, D. H. R., O. Jeger, V. Prelog u. R. B. Woodward, Experientia **10**, 81 (1954); Gautschi, F., O. Jeger, V. Prelog u. R. B. Woodward, Helv. chim. Acta **38**, 296 (1955).
[44] Freudenberg, K., u. W. Lwowski, Ann. **587**, 213 (1954).
[45] Scheer, I., R. B. Kostic u. E. Mosettig, J. Amer. chem. Soc. **75**, 4871 (1953); **77**, 641 (1955); James, V.H.T., Chem. and Ind. **1953**, 1388; J. chem. Soc. **1955**, 637; Callow, R. K., u. V. H. T. James, Chem. and Ind. **1954**, 691.
[46] Freudenberg, K., u. H. Hohmann, Ann. **584**, 54 (1953); Fredga, A., Arkiv Kemi, Min., Geol. **24**, A, Nr. 32 (1947); James, V. H. T., J. chem. Soc. **1955**, 637; vgl. Fredga, A., Sv. Kem. Tidskr. **67**, 343 (1955).
[47] Fredga, A., The Svedberg 1884 30/8, Upsala u. Stockholm 1944, S. 261; Fredga, A., u. E. Leskinen, Arkiv Kemi, Min., Geol. **19**, B, Nr. 1 (1944).
[48] Hirschmann, H., F. B. Hirschmann u. J. W. Corcoran, J. org. Chemistry **20**, 572 (1955).
[49] Helv. chim. Acta **34**, 1680 (1951).
[50] Sato, Y., u. H. G. Latham, Jr., J. Amer. chem. Soc. **75**, 6067 (1953); Fischer, R., Pharm. Monatsh. **9**, 25 (1928); Marker, R. E., u. Mitarb., J. Amer. chem. Soc. **65**, 1199 (1943) u. a.; vgl. auch Wall, M. E., C. R. Eddy, J. J. Willaman, D. S. Correll, B. G. Schubert u. H. S. Gentry, J. Amer. Pharm. Assoc., Sci. Ed. **43**, 1; 503 (1954) sowie Supplementary Table of Data for Steroidal Sapogenins VII u. XII, Steroidal Sapogenins XIII. AIC-363 u. XV. AIC-361 u. weitere Arbeiten.
[51] Fieser, L. F., u. M. Fieser, Natural Products Related to Phenanthrene, 3. Aufl., New York 1949; Marker, R. E., R. B. Wagner, P. R. Ulshafer, E. L. Wittbecker, D. P. J. Goldsmith u. C. H. Ruof, J. Amer. chem. Soc. **69**, 2167 (1947); Marker, R. E., u. N. Applezweig, Chem. Eng. News **27**, 3348 (1949); Goodson, L. H., u. C. R. Noller, J. Amer. chem. Soc. **61**, 2420 (1939); Sannié, C., u. H. Lapin, Bull. Soc. chim. France, Mém. **1952**, 1080; Wall, M. E., M. M. Krider, E. S. Rothman u. C. R. Eddy, J. biol. Chemistry **198**, 533 (1952) u. weitere Arbeiten.
[52] Briggs, L. H., W. E. Harvey, R. H. Locker, W. A. McGillivray u. R. N. Seelye, J. chem. Soc. **1950**, 3013.
[53] Marker, R. E., R. B. Wagner, P. R. Ulshafer, E. L. Wittbecker, D. P. J. Goldsmith u. C. H. Ruof, J. Amer. chem. Soc. **69**, 2167 (1947); Kaufmann, St., u. G. Rosenkranz, J. Amer. chem. Soc. **70**, 3502 (1948).
[54] Uhle, F. C., J. Amer. chem. Soc. **75**, 2280 (1953).
[55] Conner, H. W., Plant Physiol. **12**, 79 (1937); Lepper, W., Z. Lebensmittelunters. u. Forsch. **86**, 247 (1943); Lampitt, L. H., J. H. Bushill, H. S. Rooke u. E. M. Jackson, J. Soc. Chem. Industry **62**, 48 (1943); Wolf, M. J., u. B. M. Duggar, J. agricult. Res. **73**, 1 (1946); Sander, H., Planta **47**, 374 (1956).
[56] Virtanen, A. I., Angew. Chem. **67**, 381 (1955); Steward, F. C., u. J. F. Thompson, Ann. Rev. Plant Physiol. **1**, 233 (1950); Zacharius, R. M., J. F. Thompson u. F. C. Steward, J. Amer. chem. Soc. **76**, 2908 (1954); Grobbelaar, N., R. M. Zacharius u. F. C. Steward, J. Amer. chem. Soc. **76**, 2912 (1954).
[57] Prelog, V., u. S. Szpilfogel, Helv. chim. Acta **25**, 1306 (1942); Knoevenagel, E., u. A. Fries, Ber. dtsch. chem. Ges. **31**, 767 (1898).
[58] Jerchel, D., E. Bauer u. H. Hippchen, Chem. Ber. **88**, 156 (1955).
[59] Häring, M., B. Prijs u. H. Erlenmeyer, Helv. chim. Acta **37**, 147 (1954).

DISKUSSION

Herr Rochelmeyer: An der Alkaloidnatur der *Solanum*-Alkaloide vom Steroidtypus kann nicht gezweifelt werden. Das schließt ihre Aufführung unter den Steroiden nicht aus. Der Alkaloidabfall von im Gewächshaus gezüchteten Pflanzen hat beim Mutterkorn seine Parallele.

Herr Heusner: Das 1953 von Stabursvik in der Liliacee *Narthecium ossifragum* festgestellte Vorkommen von 22-Hydroxy-Cholesterin mag als weitere Stütze für die

Annahme eines biogenetischen Zwischenproduktes mit einer Sauerstoffunktion an C_{22} gelten.

Herr FODOR: Ist eine Selektivität in der Acetolyse der beiden stereoisomeren Formen vorhanden, so kann man daraus, Antielimination angenommen, auf die trans-Stellung der H- und N-Atome an den zwei benachbarten C-Atomen schließen. Dies „Umklappen" bei der „milden" Acetylierung ist mir dem Mechanismus nach, nicht ganz klar.

Herr SCHREIBER: Die „Umklappung" des heterocyclischen Ringes F (22a→22b) des 5α-Solasodanol-(3β) bei der N-Acetylierung erfolgt wahrscheinlich unter Öffnung dieses Ringes über eine intermediäre Bildung von Oxonium- bzw. Carboniumverbindungen.

Herr FODOR: Man könnte die absolute Konfiguration von N im Solanidin aufklären.

Herr SANDER: Es wird die Frage gestellt, ob 5-Methyl-piperidin-2-carbonsäure ein Spaltprodukt der Bildung oder des Abbaus von Tomatidin ist, da dieses die Sprengung der stabilen Bindung zwischen C_{21} und C_{20} und andererseits die Erhaltung der labileren Bindung zwischen C_{22} und N zur Folge hätte. Piperidin- und Pyridincarbonsäuren kommen auch sonst im Stoffwechsel der Pflanzen häufiger vor.

Die Steroidalkaloide sind biogenetisch weniger den Alkaloiden als vielmehr den Steroidsapogeninen anzureihen. Das alternierende Vorkommen dieser beiden Stoffgruppen, das auch Herr SCHREIBER erwähnt, weist darauf hin.

Die Fällbarkeit von Tomatin mit Cholesterin ist analog der Digitonin-Fällbarkeit. Weiterhin weist in diese Richtung der von den übrigen Solanaceen-Basen verschiedene Bildungsort. Der gleichzeitige starke Abbau des Tomatidins und der Aufbau von Carotinoiden in der reifenden Tomatenfrucht legen die Hypothese nahe, daß ersteres zum Aufbau des letzteren verwandt wird.

Herr SCHREIBER: Die große Affinität des Tomatins zum Cholesterin (Cholesteridbildung) kann von uns bestätigt werden. Tomatin ist nach unseren Befunden wesentlich stärker hämolytisch wirksam als Solanin. Vermutlich besteht eine Parallelität zwischen der Kartoffelkäfer-Wirksamkeit der *Solanum*-Alkaloidglykoside und ihren konstitutionell und konfigurativ bedingten „physikalisch-chemischen" Eigenschaften.

Herr MOTHES: Daß ein Abbau von Steroidalkaloiden in der reifenden Frucht erfolgt, haben diese mit anderen Basen gemein. Man kann aber, m. E., nicht vorsichtig genug sein, Beziehungen zwischen verschwindenden und gleichzeitig entstehenden Produkten herzustellen. So viel Verwandtschaft durch ihre Biogenese auch zwischen Steroiden und Carotinoiden bestehen mag, es ist wahrscheinlich, daß bei einem Abbau der Steroide das Molekül ziemlich zerschlagen wird. Eine Beziehung würde ich zunächst nur bei einem Abbau zu einem aktiven 2 C-Körper sehen. Aber damit ist nichts Spezifisches ausgesagt. Denn was kann nicht alles aus solchem Baustein gebildet werden.

Aus dem Institut für Biochemie „A. N. Bach“ der Akademie der Wissenschaften der UdSSR, Moskau

Die Glykoalkaloide der Nachtschattengewächse

Von E. I. Petrotschenko

Unter den Alkaloiden nehmen die Glykoalkaloide eine besondere Stellung ein. Sie befinden sich in verschiedenen Geweben vieler Solanaceen, zu denen so große und ökonomisch wichtige Gattungen wie *Solanum* und *Lycopersicon* gehören.

Bis vor kurzem waren die Glykoalkaloide noch wenig erforscht, obwohl das Solanin von Desfosses [1] vor mehr als 135 Jahren entdeckt wurde.

Als bekannt wurde, daß einige Glykoalkaloide (Demissin, Tomatin) eine schädigende Wirkung auf die Larven des Koloradokäfers ausüben, nahm das Interesse für diese Alkaloide in den letzten Jahren merklich zu. Es erwies sich auch, daß einige Glykoalkaloide über spezifische antibiotische Eigenschaften gegen eine Reihe von pathogenen Pilzen verfügen, was die Immunität einiger Nachtschattengewächse gegen Pilzbefall bedingen könnte.

Die chemische Struktur der Glykoalkaloide

Aus der Familie der Nachtschattengewächse wurden bis heute 14 verschiedene Glykoalkaloide beschrieben. Diese Stoffe werden bei der Säurehydrolyse in 2 Komponenten gespalten: das Aglykon, das ein Alkaloid im eigentlichen Sinne ist, und einige einfache Saccharide, die wahrscheinlich in Form von Glykosidketten vorliegen, welche mit dem Aglykon verknüpft sind.

Das Aglykon enthält einen Sterinkern und weiterhin entweder ein tertiäres (Solanine, Chaconine, Solacaulin, Demissin) oder ein sekundäres (Solasonin, Solauricin, Solamargin, Solanocapsin, Tomatin) Stickstoffatom im heterocyclischen Ring. Im letzten Fall befindet sich außerdem ein heterocyclisches Sauerstoffatom in der Nähe des sekundären Stickstoffatoms (Tabelle 1).

Der Glykosidteil ist ein Mono-, Di-, Tri- oder Tetrasaccharid, dessen Bausteine Glucose, Galaktose, Rhamnose und Xylose sein können.

Die biologischen Eigenschaften der Glykoalkaloide

Die schädliche Wirkung der Glykoalkaloide auf Lebewesen wurde schon am Ende des 19. Jahrhunderts festgestellt. Die Untersuchungen betrafen den bekanntesten Vertreter dieser Stoffklasse, das Solanin, das sich in allen Sorten der Kulturkartoffel befindet. Es wurde festgestellt, daß das Solanin ein Protoplasmagift ist, welches auf Säugetiere wirkt und beim Menschen in einer Konzentration von 0,2—0,4 g zum Tode führt. Im Jahre 1922 wurden in vielen Gebieten Deutschlands Kartoffeln mit einem erhöhten Solaningehalt gefunden, die Vergiftungen unter der Bevölkerung und den Haustieren hervorriefen. Ähnliche Vergiftungen beobachtete man 1933 in der Sowjetunion. Aus jüngster Zeit liegen nunmehr auch Untersuchungen über einige andere Glykoalkaloide vor. Fontaine und Mitarbeiter [2] haben im Jahre 1948 antibiotische Eigenschaften des Glykoalkaloids Tomatin gegenüber einer Reihe von pflanzen- und tierpathogenen Pilzen festgestellt, und 1950 führten Kuhn und Mitarbeiter vergleichende Untersuchungen über die antibiotische Wirkung des Tomatins, Demissins und Solanins durch.

Von großer Bedeutung ist die Wirkung einiger Glykoalkaloide auf die Larven des Koloradokäfers. 1947 zeigten Kuhn und Gauhe [4], daß das von ihnen aus den Blättern einer

Tabelle 1
Die Glykoalkaloide der Nachtschattengewächse

Glykoalkaloid	Strukturformel des Aglykons
Solanin (α, β, und γ) Chaconin (α, β und γ) Solacaulin	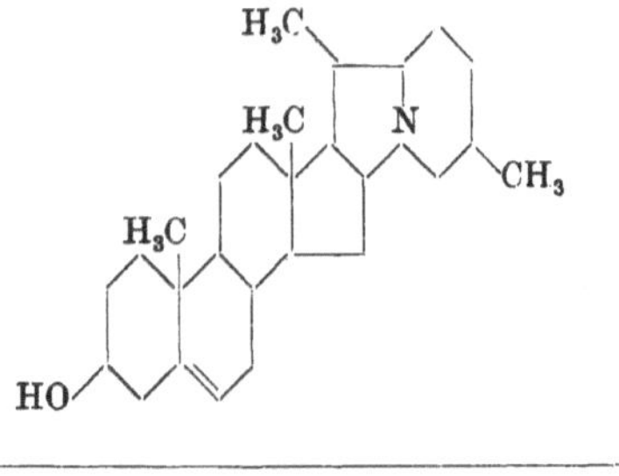
Demissin	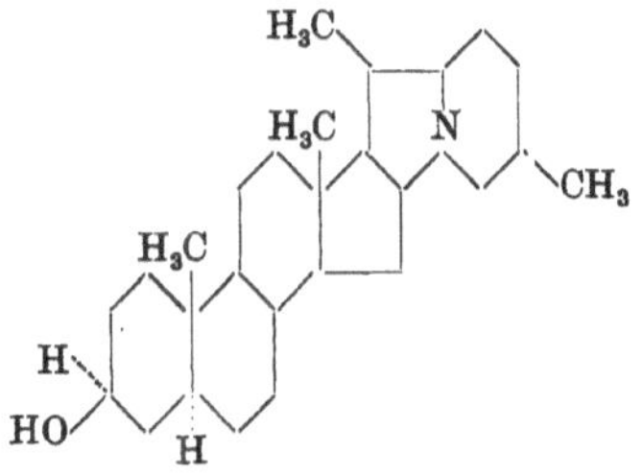
Solasonin Solauricin Solamargin	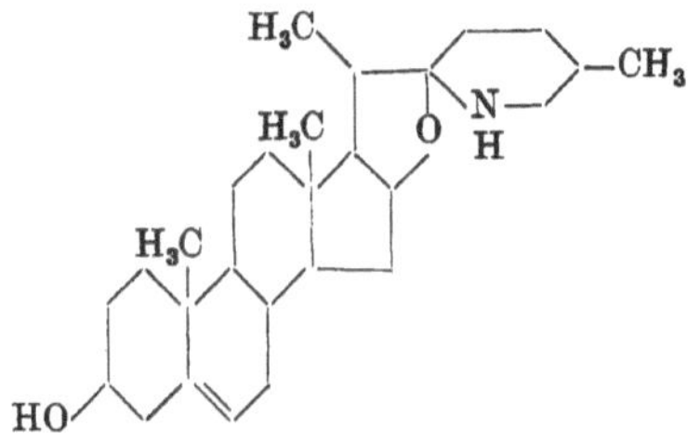
Solanocapsin	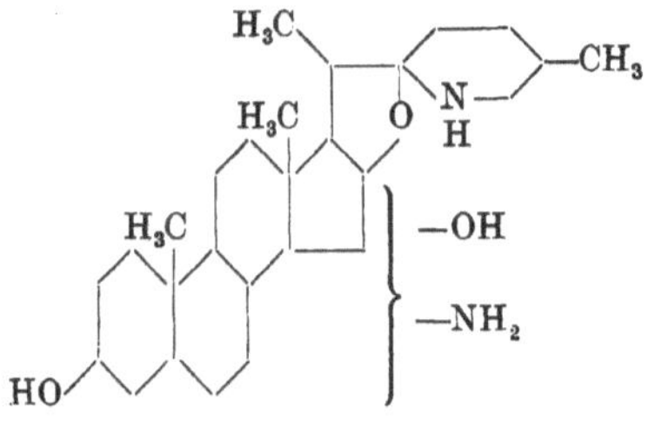
Tomatin	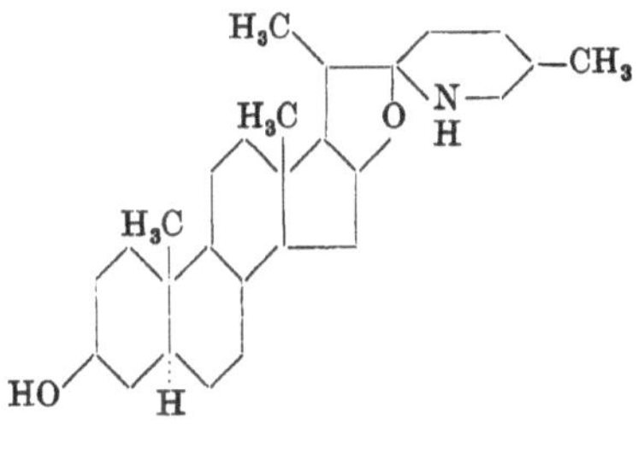

Wildkartoffelart — *Solanum demissum* — isolierte Glykoalkaloid Demissin die Entwicklung der Larven hemmt. Wichtig ist in diesem Zusammenhang auch, daß unter der großen Mannigfaltigkeit der Formen von *Sol. demissum* einige Spielarten auftreten, die dem Koloradokäfer gegenüber widerstandsfähig sind, während alle zur Art *Sol. tuberosum* gehörenden solaninhaltigen Kulturkartoffeln vom Käfer gefressen werden.

Entsprechend dem Demissingehalt der Blätter von *Sol. demissum* infiltrierten die Autoren bis zu 0,5% Demissin in die Blätter der gewöhnlichen Kulturkartoffel und zeigten, daß solche Blätter für die Ernährung der Larven nicht geeignet sind und ihren Tod herbeiführen. Bald darauf haben Kuhn und Mitarbeiter [3] gezeigt, daß Tomatenblätter Tomatin enthalten, das ähnliche Toxizität wie Demissin aufweist.

Schon auf Grund dieser Arbeiten konnte man annehmen, daß die Widerstandsfähigkeit vieler Formen von *S. demissum* durch das Vorhandensein des Glykoalkaloids Demissin in den Blättern erklärt werden kann und daß Tomatenblätter wegen ihres Tomatingehalts vom Koloradokäfer verschmäht werden.

Bestimmungsmethoden der Glykoalkaloide

Alle quantitativen und qualitativen Bestimmungsmethoden der Glykoalkaloide, die bis vor kurzem bekannt waren, bezogen sich auf das Solanin. Die mikrochemischen Methoden von Wotschal [5, 6] oder Fischer und Thiele [7] gaben lediglich eine Vorstellung über den relativen Solaningehalt im untersuchten Objekt und wiesen viele andere Mängel auf.

Die gravimetrische Methode, die Bömer und Mattis [8] vorschlugen, litt an einem allen gravimetrischen Methoden eigenen Mangel, nämlich der Umständlichkeit bei der Durchführung der Analyse und war außerdem auch von ungenügender Genauigkeit.

Ein bedeutend bequemeres Verfahren hat Pfannkuch [9] ausgearbeitet, indem er die Reaktion des Solanins mit konzentrierter H_2SO_4, die 1% Formalin enthielt, kolorimetrisch auswertete (Reaktion von Alberti [10]). Ein Mangel des kolorimetrischen Verfahrens besteht darin, daß neben Solanin noch das ebenfalls im Pflanzenmaterial vorkommende Solanidin miterfaßt wird.

Deshalb war die titrimetrische Methode von Conner [11] eine notwendige Ergänzung. Sie beruht auf der Bestimmung des Zuckers, der nach der Hydrolyse des vorgereinigten Solanins erhalten wird.

Im Jahre 1952 schlugen Prokoschew und Mitarbeiter [12] eine modifizierte Bestimmungsmethode vor, die es gestattete, das Solanin getrennt von Demissin bzw. Tomatin zu bestimmen.

Die Autoren stützten sich bei der Ausarbeitung dieser Methode auf den unterschiedlichen chemischen Aufbau der Glykoalkaloide. Das Vorhandensein der Rhamnose (Methylpentose) im Solanin und der Xylose (Pentose) im Demissin und Tomatin einerseits und die Anwesenheit der Doppelbindung im Solanin und ihr Fehlen im Demissin und Tomatin andererseits bedingen den unterschiedlichen Charakter der Farbreaktionen dieser Glykoalkaloide und erlauben es, sie getrennt quantitativ zu bestimmen.

Da man es beim Arbeiten mit Pflanzenmaterial stets mit einem Gemisch von Glykoalkaloiden zu tun hat, erweist sich diese Bestimmungsmethode als besonders brauchbar.

Qualitative und quantitative Verbreitung der Glykoalkaloide in den Nachtschattengewächsen

Aus der Gruppe der Glykoalkaloide wurde bis heute am eingehendsten das Solanin untersucht. Es kommt in allen Sorten der Kulturkartoffel vor und beeinflußt deren Qualität als Nahrungsmittel entscheidend.

Weniger intensiv wurden alle anderen Glykoalkaloide untersucht, so auch die auf den Koloradokäfer toxisch wirkenden Alkaloide Demissin und Tomatin. Die Frage, ob diese Stoffe eventuell die Widerstandsfähigkeit vieler Nachtschattengewächse gegen den Kartoffelkäfer bedingen, war der Ausgangspunkt der Untersuchungen von PROKOSCHEW und Mitarbeitern.

Mit wenigen Ausnahmen kann man alle Glykoalkaloide, ihrem chemischen Verhalten nach, in 2 Typen unterteilen — den Typ des Solanins, der sich durch eine positive ALBERTI-Reaktion auszeichnet, die für eine Doppelbindung im Sterinkern des Glykoalkaloids charakteristisch ist, und den Typ des Demissins mit der ihm eigenen BIAL-Reaktion, charakteristisch für die Pentose im Saccharid-Teil des Moleküls.

PROKOSCHEW, PETROTSCHENKO und BARANOWA [13] untersuchten Natur und Gehalt der Glykoalkaloide in den Blättern von 35 Kartoffelarten. In einigen Fällen wurde auch das Knollenmaterial analysiert. Es erwies sich, daß alle untersuchten Arten der Kulturkartoffel in den Blättern und in den Knollen Solanin enthalten, während die wilden Arten sich durch das Vorhandensein sowohl von Solanin als auch von Demissin auszeichnen.

Die Vertreter der Serie *Commersoniana*, die das auf den Koloradokäfer nicht toxisch wirkende Solanin enthalten, erwiesen sich trotzdem gegen den Käfer resistent. Das zeugt davon, daß die Widerstandsfähigkeit der entsprechenden Kartoffelarten aus der Serie *Commersoniana* (zum Beispiel *Sol. chacoense*) nicht von der Natur der in ihnen enthaltenen Glykoalkaloide, sondern durch andere, vorläufig noch unbekannte Faktoren, bestimmt wird. Zu der gleichen Schlußfolgerung kamen später KUHN und LÖW [14] sowie SCHREIBER [15].

Bis in die jüngste Zeit hat sich die Meinung gehalten, daß in allen Sorten der zur Art *Sol. tuberosum* gehörenden Kulturkartoffel ein einziges, für sie charakteristisches Glykoalkaloid, das Solanin, enthalten sei.

Im Jahre 1954 haben jedoch KUHN und LÖW [16] mit Hilfe neuester chromatographischer Untersuchungsmethoden gezeigt, daß die Keime und die Blätter von *S. tuberosum* sechs verschiedene Glykoalkaloide enthalten. Die Autoren benannten sie α-, β-, γ-Solanin und α, β- und γ-Chaconin. Sie zeigten, daß diese sechs Glykoalkaloide Verbindungen des Solanidins mit Tri-, Di- und Monosacchariden sind. Der verbreiteten Vorstellung, daß der saccharide Teil des Solanins als Kette an sein Aglykon Solanidin angeschlossen ist, was in allerletzter Zeit von BRIGGS und VINING [17] und auch von SCHREIBER [18] bestätigt wurde, stellen KUHN und Mitarbeiter eine neue von ihnen experimentell bewiesene These entgegen, nach der der trisaccharide Teil verzweigt ist.

Bald darauf berichteten KUHN und LÖW [14] über die von ihnen an einer Al_2O_3-Säule vollzogene chromatographische Auftrennung des aus den Blättern von *Sol. aviculare* isolierten Gesamtalkaloids, das früher als ein einheitliches Alkaloid galt, in zwei Glykoalkaloide — Solasonin und Solamargin.

Es wäre denkbar, daß alle bislang erforschten knollentragenden Arten der Nachtschattengewächse auch durch das Vorhandensein komplizierter Gemische von Glykoalkaloiden charakterisiert werden. Es ist auch möglich, daß die einzelnen Glykoalkaloide eine bestimmte Rolle in der Physiologie der betreffenden Pflanzen spielen.

Im Gegensatz zu den Angaben von PROKOSCHEW und Mitarbeitern, die das Vorhandensein des Demissins in drei zur Serie *Acaulia* gehörenden Wildkartoffelarten festgestellt haben, berichtete SCHREIBER [19] im Jahre 1954 über die Isolierung eines neuen Glykoalkaloids aus *Sol. acaule*, welches von ihm Solacaulin benannt wurde. Dieses Glykoalkaloid wies beide Farbreaktionen auf — die Reaktion von ALBERTI und die Reaktion von BIAL — das heißt, es vereinigte in sich die für diese Reaktionen spezifischen Eigenschaften des Solanins und des Demissins. Bei der chemischen Untersuchung des Solacaulins fand SCHREIBER, daß das Aglykon Solanidin mit einer trisacchariden Kette aus zwei Molekülen Xylose und einem Molekül Glucose verbunden ist. Im Zusammenhang damit sei darauf hingewiesen, daß die systematische Klassifikation der Kartoffel in verschiedenen Ländern unterschiedlich ist. In der ökologisch-geographischen Klassifikation, die von sowjetischen Gelehrten [20] ausgearbeitet wurde, enthält die Serie *Acaulia* die drei selbständigen Kartoffelarten: *S. punae, S. schreiteri* und *S. depexum*, während die deutsche Klassifikation diese Gruppe als eine einzige Art, *Solanum acaule*, betrachtet.

Weiterhin teilte SCHREIBER mit, daß er ein neues Glykoalkaloid aus einer Form der Art *S. acaule* mit gestreckter Achse (*Sol. acaule f. caulescens*) isoliert hat. Alle Pflanzen jedoch, die in der sowjetischen Kartoffelkollektion zur Serie *Acaulia* gehören, haben immer die Form einer Rosette mit einem stark verkürzten Sproß. Deshalb ist die Möglichkeit nicht ausgeschlossen, daß SCHREIBER es entweder nicht mit der Serie *Acaulia* zu tun hatte, sondern mit irgendeiner anderen Gruppe der Wildkartoffeln oder daß eine bedeutende morphologische Modifikation der *Acaulia* (gestreckte Sproßachse) gemeinsam mit wesentlichen Veränderungen in der Struktur des Glykoalkaloids auftrat.

Eine systematische Untersuchung der Glykoalkaloide von nichtknollentragenden Solanaceen begann im Jahre 1948, als FONTAINE mit seinen Mitarbeitern [2] das Tomatin in den Blättern der Tomaten fand. KUHN, LÖW und GAUHE [3] fanden bei fünf südamerikanischen Tomatenarten 0,5 bis 1,8% Tomatin, bezogen auf das Trockengewicht der Blätter. Es ist ihnen jedoch nicht gelungen, aus den Blättern der gewöhnlichen kultivierten Tomate — *Lycopersicon esculentum* — dieses Glykoalkaloid zu isolieren, und nur in der kultivierten Tomate *L. esculentum var. pruniforme* fanden sie in manchen Jahren bis 5% Tomatin, bezogen auf das Trockengewicht.

Umfassende Untersuchungen der Tomaten wurden von PROKOSCHEW, PETROTSCHENKO und BARANOWA [21] durchgeführt, die den Tomatingehalt in zwei verschiedenen Vegetationsperioden in den Blättern von 16 Sorten und Arten der Tomate feststellten. Dabei haben die sowjetischen Forscher erstmalig das Vorhandensein des Tomatins in einer gewöhnlichen kultivierten Tomate — *L. esculentum* — nachgewiesen. Sein Gehalt beträgt, bezogen auf das Trockengewicht, 0,6—0,8%. Sie isolierten es in kristalliner Form. PROKOSCHEW und Mitarbeiter fanden grundsätzlich dieselben Grenzwerte des Glykoalkaloidgehalts in verschiedenen Tomatenarten: von 0,24—1,57% vom Trockengewicht. Es zeigte sich, daß die Tomatin-Konzentration in den Blättern der Tomaten in Abhängigkeit von meteorologischen Bedingungen schwankt. Die Suche nach Arten mit hohem Tomatingehalt muß fortgesetzt werden, da dieses Glykoalkaloid zur Herstellung wertvoller Medikamente vom Typ der Nebennierenhormone verwendet werden kann.

Der Glykoalkaloidgehalt bei Kreuzungen zwischen verschiedenen Arten und bei vegetativen Pfropfungen

PROKOSCHEW, PETROTSCHENKO und BARANOWA [22] untersuchten die Vererbung der Glykoalkaloide bei der Kreuzung von Kartoffelarten, die sich durch die Natur ihrer Glykoalkaloide in den Blättern unterscheiden. Zur Kreuzung wurden Wildarten, die Demissin enthalten, und gewöhnliche Selektionssorten, die Solanin enthalten, verwendet. Die Kreuzungen zeigen hinsichtlich des Glykoalkaloidvorkommens intermediären Charakter: die Blätter und Knollen der ersten Kreuzungsgeneration enthalten Solanin und Demissin in ungefähr gleichen Mengen. Es ist nicht ausgeschlossen, daß die Autoren es in diesem Falle nicht mit einem Gemisch von Glykoalkaloiden zu tun hatten, sondern mit der Bildung eines neuen Stoffes, welcher die Eigenschaften zweier verschiedener Glykoalkaloide aufweist, wie z. B. das von SCHREIBER isolierte Solacaulin. Diese Frage kann durch die Anwendung chromatographischer Untersuchungsmethoden entschieden werden.

Interessante Beobachtungen wurden seinerzeit von SCHMUCK und Mitarbeitern [23, 24], von KRAJEWOI [25] und ILJIN [26] erhalten, die mit der vegetativen Pfropfung die Frage des

Syntheseortes der Solanaceenalkaloide vom Atropin- und Nikotintyp zu klären versuchten. Sie konnten zeigen, daß die Synthese solcher Alkaloide wie Nikotin und Atropin hauptsächlich in den Wurzeln lokalisiert ist. Von dort aus gelangen die Alkaloide in die oberirdischen Teile der Pflanze, wo sie sich auch anreichern. Das Anabasin bildet sich dagegen sowohl in der Wurzel als auch in den Blättern.

Diese Arbeiten regten PROKOSCHEW und Mitarbeiter [27] dazu an, analoge Pfropfungen mit Glykoalkaloid-führenden Solanaceen durchzuführen. Dabei wurden Pflanzen ausgewählt, die sich stark nach den in ihnen vorkommenden Glykoalkaloiden unterscheiden: Sorten der Kulturkartoffel, die Solanin enthalten, ihre Wildarten, in denen das Demissin anwesend ist, und Tomaten, die Tomatin enthalten. Es wurden auch einige Nachtschattengewächse verwendet, die keine Glykoalkaloide enthalten.

Die in der Tabelle 2 aufgeführten Angaben zeigen, daß in den Blättern der gepfropften Pflanzen das Glykoalkaloid erhalten bleibt, das dem Pfropfreis eigen ist. Glykoalkaloide, die für die Unterlage charakteristisch sind, werden in den Blättern der untersuchten Pfropfungen nicht angetroffen.

Tabelle 2

Die Glykoalkaloide in den Blättern der Pfropfreiser bei vegetativen Pfropfungen

Pfropfreis / Unterlage	Gehalt der Blätter des Pfropfreises an Glykoalkaloiden in % des Trockengewichtes: nach der titrimetrischen Methode	nach der Reaktion von ALBERTI	nach der Reaktion von BIAL	Glykoalkaloid in den Blättern des Pfropfreises
S. tuberosum / *L. esculentum*	0,78 0,79	0,76 0,68	negativ	Solanin
L. esculentum / *S. tuberosum*	0,81	0,09	0,72	Tomatin
S. tuberosum / *S. demissum*	0,44	0,55	negativ	Solanin
S. demissum / *S. tuberosum*	3,79	0,43	3,82	Demissin

Die Ergebnisse zeugen davon, daß die aufgezählten Glykoalkaloide der Nachtschattengewächse sich in den Blättern, möglicherweise auch im Stamm, bilden, während das Wurzelsystem der Unterlage keinen Einfluß auf die chemische Natur des in den Blättern angereicherten Glykoalkaloids hat.

In den Knollen der Unterlage verschiedener vegetativer Pfropfungen haben PROKOSCHEW und Mitarbeiter gewöhnlich ein Gemisch zweier Glykoalkaloide gefunden, was von einem bedeutenden Einfluß der Blätter des Pfropfreises auf die Synthese der Glykoalkaloide in den Knollen der Unterlage zeugt und nochmals die große Bedeutung der Blätter im Prozeß der Synthese der Glykoalkaloide unterstreicht.

Die Umwandlung der Glykoalkaloide in den Nachtschattengewächsen und ihre physiologische Rolle

In den allerletzten Jahren erschienen Arbeiten, die die Umwandlung der Glykoalkaloide in den Nachtschattengewächsen betrafen. Im Jahre 1953 stellte PETROTSCHENKO [28] den fermentativen Zerfall des Solanins in Keimen der Kulturkartoffel fest. Der Autor zeigte

(Tabelle 3), daß unter der Wirkung des frischen Saftes solcher Keime eine ziemlich energische Abspaltung der Saccharide aus dem Glykoalkaloid Solanin erfolgt, gekochter Saft dagegen übt überhaupt keinen Einfluß auf das Solanin aus.

Tabelle 3
Die fermentative Wirkung des aus Kartoffelkeimen gewonnenen Saftes auf die Glykoalkaloide

Aufbewahrung im Thermostat in Stunden	analysierte Probe	Glykoalkaloid in mg auf 15 mg Reaktionsmischung			Spaltung des Glykoalkaloids (in % der Ausgangsmenge)		
		Solanin	Demissin	Tomatin	Solanin	Demissin	Tomatin
0	Kontrolle	30,3	8,5	13,4	–	–	–
0	Versuch						
24	Kontrolle	29,0	8,5	13,4	4,2	0,0	0,0
24	Versuch	13,4	8,5	13,4	55,2	0,0	0,0
48	Kontrolle	29,4	8,5	13,4	3,0	0,0	0,0
48	Versuch	11,6	8,5	13,4	61,7	0,0	0,0

Demissin und Tomatin weisen unter denselben Versuchsbedingungen bei Einwirkung von frischem Saft keine Saccharidabspaltung auf. Das zeugt von einer strengen Fermentspezifität im Saft der Kartoffelkeime. Fermentuntersuchungen von Petrotschenko zeigten, daß das Solanin-hydrolysierende Ferment in den jungen Keimen der Kulturkartoffel weder zum Typ der α-Glykosidase noch zum Typ der β-Glykosidase gerechnet werden darf und daß es allem Anschein nach eine ganz spezifische Solaninase ist.

Es lag nun die Vermutung nahe, daß Demissin und Tomatin enthaltende Pflanzen analoge Fermente besitzen, die diese Glykoalkaloide abbauen. So konnten Prokoschew und Mitarbeiter [29] 1956 in den Blättern der Tomate das Vorkommen eines Ferments nachweisen, das sich gegenüber den einzelnen Glykoalkaloiden unterschiedlich verhält.

Tabelle 4
Die Wirkung eines aus den Blättern der Tomate gewonnenen Eiweißpräparates auf die Glykoalkaloide

		Solanin		Hinzugefügtes Substrat: Demissin		Hinzugefügtes Substrat: Tomatin	
		Versuch	Kontrolle	Versuch	Kontrolle	Versuch	Kontrolle
Gehalt an Glykoalkaloid in 20 ml der Mischung (in mg)	0 St.	14	16,9	12,5	12,2	12,7	12,8
	48 St.	13,9	16,9	4,7	12,4	2,1	12,4
Abnahme nach 48 Stunden	mg	0	0	7,8	0	10,6	0,4
	%	0	0	62,5	0	84	2,1

Die Autoren haben dabei sowohl mit frischem Saft der Blätter als auch mit seinem lyophilisierten Präparat gearbeitet. Die von ihnen ermittelten Angaben (Tabelle 4) zeugen davon, daß das von ihnen entdeckte Ferment Tomatinase nur auf das Tomatin und Demissin, nicht aber auf Solanin einwirkt. Der Vergleich der Substratspezifität der Solaninase und Tomatinase gestattet die Schlußfolgerung, daß die Spezifität der Glykoalkaloide spaltenden Fermente allem Anschein nach durch die chemische Natur im Glykosid-Teil der Glykoalkaloide bestimmt wird.

Die physiologische Rolle der Glykoalkaloide in den Pflanzen bleibt bis auf den heutigen Tag unklar. Viele Theorien, die in der Mitte des vorigen Jahrhunderts geäußert wurden, haben nur historisches Interesse, und von den neueren Anschauungen hat bis heute keine einzige allgemeine Anerkennung gefunden.

Die Untersuchungen der letzten Jahre zeigten, daß einige Glykoalkaloide (Demissin, Tomatin) eine hemmende Wirkung auf manche tierischen Schädlinge (die Larven des Koloradokäfers) und einige pflanzliche Krankheitserreger (*Fusarium oxysporum*) ausüben. Man darf jedoch nicht in der Schutzfunktion dieser Stoffe ihre Hauptaufgabe in der Lebenstätigkeit der Nachtschattengewächse sehen.

Wenn man die Verteilung des Solanins in der Kartoffelpflanze berücksichtigt, die starke Zunahme seiner Menge in den austreibenden Knospen beim Sprossen der Knollen, seine hohe Konzentration in den Keimen, Blüten und grünen Früchten der Kartoffel, so wird die Beziehung dieses Glykoalkaloids zu den jungen, sich energisch teilenden Zellen und den Organen und Geweben, die eine besonders große biologische Bedeutung haben, augenfällig. Solch eine Verteilung des Solanins deutet auf eine vorläufig unbekannte, aber offenbar sehr aktive Rolle in der Lebenstätigkeit der Pflanzen hin. Diese Schlußfolgerung kann voraussichtlich auch für andere Glykosidalkaloide gezogen werden, wenn der Charakter ihrer Veränderlichkeit näher untersucht sein wird. Schließlich spricht auch das Vorkommen spezifischer Fermente in den Kartoffeln und Tomaten für eine Beiteiligung der Glykoalkaloide am Stoffwechsel der Nachtschattengewächse.

LITERATUR

[1] Desfosses, Berzel. Jahresber., **2**, 114 (1820).
[2] Fontaine, T., G. Irving, R. Ma, J. Pool u. S. Doolittle, Arch. Biochem., **18**, 467 (1948).
[3] Kuhn, R., I. Löw u. A. Gauhe, Chem. Ber., **83** (5), 448 (1950).
[4] Kuhn, R. u. A. Gauhe, Zt. f. Naturf., **2** (11—12), 407 (1947).
[5] Wotschal, E., Tr. Obschtsch. Est. pri Kasan. Univ. (Arbeiten der Gesellschaft für Naturwissenschaft an der Kasaner Universität), **XVIII**, Heft 3.
[6] Wotschal, E., ibid., **XIX**, Heft 5.
[7] Fischer, R., u. J. Thiele, Öster. Bot. Z., **78**, 325 (1929).
[8] Bömer, A., u. H. Mattis, Z. Unters. Nahr. Genußm., **47**, 97 (1924).
[9] Pfannkuch, E., Biochem. Z., **295**, 44 (1937).
[10] Alberti, B., Z. Unters. Nahr. Genußm., **64**, 260 (1932).
[11] Conner, H., Plant Physiol., **12**, 79 (1937).
[12] Prokoschew, S., E. Petrotschenko u. W. Baranowa, Biochimija, **17** (3), 362.
[13] Prokoschew, S., E. Petrotschenko u. W. Baranowa, Dokl. Akad. Nauk SSSR, **82**, (6), 955 (1952).
[14] Kuhn, R., u. I. Löw, Ann. Acad. Sci. Fenn., AII, No 60, 488 (1955).
[15] Schreiber, K., Pharmazie, **10**, 379 (1955).
[16] Kuhn, R., u. I. Löw, Angew. Chem., **66**, 639 (1954).
[17] Briggs, L., u. L. Vining, J. Chem. Soc., **1953**, 2809.
[18] Schreiber, K., Chem. Techn., **7**, 271 (1955).
[19] Schreiber, K., Chem. Ber., **87**, 1007 (1954).
[20] Bukassow, S., u. A. Kameras, Die Selektion der Kartoffel. M.-L., Selchosgis, 1948.
[21] Prokoschew, S., E. Petrotschenko u. W. Baranowa, Dokl. Akad. Nauk SSSR, **83** (2), 261 (1952).
[22] Prokoschew, S., E. Petrotschenko u. W. Baranowa, Dokl. Akad. Nauk SSSR, **83** (3), 457 (1952).
[23] Schmuck, A., A. Smirnow u. G. Iljin, Dokl. WASHNIL. W. 3—4, 7 (1942).
[24] Schmuck, A., G. Iljin u. A. Smirnow, Dokl. WASHNIL. W. 1–2, 20 (1942).
[25] Krajewoi, S., Izw. Akad. Nauk SSSR, Ser. Biol., No 3, 371 (1941).
[26] Iljin, G., Biochimija, **14** (6), 552 (1949).
[27] Prokoschew, S., E. Petrotschenko, G. Iljin, W. Baranowa u. N. Lebedewa, Dokl. Akad. Nauk SSSR, **83** (6), 881 (1952).
[28] Petrotschenko, E., Dokl. Akad. Nauk SSSR, **90** (5), 1091 (1953).
[29] Prokoschew, S., E. Petrotschenko u. W. Paseschnitschenko, Dokl. Akad. Nauk SSSR, **106** (2), 313 (1956).

Aus den Farbenfabriken Bayer A.-G., Wuppertal-Elberfeld

Synthese und Wirksamkeit homologer Morphinane

Von H. Henecka

Im Jahre 1945 war es Rud. Grewe [1] nach einer Reihe vorbereitender Experimente gelungen, den lange vermuteten Zusammenhang zwischen Derivaten des 1-Benzyl-tetrahydro-isochinolins, wie etwa Laudanosin, und den Morphinalkaloiden dadurch an einem einfachen Beispiel experimentell zu verwirklichen, daß es ihm gelang, das 1-Benzyl-$\Delta^{9,10}$-oktahydro-N-methylisochinolin (I) durch Behandeln mit starker Phosphorsäure in N-Methylmorphinan (II)

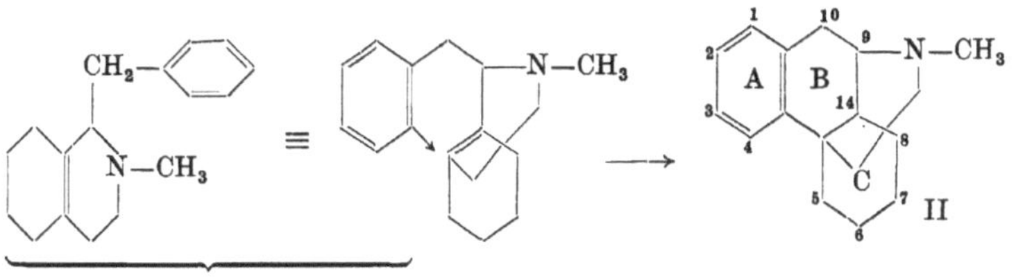

I II

überzuführen, eine Reaktion, die eine Variante der Cyclisation von 1-(β-Phenyläthyl)-cyclohexen-(1) (III) zu Oktahydro-phenanthren (IV) darstellt:

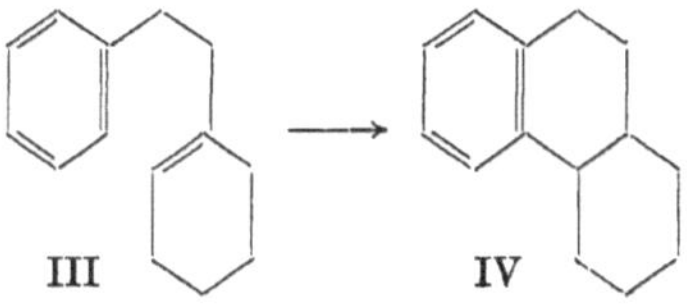

III IV

Ausgehend vom 1-p-Methoxybenzyl-$\Delta^{9,10}$-oktahydro-N-methylisochinolin (V) gelangt man bei der Cyclisierung mit kochender Bromwasserstoffsäure zum d,l-3-Hydroxy-N-methyl-morphinan (VI) [2], das sich als zentral wirksames morphinähnliches Analgeticum erwies:

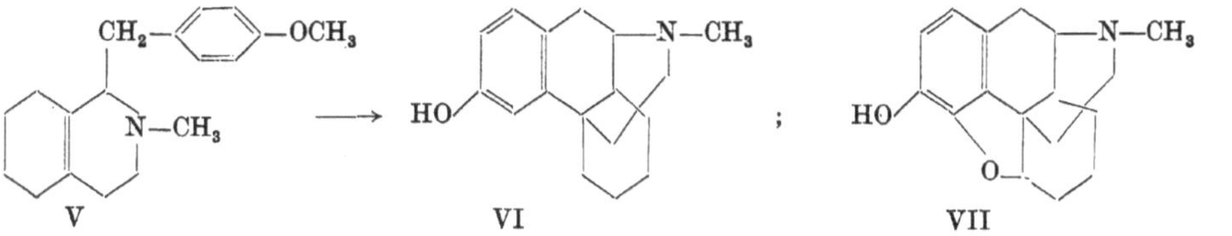

V VI VII

bei etwa 5—10 mal höherer Toxizität ist es etwa 10 mal so stark analgetisch wirksam wie Morphin; es übertrifft das Morphin durch rascher eintretende und länger anhaltende Wirkung. Dieses Wirkungsbild erinnert an die ähnliche Wirksamkeit des Dihydrodesoxymorphins (VII), das aus Morphin selbst durch Abbau gewonnen wird.

Eine technisch besonders glatt verlaufende Synthese des 3-Hydroxy-N-methylmorphinans besteht darin, daß man Cyclohexenyl-äthylamin (VIII) mit Anisylglycidester (IX) in 0,2-

molarer wäßriger Lösung bei p_H 3—4 kondensiert zu 1-Anisyl-10-hydroxy-dekahydro-isochinolin [3] (X),

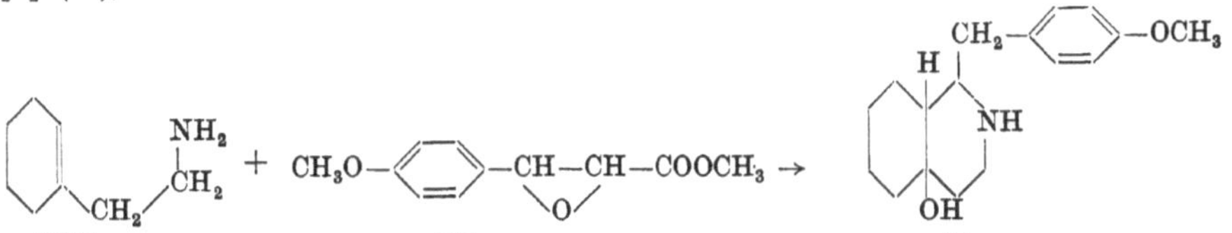

VIII IX X

das nach Methylierung und Cyclisierung mit Bromwasserstoffsäure unmittelbar das d,l-3-Hydroxy-N-methylmorphinan ergibt im Gemisch mit der an C_{14} epimeren Verbindung, die durch Kristallisation leicht abtrennbar ist.

Diese Synthese wurde zunächst zur Darstellung homologer Morphinane weiter ausgebaut, worüber nachfolgend berichtet werden soll.

Beim Versuch, durch Cyclisieren der X entsprechenden Veratrylvorstufe zum 3,4-Dihydroxy-N-methylmorphinan zu gelangen, erhält man als Reaktionshauptprodukt das überraschenderweise nur schwach analgetisch wirksame 2,3-Dihydroxy-N-methyl-morphinan, da der Ringschluß vornehmlich in p-Stellung zur 3'-ständigen Methoxy- bzw. Hydroxygruppe der Vorstufe eintritt. Verschließt man daher die reaktionsfreudige p-Stellung der Veratrylvorstufe durch eine Methylgruppe, so läßt sich nunmehr durch Kondensation des 6'-Methylveratryl-N-methyl-10-hydroxydekahydro-isochinolins (XI) der gewünschte Ortho-Ringschluß zum 1-Methyl-3,4-dihydroxy-N-methylmorphinan (XII) erzwingen:

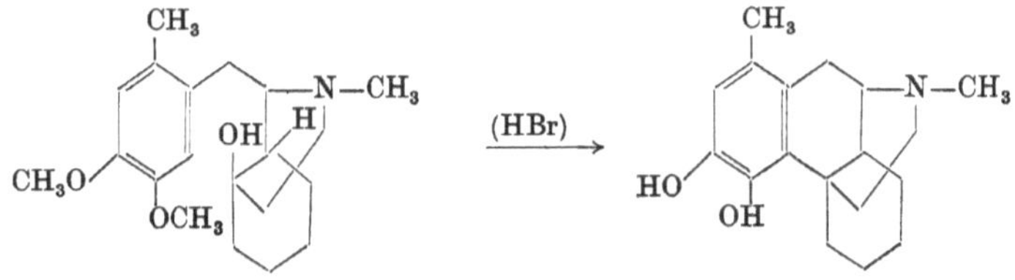

XI XII

Auch bei dieser Kondensation entstehen zwei epimere Formen, die über die Hydrobromide getrennt (α-Form: F. 300—305°, β-Form: F. 310°) und über die Diacetoxybasen (α-Form: F.172—174°, β-Form: F.168°) in die beiden epimeren Hydrochloride (α-Form: F. 300—305°, β-Form: F. 291—293°) übergeführt werden.

Überraschenderweise zeigen beide Epimere eine nur schwache analgetische Wirksamkeit, ein Befund, der sehr drastisch die Substitutionsempfindlichkeit der analgetischen Aktivität der Morphinane demonstriert: trotz der morphinananalogen Substitution durch Hydroxygruppen in 3,4-Stellung führt das Verschließen der im Morphin nicht substituierten 1-Stellung zur Auslöschung der analgetischen Wirksamkeit. Dieser Befund erinnert an die analgetische Wirkungslosigkeit des durch vorsichtige Oxydation von Morphin in schwach alkalischer Lösung erhaltenen Pseudomorphins, dessen Auffassung als 1,1'-Dimorphin dadurch gestützt wird.

Die Beobachtungen am 1-Methyl-3,4-dihydroxy-N-methylmorphinan waren nunmehr der Anlaß, weitere methylhomologe Morphinane darzustellen und zu untersuchen. Dabei interessierte vorab die Frage, ob auch der alicyclische Ring C ähnlich substitutionsempfindlich ist wie der rein aromatische Ring A.

Aus 4-Methylcyclohexenyl-äthylamin erhält man nun in glatter Reaktion über die entsprechende 10-Hydroxybase das 3-Hydroxy-N,7-dimethylmorphinan, das sich als etwas schwächer analgetisch wirksam erwies als das d,l-3-Hydroxy-N-methylmorphinan.

Ein besonderes Interesse beanspruchte vom rein chemischen Standpunkt aus die synthetische Eignung der o- und m-methylsubstituierten Cyclohexenyl-äthylamine, da hier besondere Isomerien in bezug auf die Lage der Doppelbindung zu erwarten sind. Einen Einblick in die hier obwaltenden Verhältnisse vermittelt nun zunächst die Beobachtung, daß es nicht gelingt, das aus 3,5-Dimethylcyclohexanon zugängliche 3,5-Dimethyl-cyclohexenyl-äthylamin (XIII) mit Anisylglycidester zum 1-Anisyl-6,8-dimethyl-10-hydroxydekahydro-isochinolin (XIV) zu kondensieren,

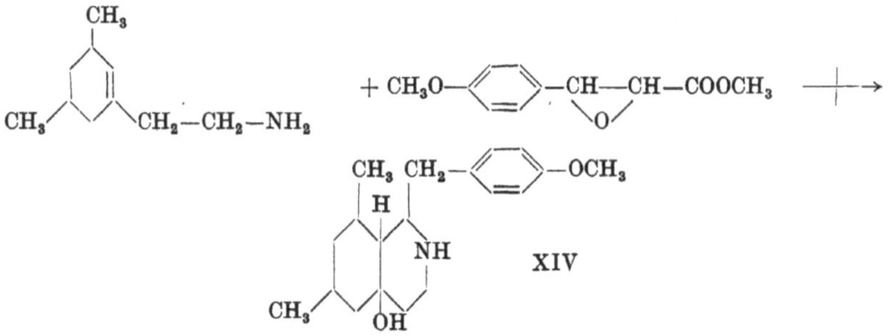

XIV

da offenbar bereits eine zur Ringschlußstelle o-ständige Methylgruppe die Cyclisierung zum Dekahydro-isochinolin-System sterisch behindert.

Die Kenntnis dieser sterischen Behinderung des Ringschlusses durch eine benachbarte Methylgruppe ermöglicht nun eine Festlegung der Konstitution der aus 3- (XVa bzw. b) und aus 2-Methylcyclohexenyl-äthylamin (XVIa bzw. b) durch Kondensation mit Anisylglycidester entstehenden 10-Hydroxybasen.

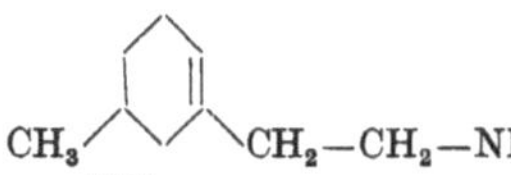

XV a

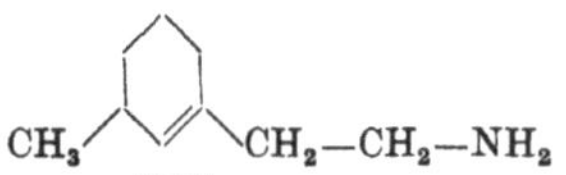

XV b

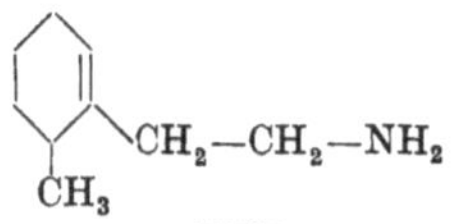

XVI a

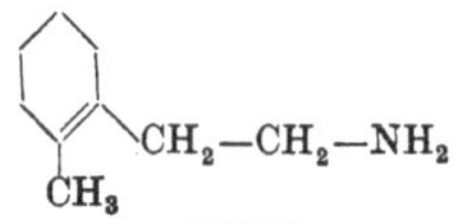

XVI b

Beide Methylcyclohexenyl-äthylamine sind in zwei in bezug auf die Lage der Doppelbindung isomeren Formen denkbar, wenn man absieht von der dritten noch möglichen, jedoch unwahrscheinlichen Cyclohexylidenform mit exocyclischer Doppelbindung. Da die Form XVb in bezug auf die Lage der Doppelbindung der nicht reaktionsfähigen 3,5-Dimethylverbindung XIII entspricht, kann die aus 3-Methylcyclohexenyl-äthylamin über die allein nur kondensationsfähige Form XVa durch Reaktion mit Anisylglycidester erhaltene 10-Hydroxybase nur das 6-Methyl-1-anisyl-10-hydroxydekahydro-isochinolin (XVII; R=H) sein,

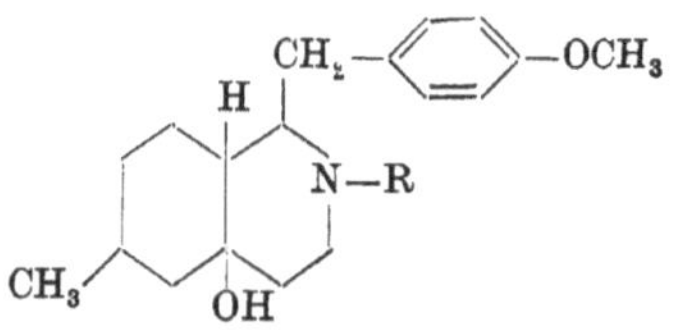

XVII

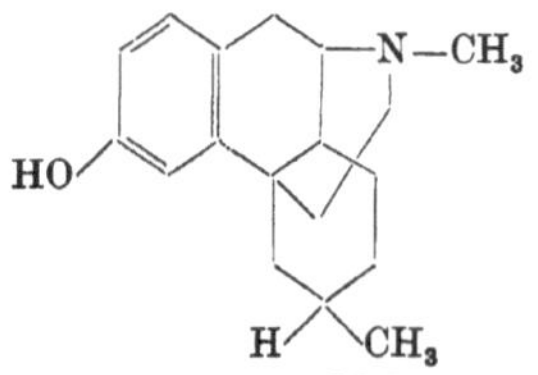

XVIII

dessen N-Methylderivat (XVII; R=CH_3) bei der Cyclisierung mit Bromwasserstoffsäure in 3-Hydroxy-N,6-dimethyl-morphinan XVIII übergeht.

Auch aus 2-Methylcyclohexenyl-äthylamin entsteht bei der Kondensation mit Anisylglycidester eine 10-Hydroxybase, die sehr wahrscheinlich das 5-Methyl-1-anisyl-10-hydroxydekahydro-isochinolin (XIX; R=H) darstellt.

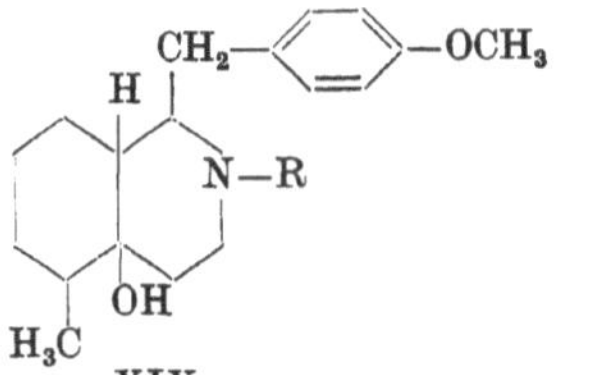

XIX

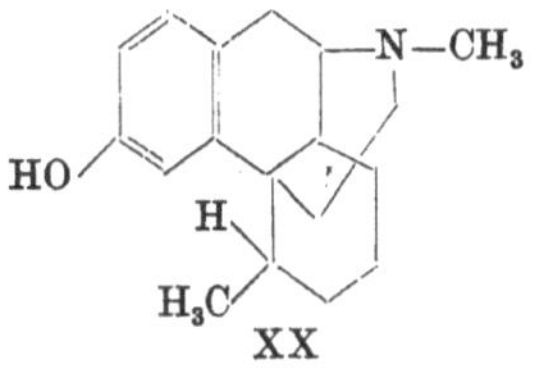

XX

Die noch mögliche zu XIX isomere Konstitution als 9-Methylderivat mit angularer Stellung der Methylgruppe erscheint deswegen unwahrscheinlich, weil eine Cyclisierung aus der Form XVIb des 2-Methylcyclohexenyl-äthylamins heraus doch wohl wegen der direkten Methylsubstitution des ringschließenden C-Atoms ebenso stark sterisch behindert erscheint wie bei einem zur Ringschlußstelle o-ständigen Methylsubstituenten.

Der Morphinan-Ringschluß des XIX entsprechenden N-Methylderivates (R=CH_3) verläuft nicht einheitlich: aus dem entstehenden Basengemisch läßt sich in sehr geringer Menge ein schwer lösliches Hydrochlorid abscheiden, das wohl das Salz des N,5-Dimethyl-3-hydroxymorphinans XX darstellt. Auch der eigentliche Morphinan-Ringschluß erscheint daher durch eine zur Ringschlußstelle o-ständige Methylgruppe sterisch behindert.

Das aus 3-Methylcyclohexenyl-äthylamin (XV) über das 1-Anisyl-N,6-dimethyl-10-hydroxydekahydro-isochinolin (XVII; R=CH_3) in glatter Reaktion erhaltene 3-Hydroxy-N,6-dimethyl-morphinan (XVIII) fällt als Gemisch zweier epimerer Formen an, aus dem sich durch sorgfältige fraktionierte Kristallisation aus Methanol eine α-Form vom F. 272—275° und eine β-Form vom F. 234—236° rein abscheiden läßt. Die α-Form wurde über das d-Tartrat in die beiden optischen Antipoden gespalten, die dann ihrerseits durch Methylieren nach Hörlein-Rodionow [4] in die zugehörigen codein-analogen 3-Methyläther übergeführt wurden. Die physikalischen Daten der aus der α-Form hergestellten Derivate sind in nachfolgender Tabelle registriert:

Tabelle 1

	3-Hydroxy-base		3-Methoxy-base		3-Acet-oxy-base
	F.	$[\alpha]_D^{20}$	F.	$[\alpha]_D^{20}$	
d,l-Verbindung	272—275°	—	75—76°	—	F. 112—113°
l-Verbindung	226—228°	−69°	80°	−62,2°	—
d-Verbindung	226—228°	+71°	78—80°	+60,8°	—

Nach Versuchen von W. Wirth kommt nun diesem 3-Hydroxy-N,6-dimethylmorphinan, im Gegensatz zu der geringen Wirksamkeit der entsprechenden 5- oder 7-Methyl-derivate, eine hohe analgetische Wirksamkeit zu, die diejenige des 3-Hydroxy-N-methylmorphinans selbst noch leicht übertrifft. Dieser Befund weist auf die besondere Beeinflußbarkeit der Wirksamkeit der Morphinane durch Substitution in der 6-Stellung hin und ist weiterhin vergleichbar mit der hohen analgetischen Wirksamkeit des von H. D. Brown, J. M. Rasmussen, G. B. Payne und K. Pfister [5] aus Dihydromorphinon erhaltenen 6-Methyl-Δ^6-desoxymorphins.

Die hervorragende morphinanaloge Wirksamkeit des 3-Hydroxy-N,6-dimethyl-morphinans war der Anlaß, zu versuchen, das den im Ring C methylsubstituierten Morphinanen entsprechende isomere, nunmehr ringhomologe C-Homomorphinan mit 7-gliedrigem Ring C darzustellen. Ausgehend vom Suberon (XXI) wurde über Cycloheptenyl-acetonitril (XXII) das Cycloheptenyl-äthylamin (XXIII) erhalten, das bei der Kondensation mit Anisylglycidester die 10-Hydroxybase XXIV (R=H) ergab, deren N-Methylderivat (XXIV; R=CH_3) beim Behandeln mit Bromwasserstoffsäure in das als 3-Hydroxy-N-methyl-C-homomorphinan (XXV) zu bezeichnende ringhomologe Morphinan vom F. 255–258° übergeht:

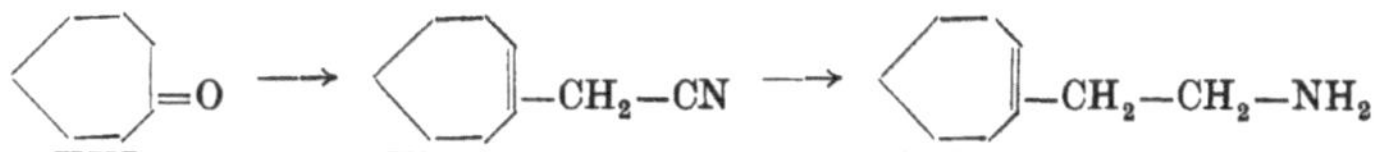

XXI XXII XXIII

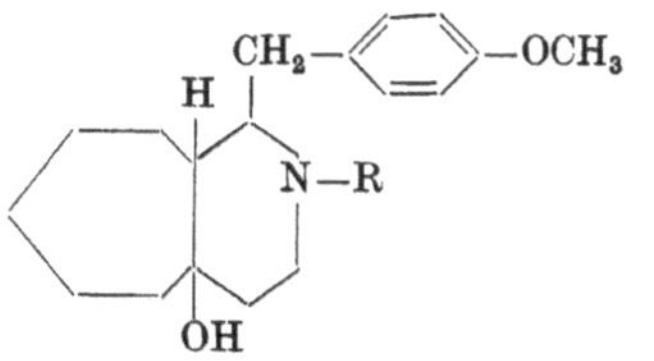

XXIV

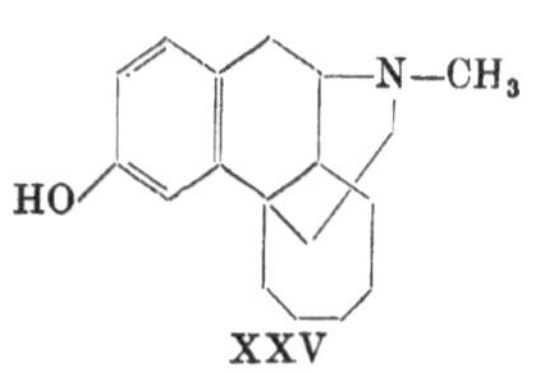

XXV

Überraschenderweise kommt nun auch diesem Homomorphinan mit einem gewissermaßen ausgeweiteten Morphin-Ringskelett eine ausgezeichnete analgetische Wirksamkeit zu.

Diese durch Methylsubstitution des 3-Hydroxy-N-methylmorphinans erhaltenen Ergebnisse sind ein weiterer Beleg für eine bei synthetischen Arbeiten auf dem Alkaloidgebiet des öfteren gemachte Erfahrung: je näher das bereits pharmakologisch wirksame Syntheseprodukt in seiner Konstitution dem Naturstoff steht, umso substitutionsempfindlicher wird die Wirksamkeit. Auch im Hinblick auf diese Erfahrungstatsache stellt die hohe Wirksamkeit des 3-Hydroxy-N-methyl-C-homomorphinans eine Überraschung dar.

LITERATUR

[1] Grewe, R., Naturwissensch. 33, 333 (1946); Angew. Chem. 59, 194 (1947); Grewe, R., u. A. Mondon, Chem. Ber. 81, 279 (1948).

[2] Grewe, R., A. Mondon u. E. Nolte, Liebigs Ann. 564, 161 (1949); Schnider, O., u. A. Grüssner, Helv. chim. Acta 32, 821 (1949).

[3] Henecka, H., Liebigs Ann. 583, 110 (1953).

[4] DRP 247180 (1909), Erf.: H. Hörlein; Rodionow, Bull. Soc. chim. 39, 305 (1926).

[5] Brown, H. D., J. M. Rasmussen, G. B. Payne u. K. Pfister, J. Amer. chem. Soc. 75, 6238 (1953); Orahovats, P. O., Ch. A. Winter, E. G. Lehmann u. L. Flataker, J. Pharmacol. Exp. Ther. 114, 100 (1955).

DISKUSSION

Herr von Bruchhausen: Ich möchte meiner Freude darüber Ausdruck geben, daß bei der Morphinansynthese biogenetische Vorstellungen zum Ziele geführt haben, indem letztlich der Phenylazetaldehyd verwandt wurde, nur daß statt des letzteren, der übermäßig empfindlich ist, eine stabilere Vorstufe, der Glycidsäureester, eingesetzt wurde.

Herr Rochelmeyer: Die starke pharmakologische Wirksamkeit des Homo-morphinansystems erscheint aus dem vorhandenen quartären Kohlenstoffatom erklärlich.

Aus dem Institut für organische Chemie, Chinesische Akademie, Schanghai

Untersuchung von *Fritillaria*-Alkaloiden

Untersuchung von *Fritillaria*-Alkaloiden II. Weitere Untersuchung von Peimin und Peiminin

Von T. T. Chu und J. Y. Loh*)

(Kurzbericht)

Die revidierten empirischen Formeln von Peimin und Peiminin sind $C_{27}H_{45}O_4N$ bzw. $C_{27}H_{43}O_3N$. Weder Peimin noch Peiminin hat eine Methoxyl- oder Äthoxylgruppe, eine Methylimino- oder Äthyliminogruppe oder etwa eine tertiäre alkoholische Hydroxylgruppe. Ihr basisches tertiäres Stickstoffatom befindet sich wahrscheinlich in einem bizyklischen Ring. Peimin und Peiminin haben keine aktive Äthylenkette und die der Carbonylgruppe benachbarte aktive Methylengruppe des Peiminins scheint nicht vorhanden zu sein. Beide, Peimin und Peiminin, enthalten schließlich drei Carbon-Methylgruppen und geben kein schwerlösliches Digitonid. Verschiedene neue Salze wurden präpariert, nämlich Peiminthiocyanat, $C_{27}H_{45}O_3N \cdot HCNS$, farblose Prismen, Schmelzpunkt (F.) 262° (Zersetz.); Peimininthiocyanat $C_{27}H_{43}O_3N \cdot HCNS \cdot H_2O$, farblose Nadeln, F. 175°, und Peimininmethiodid, $C_{27}H_{43}O_3N \cdot CH_3J$, farblose Nadeln, F 269° (Zersetz.). Die Ergebnisse der Selendehydrierung von Peimin mit dem Verhältnis von Selen zu Peiminbase wie 1 : 1 und einer Erhitzungszeit von 13—14 Stunden in allen Fällen werden folgendermaßen aufgeführt:

Temperatur Grad C	Isolierte Verbindungen	Kristallform	Schmelzp. Grad C	Empirische Formel
320—325	Pikrat (I)	gelbe Nadeln	220 (Zers.)	$C_{25}H_{37}N \cdot C_6H_3O_7H_3$
	Pikrat (II)	gelbe Nadeln	193 (Zers.)	$C_{26}H_{37}N \cdot C_6H_3O_7N_2$ oder $C_{27}H_{39}N \cdot C_6H_3O_7N_3$
310—315	basische Verbindung (I)	farblose Blättchen	228	$C_{26}H_{37}O_2N$
280—285	basische Verbindung (II)	farblose Prismen	256	$C_{26}H_{41}O_3N$

Untersuchung von *Fritillaria*-Alkaloiden III. Skelettbestimmung von Peimin und Peiminin durch Zinkstaubdestillation und Selendehydrierung

Von T. T. Chu, W. K. Hwang und J. Y. Loh

(Kurzbericht)

In einer vorläufigen Veröffentlichung [1] zeigten die Ergebnisse der Selendehydrierung, daß das Molekül von Peimin und Peiminin nicht genügend abgebaut wurde. Die gegenwärtige Veröffentlichung berichtet von den Ergebnissen der Zinkstaubdestillation und Selendehydrierung.

Die Zinkstaubdestillation lieferte zwei Hauptteile, nämlich einen alkalischen und einen neutralen Teil. Aus dem alkalischen Teil erhielt man 2,5-Lutidin, das als Pikrat, F. 168—169°, Chloroplatinat, F. 195°, und Chloroaureat, F. 105—106°, isoliert wurde. Synthetisches 2,5-Lutidin und seine entsprechenden Salze wurden nach bekannten Methoden präpariert. Der Mischschmelzpunkt eines jeden Paares der drei Salze zeigte keinerlei Depression. Vom

*) Vorgetragen von T. T. Chu.

neutralen Teil erhielt man keine kristalline Substanz und es blieb im folgenden der Selendehydrierung vorbehalten, aus deren Produkt zwei Kohlenwasserstoffe isoliert wurden; $C_{22}H_{20}$ oder $C_{20}H_{18}$, farblose Kristalle, F. 171–173°, sein 2,4-7-Trinitrofluorenenderivat, rotes kristallines Pulver, F. 177–178°, $C_{18}H_{14}$, farblose Kristalle, F. 115–116°, sein 1,3,5-Trinitrobenzenderivat, orange Kristalle, F. 148–149°, sein 2,4,7-Trinitrofluorenonderivat, rotes kristallines Pulver, F. 201–202°. Diese zwei Kohlenwasserstoffe wurden durch ihr UV-Spektrum als 1,2-Benzofluorenhomologe ermittelt.

Das eine, $C_{22}H_{20}$ oder $C_{20}H_{18}$ ist dem von Jacobs [2] und Reichstein [3] erhaltenen Kohlenwasserstoff ähnlich, das andere, $C_{18}H_{14}$, ist wahrscheinlich identisch mit dem von Gross [4] präparierten 8-Methyl-1,2-Benzofluoren.

Drei Skelettformeln stehen für Peimin und Peiminin zur Diskussion. Peimin und Peiminin gehören zur Gruppe der modifizierten Steroidalkaloide.

LITERATUR

[1] Chu, Tze-Tsin (T. T. Chu) u. Loh, Jen-Yung, Acta Chimica Sinica, Vol. XXI, No. 3, 277.

[2] Jacobs, W. A., L. C. Craig u. G. I. Lavin, J. Biol. Chem. **141**, 51 (1941); Jacobs, W. A., u. Y. Sato, ibid. **181**, 55 (1949); Jacobs, W. A., u. S. W. Pelletier, J. Org. Chem. **18**, 765 (1953).

[3] Winkler, R. W., u. T. Reichstein, Helv. chim. Acta **37**, 731 (1954).

[4] Gross, M. E., u. H. P. Lankelma, J. Amer. Chem. Soc. **73**, 3439 (1951).

Untersuchung von *Fritillaria*-Alkaloiden IV. Isolierung eines neuen Alkaloids aus Si-Pei-Mu (I)

Von T. T. Chu und J. Y. Loh

(Kurzbericht)

Von den Autoren wurde ein neues Alkaloid, Sipeimin, aus einer chinesischen Droge, Si-Pei-Mu, mit 0,12–0,2% Ausbeute (bezogen auf Trocken-Droge) – die bisher höchste für *Fritillaria*-Alkaloide – isoliert. Sipeimin hat die empirische Formel $C_{27}H_{43}O_3N$, F. 269° C, $[\alpha]_D - 33{,}8°$ ($CHCl_3$), $[\alpha]_D - 39{,}4°$ (C_2H_5OH). Es kristallisiert in farblosen Prismen und ist leicht löslich in Chloroform oder Äthylacetat, löslich in Methanol, Äthanol, Aceton oder Äther aber unlöslich in Wasser, Natronlauge oder Petroläther. Davon wurden ein Hydrochlorid in Form eines farblosen, amorphen und hygroskopischen Pulvers mit einem F. von 210° (verschlossene Röhre), $[\alpha]_D - 51{,}1°$ (H_2O), ein Thiocyanat, $C_{27}H_{43}O_3N \cdot HCNS \cdot H_2O$ in Form von farblosen Prismen mit einem F. von 170° (262° Zersetz.)und ein Aurichlorid mit F. 163° (Zersetz.) und ein Platinichlorid mit F. 239° (Zersetz.) präpariert.

Sipeimin ist eine starke monoacide tertiäre Base, die eine alkoholische Hydroxylgruppe und eine Carbonylgruppe führt. Sein Methiodid, $C_{27}H_{43}O_3N \cdot CH_3J$, farblose Nadeln, F. 252° (Zersetz.), Methylperchlorat, $C_{27}H_{43}O_4N \cdot CH_3ClO_4$, farblose Nadeln, F. 281° (Zersetz.), Monoacetylderivat, $C_{29}H_{45}O_4N$, farblose Prismen, F. 189°, $[\alpha]_D - 39{,}6°$ ($CHCl_3$), und Monooxim, $C_{27}H_{44}O_3N_2$, farblose Nadeln, F. 171°, wurden erhalten. Es enthält schließlich 3 Carbon-Methyl-Gruppen, hat jedoch keine aktive Äthylenkette, eine aktive Methylengruppe konnte ebenfalls nicht entdeckt werden. Es bildet keine schwer löslichen Digitonide.

Nach der Ähnlichkeit der empirischen Formeln, nach botanischem Ursprung und Eigenheit gehören wahrscheinlich sowohl Sipeimin als auch Peimin zu den Steroid-Alkaloiden.

Eine Teilformel wird folgendermaßen dargestellt:

$$C_{20}H_{33}\begin{cases} -OH \\ > C=O \\ -O- \quad (OH)\,? \\ \\ \rightarrow N \\ 3\,C-CH_3 \end{cases}$$

Untersuchung von *Fritillaria*-Alkaloiden V. Dehydrierung von Sipeimin und die Verwandtschaft von Sipeimin, Peimin u. Peiminin

Von T. T. Chu, J. Y. Loh und W. K. Hwang

(Kurzbericht)

Der Abbau von Sipeimin durch Zinkstaubdestillation und Selendehydrierung ergab die gleichen Produkte wie sie vor kurzem [1] von Peimin erhalten wurden. 2,5-Lutidin wurde in der alkalischen Fraktion gefunden und zwei Kohlenwasserstoffe, $C_{18}H_{14}$ und $C_{20}H_{18}$ oder $C_{22}H_{20}$, in der neutralen. Durch Synthese wurde nachgewiesen, daß der Kohlenwasserstoff $C_{18}H_{14}$ 8-Methyl-1,2-benzfluoren ist, soweit ersteres durch Abbau des Naturstoffes erhalten wurde. So besitzen wahrscheinlich Sipeimin, Peimin und Peiminin das gleiche Skelett und gehören zur Gruppe der modifizierten Steroidalkaloide.

Die empirischen Formeln und funktionellen Gruppen von Sipeimin und Peiminin sind gleich, und die UV-Spektren beider Alkaloide sind praktisch identisch. Es ist wahrscheinlich, daß sich Sipeimin und Peiminin geringfügig in der Struktur oder lediglich in der Konfiguration unterscheiden.

LITERATUR

[1] Chu, Tze-Tsin (T. T. Chu), Hwang, Wen-Kuei u. Loh, Jen-Yung, Acta Chimica Sinica 21, 232 (1955).

Untersuchung von *Fritillaria*-Alkaloiden VI. Die Oxydation und Reduktion von Sipeimin

Von T. T. Chu, J. Y. Loh und W. K. Hwang

(Kurzbericht)

Oxydation von Sipeimin, $C_{27}H_{43}O_3N$, mit Chromsäure führt zum Diketon, Sipeimon, $C_{27}H_{41}O_3N$, starke farblose rhombische Kristalle, F. 226—228° (Zersetz.), $[\alpha]_D^{30}$—31,7° (abs. Alkohol), $[\alpha]_D^{31}$ — 18,0° (Chloroform). Es bildet ein Thiocyanat, $C_{27}H_{41}O_3N \cdot HCNS \cdot 2\,H_2O$, farblose Tafeln, F. 176—179° (Zersetz.) und ein Dioxim, farblose Prismen, F. 270—272° (Zersetz.). Danach ist die Hydroxylgruppe in Sipeimin sekundärer Natur.

Reduktion von Sipeimin mit Natrium und n-Butanol oder nach der Meerwein-Ponndorf-Verley-Methode ergab den entsprechenden Alkohol, Sipeimol, $C_{27}H_{45}O_3N \cdot \frac{1}{3}H_2O$, weiche farblose Nadeln, F. 236—237°, $[\alpha]_D$ +11,9° (abs. Alkohol), $[\alpha]_D$ +25,3° (Chloroform), der ein Methiodid, $C_{27}H_{45}O_3N \cdot CH_3J$ bildet, farblose Nadeln, F. 262° (Zersetz.). Der gleiche Alkohol wurde durch Reduktion von Sipeimon mit Natrium und n-Butanol erhalten.

Reduktion von Sipeimin nach der Huang-Minlons-Methode ergab Desoxy-Sipeimin, $C_{27}H_{45}O_2N$, als farblose Prismen, F. 224°, $[\alpha]_D$ +16,6° (abs. Alkohol), sein Thiocyanat, farblose Prismen, F. 235°. Reduktion von Sipeimon nach der gleichen Methode liefert Desoxydesoxosipeimin, $C_{27}H_{45}ON$, lange farblose Nadeln F. 190°.

Untersuchung von *Fritillaria*-Alkaloiden VII. Selendehydrierung von Sipeimin und die Verwandtschaft zwischen *Fritillaria*- und *Veratrum*-Alkaloiden

Von T. T. Chu und J. Y. Loh

(Kurzbericht)

Direkte Selendehydrierung von Sipeimin ergab zwei basische Produkte. Das eine hat die empirische Formel $C_{26}H_{31}N$, F. 175°, und gibt ein Pikrat mit F. 212°. Das andere Produkt hat die empirische Formel $C_{26}H_{25}N$, F. 223°, und gibt ein Pikrat mit F. 224°, ein Methiodid, F. 276° (Zersetz.), ein Oktahydroderivat, $C_{26}H_{33}N$, F. 146°, und ein Ketoderivat, $C_{26}H_{23}ON$, F. 269°. Die zweite basische Verbindung hat sich durch UV-Spektrum, Schmelzpunkt und durch ihre entsprechenden Derivate als identisch erwiesen mit Veranthridin, das JACOBS [2] aus dem *Veratrum*alkaloid Cevin erhielt. So ist die Verwandtschaft zwischen *Fritillaria*- und *Veratrum*-Alkaloiden erwiesen. Die vorliegenden Ergebnisse sprechen stark für das von uns früher vorgeschlagene Skelett [1] für Sipeimin.

$C_{26}H_{31}N$ ist wahrscheinlich ein Hexahydro-Derivat von Veranthridin.

LITERATUR

[1] CHU, TZE-TSIN (T. T. CHU), LOH, JEN-YUNG u. HWANG, WEN-KUEI, Acta Chimica Sinica 21, 407 (1955).
[2] JACOBS u. PELLETIER, J. Org. Chem. 18, 765 (1953).

Untersuchung von *Fritillaria*-Alkaloiden VIII. Untersuchung von Sipeimin (IV). Alkalischmelze, Säure- und Alkali-Behandlung

Von T. T. CHU und J. Y. LOH

(Kurzbericht)

Wenn Sipeimin mit KOH bei unterschiedlicher Temperatur (260 bis 320° C) geschmolzen wurde, so konnte nur ein und dasselbe kristalline Produkt isoliert werden. Legte man die empirische Formel, physikalische und chemische Verhältnisse und die ihrer Derivate zugrunde, so wurde erwiesen, daß es mit Sipeimon identisch ist. Pyrolyse von Sipeimin ließ nur die ursprüngliche Substanz wiederauffinden.

Nach Behandlung mit einer Mischung aus konzentrierter Salzsäure und Eisessig ergab Sipeimin als Hauptprodukt Chlorosipeimin, $C_{27}H_{42}O_2NCl$, farblose Prismen, F. 206° (Zersetz.), $[\alpha]_D$ −39,2° ($CHCl_3$). Clorosipeimin konnte nicht acetyliert werden und veränderte sich weder am Rückfluß mit Zinkstaub und Eisessig, mit Silberazetat in Methanol, noch durch Erhitzen mit 5%igem wässerigem Kaliumhydroxyd. Am Rückfluß mit 5%igem alkoholischem Kaliumhydroxyd wurde es in Anhydrosipeimin, $C_{27}H_{41}O_2N$ verwandelt, farblose lange prismatische Nadeln, F. 170°, $[\alpha]_D + 2{,}4° \pm 0{,}4°$ ($CHCl_3$). Anhydrosipeimin widerstand der Hydrierung sowohl über Palladium-Holzkohle als auch durch ADAMS Platinoxyd-Katalysator in neutralem oder saurem Medium oder über RANEY-Nickel in Alkohol bei Zimmertemperatur.

Beim Erhitzen mit konzentriertem alkoholischem Kaliumhydroxyd wurde Sipeimin in das isomere Isosipeimin umgelagert. (Farblose, dünne, weiche Nadeln, F. 228°, $[\alpha]_D + 12{,}2°$ ($CHCl_3$). Sein UV-Spektrum zeigt keine charakteristische Carbonyl-Absorptionsbande.

Untersuchung von *Fritillaria*-Alkaloiden IX. Isolierung einiger neuer Alkaloide aus handelsüblicher *Fritillaria*-Species „Szechuan Pei-Mu“

Von T. T. CHU und J. Y. LOH

(Kurzbericht)

Fritillaria spp. liefern eine unserer gebräuchlichsten Drogen, Pei-Mu. Die alkaloidartigen Bestandteile von fünf Sorten der sogenannten „Szechuan“-Varietäten und eine mandschurische Varietät (*Fritillaria ussuriensis* MAXIMOWICZ) wurden untersucht. Die Ergebnisse zeigten, daß alle von ihnen Alkaloide mit 27 C-Atomen enthalten und wahrscheinlich zur Gruppe der modifizierten Steroidalkaloide gehören. Die experimentellen Daten sind in der folgenden Tabelle zusammengefaßt:

Art des Rohmaterials (*Fritillaria* spp.)	Isoliertes Alkaloid und empir. Formel	Schmelzpunkt °C	$[\alpha]_D$	Derivate	UV-Abs.-Spekt. max. λ m μ	Bemerkung
(a) Chin-pei-mu	Chinpeimin $C_{27}H_{43}O_2N$	247–248°	–21.58° ($CHCl_3$)	Thiocyanat F. 229–231° Chloroaurat F. 156–158° Acetylderivat F. 178°	288	
(b) Bei-lu-pei-mu	Beilupeimin $C_{27}H_{43}O_3N$	155–157°	–53.23° (C_2H_5OH)	Thiocyanat F. 172–174° Chloroaurat F. 160° (Zers.)	289–290	
(c) Huang-lu-pei-mu	Alkaloid	258–260°		Thiocyanat F. 163°		wahrscheinlich identisch mit Fritimin
(d) Bei-son-pei-mu	Sonpeimin $C_{27}H_{43}O_4N$	256–258°		Thiocyanat F. 253–256°	288	
(e) Huang-son-pei-mu	Alkaloid $C_{27}H_{45}O_3N$	256°				
(f) *F. ussuriensis* Maxim.	Alkaloid	219°		Hydrochlorid F. 295° (Zers.)		wahrscheinlich identisch mit Peimin

DISKUSSION

Herr SADYKOW: Die Ausführungen des Vortragenden waren für mich von besonderem Interesse, da ich mit meinen Mitarbeitern in den letzten Jahren mit der Erforschung verschiedener *Fritillaria*-Arten aus Mittelasien beschäftigt bin. In Mittelasien kommen 10 *Fritillaria*-Arten vor, von welchen 4 von uns auf ihren Alkaloidgehalt hin geprüft worden sind. Aus diesen vier Arten sind insgesamt 12 Alkaloide gewonnen worden, von denen mehrere bisher unbekannt waren. Die weitere Untersuchung dieser Alkaloide ist im Gange. Es ist bemerkenswert, daß verschiedene *Fritillaria*-Arten seit jeher Anwendung in der Volksmedizin von China und anderen östlichen Gebieten finden. Deswegen ist die Erforschung der gewonnenen Alkaloide sowohl von chemischem als auch von physiologischem Interesse. Einige der isolierten Alkaloide, z. B. das Alginin (von YUNUSSOW aus *Fritillaria* (*Korolkowia*) *sewerzowii* gewonnen) besitzen lokalanaesthetische Wirkung. Das Hauptalkaloid von *Fritillaria raddeana*, das Raddeanin, wirkt auf das Zentralnervensystem.

Herr ROCHELMEYER: Zu welchen Körperklassen gehören die erwähnten pharmakologisch wirksamen Alkaloide?

Herr SADYKOW: Der Bau des Raddeanins wurde von uns gemeinsam mit ASSLANOW geklärt. Es erwies sich als ein Derivat von Cyclopentanophenanthren. Bei der Spaltung des Alkaloids durch Selen gelang es, Phenanthren zu isolieren und zu identifizieren. Es ist bezeichnend, daß Prof. CHU in ähnlicher Weise Benzfluoren bei der Spaltung des Alkaloids Peimin gewonnen hat. Gegenwärtig setzen wir die begonnenen Arbeiten zur Erforschung der Alkaloide, die aus verschiedenen *Fritillaria*-Arten isoliert wurden, fort.

Aus der Chemischen Anstalt der Medizinischen Fakultät der Palacký-Universität, Olomouc, Tschechoslowakei

Biologie und Chemie der Gattung Colchicum sowie einiger verwandter Gattungen

Von F. Šantavý

Unter den Giftpflanzen rückte in den letzten Jahren die Gattung Colchicum, aus der wiederum die Herbstzeitlose (*Colchicum autumnale* L.) in Mitteleuropa am häufigsten vorkommt, stark in den Vordergrund. Diese Gattung gehört zu der Familie der *Liliaceae*. Stefanoff [1] führt 64 verschiedene Arten an, welche er in zwei Hauptuntergattungen und weiter in eine Reihe von Sektionen einteilt. Neben der Herbstzeitlose ist die bekannteste Art das am Schwarzen Meer beheimatete *Colchicum speciosum* und das in Nordindien gefundene *Colchicum luteum*. Die meisten Arten dieser Gattung sind auf dem Balkan beheimatet, doch konnte das Vorkommen einiger Arten auch in Afrika beobachtet werden. In den äquatorialen Gegenden Afrikas und in Asien ist die Gattung *Gloriosa* vertreten, welche ebenfalls zu den Liliaceen gehört und einige derselben Alkaloide wie die Herbstzeitlose enthält. In dieser Gattung ist *Gloriosa superba* als die bekannteste Art anzusehen. Das Vorhandensein von Colchicin wurde außerdem in der nordafrikanischen Liliacee *Androcymbium gramineum* nachgewiesen.

Die Gattung *Colchicum* ist weder in Nord- und Südamerika noch in Südafrika, Ostasien und Australien anzutreffen.

In früheren Zeiten kam diesen Pflanzen praktisch genommen bloß toxikologische Bedeutung [2] zu, obgleich sie in geringem Maße auch bei der Behandlung von gichtischen Erkrankungen Verwendung fanden. Das Interesse wuchs jedoch, als Lits und Dustin [3] von neuem zu der Feststellung gelangten, daß das in diesen Pflanzen vorhandene Alkaloid Colchicin äußerst stark auf die Zellteilung, u. zwar sowohl bei Tieren als auch bei Pflanzen, einwirkt.

Da wir uns mit der Toxikologie, Analytik und Isolierung der Inhaltsstoffe aus *Colchicum* und verwandten Gattungen seit dem Jahre 1936 befassen, möchte ich in diesem Vortrage eine kurze Übersicht über die Biologie dieser Pflanzen und über die Chemie der bisher daraus isolierten Substanzen geben.

Die Geschichte der *Colchicum*-Alkaloide ist auf das engste mit den Namen Pelletier und Caventou [4] verknüpft, denen es im Jahre 1820 gelungen ist, aus den Knollen der Herbstzeitlose (*Colchicum autumnale* L.) neben anderen Substanzen eine gelbe amorphe Base zu isolieren, welche sie irrtümlicherweise für Veratrin hielten; in derselben Arbeit wird mitgeteilt, daß von den genannten Autoren Veratrin aus den verwandten Pflanzen *Veratrum album* und *Veratrum sabadilla* isoliert wurde.

Erst dreizehn Jahre später gelang es Geiger und Hesse [5], auf Grund pharmakologischer Versuche den bestehenden Irrtum der vorher erwähnten Autoren zu erkennen. Sie benannten die aus der Herbstzeitlose isolierte kristalline Substanz „Colchicin“.

Im Jahre 1857 wurde von Oberlin [6] darauf hingewiesen, daß die in der Pflanze enthaltene Substanz sehr leicht hydrolysiert und auch gut auskristallisiert werden kann; wahrscheinlich war dies die kristallische Substanz, die Geiger und Hesse in Händen hatten. Für die native amorphe Substanz behält Oberlin die Benennung „Colchicin“ bei, hingegen spricht er der sekundär entstandenen Substanz die Bezeichnung „Colchicein“ zu.

In den Jahren 1883—1886 war es zwei Autoren, nämlich Houdé [7] in Paris und Zeisel [8] in Wien unabhängig voneinander gelungen, Oberlins „amorphe Substanz“ zum Kristallisieren zu bringen und somit Colchicin in reinem Zustand zu bereiten und seine Bruttoformel, $C_{22}H_{25}O_6N$, zu bestimmen.

1944 wurde von ASHLEY und HARRIS [9] die Feststellung gemacht, daß das im Handel befindliche Colchicin häufig nicht rein vorhanden ist, sondern ca. 5% amorphe Beimengungen, die durch Chromatographie an Al_2O_3 abgetrennt werden können, enthält.

Über die Isolierung anderer Giftstoffe aus Herbstzeitlosen, außer Colchicin, sind bis zum Jahre 1948 in der Literatur [10] keine Angaben enthalten.

Obwohl die ersten Forscher — PELLETIER und CAVENTOU —, die sich die Untersuchung der Herbstzeitlose zur Aufgabe machten, zu Isolierungsversuchen Herbstzeitloseknollen verwendeten, ergibt sich die interessante Feststellung, daß alle anderen Autoren zu diesen Versuchen Herbstzeitlosesamen benutzten. Die Tatsache, daß der Gehalt an Colchicin in den Samen bei weitem den aller anderen darin vorhandenen Alkaloide übertrifft, brachte es mit sich, daß 60 Jahre lang Colchicin als die einzige toxische Substanz der Herbstzeitlosepflanzen betrachtet wurde. Viele Pharmakopöen enthielten zwar auch Angaben über Herbstzeitloseknollen, und von manchen Autoren wurden auch Herbstzeitloseblüten zur Bereitung von Tinkturen empfohlen, die Praxis blieb jedoch bei den Herbstzeitlosesamen. Das beruht auf der mit Hilfe analytischer Methoden gewonnenen Erkenntnis, daß in diesem Material die größte „Colchicinmenge" enthalten ist, d. h. ein Gemisch toxischer, dem Colchicin sehr nahe verwandter Substanzen.

Aus der Gattung *Colchicum* und einigen verwandten Gattungen wurden von uns im ganzen 21 colchicinähnliche Substanzen isoliert [11—17]. Alle diese neu isolierten Substanzen sind vorläufig mit Großbuchstaben benannt worden. BELLET [18] isolierte außerdem aus Herbstzeitlosesamen jugoslawischen Ursprungs ein Alkaloid-Glykosid, Colchicosid, und zwei weitere Substanzen [19, 20], von denen die eine zwei Schwefelatome enthält.

Alle aus der Herbstzeitlose isolierten Alkaloide (viele dieser Substanzen sind keine echten Alkaloide, da sie keinen basischen Charakter aufweisen) können in sechs Gruppen eingeteilt werden: 1) Alkaloide von neutralem Charakter, 2) von phenolischem, 3) basischem, 4) phenolisch-basischem Charakter, 5) die Alkaloid-Glykoside und schließlich eine weitere Gruppe, die Substanzen enthält, welche direkt in der Pflanze aus den genannten Substanzen sekundär auf photochemischem Wege entstehen, demnach Lumiderivate sind [21, 22]. Falls nachgewiesen würde, daß die von BELLET und MULLER [20] isolierte Substanz, die zwei Schwefelatome enthält, kein Artefakt ist, würde noch eine weitere Gruppe hinzukommen, welche diese Substanz und eventuell weitere Derivate umfassen würde.

Die wirksamen Substanzen sind in den einzelnen Teilen der Pflanze mengenmäßig ungleich vertreten. Den höchsten Alkaloidgehalt haben die Samen [11, 12], dann folgen die Knollen [13, 14] und die Blüten [15, 16]; den geringsten Gehalt zeigen Blätter und Perikarp [17]. In den Samen ist vorwiegend Colchicin vorhanden, in den im Herbst zur Zeit der Blüte gesammelten Knollen sind Substanzen von basischem Charakter enthalten, und in den Blüten, Blättern und Perikarpien kommt vor allem eine Substanz von phenolischem Charakter, welche vorläufig als Substanz E_1 bezeichnet wird, vor. In den einzelnen Teilen der Herbstzeitlose ändert sich jedoch die Zusammensetzung und der Gehalt des Alkaloids in Abhängigkeit vom Orte und den klimatischen Bedingungen in verschiedenen Jahren [23—26]. Die größten Unterschiede in der mengenmäßigen Zusammensetzung des Gesamtalkaloidgemisches wurden in den Knollen festgestellt. In diesen [26] ist die absolute und relative Menge der basischen Substanzen, vor allem der Substanz F, in der Zeit der Samenreife am größten, d. h. in dem Zeitabschnitt, in dem die alte Knolle abstirbt und die Grundlage zur Bildung neuer Knollen gelegt wird. Dieser Zeitpunkt wäre wahrscheinlich der geeignetste, um Material zu Isolierungszwecken zu sammeln, es sind dann jedoch die Knollen verglichen mit denen im Herbst so klein, daß sich das Sammeln nicht lohnt. Außerdem sind die Blüten auf den gemähten Wiesen ein weit besserer Wegweiser als die reifende grüne Pflanze im Gras.

Nachdem wir festgestellt hatten, daß in den einzelnen Teilen der Herbstzeitlose Colchicin von einer Reihe ihm verwandter Substanzen begleitet wird, wurden von uns diese Substanzen aus einer Reihe anderer *Colchicum*-Arten isoliert [27—35].

Vom chemischen Standpunkt aus war den anderen *Colchicum*-Arten und weiteren colchicinführenden Arten anderer Gattungen noch weniger Aufmerksamkeit als dem *Colchicum autumnale* L. gewidmet worden. Viele der Autoren begnügten sich damit, daß sie nur die amorphe toxische Substanz aus einigen anderen *Colchicum*-Arten isolierten oder den unspezifischen, mikrochemischen Nachweis von Colchicin erbrachten. Allerdings isolierten CLEWER, GREEN und TUTIN [37] aus Knollen der bereits erwähnten *Gloriosa superba* im Jahre 1915 neben Colchicin eine Substanz vom Smp. 267°, die sie irrtümlicherweise für Methylcolchicin hielten. Diese Substanz wurde von uns [35] als Substanz B, welche in allen Teilen des *Colchicum autumnale* enthalten ist, identifiziert. Ferner isolierten CLEWER und Mitarbeiter aus *G. superba* ein Alkaloid ($C_{15}H_{17}O_4N$ oder $C_{33}H_{38}O_9N_2$), Benzoesäure und 2-Hydroxy-6-methoxybenzoesäure. Analoge Substanzen, d. h. Colchicin, Substanz B und C, wurden aus den Knollen der *Gloriosa rotschildiana* O. Brien und aus den Knollen von *G. simplex* isoliert [35]. In diesem Jahre konnten wir für unsere Arbeit [36] eine größere Menge Knollen, Blätter und Blüten von *Gloriosa superba* aus Indien beschaffen. Es ist von Interesse, daß die Knollen dieser Pflanze anstatt der basischen Substanz F in geringer Menge eine andere basische kristalline Substanz vom Smp. 230° enthalten. Aus den Blättern und Blüten Colchicin zu isolieren, ist uns, obgleich verhältnismäßig große Materialmengen zur Verfügung standen, nicht gelungen.

In der Sowjet-Union wurde die Aufmerksamkeit der dort beheimateten Pflanzenart *Colchicum speciosum* zugewandt. Im Jahre 1940 wurde von TARAN [38] der Nachweis erbracht, daß auch in dieser Pflanze Colchicin vorhanden ist. Seit dem Jahre 1949 widmet eine Gruppe sowjetischer Autoren [39—43] den Knollen dieser Pflanze die sorgfältigste Aufmerksamkeit, und es ist ihnen gelungen, sowohl Colchicin als auch Colchamin, welches mit unserer [30] Substanz F identisch ist, zu isolieren.

Es war von Interesse zu prüfen, ob *Colchicum*-Arten vertreten sind, die einen größeren Alkaloidgehalt als die bei uns im allgemeinen vorkommende Herbstzeitlose aufweisen. Es konnte jedoch festgestellt werden, daß alle bei uns im Herbst blühenden *Colchicum*-Arten praktisch den gleichen %-Gehalt biologisch wirksamer Substanzen aufweisen. Ein wesentlicher Unterschied besteht jedoch in der Knollengröße [44] der einzelnen Arten; so z. B. sind die Knollen von *Colchicum speciosum* durchschnittlich 2,5mal und die Knollen der Ziergattung *C. autumnale maior* sogar 8mal schwerer als die Knollen des *Colchicum autumnale*. Die Kultivierung zu Industriezwecken wäre demnach weit ertragreicher, falls wild wachsendes *C. speciosum*, gegebenenfalls andere veredelte Varietäten, verwendet werden könnten. Gemäß den von sowjetischen Autoren veröffentlichten Angaben ist in *C. speciosum* auch in der Sowjet-Union praktisch die gleiche Menge wirksamer Substanzen wie in Mitteleuropa enthalten.

Es scheint jedoch, daß die tropischen *Colchicum*-Arten, wie z. B. *C. luteum*, *C. hierosolymitanum* [34] sowie *Androcymbium* [31, 32], wenig Colchicin enthalten. Die von uns durchgeführten Untersuchungen erlauben uns, den Rückschluß zu ziehen, daß die im Frühjahr blühenden Arten im allgemeinen in den Knollen weit weniger Colchicin und vielleicht überhaupt keine basische Substanz F enthalten. Das gleiche kann auch von den Knollen der Gattung *Gloriosa* [36] gesagt werden, auch aus diesen war es uns nicht gelungen, die basische Substanz F, auch Demecolcin genannt, zu isolieren.

In unseren Laboratorien wurden auch ältere Angaben von DRAGENDORFF [45] sowie von KLEIN und POLLAUF [46] über das Vorkommen von Colchicin in Monocotylen nachgeprüft

[47]. Es wurde festgestellt, daß nur Pflanzen der Gattungen *Colchicum*, *Gloriosa* und *Androcymbium* Alkaloide vom Colchicintyp enthalten. Auf Grund des Studiums der BUXBAUMschen [48] Arbeit konnte von uns [33] nachgewiesen werden, daß auch die südafrikanische Pflanze *Littonia modesta* HOOK zu der Gattung *Gloriosa*, die Colchicinalkaloide enthält, gehört. Diese Tatsache ist sicherlich von großem Interesse, da BUXBAUM in seiner Arbeit über die Entwicklungslinien der *Liliaceae* zwischen die Gattungen *Gloriosa* und *Colchicum* zwei weitere Untergattungen einreiht, und zwar die *Iphigeniae* und *Baeometrae*, in welchen bisher das Vorkommen von Colchicin oder ihm verwandter Substanzen nicht festgestellt werden konnte. Es ist leider bis jetzt nicht möglich gewesen, uns Pflanzenmaterial der Gattung *Sandersonia*, die aller Wahrscheinlichkeit nach ebenfalls Colchicin enthält, zu beschaffen.

Mit der Konstitution des Colchicins befaßten sich vor allem ZEISEL, WINDAUS, COOK und Mitarbeiter, DEWAR, CORRODI und HARDEGGER und unser Laboratorium. Die erste Colchicin-Formel wurde von WINDAUS auf Grund von Abbaureaktionen vorgeschlagen, ein Molekül mit Phenanthren-Skelett. COOK und Mitarbeitern gelang es, mit Hilfe der Spektrographie den Nachweis zu erbringen, daß der Ring B dieses Skeletts nicht sechsgliedrig sondern siebengliedrig ist, worauf von DEWAR auf rein spekulativem Wege abgeleitet wurde, daß der Ring C ebenfalls ein Siebenring sein muß[1]). DEWAR nannte diesen Ring einen Tropolonring.

Die richtige Stellung der Substituenten dieses Tropolonringes wurde von ČECH und ŠANTAVÝ [49] abgeleitet und von KING, DE VRIES und PEPINSKY [50] röntgenographisch bestätigt.

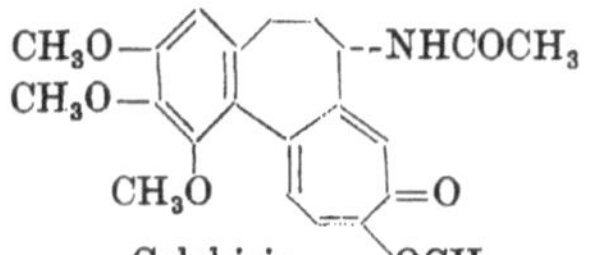

Colchicin

Über die Einzelheiten der Konstitution des Colchicins wurde bisher eine Reihe zusammenfassender Referate veröffentlicht [3, 51—53]. Synthetisch konnten diese Substanzen noch nicht hergestellt werden trotz der Tatsache, daß bereits eine Reihe von Partialsynthesen und zwei weitere Synthesen eines Abbauproduktes dieser Substanz, des N-Acetylcolchinol-methyläthers, gelangen.

Die Konstitution der Substanz B wurde durch die Partialsynthese aus Desacetylcolchicein geklärt [8, 54]. Es konnte festgestellt werden, daß es sich um N-Formyldesacetylcolchicin handelt.

Mit dieser Substanz sehr nahe verwandt sind die Substanzen C und E_1. Durch Methylierung dieser beiden Substanzen mit Diazomethan wurde Colchicin gewonnen [11, 13,15]. Da sich jedoch die beiden Substanzen mit Hilfe der Zeisel-Oberlin-Reaktion nicht unterscheiden ließen, war bereits von Anfang an ersichtlich, daß beide Substanzen voneinander lediglich durch die Lage der phenolischen Gruppe des Ringes A unterschieden sind. Durch Bereitung der Äthyläther dieser beiden Substanzen und durch deren Abbau durch Kaliumpermanganat im alkalischen Medium bis zu den entsprechenden Phthalsäuren konnte die Stellung dieser freien phenolischen Gruppen bestimmt werden [55, 56]. Den Substanzen sind die folgenden Formeln zugeschrieben worden:

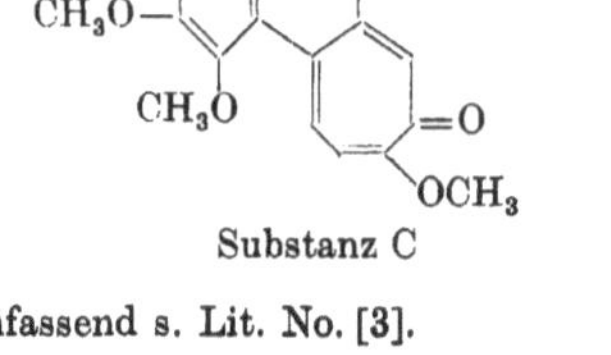

Substanz C

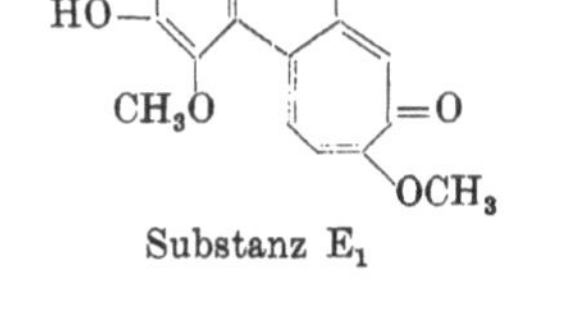

Substanz E_1

[1]) Zusammenfassend s. Lit. No. [3].

Wie bereits erwähnt, wurde das Alkaloidglykosid Colchicosid von Bellet [18] isoliert. Von diesem Autor wurde erkannt, daß das Glucose-Molekül glykosidisch an die phenolische Gruppe der Substanz C gebunden ist. Diese Tatsache konnte auch durch Partialsynthese [57] bestätigt werden. Die Klärung der Konstitution der Substanz C ermöglichte auch die definitive Bestimmung der Konstitution dieses Alkaloid-Glykosids.

Von den basischen Substanzen erwecken die Substanz U, Substanz F (auch Demecolcin bzw. Colchamin genannt) und die Substanz S Interesse.

Die Substanz U [12, 14, 16] konnte in Kristallform nicht isoliert werden, doch ist es gelungen, aus dem basischen Extrakt, nach vorangegangener Acetylierung, als Acetylderivat die Substanz C zu gewinnen. Wir setzen deshalb voraus, daß sich in diesem basischen Extrakt die desacetylierte Substanz C mit einer freien Aminogruppe am Ringe B, welche von uns vorläufig als Substanz U bezeichnet wurde, vorfindet.

Die Substanz F (Demecolcin bzw. Colchamin [41—43]) unterscheidet sich von Colchicin dadurch, daß sie an der Aminogruppe statt der Acetyl- eine Methylgruppe trägt [10, 13, 42, 43, 58—61].

Die Substanz S hat eine freie phenolische Gruppe am Ring A. Ihre weitere Konstitution ist gleich der der Substanz F.

An der Klärung der Konstitution der anderen Substanzen wird zur Zeit in unseren Laboratorien noch gearbeitet.

Wir wandten [62, 63] unsere Aufmerksamkeit außer diesen rein chemischen Arbeiten auch den biologischen Eigenschaften der neu isolierten Substanzen zu. Bei 89 Substanzen wurde die Toxizität an Ratten untersucht. Dort wo sich die Notwendigkeit ergab, wurde auch die mitotische Wirkung des Präparates auf die regenerierende Rattenleber geprüft. Dabei wurde die Beobachtung gemacht, daß einige Derivate ein vorteilhafteres Verhältnis zwischen Toxizität und mitotischer Wirkung als das in der Therapie indessen bekannteste Colchicin aufweisen.

Die Substanz F, auch Demecolcin genannt, hat wegen ihrer geringeren Toxizität gegenüber der des Colchicins bei der Behandlung myeloischer Leukämie Verwendung gefunden [64].

LITERATUR

[1] Stefanoff, B., Monographie der Gattung *Colchicum* L. Sofia 1926.
[2] Ruegg, K., Beiträge zur Geschichte der offiziellen Drogen *Crocus, Acorus Calamus* und *Colchicum*. Inaugural-Dissertation Basel 1936.
[3] Eigsti, O. J., u. Jr. P. Dustin, Colchicine in Agriculture, Medicine, Biology and Chemistry. Iowa USA, 1955
[4] Pelletier, P. J., u. J. Caventou, Ann. Chim. Phys. **14**, 69 (1820).
[5] Geiger, Ph. L., Ann. d. Pharm. (später Liebigs Annalen) **7**, 274 (1833).
[6] Oberlin, L., Ann. Chim. Phys. (3), **50**, 108 (1857).
[7] Houdé, A., C. r. Soc. Sci. Paris **98**, 1442 (1884).
[8] Zeisel, S., Monatsh. f. Chem. **4**, 162 (1883); **7**, 557 (1886).
[9] Ashley, J. N., u. J. O. Harris, J. Chem. Soc. London **1944**, 677.
[10] Šantavý, F., Chem. Listy **42**, 177 (1948).
[11] Šantavý, F., u. T. Reichstein, Helv. Chim. Acta **33**, 1606 (1950).
[12] Šantavý, F., u. M. Talaˇ, Collection Czechoslov. Chem. Commun. **19**, 174 (1954).
[13] Šantavý, F., Pharm. Acta Helv. **25**, 248 (1950).
[14] Šantavý, F., Z. Hoščálková, R. Podivinský u. H. Potěšilová, Collection Czechoslov. Chem. Commun. **19**, 1289 (1954).
[15] Šantavý, F., Collection Czechoslov. Chem. Commun. **15**, 552 (1950).
[16] Šantavý, F., u. Vl. Mačák, Collection Czechoslov. Chem. Commun. **19**, 805 (1954).
[17] Šantavý, F., J. Lipová u. E. Coufalík, Čs. farmacie **1**, 239 (1952).
[18] Bellet, P., Ann. pharm. franc. **10**, 81 (1952).
[19] Muller, G., u. P. Bellet, Ann. pharm. franc. **13**, 81 (1955).
[20] Bellet, P., u. G. Muller, Ann. pharm. franc. **13**, 84 (1955).

[21] Šantavý, F., Collection Czechoslov. Chem. Commun. **16–17**, 665 (1951–52).
[22] Grewe, R., u. W. Wulf, Chem. Ber. **84**, 621 (1951).
[23] Šantavý, F., u. J. Buchníček, Pharm. Acta Helv. **24**, 20 (1949).
[24] Buchníček, J., Pharm. Acta Helv. **25**, 389 (1950).
[25] Buchníček, J., Čas. čes. lékarn. Věd. příl. **63**, 85 (1950).
[26] Šantavý, F., u. T. Reichstein, Pharm. Acta Helv. **27**, 71 (1952).
[27] Šantavý, F., M. Černoch, J. Malinský, B. Lang u. A. Zajíčková, Ann. pharm. franc. **9**, 50 (1951).
[28] Šantavý, F., u. E. Coufalík, Collection Czechoslov. Chem. Commun. **16**, 198 (1951).
[29] Mačák, Vl., I. Bartošová u. F. Šantavý, Ann. pharm. franc. **12**, 555 (1954).
[30] Mašinová, V., u. F. Šantavý, Collection Czechoslov. Chem. Commun. **19**, 1283 (1954).
[31] Potěšilová, H., I. Bartošová u. F. Šantavý, Ann. pharm. franc. **12**, 616 (1954).
[32] Delong, V., I. Havrlíková u. F. Šantavý, Ann. pharm. franc. **13**, 449 (1955).
[33] Šantavý, F., Collection Czechoslov. Chem. Commun. (im Druck).
[34] Šantavý, F., D. V. Zajíček u. A. Němečková, Collection Czechoslov. Chem. Commun. (im Druck).
[35] Šantavý, F., u. J. Bartek, Die Pharmazie **7**, 595 (1952).
[36] Šantavý, F., F. A. Kincl u. A. R. Shinde, (in Handschrift).
[37] Clewer, H. W. B., S. J. Green u. F. Tutin, J. Chem. Soc. London **107**, 835 (1915).
[38] Taran, J. N., Farmacija No. 9./10., 38 (1940); C. C. 1941, II., 1532.
[39] Beer, A. A., Sh. A. Karapetjan, A. I. Kolesnikov u. D. P. Snjegirov, Dokl. Akad. Nauk SSSR **67**, 883 (1949); C. A. **44**, 800 (1950).
[40] Beer, A. A., Dokl. Akad. Nauk SSSR **69**, 369 (1949); C. A. **44**, 7178g (1950).
[41] Kiselev, V. V., G. P. Menschikov u. A. A. Beer, Dokl. Akad. Nauk SSSR **87**, 227 (1952).
[42] Kiselev, V. V., u. G. P. Menschikov, Dokl. Akad. Nauk SSSR **88**, 825 (1953).
[43] Kiselev, V. V., Dokl. Akad. Nauk SSSR **96**, 527 (1954).
[44] Potěsilová, H., u. F. Šantavý, Acta SLUKO **A–1**, 129 (1951–53).
[45] Dragendorff, G., Die Heilpflanzen. S. 115, Stuttgart 1898.
[46] Klein, G., u. G. Pollauf, Österr. Bot. Z. **78**, 251 (1929).
[47] Šantavý, F., Österr. Bot. Z. **103**, 300 (1956).
[48] Buxbaum, F., Bot. Archiv **38**, 213 (1937).
[49] Čech, J., u. F. Šantavý, Collection Czechoslov. Chem. Commun. **14**, 532 (1949).
[50] King, M. V., J. L. de Vries u. R. Pepinsky, Acta Cryst. **5**, 437 (1952).
[51] Šantavý, F., Chem. Listy **38**, 157 (1944).
[52] Lettré, H., Angew. Chem. (A) **59**, 218 (1947).
[53] Cook, J. W., u. J. D. Loudon, Colchicine. In „The Plant Alkaloids". Bd. II., New York, 1952, S. 261.
[54] Šantavý, F., Chem. Listy **46**, 280 (1952).
[55] Šantavý, F., u. M. Talaš, Chem. Listy **46**, 373 (1952).
[56] Šantavý, F., M. Talaš u. O. Tělupilová, Collection Czechoslov. Chem. Commun. **18**, 710 (1953).
[57] Bellet, P., G. Amiard, M. Pesez u. A. Petit, Ann. pharm. franc. **10**, 211 (1952).
[58] Šantavý, F., Collection Czechoslov. Chem. Commun. **16–17**, 676 (1951–52).
[59] Šantavý, F., R. Winkler u. T. Reichstein, Helv. Chim. Acta **36**, 1319 (1953).
[60] Uffer, A., O. Schindler, F. Šantavý u. T. Reichstein, Helv. Chim. Acta **37**, 18 (1954).
[61] Ueno, Y., Proc. Japan Acad. **29**, 266 (1953).
[62] Šantavý, F., B. Lang u. J. Malinský, Arch. int. Pharmacodyn. **84**, 257 (1950).
[63] Černoch, M., J. Malinský, O. Tělupilová, u. F. Šantavý, Arch. int. Pharmacodyn. **99**, 141 (1954).
[64] Moeschlin, S., H. Meyer u. A. Lichtman, Schweiz. Med. Wschr. **83**, 990 (1953).

DISKUSSION

Herr Henecka: Was ist über die Toxizität und biologische Wirkung von Demecolcin bekannt?

Herr Šantavý: Demecolcin weist eine 6 mal geringere Toxizität als Colchicin bei praktisch gleicher mitotischer Wirkung auf, mit anderen Worten, der toxisch-mitotische Index des Demecolcins ist bei weitem höher als der des Colchicins.

Aus dem University Department of Botany, Oxford, England

Die Biogenese von Hordenin in Gerstenkeimlingen

Von W. O. JAMES und V. S. BUTT *)

Das Vorkommen von Hordenin (N, N-Dimethyltyramin, IV) in Gerstenwurzeln wurde 1906 von LÉGER [1] entdeckt; die Synthese des Alkaloids in vitro gelang BARGER 1909 [2]. RAOUL [3, 4] beschäftigte sich mit der Bildungsweise des Hordenins in der Pflanze und vermutete, daß es aus Tyrosin (I) entsteht, das durch Decarboxylierung in Tyramin (II) und anschließende Methylierung in Hordenin überführt wird.

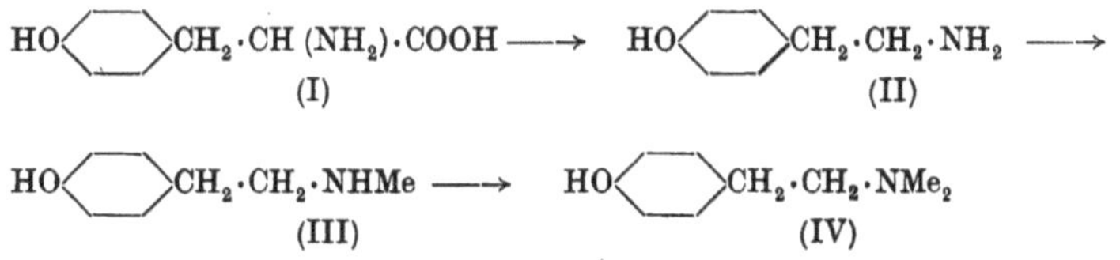

Damals wurde dem N-Methyltyramin (III) als möglicher Zwischenstufe keine Aufmerksamkeit geschenkt. RAOULS Vermutungen stützten sich auf chemische Synthesen in vitro, woraus er Analogieschlüsse auf die Biogenese zog; er entwickelte Methoden zur Hordeninbestimmung in Gerstenwurzeln und verfolgte die Alkaloidbildung in den Geweben [5,6,7,8]. Im großen ganzen konnte er keinen befriedigenden Beweis für den von ihm vermuteten Bildungsweg erbringen. N-Methyltyramin wurde zum ersten Mal aus den Wurzeln einer Gerstenmutante isoliert, die kein Hordenin bildete [9]. Mit Hilfe der Markierungstechnik mit radioaktivem Kohlenstoff führten MARION und Mitarbeiter [10, 11] weitere Untersuchungen über den von RAOUL vermuteten Bildungsweg des Hordenins in der Pflanze durch. Sie zeigten auch, daß die Methylgruppen des Hordenins von Formiat, von Methionin oder von Betain geliefert werden können [12, 13, 14].

In der vorliegenden Arbeit wird das Vorkommen von Tyramin und N-Methyltyramin in Gerstenwurzeln bestätigt und ihr Zusammenhang mit der Hordeninsynthese in der Pflanze untersucht.

Es sei darauf hingewiesen, daß die Hordenin-Synthese, falls sie in der von RAOUL vermuteten Weise vor sich geht, von großem Interesse für die Alkaloid-Biogenese im allgemeinen ist. Decarboxylierung und Methylierung gehören zu den wenigen Reaktionen, die ROBINSON [15] bei seinen Anregungen über die Biosynthese von komplizierter gebauten Alkaloiden aus Aminosäuren voraussetzte; im Falle des Hordenins findet jedoch anschließend kein Ringschluß statt.

Identifizierung der in Gerstenwurzeln vorkommenden Basen

Das mit Hordenin gemeinsame Vorkommen von Tyramin und N-Methyltyramin in Gerstenwurzeln wurde von ERSPAMER und FALCONIERI (1952) durch Papierchromatographie gezeigt [16]. Diese Beobachtung haben wir bestätigt. Der Nachweis geschah mit Hilfe zweier weiterer Lösungsmittelsysteme und durch Farbreaktionen mit Ninhydrin und Bromkresolpurpur (Tabelle 1).

*) Vorgetragen von V. S. BUTT.

Tabelle 1

Papierchromatographie von Gerstenalkaloiden

Substanz	Rf-Werte			Sprühreagens	
	1	2	3	Ninhydrin	Bromkresolpurpur
Tyramin	0,55	0,63	0,30	hellrot (5 μg)	blau (50 μg)
N-Methyltyramin	0,67	0,77	0,39	graugrün (5 μg)	blau (30 μg)
Hordenin	0,88	0,86	0,33	keine Färbung	blau (15 μg)

Lösungsmittelsystem 1: n-Butanol, gesättigt mit Wasser, das pro Liter 1 Tropfen NH_3 (0,88) enthält.
Lösungsmittelsystem 2: wassergesättigtes Phenol.
Lösungsmittelsystem 3: n-Butanol, gesättigt mit 2 N Salzsäure.
Bei den folgenden Untersuchungen wurde das System 1, Butanol/Wasser/Ammoniak, verwendet, womit die beste Trennung erreicht wurde. In allen untersuchten Proben von Gerstenwurzeln waren vom 3. Tage nach der Keimung an sämtliche 3 Basen anwesend.

Die Identität von N-Methyltyramin wurde weiterhin durch Schmelzpunktbestimmung seines Hydrochlorids bestätigt nach Abtrennung der Base von Hordenin und Tyramin in einer Zellulosesäule.

Schema 1

Extraktion von N-Methyltyramin

1. 10 Tage alte Gerstenwurzeln (1 kg Frischgew.) werden im Waring-Blendor-Homogenisator in 1 l Wasser, dem 20 ml Salzsäure (d 1,16) zugesetzt wurden, homogenisiert.
2. 2 Stunden stehen lassen, 50 g Trichloressigsäure zusetzen, kochen, abkühlen lassen und zentrifugieren.
3. Die überstehende Flüssigkeit wird 16 Std. lang durch Zeokarb 215 (4 ml) geleitet.
4. Die Säule wird mit 100 ml Wasser gewaschen und mit 80 ml 2 N Natronlauge eluiert.
5. Das erhaltene Eluat wird mit CO_2 gesättigt und mit 5×25 ml Amylalkohol ausgeschüttelt.
6. Die Amylalkohol-Schicht wird $3\times$ mit 10 ml 2 N Salzsäure und anschließend $2\times$ mit 10 ml Wasser ausgeschüttelt.
7. Der Extrakt wird zur Trockne eingedampft mit Natriumcarbonat neutralisiert und auf eine Zellulosesäule gebracht.
8. Wassergesättigtes n-Butanol wird durch die Säule geleitet, und Fraktionen von je 50 ml werden aufgefangen.
9. Die Fraktionen 6—9 werden vereinigt und eingedampft. N-Methyltyramin kristallisiert als Hydrochlorid (Schmelzp. 148°) aus Äther/Äthanol.

Die isolierte Substanz zeigte Übereinstimmung in Schmelzpunkt, Mischschmelzpunkt und Verhalten bei der Chromatographie (Rf-Wert und Farbreaktionen) mit einem synthetischen Präparat, das durch Decarboxylierung von N-Methyltyrosin hergestellt worden war [17].

N-Methyltyrosin war aus Methylaminoacetonitril in Anlehnung an die Methode von Cook und Cox [18] synthetisiert worden.

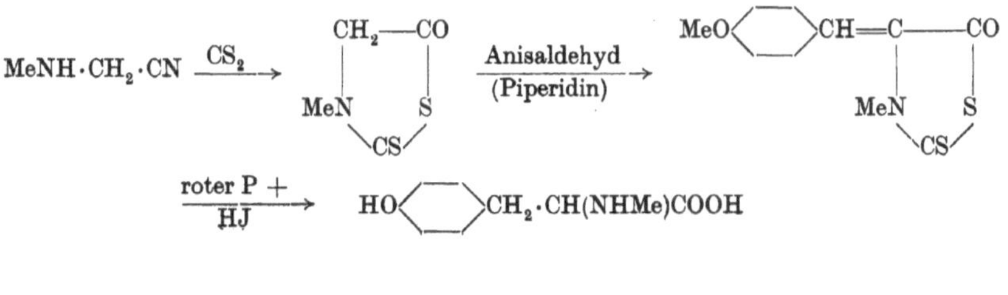

Tyramin, das nur in Spuren enthalten war, konnte nicht in solchen Mengen isoliert werden, jedoch in genügender Menge für seinen klaren Nachweis durch die übliche Papierchromatographie. Bei Verwendung sämtlicher Lösungsmittelsysteme zeigte der mit Ninhydrin erhaltene rote Fleck stets den gleichen Rf-Wert wie Tyramin. Mischchromatogramme mit zugesetztem Tyramin in Reinsubstanz zeigten nur einen Fleck.

Gehalt an Basen in Gerstenwurzeln während der Entwicklung der Keimlinge

RAOUL [7] bestimmte den Hordeningehalt von Gerstenwurzeln während der Entwicklung der Keimlinge. Er fand, daß Hordenin bald nach der Keimung auftrat und daß sein Gehalt bis zum 11. bis 17. Tag anstieg und dann wieder langsam sank.

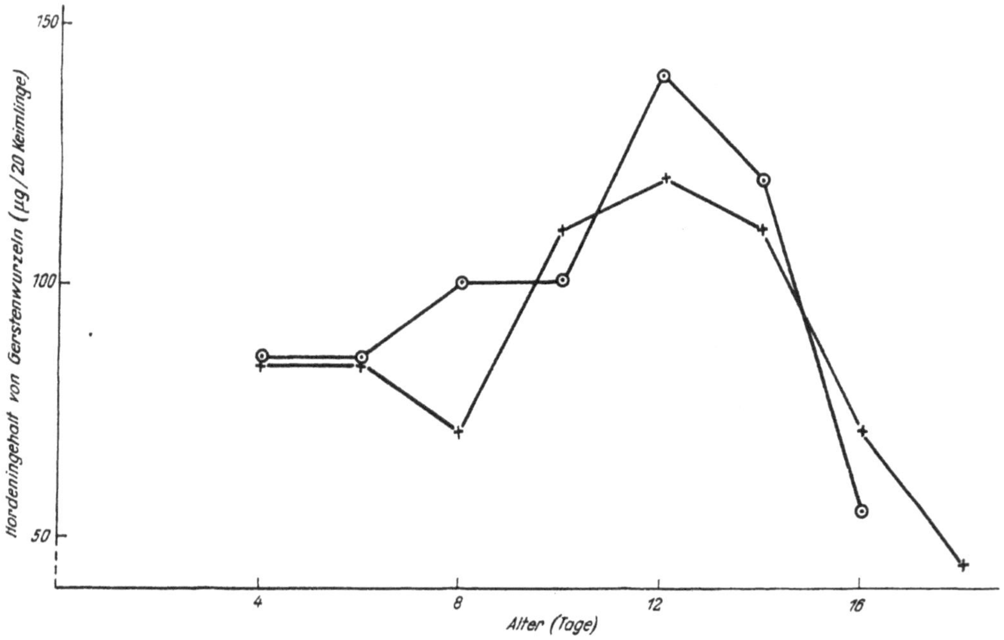

Abb. 1. Wechsel im Hordeningehalt von Gerstenwurzeln mit zunehmendem Alter vom Zeitpunkt der Keimung an. ⊙ und + stellen Kurven von Parallelversuchen dar

Bei Verwendung einer Mikro-Modifikation unserer Extraktionsmethode (Schema 1) für 20 Gerstenkeimlinge, die bis Stufe 6 durchgeführt wurde, und anschließender Bestimmung des Hordeningehalts auf Grund der Fleckengröße auf Papierchromatogrammen kamen wir im wesentlichen zu den gleichen Resultaten (Abb. 1). Trotz der großen Fehlerbreite bei dieser Methode sind doch die Grundzüge im Wechsel des Hordeningehalts deutlich erkennbar.

Größere Mengen an Wurzelmaterial waren für halbquantitative Bestimmungen von Tyramin und N-Methyltyramin erforderlich. Während 16 Tagen, in denen der Hordeningehalt beträchtlich schwankte, blieb die Menge der anderen Basen niedrig. Der Gehalt an N-Methyltyramin zeigte einen merklichen Anstieg, war jedoch mit der Zunahme des Hordenins weder zu vergleichen noch in einfache Beziehungen zu bringen. ERSPAMER und FALCONIERI [16] fanden, daß Tyramin früher wieder verschwand als Hordenin und N-Methyltyramin, das bis zum 25. Tage nach der Keimung nachzuweisen war. In unseren Versuchen war Tyramin noch nach 15 Tagen deutlich nachweisbar. Diese Resultate stimmen mit der Ansicht überein, daß diese Basen Zwischenstufen der Hordeninsynthese sind.

Die Verteilung des Hordenins in der Wurzel wurde histochemisch mit Jod-Jodkali nach der Methode von James [19] untersucht, wobei dunkelbraune Körnchen in der Nähe der Vegetationspunkte beobachtet wurden, sichtlich in Übereinstimmung mit den Befunden Raouls [7]. Andererseits wurde gefunden, daß die histochemische Methode unzuverlässig ist und in einigen Fällen kein Hordenin anzeigte, in denen es auf chromatographischem Wege nachgewiesen worden war.

Wenn 9 Tage alte Wurzeln in gleiche Hälften geteilt wurden, wurde der gleiche Basengehalt in jeder Hälfte gefunden. Wenn Hordenin enthalten war, trat es in der ganzen Länge der Wurzel auf.

Fütterungsversuche mit isolierten Embryonen

Da kein Hinweis auf Beziehungen zwischen den vermutlichen Zwischenstufen der Hordeninsynthese in Gerstenkeimlingen gegeben war, schienen Fütterungsversuche zweckvoll. Bei Vorversuchen ergaben sich zwei Schwierigkeiten: 1. Die Hordeninsynthese setzt sehr früh ein, bevor sich noch ein ausgedehntes Wurzelsystem gebildet hat. Eine Zunahme des Hordeningehaltes, die auf Grund von Fütterungsversuchen auftreten könnte, müßte gegenüber einer schon vorhandenen großen Hordeninmenge gemessen werden; verhältnismäßig hohe Gehaltsunterschiede müßten auftreten, um verwertbare Ergebnisse zu erhalten. 2. Die Keimung und Entwicklung ganzer Gerstenkeimlinge gelingt unter aseptischen Bedingungen, die notwendig sind, um bakteriellen Abbau der beteiligten Komponenten (wie z. B. Aminosäuren) zu vermeiden, nur schwierig. Raoul [7] erhielt bei Fütterungsversuchen an ganzen Gerstenpflanzen keine befriedigenden Resultate.

Bei Versuchen mit isolierten Gersten-Embryonen ließen sich solche Schwierigkeiten vermeiden. Gerstenkörner wurden 2 Stunden angequollen, die Embryonen isoliert und durch 20 Minuten lange Behandlung mit 0,1%iger Sublimatlösung sterilisiert. Sie wurden dann in steriler durchlüfteter Nährlösung[1]) zur Keimung gebracht. Je 10 Pflanzen wurden in einem geschlossenen Rohr kultiviert und nur die Rohre wurden zu Untersuchungen verwendet, die keine Verunreinigungen mit Mikroorganismen zeigten. Unter diesen Bedingungen konnten die Pflanzen bis zu 4 Wochen in gesundem Zustand gehalten werden; allerdings blieben sie ziemlich im Wachstum zurück. Verschiedene Extrakte und Substanzen wurden vom 1. Tag des Versuches an dem Medium zugesetzt, und nach 9 Tagen, wenn ein rasches Wachstum eingesetzt hatte, wurden die Pflanzen der Extraktion nach der oben angegebenen Methode unterworfen. Die Resultate dieser Untersuchungen bringt Tabelle 2.

Folgende Punkte verdienen besondere Beachtung:

1. Alle Keimlinge wurden vor der Extraktion so sorgfältig als möglich abgewaschen.
2. Der Malzextrakt förderte das Wachstum sehr stark, aber nachdem Basen und Ampholyte durch Behandlung an Harz-Ionenaustauschern abgetrennt worden waren, war die Lösung sehr viel weniger wirksam. Harris [21] hat auf die Bedeutung des Aminosäuren-Gleichgewichts in Kulturen isolierter Hafer-Embryonen hingewiesen und das gleiche Problem trat hier bei Tyrosin-Gabe auf.
3. Hordenin wurde in den Wurzeln nur dann nachgewiesen, wenn es selbst oder bestimmte Vorstufen dem Medium zugesetzt wurden. Der Endospermextrakt enthielt bei Prüfung nach oben beschriebener Methode weder Hordenin noch N-Methyltyramin oder Tyramin. Eine Vorstufe war enthalten, ein hitzebeständiger Stoff (beim Erhitzen auf 100° während 30 Minuten), der von Harz-Kationenaustauschern zurückgehalten wird.

[1]) Die Nährlösung enthielt pro Liter: 100 ml Whitesche Lösung [20], 1 ml eines Vitaminkonzentrats, das 0,05% Nikotinsäure, 0,01% Pyridoxin und 0,01% Thiamin enthielt, 20 g Rohrzucker und 0,002 g Eisen(III)sulfat.

Tabelle 2

Fütterungsversuche mit isolierten Gersten-Embryonen

Zur Nährlösung zugesetzt:	Tyrosin*)	Tyramin	N-Methyl-tyramin	Hordenin
1. Malz-Extrakt	–	0	+	+
2. Endosperm-Extrakt	–	0	+	+
3. Endosperm-Extrakt nach Behandlung mit Zeokarb-215	–	0	0	0
4. Tyrosin	+	0	0	0
5. Tyramin	–	+	0	0
6. Tyramin + Methionin	–	+	+	+
7. N-Methyltyramin	–	0	+	0
8. N-Methyltyramin + Methionin	–	0	+	+
9. Hordenin	–	0	0	+

+ = gefunden, 0 = nicht gefunden, – = durch die Extraktionsmethode nicht nachweisbar.

*) Tyrosin wurde bei Stufe 5 der Extraktion (Schema 1) vor der Ausschüttelung mit Amylalkohol abgetrennt.

Diskussion der Ergebnisse

Das Fehlen von Hordenin in den Wurzeln von Keimlingen, die sich aus isolierten Embryonen entwickelt hatten, läßt vermuten, daß eine zur Bildung des Alkaloids notwendige Verbindung im Endosperm entsteht. Vielleicht ist diese Verbindung das Methionin, als Methyl-Donator, denn Tyramin und N-Methyltyramin wurden nur dann methyliert, wenn Methionin zugesetzt wurde. Es ist jedoch unwahrscheinlich, daß dies die einzige enthaltene Aminosäure ist, die bei der Hordeninsynthese eine Rolle spielt, denn keine der 3 erwähnten Basen wurde im Endospermextrakt, der die Hordeninsynthese bewirkte, gefunden. Die naheliegendste Annahme war, Tyrosin sei die Vorstufe des Tyramins. Leete und Marion [11] bestätigten auch tatsächlich diese Möglichkeit. Unter unseren Versuchsbedingungen führte Gabe von Tyrosin, obwohl es in die Gewebe eindrang, nicht zur Bildung von Tyramin oder Hordenin. Auch Tyrosin-Decarboxylase konnte trotz eingehender Untersuchungen nicht in Gerstenwurzeln gefunden werden. Wahrscheinlich ist die Vorstufe des Tyramins in Gerstenwurzeln eine Aminosäure, die im Endosperm entsteht; dafür daß es sich hierbei um Tyrosin handelt, konnte jedoch kein klarer Beweis erbracht werden.

Es ist von Interesse, daß Nason [22] die Biogenese von Nikotinsäure in Maiskeimlingen auf ähnliche Weise untersuchte und zeigte, daß im Endosperm enthaltenes Tryptophan als Vorstufe in Frage kommt. Die Alkaloidbildung mag mit einem inneren Aminosäuren-Gleichgewicht in Zusammenhang stehen, das für eine normale Entwicklung der Organe notwendig ist. Raoul [6] untersuchte in Gerstenwurzeln den Gehalt an freiem Tyrosin während 30 Tagen und fand, daß die Hordeninsynthese am stärksten war, wenn am meisten freies Tyrosin zur Verfügung stand. Folkes und Yemm [23] untersuchten die Zusammensetzung des Aminosäuregemisches des Reserve- und Cytoplasma-Eiweißes der Gerste; sie fanden keinen merklichen Unterschied im Tyrosingehalt, die relativ kleinen Mengen an löslichem Stickstoff, die nicht bestimmt wurden, mögen jedoch in diesem Zusammenhang von Bedeutung sein.

Es kann angenommen werden, daß Hordenin in der Nähe der Orte besonders starker Protein-Synthese gebildet wird, wie z. B. am Vegetationspunkt. Die gleichmäßige Verteilung der Alkaloide über die ganze Länge der Wurzeln hin läßt annehmen, daß sie erhalten bleiben, wenn die Zellen älter werden, bis sie dann von einem bestimmten Zeitpunkt an zu verschwinden beginnen.

Der Weg des natürlichen Abbaus von Hordenin ist noch ein ungeklärtes Problem. Es ist vermutet worden, daß N-Methyl-Alkaloide dieses Typs als Methyl-Donatoren im pflanzlichen Gewebe wirken können (s. MOTHES [24]), jedoch nach 9 Tage langer Fütterung von isolierten Gerstenembryonen mit Hordenin konnten keine nachweisbaren Mengen von Tyramin oder N-Methyltyramin gefunden werden; auch war kein Ansteigen des Tyramingehaltes gegenüber den andern Basen festzustellen, wenn mit zunehmendem Alter das Hordenin in den Gerstenwurzeln verschwand.

Wechselweise wurden alle drei Basen der Wirkung von Enzymen, wie etwa Aminoxydasen, ausgesetzt; Umwandlungsprodukte konnten jedoch mit den von uns angewendeten Methoden nicht nachgewiesen werden. Bisher konnte kein Anhaltspunkt für eine schrittweise Entmethylierung von Hordenin und N-Methyltyramin gefunden werden.

Die Autoren möchten Frau S. V. BARBER, die die experimentellen Arbeiten z. T. durchführte, und dem Agricultural Research Council für seine finanzielle Unterstützung ihren Dank aussprechen.

LITERATUR

[1] LÉGER, E., Compt. Rend. **142**, 108 (1906).
[2] BARGER, G., J. chem. Soc. **95**, 2193 (1909).
[3] RAOUL, Y., Compt. Rend. **204**, 74 (1937).
[4] RAOUL, Y., Bull. Soc. Chim. biol. **19**, 675 (1937).
[5] RAOUL, Y., Compt. Rend. **199**, 425 (1934).
[6] RAOUL, Y., Compt. Rend. **205**, 450 (1937).
[7] RAOUL, Y., Ann. Ferment. **3**, 385 (1937).
[8] RAOUL, Y., Rev. Cytol., Paris **4**, 92 (1939).
[9] KIRKWOOD, S., u. L. MARION, J. Amer. chem. Soc. **72**, 2522 (1950).
[10] LEETE, E., S. KIRKWOOD u. L. MARION, Canad. J. Chem. **30**, 749 (1952).
[11] LEETE, E., u. L. MARION, Canad. J. Chem. **31**, 126 (1953).
[12] KIRKWOOD, S., u. L. MARION, Canad. J. Chem. **29**, 30 (1951).
[13] LEETE, E., u. L. MARION, Canad. J. Chem. **32**, 646 (1954).
[14] SRIBNEY, M., u. S. KIRKWOOD, Canad. J. Chem. 32, 918 (1954).
[15] ROBINSON, R., J. chem. Soc. **111**, 876 (1917).
[16] ERSPAMER, V., u. G. FALCONIERI, Naturwissenschaften **39**, 431 (1952).
[17] CORTI, U. A., Helv. chim. acta **32**, 681 (1949).
[18] COOK, A. H., u. S. F. COX, J. chem. Soc., pp. 2334, 2339, 2342 (1949).
[19] JAMES, W. O., Nature **158**, 377 (1946).
[20] WHITE, A Handbook of Plant Tissue Culture (1943).
[21] HARRIS, G. P., New Phytol. **55**, 253 (1956).
[22] NASON, A., Amer. J. Bot. **37**, 612 (1950).
[23] FOLKES, B. F., u. E. W. YEMM, Biochem. J. **62**, 4 (1956).
[24] MOTHES, K., Ann. Rev. Plant Physiol. **6**, 393 (1955).

DISKUSSION

Herr SCHRÖTER: Wurde im Verlauf der mitgeteilten Untersuchungen Candicin in Gerstenkeimlingen gefunden?

Herr BUTT: Die Mengen an Candicin in jungen Gerstenwurzeln im Stadium, in dem sie von uns untersucht wurden, sind sehr gering.

Herr TYLER: Wir haben uns ebenfalls mit der Biosynthese des Hordenins beschäftigt, jedoch in *Panicum miliaceum*. Wir fanden, daß das Hordenin im Sproß fast gleichmäßig verteilt und nicht in den Spitzen konzentriert war. Ob es in der Wurzel oder im Sproß gebildet wird, konnte nicht entschieden werden, aber es scheint so, als ob es im Sproß gebildet und dort angehäuft wird. Wenn sich diese Annahme bestätigen sollte, so wäre dies ein interessantes Beispiel für verschiedene Bildungsorte ein und desselben Alkaloids in verschiedenen Pflanzenarten.

Herr Rabitzsch: Wir erhielten im wesentlichen die gleichen Resultate wie der Vortragende; Tyramin, N-Methyltyramin und Hordenin konnten jedoch schon 2—3 Tage nach der Keimung der Gerste nachgewiesen werden und Hordenin und N-Methyltyramin waren länger (bis 1 Monat nach der Keimung) enthalten.

Herr Butt: In einer Gersten-Varietät (Spratt Archer) waren Hordenin und die anderen Basen nach 2 Tagen nachweisbar, jedoch waren die Keimlinge in diesem Stadium zu klein, um an ihnen befriedigende Untersuchungen durchführen zu können. Tyramin konnte gemeinsam mit N-Methyltyramin und Hordenin bis 25 Tage nach der Keimung gefunden werden. Diese Unterschiede zwischen verschiedenen Varietäten scheinen genetisch bedingt zu sein.

Herr Mothes: Das Mischungsverhältnis der Einzelalkaloide sowie der Zeitpunkt des ersten Auftretens von Alkaloiden in den Gerstenkeimlingen und ihres Verschwindens sind offenbar rassisch bedingt.

Herr Rabitzsch: Wurde der Endosperm-Extrakt papierchromatographisch untersucht?

Herr Butt: Der Endosperm-Extrakt wurde vor und nach der Behandlung mit dem Ionenaustauscher auf die Anwesenheit von Basen geprüft; sie waren nicht enthalten. Kontrollversuche zeigten, daß durch die Behandlung mit dem Ionenaustauscher keine Stoffe in den Extrakt eindrangen, die das Wachstum der Keimlinge beeinflußten.

Herr Rabitzsch: Wurde der Endosperm-Extrakt vor und nach Behandlung mit dem Ionenaustauscher auf Eiweiß geprüft? Beim Kationen-Austausch können auch Eiweiße ausgefällt werden.

Herr Butt: Das Endosperm wurde mit Wasser extrahiert, dabei mögen auch Eiweiße in den Extrakt übergehen, die dann von dem Ionenaustauscher zurückgehalten werden. Wir glauben aber nicht, daß intakte Eiweiße von Einfluß auf unsere Untersuchungen sind.

Herr Rabitzsch: Wir konnten in *Panicum miliaceum* sowohl im Sproß als auch in der Wurzel Hordenin und N-Methyltyramin nachweisen. In Malzkeimen fanden wir in relativ geringer Menge (0,015% der Trockensubstanz) Candicin.

Herr Grisebach: Da in den isolierten Embryonen eine Proteinsynthese stattfindet, müssen doch Aminosäuren, also auch Methionin, vorhanden sein. Warum findet eine Methylierung nur statt, wenn Methionin zugesetzt wird? Es ist auffallend, daß der Tyramingehalt in den Versuchspflanzen so gering war. Wenn Methionin fehlt, müßte ein anderer Methyldonator nachweisbar sein.

Herr Butt: Die Verhältnisse in isolierten Embryonen und intakten Keimlingen sind sicher nicht vollkommen übereinstimmend. In den isolierten Embryonen werden aus Mineralsalzen und Zuckern Aminosäuren und auch Methionin gebildet, die dann aber völlig zur Proteinsynthese verbraucht werden. Bei intakten Keimlingen ist wenigstens zeitweise ein Überschuß an Aminosäuren vorhanden.

Herr Ackermann: Unabhängig von dem eigentlichen Thema des Vortrags sei bemerkt, daß das Acetyltyramin von Karlson in der Krabbe, *Crango vulgaris*, gefunden wurde.

Herr Butt: Tyramin selbst wurde noch in einer ganzen Reihe von Pflanzen nachgewiesen, so z. B. in Früchten von *Capsella bursa-pastoris*. Dort findet keine weitere Umwandlung des Tyramins statt. Diese Vorkommen mögen besseres Material für die Erforschung der Biogenese des Tyramins liefern. In Gerstenkeimlingen muß jedoch der Mechanismus der Decarboxylierung im Verlaufe der Hordeninsynthese erst bewiesen werden.

Herr Kuffner: Hordenin ist identisch mit dem Cacteen-Alkaloid Anhalin aus *Anhalonium fissuratum*. Die ubiquitäre Vorstufe Tyrosin läßt erwarten, daß es öfter gefunden werden müßte (vgl. Nikotin). Eine dem Hordenin völlig analoge Verbindung ist Dimethylmezcalin (*Trichocereum* spp.); ein weiteres Beispiel für eine Acetylverbindung des in Rede stehenden Alkaloidtyps ist das N-Acetylmezcalin. (Literatur: Henry, The Alkaloids, 4. Aufl.).

Aus dem II. Chemischen Institut der Universität Wien

Die Necsäuren und ihre Biochemie

Von F. Kuffner

In der an Alkaloidpflanzen armen Familie der Korbblütler (Compositae) finden sich in der sehr artenreichen Gattung *Senecio* eine erhebliche Anzahl von Alkaloiden — oft nur in kleiner Menge —, welche durchweg Ester von Alkaminen sind. Bemerkenswert ist, daß ganz nahe verwandte Alkaloide auch in anderen Pflanzenfamilien vorkommen, nämlich in Boraginaceen und in Leguminosen, und da sich chemisch keine scharfe Trennlinie ziehen läßt, werden alle hierher gehörenden Alkaloide als Senecioalkaloide zusammengefaßt. Eine sehr gute Übersicht über diese Alkaloide bringen R. Adams [1], N. J. Leonard [2] und F. L. Warren [3].

Tabelle 1

Compositae	Boraginaceae
Senecio	Amsinckia
Cacalia	Cynoglossum
Erechtites	Heliotropium
Nardosmia	Lindelofia
	Macrotomia
	Rindera
Leguminosae	Tournefortia
Crotalaria	Trachelanthus
Cytisus	Trichodesma

Die Alkamine dieser Gruppe, als „Necine" bezeichnet, weisen ein gemeinsames Bauprinzip auf; meist sind es Abkömmlinge des Pyrrolizidins. Die Necine sind nicht Gegenstand der vorliegenden Betrachtungen, es werden lediglich die Konstitutionsformeln dieser Stoffe zusammengestellt, soweit sie bekannt sind. Die Necine sind durchaus nicht stets mit der gleichen Säure verestert, auch sind Alkaloide, die das gleiche Necin enthalten, nicht nur auf eine Pflanzenart beschränkt, sondern können im Pflanzenreich weit verbreitet sein. Ein Necin, das Laburnin, ist wahrscheinlich unverestert im Goldregen enthalten [4]. Auch N-Oxyde derartiger Basen kommen als Alkamine der Senecioalkaloide vor.

Abb. 1 zeigt, daß enge, wohl auch biogenetische Beziehungen zwischen den verschiedenen, z. T. sterisch differierenden Typen der Necine bestehen müssen.

Es steht allerdings fest, daß auch andere Typen von Alkaminen vorkommen, z. B. ein monocyclischer [5].

Bei den die Necine veresternden Säuren, die vielfach als „Necsäuren" bezeichnet werden, ist das Bild weniger einheitlich. Soweit ihre Konstitutionsformeln bekannt sind, zählt man [1, 2, 3] Säuren, meist ungesättigte Hydroxysäuren, hierher, welche 6, 7, 8, 10 oder 13 C-Atome aufweisen.

In der Gruppe mit 6 C-Atomen ist zunächst die Dicrotalsäure[1]) zu nennen, welche eine sehr interessante Verbindung vorstellt, da durch Versuche mit Isotopen gezeigt werden

[1]) Die Namen vieler Necsäuren stammen aus dem Englischen und tragen dort die Endung -ic acid; R. Adams, meist auch das Chem. Zbl., übersetzen unter Einschiebung der Silbe -in-, z. B. Viridiflorinsäure. Dieser Gebrauch hat sich aber z. B. bei der „folic acid" nicht bewährt, da es auch eine „folinic acid" gibt und vielleicht einmal der Name „folininic acid" geprägt werden wird. Es sind daher im vorliegenden Vortrag, wo irgend möglich, die Namen ohne die Silbe -in- gebildet, da ihre Einfügung zu Mißverständnissen Anlaß geben kann. (Vgl. freilich Tiglinsäure = tiglic acid!)

konnte, daß sie biochemisch aus Essigsäure entsteht und die gleiche Isotopenverteilung aufweist wie die Seneciosäure, so daß sie wahrscheinlich eine Zwischenstufe auf dem natürlichen Syntheseweg von der Essigsäure über Acetessigsäure und Seneciosäure zum Kautschuk, der Carotingruppe und zum Squalen bzw. Cholesterin bildet ([6], vgl. dagegen [7]). Es ist in diesem Zusammenhang bemerkenswert, daß der Methylester der Dicrotalsäure auch in *Linum usitatissimum* gefunden worden ist [8], so daß der Säure offenbar weitere Verbreitung im Pflanzenreich zukommt. Zu erwähnen wäre, daß die Seneciosäure vor-

Abb. 1

Supinidin

Iso-retronecanol
Laburnin (frei)
Trachelanthamidin

Heliotridin
Retronecin

Dihydroxy-heliotridan
Platynecin

Rosmarinecin

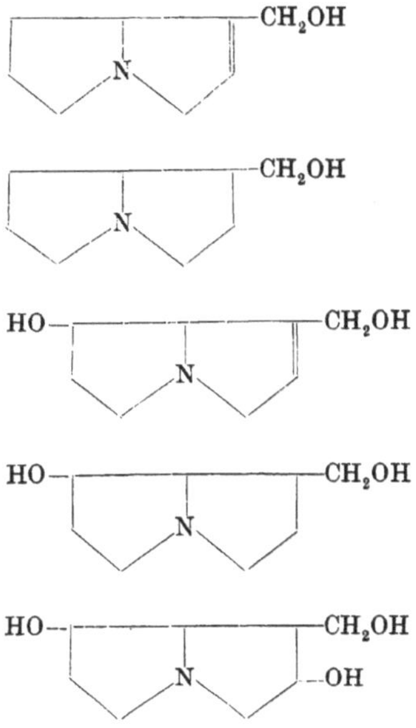

läufig nicht zu den Necsäuren zu zählen ist, da sie zwar als freie Säure in einer japanischen *Senecio*-Art [9], aber bisher nicht mit einem Necin verestert gefunden worden ist. Über die Alkaloide der in Rede stehenden *Senecio*-Art ist leider nichts bekannt, doch kennt man einen anderen Fall, in welchem die freie Necsäure neben ihrem Alkaminester auftritt [10].

Abb. 2

C_6 Dicrotal-säure

C_8 Monocrotal-säure

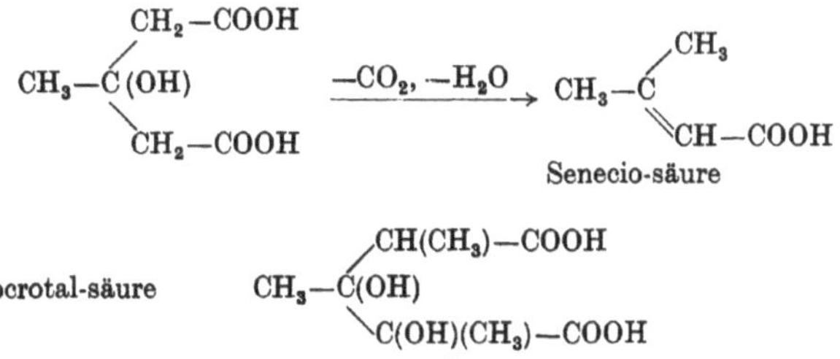

Anschließend soll zunächst über eine C_8-Säure berichtet werden, die Monocrotalsäure, weil kaum ein Zweifel bestehen kann, daß diese Säure in ganz analoger Weise wie die Dicrotalsäure gebildet wird, allerdings aus 2 Mol Propionsäure und einem Mol Essigsäure. Sie stellt damit ein neues Beispiel für die Wichtigkeit der Propionsäure für die Biosynthese dar, welches z. B. von Woodward [11] in seinem vorjährigen Vortrag in München ebensowenig erwähnt wurde wie etwa von Birch in seinen schwer zugänglichen Betrachtungen [12].

Unter den C_7-Necsäuren ist eine der einfachsten die Trichodesm(in)säure, deren Formel allerdings nicht sicher bekannt ist, da sie als β-Ketonsäure leicht CO_2 abspaltet, so daß nur Methylisobutylketon isoliert werden konnte [1]. In Abb. 3 ist ihr nur eine der beiden denkbaren Formeln zuerteilt, die für eine nahe Verwandtschaft mit Trachelanth- und

Abb. 3

C_7

Trichodesmin-säure

Trachelanth-säure (erythro-, R=R''=H, R'=OH)
Viridiflor-säure (threo-, R=R''=H, R'=OH)
Macrotom-säure, (R=H, R'=R''=OH)
Heliotrin-säure (R=CH_3, R'=OH, R''=H)
Lasiocarp-säure (R=CH_3, R'=R''=OH)

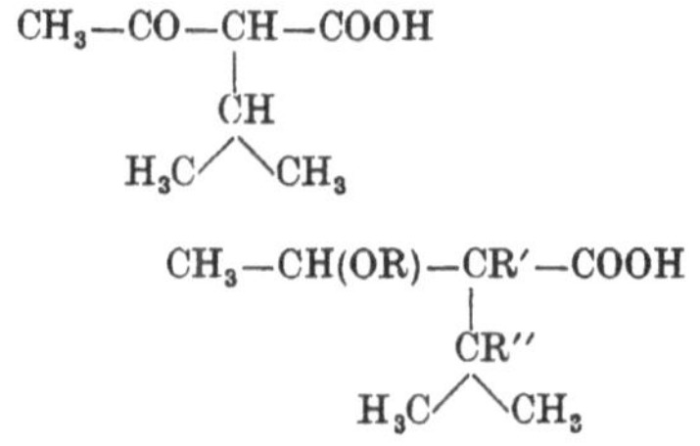

Viridiflorsäure [1] sowie mit der höher hydroxylierten Macrotomsäure sprechen würde. Auch WARREN [3] hat kürzlich die oben gegebene Formel der Trichodesm(in)säure der anderen möglichen entschieden vorgezogen.

Anschließend an die C_7-Säuren sind noch zwei Säuren mit 8 C-Atomen zu behandeln, die Heliotrin- und die Lasiocarpsäure, weil ein C-Atom dieser Säuren nicht in der Hauptkette steht, sondern als Methoxylgruppe vorliegt [1]. Auch hier verblüfft die nahe strukturelle Verwandtschaft dieser Säuren, die wieder auf gemeinsame Bildungswege hinzuweisen scheint; der Hydroxylierungsgrad zeigt dagegen wieder einige Freiheit.

Da man über die Micanecsäure mit 13 C-Atomen nichts näheres weiß[1]), sind hier nur noch die C_{10}-Säuren zu betrachten. Sie bieten ein besonders abgerundetes Bild, und sie sind es, die in den Alkaloiden der *Senecio*-Arten dominieren.

Abb. 4

C_{10}

I Integerrinec-säure, Platynec-säure, Senec-säure, Usaramoensinec-säure

II Retronec-säure, Isatinec-säure

III Longinec-säure (R=H), Riddell-säure (R=OH)

IV Jaconec-säure

V Sceleranec-säure

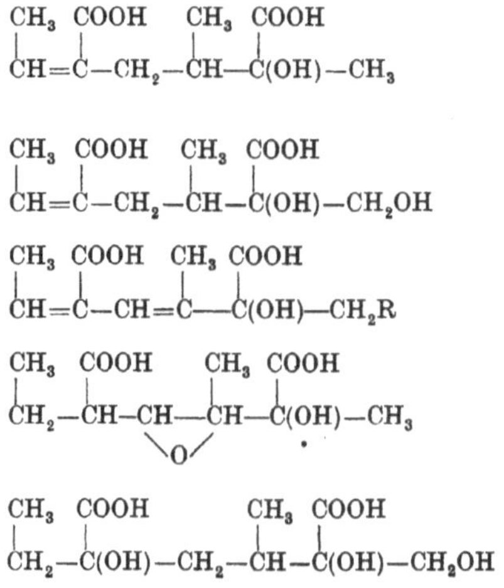

Alle diese Säuren besitzen dieselbe Anordnung von Methylseitenketten, die zwar an die Geraniolgruppe erinnert, aber unter Berücksichtigung der Stellung der funktionellen Gruppen davon deutlich verschieden ist [13]. Für die Longinecsäure wurde kürzlich eine Formel

[1]) Die Micanecsäure ist später als C_{10}-Säure erkannt worden, deren Formel gut in das Schema der Abb. 4 paßt. Vgl. R. ADAMS und M. GIANTURCO, Angew. Chem. 69, 5 (1957); die in dieser Zusammenfassung enthaltenen neueren Befunde konnten im vorliegenden Vortrag (1956) nicht berücksichtigt werden.

mit Cyclopropanring diskutiert [14]. Wenn diese mit manchen experimentellen Befunden in Widerspruch stehende Formel zutreffen sollte, so enthält sie doch alle wesentlichen Züge der übrigen C_{10}-Necsäuren, so daß unsere Überlegungen auch damit vereinbar sind.

Den Ausgangspunkt unserer Betrachtungen zur Biosynthese solcher Säuren bildete die Gruppe der Stereoisomeren I (Abb. 4); es wäre denkbar, daß diese Säuren aus 2 Mol Angelica- (oder Tiglin-)säure durch Aneinanderlagerung entstehen, an welche sich eine leicht erfolgende Hydroxylierung des tertiären C-Atomes anzuschließen hätte.

Angelica- und Tiglinsäure kommen nicht nur in Alkaloiden, insbesondere in *Senecio*-Alkaloiden, als Necsäuren vor, sondern sind auch in anderen Naturstoffklassen, z. B. den Cumarinen verbreitet [15].

Ein noch einfacherer Bildungsmechanismus ergibt sich, wenn man eine „hydroxylierte Angelicasäure" als C_5-Basis postuliert, weil diese unmittelbar zu einer Säure vom Typ II (Abb. 4) „dimerisiert" werden könnte. Durch weitere einfache Reaktionen könnten daraus die anderen Typen entstehen; an einem gemeinsamen Bauprinzip ist wieder kaum zu zweifeln. Auffallend ist die große Zahl von Stereoisomeren, da die Natur gewöhnlich nur einen stereoisomeren Typ aufbaut; (die gezeichneten Formeln sollen über den sterischen Bau nichts aussagen).

Abb. 5

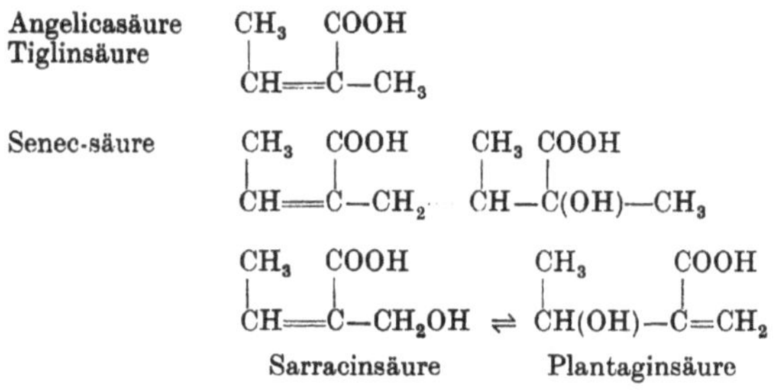

Die „hydroxylierte Angelicasäure" (oder Tiglinsäure) könnte als Allylalkohol natürlich auch in tautomerer Form vorkommen, und tatsächlich ist eine Säure, welcher diese letztere Struktur auf Grund ihres Abbauverhaltens zugeschrieben werden kann, in einer japanischen *Plantago major*-Varietät gefunden und als Plantaginsäure bezeichnet worden [16] (Abb. 5).

Damit gewinnt der oben skizzierte Bildungsweg der C_{10}-Necsäuren eine reale Basis. Dieser Mechanismus zeigt aber auch eine gewisse Schwierigkeit: Die postulierte Reaktion ist die Addition eines Alkohols an eine olefinische Doppelbindung, und Alkohole addieren sich an Olefine im allgemeinen stets in der Reaktionsweise:

$$RO{-}H + \overset{|}{C}H{=}\overset{|}{C}H \rightarrow RO{-}\overset{|}{C}H{-}\overset{|}{C}H_2$$

aber nicht nach der für unseren Fall notwendigen Reaktion:

$$R{-}OH + \overset{|}{C}H{=}\overset{|}{C}H \rightarrow R{-}\overset{|}{C}H{-}\overset{|}{C}H{-}OH$$

Daß aber unser Wissen um die Umsetzung zwischen Alkoholen und Olefinen noch lückenhaft ist und daß unter geeigneten Umständen auch andere Reaktionen möglich sind, haben erst kürzlich W. H. Urry und Mitarbeiter gezeigt [17], welche fanden, daß Alkohole zwar nicht nach der von uns für die Biosynthese der C_{10}-Necsäuren postulierten Reaktion, aber immerhin nach:

$$R{\cdot}CH_2OH + \overset{|}{C}H = \overset{|}{C}H \rightarrow R{\cdot}CHOH{\cdot}\overset{|}{C}H{-}\overset{|}{C}H_2$$

reagieren können, also in durchaus nichtklassischer Weise.

Immerhin handelt es sich in unserem Falle um Allylalkohole, und man könnte daran denken, daß sie nicht primär wie andere Alkohole addieren, daß aber dann die entstehenden Allyläther die Claisenumlagerung erleiden, d. h. daß der Allylrest (unter „Inversion") an Kohlenstoff wandert. Solche Umlagerungen treten freilich nur bei Allyl-vinyl (oder -aryl-)-äthern auf, und es müßten weitere Hilfsannahmen gemacht werden, um die postulierte Reaktion herauszulesen.

Jedenfalls sind die OH-Gruppen der Allyl- (und Benzyl-)-alkohole sehr beweglich, und man kann eine ganze Reihe von Reaktionen, die in vivo oder in vitro durchgeführt wurden, auf den postulierten Typ zurückführen.

Abb. 6

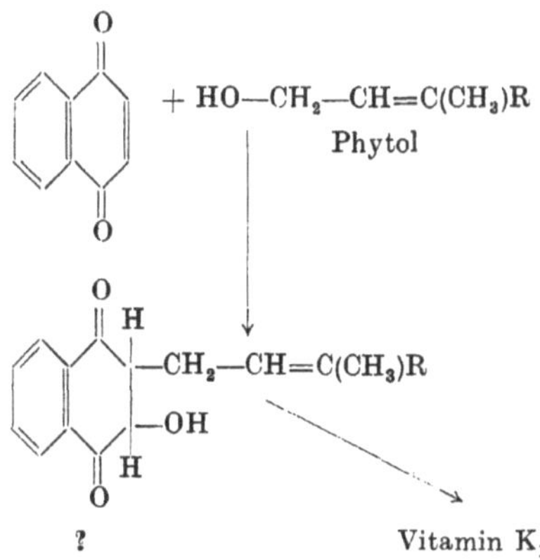

Es besteht wohl kein Zweifel, daß das Vitamin K_1 seine Seitenkette unmittelbar aus dem in grünen Pflanzen als Komponente des Chlorophylls verbreiteten Phytol, das selbst ein Allylalkohol ist, bezieht. Man muß also dessen Kondensation mit Naphthochinon (evtl. einem „Precursor") annehmen, und diese muß nicht als direkte Wasserabspaltung aufgefaßt werden, sondern könnte als R—OH-Addition im obigen Sinne, allerdings mit anschließender Abspaltung von Wasser, betrachtet werden (Abb. 6).

Einen ähnlichen Vorgang kann man in der Umwandlung von Farnesol in Bisabolen sehen, bei dem allerdings kein Additionsprodukt des terpenischen Allylalkoholrestes an das terpenoide Doppelbindungssystem isoliert wurde; unter unmittelbarer Wasserabspaltung entsteht Bisabolen.

Abb. 7

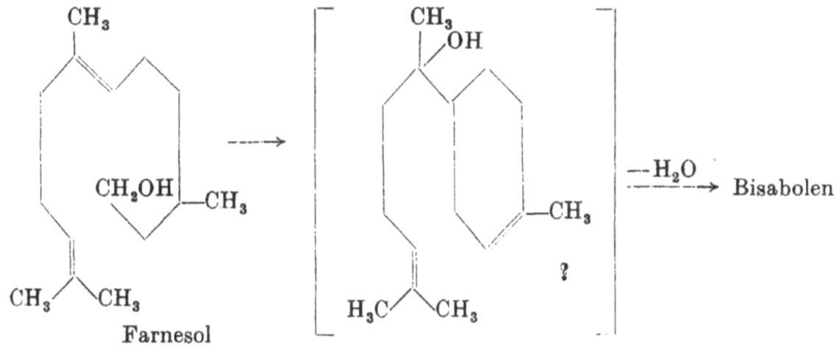

Etwas anderes scheint auf den ersten Blick die bekannte in-vivo-Umwandlung von Indol und Serin in Tryptophan vor sich zu gehen, da es sich hier um eine gesättigt-primäre Alkoholgruppe handelt. Neuere Überlegungen (18) haben aber gerade in diesem Falle nahegelegt, eine Zwischenreaktion anzunehmen, bei welcher die Hydroxylgruppe wieder an einer ungesättigten Gruppe steht. Die von HARLEY-MASON angenommene reagierende Form würde allerdings einen Vinylalkohol (Aldo-enol) vorstellen, wie ihn auch GENEVOIS [19] für die Biosynthese von Prenologen in Betracht zieht, doch zeigt eine prototrope Form, die er immerhin verzeichnet, allylalkoholartige Struktur.

Abb. 8

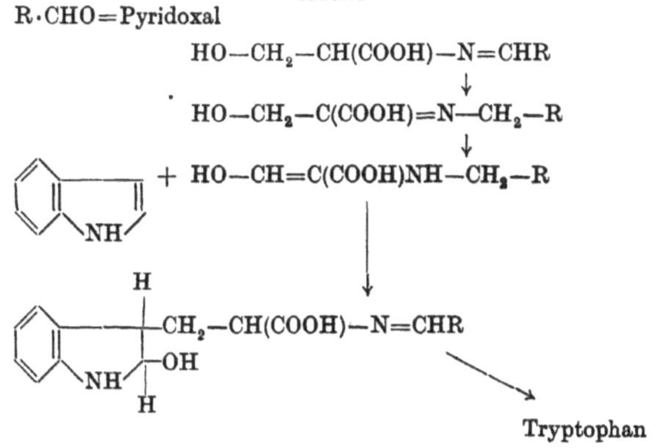

Die angeführten Beispiele unterscheiden sich von der uns postulierten Reaktion nur dadurch, daß sie mit einer nachträglichen Wasserabspaltung einhergehen — wobei natürlich auch umgekehrt angenommen werden könnte, daß in den Necsäuren eine nachträgliche Wasseranlagerung stattfindet.

Besonders interessant ist, daß die hypothetische „Hydroxyangelica- (bzw. -tiglinsäure)" vor kurzem als Necsäure eines Senecioalkaloids, des Sarracins, nachgewiesen werden konnte [20]; allerdings besteht wieder die Möglichkeit, daß eine tautomere Form vorliegt, aber dies gilt ja für alle Allyloxyverbindungen (Abb. 5).

Im Sarrcin ist aber das Necin nicht nur mit Sarracin-(Plantagin)säure verestert, sondern die zweite Hydroxylgruppe des Necins trägt einen Angelicasäurerest; es wäre möglich, daß die Addition durch die räumliche Nähe besonders begünstigt ist. Abb. 9 zeigt zum Vergleich die Partialformel des Sarracins neben der des Senecionins.

Abb. 9

Sarracin Senecionin

Bei Betrachtung der C_7-Säuren ergibt sich, daß hier eine Addition einer C_5-Komponente an eine C_2-Verbindung für die nahe Verwandtschaft der C_7-Necsäuren verantwortlich gemacht werden könnte. Die C_5-Komponente wäre in diesen Fällen die Seneciosäure, ein Strukturisomeres der Angelicasäure, als C_2-Rest käme eine geeignete Form des Acetaldehyds oder der Essigsäure in Betracht.

Über den Mechanismus des Vorganges im einzelnen, etwa die Form der „aktivierten" Komponenten, erlauben diese formalen Betrachtungen natürlich keinerlei Aussage.

LITERATUR

[1] ADAMS, R., Angew. Chem. **65**, 433 (1953); die hier und unter [2] und [3] angeführte Literatur ist im allgem. im vorliegenden Vortrage nicht zitiert.

[2] LEONHARD, N. J., in R. H. F. MANSKE, The Alkaloids, vol. I, Academic Press, New York 1951.

[3] WARREN, F. L., Fortschr. Chem. Org. Naturstoffe **12,** 198 (1955).
[4] GALINOVSKY, F., H. GOLDBERGER u. M. PÖHM, Monatsh. Chem. **80,** 550 (1949).
[5] SHDANOWITSCH, E. S. u. G. P. MENSCHIKOW, Shurn. obschtsch. Chim. **11,** 835 (1941).
[6] RUDNEY, H., J. amer. chem. Soc. **77,** 1698 (1955); REICHEL, L. u. M. WALLIS, Angew. Chem. **68,** 181 (1956).
[7] BLOCH, K., L. C. CLARKE u. I. HARARY, J. amer. chem. Soc. **76,** 3859 (1954).
[8] KLOSTERMAN, H. J., u. F. SMITH, J. amer. chem. Soc. **76,** 1229 (1954).
[9] ASAHINA, Y., Arch. Pharmaz. **251,** 355 (1913); SHIMOJAMA, Y., Apothekerztg. **7,** 453 (1892).
[10] DE WAAL, H. L., u. A. CROUS, Chem. Zbl. **1949 II,** 1305; DE WAAL, H. L., W. J. SERFONTEIN u. C. F. GARBERS, Chem. Abstr. **48,** 2702 c.
[11] WOODWARD, R. B., Angew. Chem. **68,** 13 (1956).
[12] BIRCH, A. J., u. F. W. DONOVAN, Austral. J. Chem. **6,** 360 (1953).
[13] BARGER, G., u. J .J. BLACKIE, J. chem. Soc. (London) 1936, **743.**
[14] BRAUDE, A. E., Progr. Org. Chem. **3,** 197 (1955).
[15] SPÄTH, E., u. A. v. CHRISTIANI, Ber. dtsch. chem. Ges. **66,** 1150 (1933).
[16] OGATA, A., u. R. NISHIOJI, Chem. Zbl., **1925 I, 1751.**
[17] URRY, W. H., F. W. STACEY, O. O. JUVELAND u. C. H. MCDONNELL, J. amer. chem. Soc. **75,** 250 (1953).
[18] HARLEY-MASON, J., Exper. **10, 134 (1954).**
[19] GENEVOIS, L., Bull. Soc. Chim. France **1954, 450.**
[20] DANILOWA, A. W., R. KONOWALOWA, P. MASSAGETOW u. M. GURINA, Dokl. Akad. Nauk SSSR **89,** 865 (1953).

DISKUSSION

Herr MOTHES: Es erscheint lohnend, einen Biosyntheseweg der Nec-Säuren nach dem Isoprenschema, also durch Kondensation aktiver Essigsäure und Abspaltung von CO_2 zu überprüfen.

Herr KUFFNER: Für die C_7-Säuren scheint das Essigsäureschema der näherliegende Weg zu sein.

Da bewiesen zu sein scheint, daß die C_5-Stufe (Seneciosäure) eine besser ausgenutzte Vorstufe für die Sterinsynthese ist als Essigsäure, geht der Vorgang der Höherkondensation offenbar nicht direkt von der C_6-Stufe aus.

Aus dem Bach-Institut für Biochemie, Akademie der Wissenschaften der UdSSR, Moskau

Die Alkaloide der Gattung *Senecio* und ihre Umwandlung in der Pflanze

Von L. Ja. Areshkina

Heute werden die Erfolge auf dem Gebiet der Chemie von Alkaloiden der Pyrrolizidin-Gruppe mit Recht als Fortschritt in der Chemie der organischen Naturstoffe betrachtet. Die Forschungen der letzten 20 Jahre, zusammengefaßt in Publikationen von Manske (1), Henry (2), Nelson (3), Konowalowa (4) und Warren (5), zeigen, wie weit die Alkaloide dieser Gruppe in der Pflanzenwelt verbreitet sind. Sie sind in weit voneinander entfernten Familien wie *Compositae, Boraginaceae, Leguminosae, Santalaceae* gefunden worden. Zur Pyrrolizidin-Gruppe gehören alle uns bekannten Alkaloide der Gattung *Senicio* aus der Familie *Compositae.* Da von etwa tausend Arten dieser in der Welt sehr verbreiteten Gattung nur an die 100 erforscht worden sind, wäre es denkbar, daß bei systematischer Untersuchung der Gattung *Senecio* eine weitere Anzahl von Pyrrolizidin-Alkaloiden, sowohl bereits bekannter als auch neuer, gefunden würde. Eine außerordentliche Ähnlichkeit in der Struktur der Alkaloide der Gattung *Senecio,* wie auch der ganzen Pyrrolizidin-Gruppe, ist für die Forschung von besonderem Interesse. Diese Tatsache läßt einen analogen Bildungsweg dieser Alkaloide sowie eine ähnliche Rolle für die Biologie der Pflanze vermuten. Diese Vermutung wird durch das wichtigste kennzeichnende Merkmal der Alkaloide der Gattung *Senecio* sowie sämtlicher Alkaloide der Pyrrolizidin-Gruppe gestützt, nämlich das gleichzeitige Auftreten der am Stickstoff oxydierten sowie reduzierten Form eines und desselben Alkaloides in derselben Pflanze (Tabelle 1).

In einer Reihe von *Senecio*-Arten sind Alkaloid-N-Oxyde bereits mit Sicherheit nachgewiesen worden, so Retrorsin-N-Oxyd in 19 Arten, Senecionin-N-Oxyd in 21 Arten, Seneciphyllin-N-Oxyd in 22 Arten, Platyphyllin-N-Oxyd in 4 Arten. Doch steht die Untersuchung weiterer Arten der Gattung *Senecio* noch aus, und es ist anzunehmen, daß Alkaloid-N-Oxyde auch in ihnen in großer Zahl vorkommen.

Die Entdeckung von 17 in der Natur vorkommenden N-Oxyden von Pyrrolizidin-, Indol-, Pyridin-Derivaten (Tabelle 1) dürfte das Interesse an dieser Gruppe von Verbindungen wecken.

Im Jahre 1915 entdeckte Polonovski (6) als erster ein natürlich vorkommendes N-Oxyd eines Alkaloids, das Geneserin, das N-Oxyd des Eserins. Dies war der Anstoß für die Synthese einer Reihe von N-Oxyden stickstoffhaltiger Heterozyklen und Alkaloide der Morphin-, Atropin-, Lupinan-Gruppe u. a. In den Arbeiten der Brüder Polonovski (7, 8) sowie von Meisenheimer (9) wurde bereits auf die Möglichkeit des Vorkommens von Alkaloid-N-Oxyden in den Pflanzen hingewiesen. Das Interesse an den N-Oxyden der Alkaloide aus der Pyrrolizidin-Gruppe dürfte nach der Entdeckung von 12 natürlich vorkommenden N-Oxyden zunehmen, denn es handelt sich offenbar um eine Gruppe von ganz besonderer biologischer Bedeutung.

Wenkert (10) betrachtet die N-Oxyde der Alkaloide als Verbindungen von besonderer physiologischer Bedeutung und als mögliche Zwischenstufen der Alkaloid-Synthese in der Pflanze.

Betrachtungen dieser Art ergeben sich beim Studium der Chemie der N-Oxyde. Bekanntlich werden die spezifischen Eigenschaften sowohl der natürlich vorkommenden als auch der syntetischen N-Oxyde durch die semipolare Bindung ($N \rightarrow O$) in ihrem Molekül bestimmt.

Von solchen Gesichtspunkten gingen wir bei unseren Untersuchungen aus über die Umwandlung der *Senecio*-Alkaloide während der Ontogenese der Pflanze sowie auch in vitro. Als Versuchspflanze diente die wildwachsende, mehrjährige, krautige Pflanze *Senecio platyphyllus*. Die zu jener Zeit für diese Art bekannten Alkaloide Platyphyllin (I), Platyphyllin-N-Oxyd (II) und Seneciphyllin (III) ließen eine genetische Verbindung zwischen ihnen vermuten, da sie sich voneinander lediglich durch den Grad der Oxydation (Reduktion) am Stickstoff, sowie durch den Grad der Sättigung des stickstoffhaltigen Ringes unterscheiden (Abb. 1).

Tabelle 1

Im Pflanzenreich vorkommende N-Oxyde von Alkaloiden (nach Literatur-Angaben)

N-Oxyde der Alkaloide	Pflanze	Familie	Derivat von:
1. Platyphyllin	*S. platyphyllus*	Compositae	Pyrrolizidin
2. Seneciphyllin	,,	,,	,,
3. Retrorsin	*S. isatideus*	,,	,,
4. Sarracin	*S. sarracenius*	,,	,,
5. Rosmarinin	*S. rosmarinifolius*	,,	,,
6. Senecionin	*S. squalidus*	,,	,,
7. Incanin	*Trichodesma incanum*	Boraginaceae	,,
8. Heliotrin	*Heliotropium lasiocarpum*	,,	,,
9. Lasiocarpin	,,	,,	,,
10. Trachelanthamin	*Trachelanthus korolkovi*	,,	,,
11. Base „C"	*Heliotropium europaeum*	,,	,,
12. Base „G"	,,	,,	,,
13. Eserin	*Physostigma venenosum*	Leguminosae	,,
14. NN-Dimethyltryptamin	*Piptadenia peregrina u. P. macrocarpa*	,,	Indol
15. Bufotenin	*Piptadenia macrocarpa*	,,	,,
16. d-Lupanin	*Lupinus barbiger*	,,	Pyridin
17. Matrin	*Sophora flavescens*	,,	,,

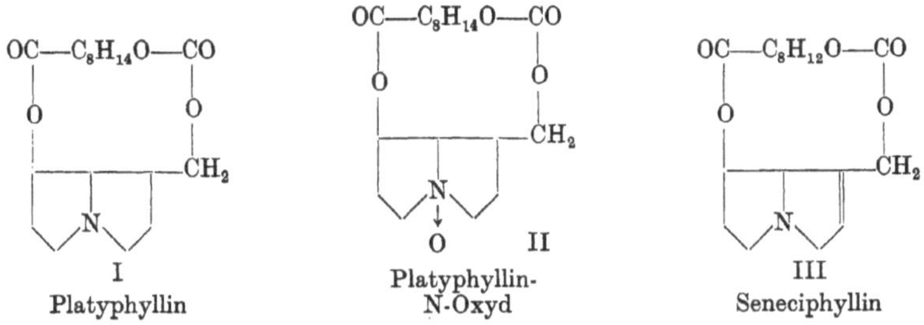

Abb. 1. Alkaloide aus *Senecio platyphyllus*

Umwandlung der *Senecio*-Alkaloide während der Ontogenese der Pflanze.

Zu Beginn unserer Untersuchungen (1945) standen uns nur wenige Ergebnisse anderer Forscher zur Verfügung. Es gab in der Fachliteratur keine Angaben über die Struktur der *Senecio*-Alkaloide sowie über den Alkaloid-Gehalt in den einzelnen Pflanzenteilen, weder für *S. platyphyllus*, noch für andere Arten von *Senecio*.

Es war unbekannt, ob die N-Oxyde von Alkaloiden der Gattung Senecio in der lebenden Pflanze gebildet werden oder ob sie erst bei der Aufarbeitung des Pflanzenmaterials entstehen.

Bei der Analyse unserer Versuchspflanzen mußte unter Einhaltung gewisser Vorsichtsmaßnahmen gearbeitet werden, da Polonovski [6] bei der Analyse von Kalabar-Bohnen feststellte, daß sich N-Oxyde des Eserins leicht in Eserin verwandeln.

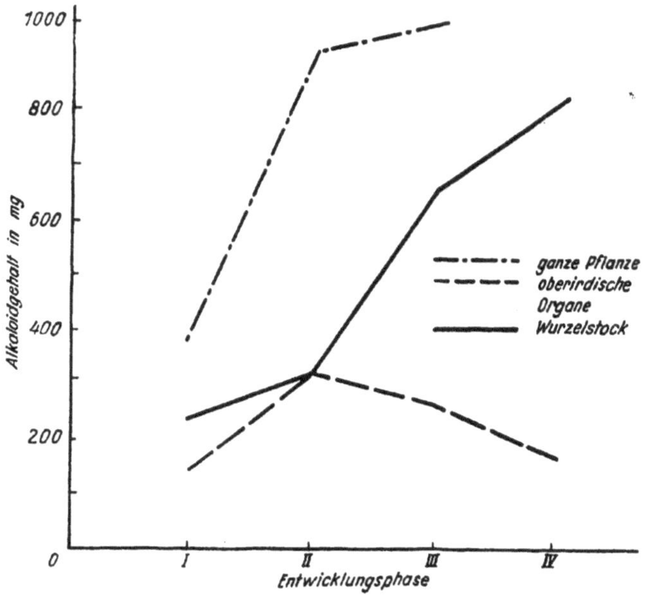

Abb. 2. Alkaloidgehalt in *Senecio platyphyllus* während der Ontogenese

Zunächst wurde von uns eine Methode zur quantitativen Bestimmung der Alkaloide Platyphyllin und Seneciphyllin nebeneinander entwickelt. Die Extraktion der Alkaloide aus dem Pflanzenmaterial erfolgte mit verdünnter Säure in der Kälte; eine getrennte quantitative Bestimmung von Platyphyllin und Seneciphyllin wurde auf Grund der Messung der spezifischen Drehung des Alkaloidgemisches durchgeführt. Der Gehalt der am Stickstoff oxydierten und reduzierten Form der Alkaloide wurde vor und nach der Reduktion sämtlicher Alkaloide mit Zinkstaub im saueren Milieu nach der Differenzmethode bestimmt. Unsere Untersuchungen zeigen, daß die N-Oxyde von Alkaloiden kein Artefakt und der lebenden Pflanze *S. platyphyllus* eigen sind: Zur Klärung verschiedener Fragen, wie Anhäufung, Biosynthese und Verwandlung der Alkaloide in der lebenden Pflanze wurden qualitative und quantitative Analysen aller Pflanzenteile in verschiedenen Entwicklungsstadien während drei Vegetationsperioden durchgeführt. Im folgenden wird eine kurze Zusammenfassung unserer Ergebnisse gebracht. Eingehendere Angaben sind in Einzelmitteilungen veröffentlicht worden [11, 12, 13].

Aus Abb. 2 ist zu ersehen, daß für *Senecio platyphyllus* wie für die meisten alkaloidhaltigen Pflanzen am Ende der Blühperiode eine allgemeine Tendenz zu verzeichnen ist, die Alkaloide der ganzen Pflanze in dem Reproduktionsorgan – im Wurzelstock – anzuhäufen; gegen Ende der Vegetationsperiode verschwinden die Alkaloide im absterbenden Sproß, mit Ausnahme in den Samen, fast völlig.

Gleichzeitig mit der Anhäufung der Alkaloide (bis auf 4%) im Wurzelstock erfolgt am Ende der Vegetationsperiode das Abwandern der Vorratsstoffe aus dem Sproß. Diese

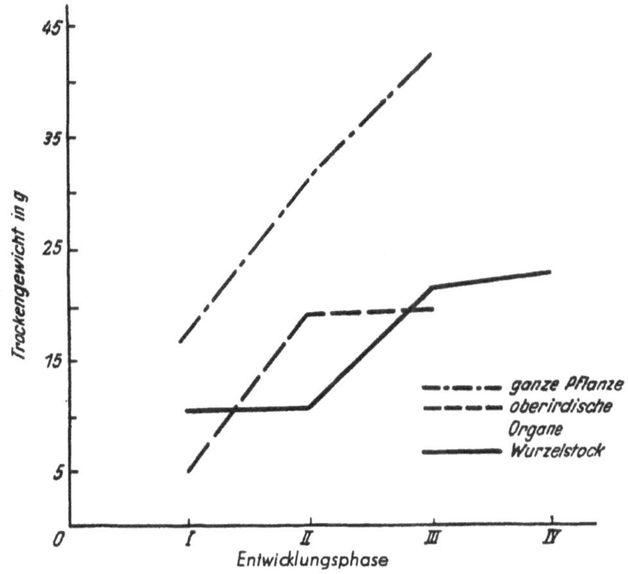

Abb. 3. Zunahme des Trockengewichts von *Senecio platyphyllus* während der Ontogenese

Tatsache stimmt mit der verbreiteten Vorstellung, Alkaloide seien Abfallstoffe, nicht überein. Um die Haltlosigkeit der Vorstellung, Alkaloide seien gewisserweise stabilisierte und am Metabolismus keinen Anteil nehmende Stoffe, zu beweisen, ist es notwendig, die Struktur der Alkaloide in den einzelnen Organen der Pflanze zu betrachten (Tabelle 2). Nach

Tabelle 2

Gehalt an Alkaloiden in oxydierter und reduzierter Form in Blättern und Wurzelstöcken von *Senecio platyphyllus*. Ernte 1945, 1946

Entwicklungsphasen	Alkaloide, berechnet in % d. Trockensubstanz			
	am Stickstoff oxydierte Form		am Stickstoff reduzierte Form	
	Blätter	Wurzelstöcke	Blätter	Wurzelstöcke
Austreiben	2,94	1,89	0,22	0,32
Knospenbildung	2,47	2,50	0,21	0,25
Blüte (Anfang)	1,69	2,70	0,19	0,25
Blüte (Ende)	1,09	3,34	0,11	0,44
Samenreife	0,39	3,80	0,10	0,26
Ruhezeit	—	0	—	2,74

ihrer Struktur wären die *Senecio*-Alkaloide eher als reversible Umwandlungsprodukte stickstoffhaltiger Verbindungen aufzufassen im Sinne oxydativ-reduktiver Reaktionen oder vielleicht auch als irreversible Stoffwechselprodukte, die dann zu Verbindungen abgebaut werden könnten, die sich unseren üblichen Nachweismethoden entziehen.

Nach Tabelle 2 sind die Alkaloide im Sproß und im Wurzelstock während der ganzen Vegetationsperiode sowohl in der am Stickstoff reduzierten als auch in der am Stickstoff oxydierten Form vertreten. N-Oxyde der Alkaloide waren im Wurzelstock lediglich in der Ruhezeit nicht festzustellen.

Tabelle 3
Gehalt an Alkaloid-N-Oxyden in Blättern blühender Pflanzen von *Senecio platyphyllus* in verschiedener Höhenlage und geographischer Breite

Ernteort	prozentualer Anteil der N-Oxyde am Gesamtgehalt der Alkaloide
Der polare Botanische Garten (Eisenbahnst. „Sapolarje", Murmansker Gebiet)	78,6
Der Bakurianer Botanische Garten — 1700 m über dem Meeresspiegel (Eisenbahnst. „Bakuriani", Georgische SSR)	83,6
Umgebung von Bakuriani — 2400 m über dem Meeresspiegel	76,0

Abgesehen von der Ruhezeit ist für die ganze Pflanze der geringe und dabei fast konstante Gehalt der am Stickstoff reduzierten Form charakteristisch. Alle Änderungen im Gehalt der Alkaloide, ihre Abnahme im Sproß am Ende der Vegetationsperiode oder ihre Anhäufung im Wurzelstock während der Ruhezeit, erfolgen auf Kosten der Alkaloid-N-Oxyde.

Die prinzipiell wichtige Tatsache, daß die wachsende und sich entwickelnde Pflanze *Senecio platyphyllus* hauptsächlich N-Oxyde der Alkaloide enthält (bis 80—94% des Gesamt-

Tabelle 4
Alkaloidgehalt in verschiedenen *Senecio*-Arten vor und nach Reduktion mit Zinkstaub (nach KOEKEMOER u. WARREN 1951)

Pflanze	Alkaloidgehalt vor Reduktion (in % der Trockensubstanz)	Alkaloidgehalt nach Reduktion (in % der Trockensubstanz)	Alkaloide
S. isatideus D. C.	0,2—0,4	4—5	Rohprodukt
	0,1—0,2	3,5—4	Retrorsin
S. adnatus D.C.	0,63	3,2	Rohprodukt
	0,25	2,2	Rosmarinin
S. hygrophilus D. S.	1,0	2,7	Rohprodukt
	0,2	0,55	Rosmarinin
	0,2—0,4	1,5—1,7	Platyphyllin
S. brachypodus D. C.	0,3	1,0	Rohprodukt
	0,15	0,7	Rosmarinin

alkaloids), konnte in drei Vegetationsperioden bestätigt werden, wie auch bei Pflanzen, die in verschiedenen Höhen über dem Meeresspiegel (1700—2400 m) und in verschiedener geographischer Breite wuchsen. (Tabelle 3.)

Für die meisten Pyrrolizidin-Alkaloide führenden Pflanzen stellen die N-Oxyde wahrscheinlich die Hauptform der Alkaloide dar, obwohl in der Pflanze parallel zu dieser dominierenden Form immer eine bedeutend geringere Fraktion der am Stickstoff reduzierten

Alkaloide vorhanden sein wird. Nach den Angaben von KOEKEMOER u. Mitarbeiter [14] konnte die Hauptmenge der Alkaloide in vier von ihnen untersuchten *Senecio*-Arten erst nach Reduktion mit Zinkstaub festgestellt werden, was für ein primäres Vorliegen der N-Oxyd-Form spricht. Die Angaben sind in Tabelle 4 angeführt.

Nach den Angaben von CULVENOR u. Mitarbeitern [15] kann man in *Heliotropium europeum* (Familie *Boraginaceae*), das ebenfalls Alkaloide der Pyrrolizidin-Gruppe enthält, nach der Reduktion einen zehnmal so hohen Alkaloidgehalt nachweisen wie vorher (Tabelle 5).

Tabelle 5
Alkaloide aus *Heliotropium europaeum* (nach CULVENOR u. Mitarbeitern 1954)

Alkaloid	N-Desoxy-Base in % der Trockensubstanz	N-Oxyde der Alkaloide in % der Trockensubstanz
Lasiocarpin	0,037	0,26
Base C	—	0,02
Heliotrin	0,026	0,26
Base F	—	0,018
Base G	0,027	0,11

Die Angaben der Tabellen 4 und 5 bestätigen unsere im Jahre 1949 veröffentlichte Ansicht vom gemeinsamen Auftreten der am Stickstoff oxydierten und reduzierten Alkaloide der Pyrrolizidin-Gruppe in den Pflanzen. Die Hauptmasse der Alkaloide entging der Aufmerksamkeit der Forscher deswegen, weil sie in Form von N-Oxyden vorlagen, die sich dem Nachweis entzogen.

Tabelle 6
Gehalt an Platyphyllin- und Seneciphyllin-N-Oxyd in einzelnen Pflanzenteilen (*Senecio platyphyllus*) in verschiedenen Entwicklungsphasen. Ernten 1945, 1946

Pflanzenteil	Entwicklungsphase	in % der Trockensubstanz	
		Platyphyllin-N-Oxyd	Seneciphyllin-N-Oxyd
Wurzelstock	Austreiben	1,88	0,61
,,	Blüte	2,21	0,49
,,	Samenreife	3,12	0,68
Blätter	Austreiben	2,56	0,38
,,	Blüte	1,49	0,20
Knospen		4,35	1,01
Blüten		2,86	0,50
Samen		2,32	0,32

Nach der Feststellung, daß in *S. platyphyllus* Alkaloide in der Form von N-Oxyden vorhanden sind, und nachdem KONOWALOWA bereits 1941 Platyphyllin-N-Oxyd in der Pflanze nachgewiesen hatte, war es weiterhin von Interesse, zu untersuchen, ob auch Seneciphyllin in der Form seines N-Oxydes vorhanden ist.

Nachdem wir die Anwesenheit von Platyphyllin und Seneciphyllin sowohl in ihrer am Stickstoff oxydierten als auch reduzierten Form nachgewiesen hatten, konnten wir weiterhin beweisen, daß jedes der beiden Alkaloide in allen Pflanzenteilen in beiden Formen vertreten ist.

Nach den von uns erzielten Resultaten ist das Verhältnis zwischen beiden Alkaloiden inkonstant.

Wie Tabelle 6 zeigt, beträgt zu Beginn der Vegetationsperiode im Wurzelstock der Anteil des Seneciphyllin-N-Oxyds an der Gesamtmenge der N-Oxyde etwa 25%; dann wird im weiteren Verlauf der Vegetationsperiode der Prozentsatz kleiner und während der Ruhezeit, wenn N-Oxyde gar nicht nachweisbar sind, liegt fast ausschließlich Platyphyllin vor. Seneciphyllin ist nur in winzigen Mengen vorhanden. Seneciphyllin kommt also in *Senecio platyphyllus* fast ausschließlich in Form seines N-Oxyds vor.

Später gelang Konowalowa [16] die Halbsynthese des N-Oxyds von Seneciphyllin, und seine chemischen Eigenschaften wurden studiert. Bei der Analyse der Blätter und der Knospen der Pflanze *S. platyphyllus* stießen wir auf die von uns bereits 1949 festgestellte Tatsache, daß der mit wäßriger Säure hergestellte Extrakt noch nach vollendeter Reduktion und Isolierung von Alkaloiden positive Alkaloid-Reaktion zeigte. Es konnte daraufhin ein Produkt in einer Menge von etwa 0,03% isoliert werden, das als das in der Chemie der Pyrrolizidin-Alkaloide bekannte Alkamin Retronecanol identifiziert wurde, welches in der Pflanze früher nicht festgestellt worden war. Die Bedingungen, unter welchen es isoliert werden kann, und zwar die Destillation mit Wasserdampf im stark alkalischen Medium, gestatten es, zu behaupten, daß Retronecanol in der Pflanze nicht im freien Zustand, sondern in Form eines uns unbekannten Esters vorliegt. Es kann angenommen werden, daß Retronecanol (III) in der Pflanze in Form von Tetrahydroseneciphyllin (II), eines Hydrierungsprodukts von Seneciphyllin (I), existiert, das unter Laborbedingungen faßbar ist (Abb. 4).

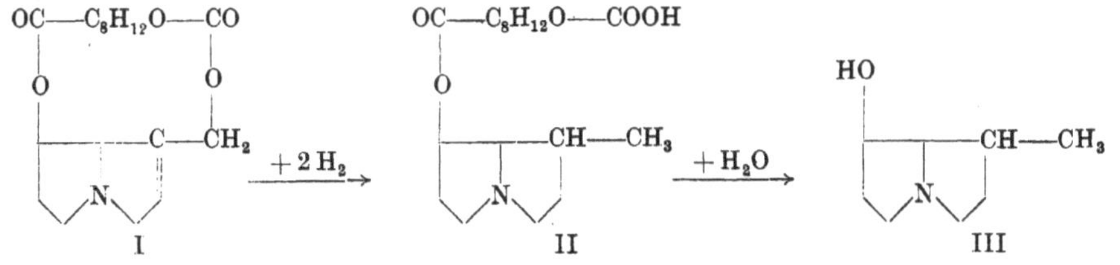

I Seneciphyllin — II Tetrahydroseneciphyllin — III Retronecanol

Abb. 4 Beziehungen zwischen Seneciphyllin und Retronecanol (s. Text)

Unsere Ergebnisse lassen die in Abb. 5 dargestellten Alkaloid-Umwandlungen in *Senecio platyphyllus* vermuten.

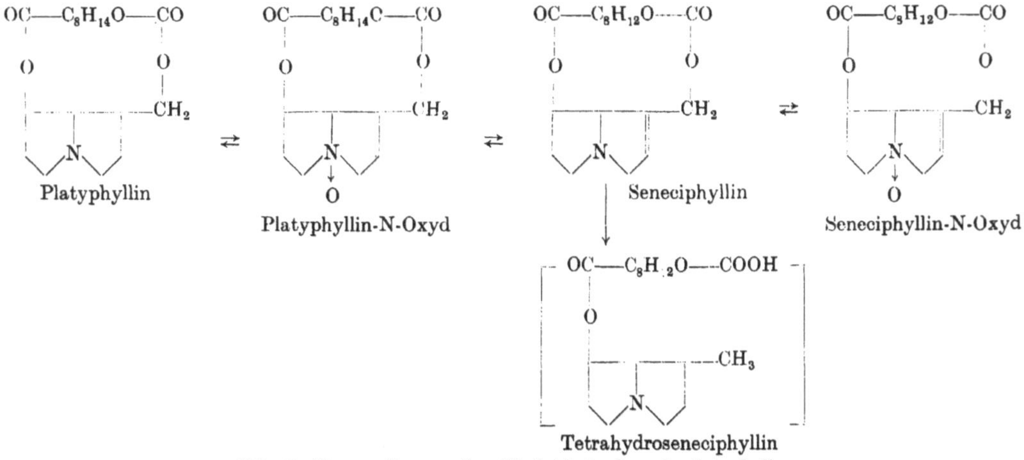

Tetrahydroseneciphyllin

Abb. 5. Umwandlungen der Alkaloide in *Senecio platyphyllus*

Platyphyllin-N-Oxyd wird von uns als ein Produkt des Metabolismus betrachtet, das neben anderen Stoffen gegen Ende der Vegetationsperiode zu Platyphyllin reduziert im Wurzelstock als Vorratsstoff abgelagert wird.

Die Reaktion Platyphyllin-N-Oxyd → Platyphyllin könnte als ein für die betreffende Entwicklungsphase der Pflanze charakteristischer Umwandlungstyp betrachtet werden. Wenn die Lebensfunktionen der Pflanze auf ein Minimum reduziert und die Vorratsstoffe nur langsam und bei einem geringen Zutritt von Sauerstoff verbraucht werden, kann die Reduktion der N-Oxyde der Alkaloide auf Kosten leichtoxydierbarer Verbindungen erfolgen. Es sei erwähnt, daß die Reduktion von N-Oxyden auf Kosten von $C{\begin{smallmatrix}\diagup O\\ \diagdown H\end{smallmatrix}}$-, Oxy- und anderen Gruppen von BAMBERGER [17], POLONOVSKI [6], JUNUSOW [18] unter Laborbedingungen verwirklicht worden ist.

Beim Austreiben des Wurzelstockes und bei der Entwicklung des Sprosses während der darauffolgenden Phase der Vegetationsperiode geht eine umgekehrte Umwandlung vor sich: Platyphyllin → Platyphyllin-N-Oxyd, was durch die für diese Periode kennzeichnende intensive Oxydierung und durch energisches Atmen bedingt wird. Die in der Pflanze neben der Bildung von Platyphyllin-N-Oxyd vor sich gehende Bildung von Seneciphyllin-N-Oxyd wäre, unseres Erachtens, durch Umwandlung von Platyphyllin in Seneciphyllin über die Zwischenstufe Platyphyllin-N-Oxyd zu erklären. Platyphyllin-N-Oxyd $\xrightarrow{-H_2O}$ Seneciphyllin $\xrightarrow{+{}^1/_2O_2}$ Seneciphyllin-N-Oxyd.

Vermutlich kommen solche Umwandlungen durch Kombination der Oxydation von Alkaloiden zu ihren N-Oxyden mit einer Dehydratisierung zustande; auf ähnliche Weise gelang JUNUSOW [18] bei der Klärung der Struktur des Alkaloids Cocculidin dessen vorsichtige stufenweise Dehydratisierung im Labor.

Das von uns auf Grund des Tatsachenmaterials vorgeschlagene Schema gestattet also, die gegenseitige Umwandlung von fünf aus *S. platyphyllus* isolierten Produkten in eine einheitliche Reihe einzugliedern.

Das Schema weist eindeutig auf die Anteilnahme der Alkaloide am Metabolismus der Pflanze hin sowohl zur Zeit einer starken Äußerung der Lebensfunktionen während des Wachstums als auch zur Zeit der minimalen Lebensäußerung während der Ruhezeit.

Wir glauben, daß das von uns vorgeschlagene Schema nicht nur für die Alkaloidumwandlung in *Senecio platyphyllus* gilt, sondern sich auch auf weitere Alkaloide der Pyrrolizidin-Gruppe in anderen Arten der Gattung *Senecio* übertragen läßt. Dafür spricht, daß zahlreiche *Senecio*-Arten gleichzeitig Pyrrolizidin-Alkaloide in N-Oxyd-Form und in reduzierter Form enthalten und daß die Alkaloide Platyphyllin und Seneciphyllin in vielen *Senecio*-Arten in verschiedensten Kombinationen mit anderen Pyrrolizidin-Alkaloiden anzutreffen sind. So kommt nach WARREN [5] Platyphyllin in *Senecio hygrophilus* D. S. in Kombination mit Rosmarinin vor, und Seneciphyllin tritt in *S. vulgaris* L. mit Senecionin, Senecin, Retrorsin und Riddellin zusammen auf. Die Anhäufung dieses oder jenes Alkaloides in bestimmten Arten von *Senecio* oder in ein und derselben Pflanze in verschiedenen Entwicklungsperioden muß, allem Anschein nach, das Ergebnis des spezifischen Metabolismus in der Pflanze sein und in Verbindung mit ihren Ferment-Systemen stehen.

Es gelang uns schließlich, die einzelnen Stufen der gegenseitigen Umwandlungen der von uns studierten Alkaloide in vitro durchzuführen und weitere Beobachtungen in vivo zu machen, die für eine Anteilnahme der Senecioalkaloide an verschiedenen oxydativ-reduktiven Reaktionen sprechen.

Bei Versuchen mit isolierten Blättern von *S. platyphyllus* wurde festgestellt, daß die Alkaloide vom Blattgewebe zu N-Oxyden oxydiert werden. Ein solcher Versuch (siehe Tabelle 7) ergab, daß ein Blatt in der Wachstumsperiode während 48 Stunden etwa 63% des ins Blatt eingeführten Platyphyllin-Salzes oxydiert.

Tabelle 7

Umwandlung von Platyphyllin nach Einführung in isolierte Blätter von *S. platyphyllus* (in der Wachstumsperiode)

		Alkaloide (mg) in 10 g Trockensubstanz der Blätter, Ende des Versuches			Pro 10 g Blatttrockenmasse gegebenes Platyphyllin in mg	Oxydiert während 48 h	
		reduzierte Form	N-oxydierte Form	Insgesamt		mg	%
Blätter (Ernte Juni 1947)	Versuch	147	396	543	287	183	63,7
	Kontrolle	43	213	256	0	—	—

Polonovski [8] vermutete, daß N-Oxyde von Alkaloiden in der Pflanze als Oxydationsprodukte von Aminosäuren entstehen. So kann nach Polonovski das Eserin-N-Oxyd als Oxydationsprodukt von Tryptophan aufgefaßt werden. Daher wurde vom Autor für die N-Oxyde der Alkaloide die Benennung „Genalkaloide" vorgeschlagen, die seines Erachtens der Bildung von tertiären Basen immer vorangehen. Diese Annahme basierte auf der Tatsache, daß Polonovski die Umwandlung der tertiären Basen in die Oxyde durch Blut, das Katalase und Peroxydase enthielt, nicht gelang, obwohl die Reduktion der N-Oxyde zu den entsprechenden tertiären Basen im tierischen Organismus beobachtet worden war.

Die Ergebnisse unserer Versuche gestatten die Behauptung, daß die Bildung von N-Oxyden der Alkaloide (wie es auch das von uns vorgeschlagene Schema zeigt) in der Pflanze durch direkte Oxydierung der entsprechenden Alkaloide erfolgen kann.

Tabelle 8

Aktivität der oxydativen Fermente in *S. platyphyllus* (Ernte im Juni)

Pflanzenteile	Oxydierte Ascorbinsäure in mg pro 1 g Pflanzenmaterial nach 30 min langer Einwirkungsdauer von:			Katalase-Aktivität (ml O_2/1 g Pflanzenmaterial Versuchsdauer 3 min)
	Ascorbinoxydase	Polyphenoloxydase	Peroxydase	
Wurzelstock	0	42,0	435,0	4,12
Wurzelstocksprosse (etioliert)	37,5	221,0	165,0	45,0
Blatt	37,0	250,0	200,0	13,0

Welches der Ferment-Systeme der Pflanze an der Oxydation der Alkaloide zu N-Oxyden teilnimmt, ist eindeutig noch nicht festgestellt. Doch läßt die Bestimmung der Aktivität von oxydativen Fermenten nach Powolotskaja und Mitarbeitern [19] in verschiedenen Pflanzenteilen von *S. platyphyllus* (Tabelle 8) vermuten, daß in den Blättern und insbesondere in den Wurzelstocksprossen, wo eine relativ hohe Aktivität von Katalase und Polyphenoloxydase zu verzeichnen ist, die Umwandlung der Alkaloide in ihre N-Oxyde unter Anteilnahme der erwähnten Fermente vor sich gehen kann.

Es ergab sich die Frage, welche Bedeutung der N-Oxydation der Alkaloide zukommt, ob die N-Oxyde Zwischenstufen der irreversiblen Verwandlung der Alkaloide sind oder ob sie selber ein Oxydationsmittel sein können, wie es bei der Oxydation des Wasserstoffes in organischen Verbindungen der Fall ist.

Als zu oxydierendes Substrat wurden folgende Stoffe bei den Modellversuchen geprüft: Ascorbinsäure — ein sehr energisches Reduktionsmittel —, Zitronensäure — eine der die Photohydrierung des Methylenblaus bedingenden Oxysäuren — sowie Indigokarmin, das von

Simakow [20] als Substrat für die quantitative Bestimmung der Peroxydaseaktivität des Blutes vorgeschlagen worden ist. Tabelle 9 zeigt, daß im Stickstoffstrom die Oxydation dieser Verbindungen, in diesem Falle von Ascorbinsäure, bei Gegenwart von Alkaloid-N-Oxyden gelingt. Dabei führten Katalysatoren wie Licht und $FeCl_3$ bei Versuchen mit Zitronen- und Ascorbinsäure zu einer bedeutenden Beschleunigung des Prozesses. Bei den Kontrollen, wo die N-Oxyde der Alkaloide fehlten oder die Alkaloide in der reduzierten Form zugesetzt waren, fand keine Oxydation statt.

Tabelle 9

Oxydation von Na-Ascorbinat durch Alkaloid-N-Oxyde im Stickstoffstrom

Die Oxydation von Ascorbinat ist in mg und % der beim Versuch eingesetzten Ascorbinatmenge angegeben

I. Variante – Versuch ohne Katalysatoren			Beleuchtung – 1000 W		
			II. Variante		III. Variante + $FeCl_3$
24 St.	48 St.	72 St.	1 St.	2 St.	2 St.
11,3 (28,2%)	14,4 (43,5%)	20,5 (53,4%)	6,4 (16,0%)	11,0 (27,5%)	37,0 (92,52%)

Die Reaktion der leicht oxydierbaren organischen Verbindungen mit den Alkaloid-N-Oxyden (siehe Tabelle 10) führt gleichzeitig zur Reduktion der N-Oxyde und zum Teil zu ihrer Umwandlung in uns unbekannte und bei der von uns benutzten Isolierungsmethode nicht faßbare Verbindungen. Das trifft besonders für die Versuche zu, bei denen als N-Oxyd das Seneciphyllin-N-Oxyd verwendet worden ist.

Tabelle 10

Umwandlung von Alkaloid-N-Oxyden bei der Oxydation äquimolarer Mengen Zitronensäure bei Bestrahlung in Gegenwart von $FeCl_3$

N-Oxyde der Alkaloide	Alkaloide in %		
	am Stickstoff reduzierte Form	am Stickstoff oxydierte Form	nicht isoliert
1. Seneciphyllin	23,4	6,6	70,0
2. Seneciphyllin und Platyphyllin	11,0	51,0	38,0
3. Platyphyllin	11,8	88,2	0,0
4. Kontrolle (Gemisch der N-Oxyde von Alkaloiden ohne Bestrahlung, bei Vorhandensein von $FeCl_3$)	0,0	100,0	0,0
5. Dasselbe ohne $FeCl_3$ mit Bestrahlung	0,0	100,0	0,0

Nachdem wir diese Ergebnisse erhalten hatten, prüften wir die Fähigkeit des Wurzelstockgewebes zur Reduktion von N-Oxyden.

Einem Homogenat des mit Azeton behandelten Wurzelstockes wurden Alkaloid-N-Oxyde zugesetzt. Als Wasserstoff-Donatoren wurden Ascorbin-, Äpfelsäure und Äthylalkohol verwendet. Bei den Versuchen im Stickstoffstrom bei 25° C und $p_H = 7,5$ wurde mittels Papierchromatographie festgestellt (Munier [21]), daß bei Verwendung von Ascorbinsäure sowie in den Kontrollen keine Reduktion der Alkaloide erfolgte im Gegensatz zu den Versuchen mit Äthylalkohol und Äpfelsäure (Tabelle 11). Die vorläufigen Ergebnisse lassen vermuten, daß die Reduktion der N-Oxyde der Alkaloide im Wurzelstock unter der Wirkung von Dehydrasen und zwar der Alkohol- und Äpfelsäuredehydrase vor sich geht.

Tabelle 11

Die Reduktion der N-Oxyde der Alkaloide im Wurzelstock von *S. platyphyllus* (Ernte im Juni) im Stickstoffstrom bei Anwesenheit von Wasserstoffdonatoren (qualitativer Nachweis durch Papierchromatographie)

	Wasserstoffdonatoren			Kontrolle (N-Oxyde der Alkaloide ohne Substrate)	Alkaloide in Reinsubstanz	
	Äthylalkohol	Äpfelsäure	Ascorbinsäure		in der oxydierten Form	in der reduzierten Form
am Stickstoff reduzierte Form	nachgew. Rf-Wert 0,40	nachgew. Rf-Wert 0,45	–	–	–	Rf-Wert 0,40
am Stickstoff oxydierte Form	nachgew. Rf-Wert 0,76	–	nachgew. Rf-Wert 0,76	Rf-Wert 0,80	Rf-Wert 0,80	–

ZUSAMMENFASSUNG

Die Alkaloide der Pyrrolizidin-Gruppe, vor allem die der Gattung *Senecio* sind von besonderem Interesse durch ihr gleichzeitiges Auftreten in der Pflanze in Form ihres N-Oxyds und in reduzierter Form.

Es wurde eine gewisse Gesetzmäßigkeit festgestellt in der Anhäufung und Abnahme der am Stickstoff oxydierten und reduzierten Formen der Alkaloide sowie der sich voneinander durch den Hydrierungsgrad des stickstoffhaltigen Ringes unterscheidenden Alkaloide.

Es wurde bewiesen, daß in *Senecio platyphyllus* neben Platyphyllin-N-Oxyd auch Seneciphyllin N-Oxyd enthalten ist; außerdem wurde bei der Aufarbeitung des Gesamt-Alkaloidextraktes Retronecanol gefunden, das in der Pflanze wahrscheinlich in Form seines hypothetischen Esters – Tetrahydroseneciphyllin – vorliegt.

Auf Grund der Versuchsergebnisse wird ein Schema vorgeschlagen, das die Reaktionen von fünf Alkaloiden aus *Senecio platyphyllus* in sinnvoll erscheinender Reihenfolge zeigt.

Das Tatsachenmaterial unserer Untersuchungen läßt den im Schema dargestellten Verlauf der gegenseitigen Umwandlungen von Alkaloiden der Gattung *Senecio* vermuten. Außerdem kann man annehmen, die Anhäufung eines bestimmten Alkaloides in einigen Arten von *Senecio* sei ein Ergebnis des spezifischen Metabolismus in der Pflanze in Zusammenhang mit ihren Ferment-Systemen.

Durch Versuche in vitro und in vivo wurde die Möglichkeit der reversiblen Umwandlung der N-Oxyd-Form von Alkaloiden in die am Stickstoff reduzierte Form festgestellt.

LITERATUR

[1] MANSKE, R. H. F., Ann. Rev. Biochem. **13**, 535 (1944).
[2] HENRY, T., The Plant Alkaloids, 1949 (London).
[3] NELSON, I. L., Senecio Alkaloids, The Alkaloids (Editor Manske) **1**, 1950 (New York).
[4] KONOWALOWA, R. A. u. A. A. KONOWALOWA, Über I-Methylpyrrolizidine, Chim. Alkal. 1955 (Moskau), Herausgeber Orechow, A. P.
[5] WARREN, F. L., The Pyrrolizidine Alkaloids. Fortschritte der Chemie organischer Naturstoffe (Herausgeber L. Zechmeister 1955, Wien).
[6] POLONOVSKI, M. M. u. CH. NITZBERG, Bull. Soc. Chim. France **17**, 244 (1915).
[7] POLONOVSKI, M. M. u. MICHEL POLONOVSKI, Bull. Soc. Chim. France **39**, 1147, 1165 (1926).
[8] POLONOVSKI, M. M., J. Pharm. Chim. **11**, 429 (1930).
[9] MEISENHEIMER, J., Ber. **58**, 2334 (1925); Ber. **59**, 1848 (1926).
[10] WENKERT, E., Experientia **10**, 346 (1954).
[11] ARESHKINA, L. JA., Dokl. Akad. Nauk SSSR **61**, (3), 483 (1948).

[12] Areshkina, L. Ja., Biochimija **16**, (5), 461 (1951).
[13] Areshkina, L. Ja., Dokl. Akad. Nauk SSSR **65**, (5), 711 (1949).
[14] Koekemoer, M. I. u. F. L. Warren, J. Chem. Soc. (London) **66** (1951).
[15] Culvenor, V. C. I., L. I. Drummond und I. R. Price, Austr. J. Chem. **7** (3) 277 (1954).
[16] Konowalowa, R. A., Dokl. Akad. Nauk SSSR **78**, (5) 905 (1951).
[17] Bamberger, E., Ber. **34**, 12 (1901).
[18] Junusow, S., Dokt. Dissert. 1949. Taschkent.
[19] Powolotskaja, K. L. u. D. M. Sedenko, Biochimija **20**, (1), 88 (1955).
[20] Simakow, L. W., Biochimija **10** (4), 360 (1945).
[21] Munier, R., Bull. Soc. Chim. Biol. **35**, (10), 1225 (1953).

Aus dem Forschungsinstitut für Pharmazie und Biochemie, Prag

Über die Beziehungen zwischen Struktur und biologischer Wirksamkeit bei den Veratrum-Alkaloiden

Von Z. J. Vejdělek, V. Trčka und K. Macek

Eine der wesentlichen Komponenten der biologischen Aktivität der Veratrum-Alkaloid-Gruppe ist ihre hypotensive Wirkung. Diese Wirkung ist am stärksten bei den Esteralkaloiden ausgeprägt; bei den Alkaminen ist sie unbedeutend. Aber auch die verschiedenen Esteralkaloide unterscheiden sich untereinander im Grad ihrer hypotensiven Wirkung. Diese Tatsache betrachten wir als sehr interessant. Die Esteralkaloide der Veratrum-Gruppe leiten sich nämlich in ihrer großen Mehrheit nur von vier Alkaminen ab; dies sind Veracevin, Germin, Protoverin und Zygadenin. Die ersten zwei isomeren Alkamine besitzen dasselbe Kohlenstoffskelett, die weiteren zwei unterscheiden sich von diesen nur durch ein Sauerstoffatom.

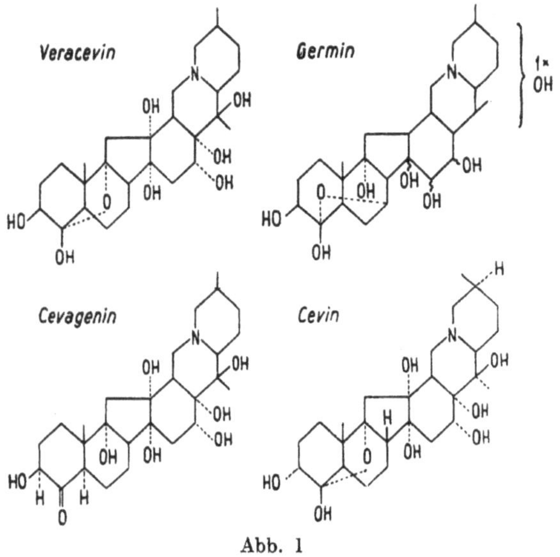

Abb. 1

Auf Grund der bisher publizierten Ergebnisse über die hypotensive Wirkung der natürlichen Veratrum-Esteralkaloide stellten wir die Arbeitshypothese auf, daß auf die hypotensive Aktivität dieser Esteralkaloide vier Faktoren einen entscheidenden Einfluß haben könnten, und zwar: die Natur des Alkamins, die Zahl der veresterten Hydroxylgruppen, die Lage der veresterten Hydroxylgruppen an dem Alkaminskelett und schließlich die Natur der Acylgruppen.

Die Gültigkeit dieser Hypothese läßt sich verhältnismäßig schwer nur an Beispielen der natürlichen Esteralkaloide beweisen, und zwar aus zwei Gründen: Erstens, weil außer der eindeutig geklärten Struktur des Veracevins und der von ihm abgeleiteten Esteralkaloide Cevacin (3-Acetylester), Veratridin (3-Veratroylester) und Cevadin (3-Angelicoylester) die genauen Strukturformeln der übrigen Esteralkaloide noch nicht bekannt sind. Bei den Germinestern, z. B. Germitrin, Germitetrin usw., kennen wir die Lage der acylierten Hydroxylgruppen noch nicht, und bei den Protoverin- und Zygadeninestern ist sogar noch die Konstitution der Grundalkamine ungeklärt. Der zweite Faktor, welcher die Verfolgung der Beziehungen zwischen Struktur und biologischer Wirksamkeit sehr erschwert, ist der polyhydroxyle Charakter der Alkamine, von denen sich die Esteralkaloide ableiten, denn so bestehen viele Möglichkeiten für die Lage der Esterbindung. Die Verhältnisse komplizieren sich noch mehr durch die Tatsache, daß viele von den biologisch interessantesten Esteralkaloiden einen Typus von Tri- oder sogar Tetramischestern darstellen, wodurch sich die

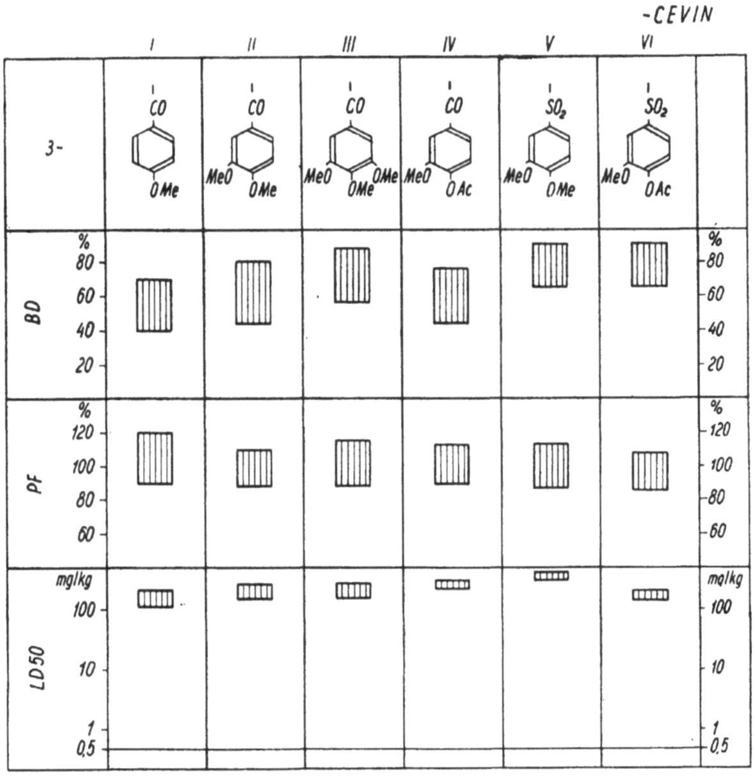

Abb. 2

Zahl der theoretisch möglichen Stellungsisomeren noch weiter erhöht, und es ist dann schwer zu entscheiden, welche Änderung im Molekül für die biologische Aktivität der betreffenden Verbindung verantwortlich ist.

Deshalb haben wir im Rahmen unseres eingehenderen Studiums ungefähr 40 Analoga der Esteralkaloide auf partialsynthetischem Wege hergestellt und sie pharmakologisch untersucht. Es handelte sich um Mono- bis Triester des Veracevins und der Produkte seiner alkalischen Isomerisation, Cevagenin und Cevin, die auch mit Germin isomer sind und sich von diesem nur durch die Anordnung der Sauerstoffunktionen unterscheiden (Abb. 1). Den Vergleich mit Germin bringen wir deshalb, weil von diesem Alkamin einige der wirksamsten Esteralkaloide abgeleitet sind und außerdem von Weisenborn eine Reihe Germinester hergestellt worden sind, die unseren Veracevin-, Cevagenin- und Cevinestern ähnlich sind und mit ihnen verglichen werden können.

Als Säurekomponenten haben wir solche Säuren gewählt, die entweder auch in den natürlichen Esteralkaloiden vorkommen oder ihnen strukturell nahestehen.

Die Struktur der dargestellten Ester haben wir u. a. durch Bleitetraacetatoxydation bestimmt, weiter durch ihr papierchromatographisches Verhalten auf Grund der R_F-Werte in verschiedenen Lösungsmittelsystemen und schließlich durch Bildung von Borsäurekomplexen mit den unsubstituierten α-Glykolsystemen der Moleküle.

Die Ester wurden auf ihre hypotensive Aktivität, Pulsfrequenz und Toxizität geprüft. Übersichtshalber haben wir die erhaltenen Resultate tabellenartig angeordnet.

In der ersten Tabelle (Abb. 2) sind die Resultate mit Cevin-3-Monoestern wiedergegeben. Sie erniedrigen den Blutdruck fast alle in gleichem Maße, auch in ihrem Einfluß auf die Pulsfrequenz sind kaum Unterschiede zu finden; ähnlich ist auch die Situation bei den

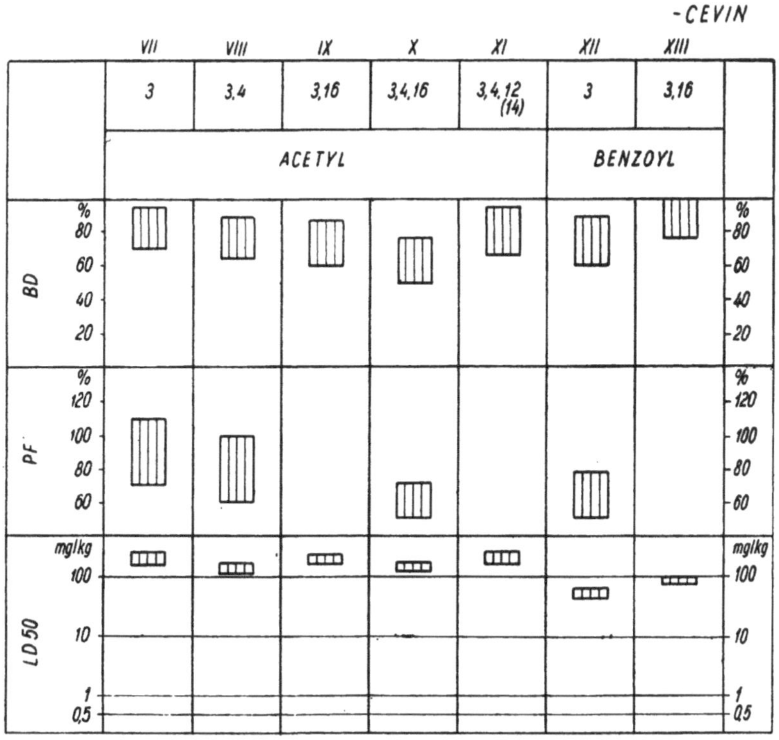

Abb. 3

Toxizitätswerten, die alle verhältnismäßig niedrig sind. Es geht aus diesen Resultaten hervor, daß die Änderung der Qualität der Acylgruppen in den Analogiegrenzen fast keine Aktivitätsänderung gebracht hat.

Die nächste Tabelle (Abb. 3) zeigt biologische Resultate mit verschiedenen Cevinacetaten und -benzoaten, bei welchen der Einfluß der Lage von Acyloxygruppen verfolgt wurde. Bei der Prüfung des Einflusses auf den Blutdruck war der Unterschied zwischen den 3,4,16- und 3,4,12(14)-Triacetylisomeren interessant. Die Benzoesäureester zeigen eine größere Toxizität als ihre Acetyl-Analoga (Stoffe VII und XII, IX und XIII), aber in der Wirkung auf den Blutdruck unterscheiden sie sich kaum.

Von den Cevageninestern haben wir zur Orientierung lediglich drei Verbindungen pharmakologisch untersucht (Abb. 4), weil sich Cevagenin durch seinen Keton-Charakter von den Nichtketonen Veracevin, Cevin und Germin unterscheidet. Interessant ist hier vielleicht nur der merkliche Toxizitätsunterschied zwischen dem 3-Monoester (XIV) und den beiden Acetylderivaten XV und XVI.

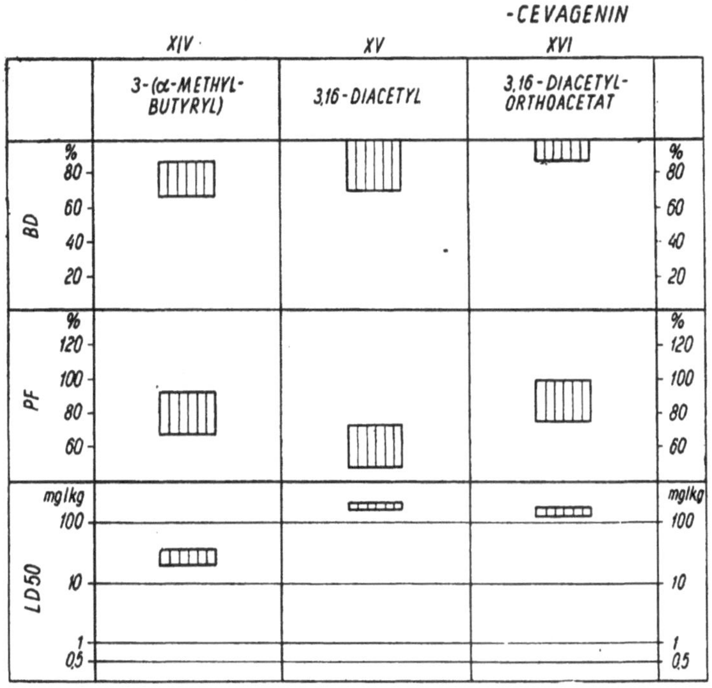
-CEVAGENIN
XIV
XV
XVI
3-(α-METHYL-BUTYRYL)
3,16-DIACETYL
3,16-DIACETYL-ORTHOACETAT
BD
%
80
60
40
20
PF
%
120
100
80
60
LD50
mg/kg
100
10
1
0,5

Abb. 4

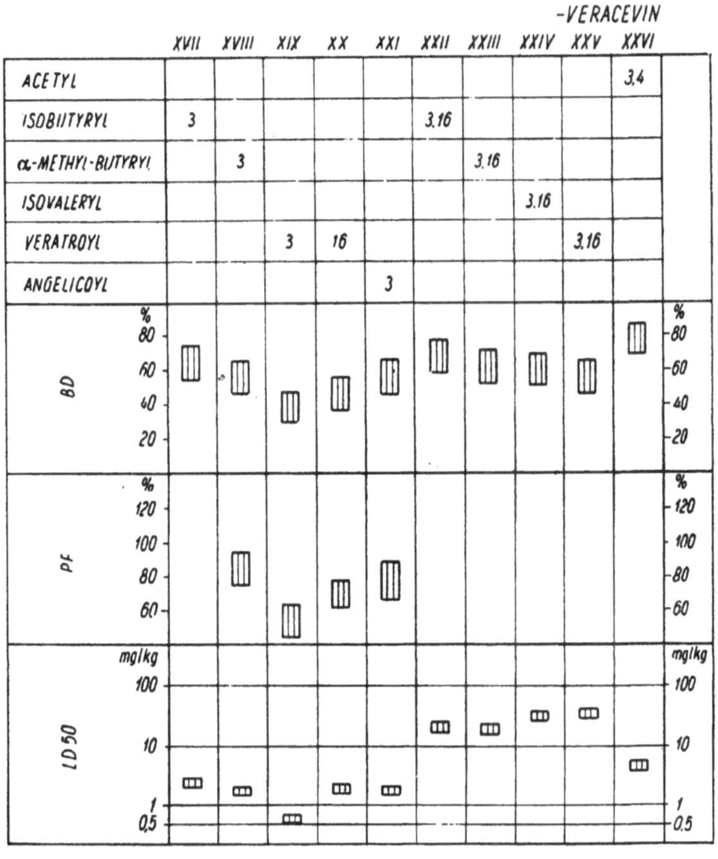
-VERACEVIN
XVII
XVIII
XIX
XX
XXI
XXII
XXIII
XXIV
XXV
XXVI
ACETYL
3,4
ISOBUTYRYL
3
3,16
α-METHYL-BUTYRYL
3
3,16
ISOVALERYL
3,16
VERATROYL
3
16
3,16
ANGELICOYL
3
BD
%
80
60
40
20
PF
%
120
100
80
60
LD50
mg/kg
100
10
1
0,5

Abb. 5

Die größte Aufmerksamkeit haben wir den Veracevinestern geschenkt, denn in diesem Falle handelt es sich um direkte Analoga der Veratrumalkaloide (Abb. 5). Die Verbindung XIX stellt den partialsynthetisch hergestellten 3-Veratroylester dar, der in seinen physikalisch-chemischen sowie in den biologischen Eigenschaften mit Veratridin völlig identisch war; die Verbindung XXI ist natürliches Cevadin. Auffallend ist der Unterschied in der Toxizität zwischen den 3-Monoestern XVII—XXI und den 3,16-Diestern XXII—XXV. Die Diester sind viel weniger toxisch. Es scheint, als ob die Acylierung des C_{16}-Hydroxyls zur Toxizitätserniedrigung der Verbindungen führt. Der 3,4-Diacetylester XXVI steht dem Grade seiner Toxizität nach zwischen den 3-Estern und den 3,16-Estern. Für die hypotensive

-VERACEVIN	XXVII	XXVIII	XXIX	XXX	XXXI	XXXII	XXXIII	XXXIV	XXXV	XXXVI
ACETYL	4			4			4			4,16
ISOBUTYRYL	3,16	3,16	3,16		4			4		3
α-METHYL-BUTYRYL				3,16	3,16	3,16				
ISOVALERYL		4				4	3,16	3,16	3,16	
VERATROYL			4						4	

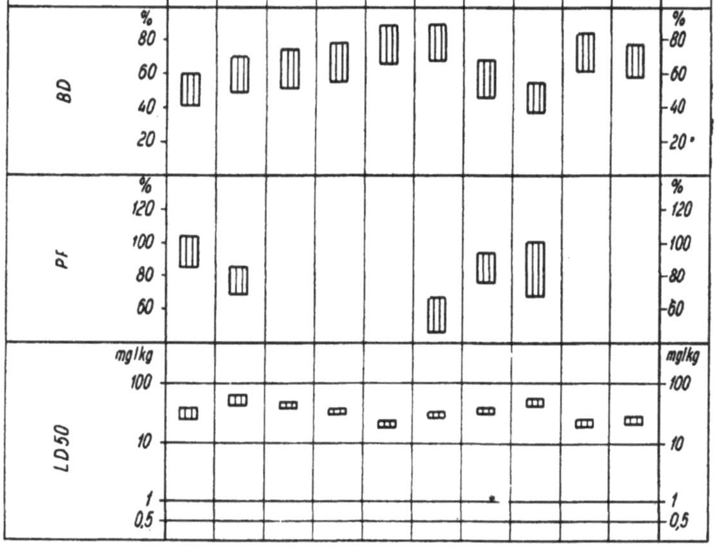

Abb. 6

Aktivität scheint die Regel von WEISENBORN zu gelten: Er hat im Falle der analogen Germinester gefunden, daß Ester mit aliphatischen Säuren mit 3 bis 5 Kohlenstoffatomen biologisch am stärksten wirksam sind. Interessant ist bei den Veracevinestern auch ein gewisser Unterschied in der Aktivität und Toxizität der 3- und 16-Monoveratroylester XIX und XX. Die Verbindung XIX verlangsamt die Pulsfrequenz auch stärker als ihr 16-Isomeres.

Die Resultate mit den 3,4,16-Veracevin-Mischtriestern sind in der letzten Tabelle (Abb. 6) wiedergegeben. Es handelt sich um Veracevin-Analoga der sehr wirksamen natürlichen und synthetischen Germinester. Die Stoffe XXVII—XXXV tragen jeweils an den C_3- und C_{16}-Hydroxylgruppen denselben Säurerest, einen anderen dann in Position 4; bei dem Ester XXXVI sind die Acylgruppen in den Positionen 4 und 16 gleich, in Stellung 3 steht ein anderer Säurerest. Dieser Ester unterscheidet sich aber nicht in seinen biologischen Eigenschaften von den übrigen Mischtriestern. Es scheint, daß die Lage der Acylgruppen keine entscheidende Rolle spielt.

Beim Vergleich aller von uns synthetisierten Veracevinester ergibt es sich, daß die Monoester die höchste Toxizität zeigen, und zwar die 3-Ester eine noch stärkere als ihre 16- Isomeren. Durchschnittlich 10 mal weniger toxisch sind die 3,16-Diester und 3,4,16-Triester; zwischen den Toxizitätswerten dieser Gruppen liegt ungefähr der des 3,4-Diesters. Mit der steigenden Molekülgröße des Acylsubstituenten nimmt auch die bradycardische sowie die hypotensive Wirkung ab.

Bei einem absoluten Vergleich der biologischen Aktivität kann folgendes gesagt werden: Die Veracevin-Mischester stellen Stoffe dar, die von allen von uns untersuchten Veratrumester-Analogen die höchste Wirksamkeit besitzen und zugleich in ihrer Struktur am meisten den wirksamsten Germinestern ähnlich sind. Immerhin ist ihre Wirksamkeit ungefähr 100 mal niedriger als die der Germinester, andererseits sind sie aber auch 100 mal weniger toxisch, so daß der therapeutische Index praktisch derselbe bleibt.

Aus den bisher erzielten Resultaten kann geschlossen werden, daß den größten Einfluß auf die biologische Aktivität der Veratrumester die Natur des Alkamins ausübt, von dem die Ester abgeleitet sind. Aber auch Zahl und Stellung der veresterten Hydroxylgruppen im Alkaminrest sowie die Natur der Säurekomponente beeinflussen die Wirksamkeit. In der Reihe gleich acylierter Veracevin-, Cevagenin- und Cevinester besitzen die von Veracevin abgeleiteten die höchste Wirksamkeit.

In Analogie dazu kann man annehmen, daß Ester, die von Isogermin, Pseudogermin, Isoprotoverin und ähnlichen Isomeren der genuinen Alkamine abgeleitet werden, eine niedrigere Wirksamkeit besitzen als die entsprechenden Germin- oder Protoverinester.

Wir sind uns der Tatsache bewußt, daß es sich bei den Veratrum-Alkaloiden um relativ komplizierte Moleküle handelt, so daß auf die biologische Aktivität noch weitere Faktoren Einfluß haben können, die wir nicht in Betracht gezogen haben. Trotzdem kann als bewiesen gelten, daß die Grundbeziehungen zwischen Struktur und biologischer Aktivität der Veratrum-Esteralkaloide und ihrer Analogen in erster Linie durch die Struktur des Alkamins, Zahl und Stellung der Esterbindungen und die Natur der Säurekomponenten beeinflußt werden.

Über Primär- und Sekundär-Infektionen bei *Claviceps purpurea* Tul.

Von W. Hecht

Die morphologisch nicht voneinander unterscheidbaren Sklerotien der Primär- und Sekundär-Infektion werden als Glieder einer Infektkette gebildet, wobei zeitlich betrachtet die erste Infektion die Primär-Infektion, alle weiteren die Sekundär-Infektionen darstellen. Sowohl in der Natur als auch bei der parasitischen Kultur kann die Primär-Infektion durch Ascosporen oder Konidien erfolgen, während die Sekundär-Infektionen restlos Konidien-Infektionen des Honigtaus sind. Bei den folgenden Untersuchungen bildete die Primär-Infektion jene Infektion, die künstlich durch Einstich erfolgte. Durch Stutzen der Grannen

Abb. 1. Durch Einstich primär infizierte Ähren. Rechts drei Ähren, die durch Stutzen der Grannen als primär infiziert kenntlich gemacht wurden.

wurden die betreffenden Ähren kenntlich gemacht. Die Ernte der Sklerotien der Primär- und Sekundär-Infektion erfolgte gleichzeitig bei Voll-Entwicklung der Sklerotien der Primär-Infektion, also sobald die Gefahr des Abfallens bestand. Demnach lag der Bildung der Sklerotien der Primär-Infektion eine längere Entwicklungsdauer zugrunde, mindest 8 bis 11 Tage, d. i. die Zeit bis zur Bildung des ersten Honigtaus. Innerhalb der Primär-Infektion konnten selbstverständlich auch Misch- und Super-Infektionen im Sinne Gäumanns [1] erfolgen. Der hier angewandte Begriff der Primär-Infektion deckt sich ebenfalls im wesentlichen mit der Definition von Gäumann, der als Primär-Infektion „das erste Glied der Infektkette bezeichnet, dessen Keim unmittelbar aus dem Reservoir stammt".

Die Sekundär-Infektion kommt durch Insektenübertragung und Bewegung zustande. Ersterer kommt geringe Bedeutung zu, wie von mir an anderer Stelle mit Hilfe von Markier-Sklerotien gezeigt wurde (W. Hecht [2]). Die Bewegung kann in einem Herabfließen der Honigtautropfen auf untere Ähren bestehen oder in einem Reiben bzw. Streifen der befallenen Ähren an unbefallenen. Hierbei kommt dem Winde bedeutender Einfluß zu. Sehr schön illustriert dies eine Beobachtung von H. Alfons in Kirchberg im Jahre 1950. Ein dem Winde ausgesetztes Feld hatte im unteren Teil durch einen angrenzenden Wald Windschutz. Der Anteil der Sekundär-Infektion verteilte sich wie folgt:

Oberer Teil des Feldes mit vollem Winde	5,6fach
Rand des unteren Teiles nur vom Winde berührt	3,2fach
Rand des unteren Teiles im vollen Windschutz	1,3fach.

Der Einfluß der Impftechnik, die nach Wiechert [3] Unterschiede bis zum beinahe zehnfachen verursachen kann, wurde durch einheitliche Methodik (Impfspritze mit 10teiligem Ansatz bzw. Impfpistole) ausgeschaltet. Der Sicherheitserfolg kann mit 90% angegeben werden, wie aus nachfolgender Aufstellung hervorgeht (Tab. 1). Hierbei sind die Fälle von

Tabelle 1
Sicherheit der Primärinfektion

Roggensorte	Ort und Jahr			
	Admont		Fading	
	1949 %	1953 %	1955 %	1956 %
Kefermarkter	83	88	99	86
Melker		82	91	100
Ottersbacher	66			
Petkus		95	100	98
Schlägler		100	100	80
Tauern	87		100	70[1])
Tetra			100	100
Tschermak's Marchfelder	85			
Mittel	80	91	98	89
Gesamt-Mittel		90		

[1]) Durch Platzregen viele Ähren geknickt.

nicht eintretender Infektion zumeist nur auf biologische Ursachen zurückzuführen, z. B. äußerlich nicht sichtbarer Entwicklungszustand der Ähre, in dem keine Ansteckung mehr erfolgen kann (Kirchhoff [4]), Vernichtung einer Anzahl Ähren durch Sturm u. ä.

Bei der feldmäßigen Mutterkornerzeugung kommt der Sicherheit der Primär-Infektion die größte Bedeutung zu, da die Sekundär-Infektion in weit höherem Maße vom Wetter abhängig ist. Die diesbezügliche Fragestellung drückt Rochelmeyer [5] wie folgt aus: „Wir unterscheiden dabei nach der Impfmethode zwischen Handimpfung- und Maschin-Impfung mit fahrbaren Geräten. Während erstere einen erheblichen Arbeits- und Lohnaufwand hat, bringt sie aber andrerseits eine größere Primär-Infektion und damit größere Wetterunabhängigkeit . . . bei der Maschin-Impfung macht die Sekundär-Infektion die Hauptmasse des Belages aus und damit sind die klimatischen Faktoren von entscheidender Bedeutung.“

In den nachfolgend dargelegten Versuchen wurde der Einfluß der Witterung festgehalten. Es wurden getrennt die Zahl der primär und sekundär geimpften Ähren, die Zahl und das Gewicht der Sklerotien bestimmt und das Verhältnis zueinander errechnet. Die Verwendung verschiedener Roggensorten und Stämme ermöglichte, diese Einflüsse getrennt zu betrachten.

Den Versuchen liegen Gartenbeete von je 3 m² zugrunde, bei denen je m² immer die gleiche Zahl Ähren primär infiziert wurden. Um einen besseren Vergleich zu ermöglichen, wurden alle Ergebnisse auf eine Ähre umgerechnet. Die tabellarische Verarbeitung zweier Jahre, von denen das Jahr 1955 ein gutes, das Jahr 1956 ein mittelgutes Ertragsjahr war, sieht wie folgt aus (Tab. 2):

Vergleichen wir Primär- und Sekundär-Infektion untereinander, so fällt auf, daß die Zahl der Sklerotien (und damit zusammenhängend das Gesamtgewicht) bei der Sekundärinfektion geringer sind, beides bedingt durch die schon erwähnte hohe Sicherheit der Technik der Primär-Infektion. Vergleichen wir beide Jahre, so ergibt sich ein Fallen aller Größen und auch des Gesamtertrages pro Ähre im Jahre 1956 um ungefähr 25%.

Tabelle 2

Verhältnis der Primär- zur Sekundär-Infektion in 2 Jahren bei 5 Roggensorten bezogen auf die Ähre

Sorte	Sklerotien-Zahl					
	primär		Verhältnis	sekundär		Verhältnis
	1955	1956	1956/1955	1955	1956	1956/1955
Kefermarkt	4,0	5,0	1,20	2,5	1,4	0,60
Melker	7,4	4,5	0,60	3,8	3,6	0,90
Schlägler	4,5	4,0	0,90	3,7	1,2	0,30
Tauern	5,7	2,5	0,40	5,1	2,1	0,40
Petkus	4,5	2,9	0,40	2,3	1,7	0,70
Mittel	5,2	3,8	0,70	3,5	2,0	0,60

Sorte	Sklerotien-Gewicht					
	primär		Verhältnis	sekundär		Verhältnis
	1955	1956	1956/1955	1955	1956	1956/1955
Kefermarkt	0,39	0,34	0,90	0,27	0,25	0,90
Melker	0,68	0,30	0,40	0,40	0,15	0,40
Schlägler	0,40	0,20	0,50	0,33	0,24	0,70
Tauern	0,46	0,50	1,10	0,49	0,29	0,60
Petkus	0,26	0,28	1,10	0,23	0,19	0,80
Mittel	0,44	0,32	0,80	0,34	0,22	0,66

Sorte	Gesamt-Sklerotiengewicht (primär plus sekundär)		
	1955	1956	1956/1955
Kefermarkt	0,66	0,59	0,90
Melker	1,08	0,45	0,40
Schlägler	0,60	0,44	0,70
Tauern	0,95	0,79	0,80
Petkus	0,49	0,47	1,00
Mittel	0,76	0,55	0,76

Der tatsächliche Ertragsunterschied wird aber nicht so sehr dadurch als durch die Zahl der sekundär infizierten Ähren bestimmt. Es hat sich gezeigt, daß für die Praxis der Erntebeurteilung die zahlenmäßige Festhaltung der sekundär infizierten Ähren genügt, da diese mit dem dadurch bedingten Gesamtertrage der Sekundär-Infektion parallel geht. Die hierdurch bedingten Schwankungen der Erntemengen der Sekundärinfektion innerhalb von 5 Jahren bei 5 Roggensorten zeigt nachfolgende Zusammenstellung (Tab. 3).

Die Übersicht zeigt, daß die durch Sorte und Witterung bedingte Schwankung keine wesentlichen Unterschiede aufweist, der Einfluß der Witterung aber unter Umständen zu einer Verdoppelung der Schwankung führen kann. Hierin finden wir die Erklärung der altbekannten und in den Epidemien zum Ausdruck gebrachten Tatsache von außergewöhnlichen Mutterkornjahren. Da in der Natur auch die Primär-Infektion stärkeren Schwankungen als im Versuche unterliegt — man denke an das vollkommene Eintrocknen des

Honigtau nach gelungener Infektion in Jahren mit Temperaturen über 30 Grad — sind die tatsächlichen maximalen Unterschiede im Gesamtertrage noch höher.

Tabelle 3

Verhältnis der Primär- zur Sekundär-Infektion auf Grund 5jähriger Beobachtungen mit 5 Roggen-Sorten

Die Schwankungen der geernteten Mengen:	
Mittlere Schwankung der Sorten	1:5,7
Maximale Schwankung der Sorten	1:5,7
Mittlere Schwankung der Jahre	1:4,9
Maximale Schwankung der Jahre	1:12

Die entscheidende Frage bei dem modernen feldmäßigen Anbaue ist der Gesamtertrag an Alkaloiden pro Hektar. Die züchterisch bedingte Schwankung fällt bei diesen Betrachtungen aus dem Rahmen. Es war nur zu beobachten, wieweit bei bekannten Stämmen Schwankungen auftreten, die mit der Primär- und Sekundär-Infektion zusammenhängen. Die erste Analyse über derartige Zusammenhänge wurde von R. PFEIFER an umfassendem Material mehrerer Jahre durch Bestimmung der Unterschiedswahrscheinlichkeit [6] durchgeführt. Diesen Untersuchungen liegen Bestimmungen der wasserlöslichen und wasserunlöslichen Alkaloide durch L. FUCHS nach seiner Methode zugrunde [7]. Eine Unterschiedswahrscheinlichkeit von mehr als 95% ergab sich zunächst nur bei den Leukosklerotien. Bezogen auf wasserlösliche und wasserunlösliche Alkaloide betrug innerhalb einer Reihe im Jahre 1948 in Admont bei 10 Roggensorten die Zunahme des Gehaltes 90% für die wasserlöslichen bzw. 30% für die wasserunlöslichen (Tab. 4).

Tabelle 4

Signifikans der Differenzen zwischen den verschiedenen Mittelwerten

A	A	B	B	Differenz	Unterschieds-wahrschein-lichkeit A:B
Bezeichnung	$M \pm m$	Bezeichnung	$M \pm m$		
Leuko-Sklerotien Primär	122,80 ± 13,67	Leuko-Sklerotien Sekundärinfekt.	176,85 ± 17,13	54,05	> 95%
Normal Sklerotien Primär	192,95 ± 48,09	Normal Sklerotien Sekundärinfekt.	270,57 ± 86,94	77,62	< 70%
Primär + Sekundär Leuko-Sklerotien	199,65 ± 30,53	Primär + Sekundär Normal-Sklerotien	463,52 ± 132,95	163,87	< 80%
Leuko-Sklerotien Primär	122,80 ± 13,67	Normal-Sklerotien Primär	192,95 ± 48,09	70,15	< 80%
Leuko-Sklerotien Sekundär	176,85 ± 17,13	Normal-Sklerotien Sekundär	270,57 ± 86,94	93,72	< 70%

Die sich ergebende Schlußfolgerung war die Forderung nach umfassenden Untersuchungen mit einer expeditiven und doch sehr genauen Methode unter Beschränkung der Fragestellung zunächst auf den Gesamtgehalt. Dafür kam nur die Methode M. HECHT [8] in Betracht. Durch persönliche Durchführung der Untersuchungen durch M. HECHT kommt den Vergleichswerten auch hohe Sicherheit zu. Das Ergebnis dieser Untersuchungsreihe zeigt nachfolgende Übersicht (Tab. 5).

Wir stehen also vor der überraschenden und unerwarteten Tatsache, daß die Sekundär-Infektionen eine auffallende Alkaloidzunahme aufweisen.

Diese Zunahme zeigt sich an verschiedenen Orten, auf verschiedenen Roggensorten, so daß den Ergebnissen große Wahrscheinlichkeit einer allgemeinen Erscheinung zukommt. Sie scheint vom Gewichte der Sklerotien unabhängig, das sich im Mittel bei der Primär- wie Sekundär-Infektion nicht wesentlich unterscheidet. Mit Rücksicht auf die, wie bereits mitgeteilt, gleichzeitig erfolgte Ernte der Primär- und Sekundär-Infektionen haben die Sekundär-Infektionen eine unter allen Umständen kürzere Entwicklungszeit.

Gegenstand umfassenderer Untersuchungen wird es sein, festzustellen, ob es sich wirklich um ein Ergebnis handelt, welches verallgemeinert werden darf, und worin die Ursachen liegen können. In diesem Sinne bitte ich den Vortrag als Anregung zu betrachten.

Tabelle 5
Alkaloidgehalt der Primär- und Sekundär-Infektionen verschiedener Stämme, an zwei Orten auf verschiedenen Roggen-Sorten

Sorte	Ort u. Jahr	Stamm	Gesamt-Alk. in mg		d	%	Sklerotium-Gewicht in g	
			p*	s*			p*	s*
Petkus	Admont 1949	863/64	261	354	+ 93			
		865/66	182	236	+ 54			
		869/70	98	267	+169			
		871/72	103	152	+ 49			
Mittel			161	252	+ 91	+57		
Kefermarkter	Fading 1953	78	62	95	+ 33			
		21	410	455	+ 45			
Melker		78	78	360	+282			
		21	306	408	+102			
Petkus		78	69	167	+ 98			
		21	307	306	− 1			
Radstätter		78	74	78	− 10			
Schlägler		78	109	99	− 10			
		21	150	450	+300			
Mittel			172	269	+ 97	+57		
Petkus	Fading 1956	8	216	337	+121		0,10	0,06
Tetra		8	298	440	+142		0,07	0,08
Spanische Landsorte		8	259	350	+ 91		0,05	0,09
Schlägler		8	311	367	+ 56		0,08	0,07
Mittel			273	376	+103	+38	0,75	0,75
Gesamt-Mittel						+50		

p* = primär.
s* = sekundär.

LITERATUR

[1] GÄUMANN, E., Pflanzliche Infektionslehre, Birkhäuser, Basel (1945).
[2] HECHT, W., Zur Frage der Ausbreitung von Mutterkorn-Infektionen, Die Bodenkultur 8, 4 (1953).
[3] WIECHERT, E., Mutterkornanbau in Mecklenburg, Arzneipflanzenumschau, 7, 12 (1952).
[4] KIRCHHOFF, H., Beiträge zur Biologie und Physiologie des Mutterkornpilzes, Zentralblatt für Bakteriologie, II. Abt., 77, (1929).
[5] ROCHELMEYER, H., Der Anbau von Mutterkorn, Süddeutsche Apotheker-Ztg. 94, 1 (1954).
[6] FISHER, R. A., Statistical Meth. f. Res. Work, Edinburgh, 10. Aufl.; PÄTAU, K., Biol. Zentralbl. 63, 152–158 (1953); ZELLER, A., Veröffentl. der Bundesanstalt für alp. Landw. 4, 43–68 (1951); MUDRA, A., Einführung in d. Meth. der Feldvers. Verlag S. Hirzel, Leipzig (1952).
[7] FUCHS, L., Sc. Pharm. 18, 93 (1950).
[8] FISCHER, R. u. M. HECHT, Mikrochem. 38, 538 (1951); FUCHS, L., M. HECHT u. M. PÖHM, Sc. Pharm. 21, 350 (1953).

Die Diskussionsbemerkungen zu den Vorträgen über Mutterkorn-Alkaloide sind am Ende des letzten Vortrags zusammengefaßt.

Beziehungen zwischen Größe und Alkaloidgehalt des Mutterkorns

Von M. Hecht und W. Schirmer *)

Im Laufe der Zeit haben sich verschiedene Autoren [1—14] mit der Frage, ob Beziehungen zwischen der Größe und dem Alkaloidgehalt der Sklerotien des Mutterkorns bestehen, beschäftigt. Frühere Autoren [1—6] konnten hierbei nur wildgewachsenes Mutterkorn untersuchen, das bekanntlich nur aus nicht definierbaren Stämmen [8] besteht, so daß ihre Ergebnisse von unbekannten Faktoren beeinflußt werden. Békesy [7] stellte an dem durch künstliche Infektion gewonnenen Mutterkorn fest, daß die kleinen Sklerotien einen im allgemeinen niedrigeren Gehalt aufweisen, als die großen. Dim-Zajec und Mitarbeiter [9] fanden bei gezüchtetem Mutterkorn bei mittleren Körnern um 300 mg den höchsten und bei kleinsten Körnern den niedrigsten Alkaloidgehalt, während Silber und Bischoff [14] zum gleichen Ergebnis wie Békésy gelangten. Bei all diesen Versuchen war teilweise die Anzahl der untersuchten Proben gering, weiter wurden einfach durch Auslese mehrere Gewichtsgruppen zusammengefaßt, daraus ein mittlerer Gehalt bestimmt und schließlich die Ergebnisse von den einzelnen Gruppen verglichen. Versuche zur statistischen Auswertung der Ergebnisse wurden unterlassen.

In vorliegender Arbeit wurde der Versuch unternommen, bei 749 Sklerotien Einzelmessungen durchzuführen und diese statistisch auszuwerten. Dabei wurden 19 Mutterkornstämme untersucht und bei jedem einzelnen Stamm die Einzelsklerotien gewogen und Gesamtalkaloidbestimmungen nach M. Hecht [19] vorgenommen. Die Ergebnisse sind in Gesamtalkaloiden angegeben und als Ergotaminbase berechnet.

Alle Stämme stammen aus Mustern, bei denen durch unsere Reinigungsmethoden die Mutterkornsklerotien mit ganz geringem spez. Gewicht ausgeschieden werden, wie es sich beim Getreidebau eingebürgert hat. Daß diese hier nicht erfaßten ganz kleinen unausgereiften „Abfall"-Sklerotien einen geringeren Alkaloidgehalt als die normalen Sklerotien aufweisen, darf als bewiesen betrachtet werden [14]. Es wurde aus diesen Gründen in dieser Arbeit auf diese Gruppe von Sklerotien nicht eingegangen.

Zur Auswertung der Ergebnisse wurden die modernsten statistischen Methoden fußend auf den Arbeiten von Student (Pseudonym f. W. Gosset, Versuche über die Wirkung verschiedener Schlafmittel 1908) angewendet [17]. Zu diesem Zweck wurden die Sklerotien aus den verschiedenen Stämmen innerhalb der gewählten Gewichtsgruppen (Gewichtsunterschied von Gruppe zu Gruppe 20 mg) zusammengefaßt und deren Gehaltsmittelwerte bestimmt.

Wie bekannt sein dürfte, verteilen sich die Messungen von Populationen in der Landwirtschaft meist nach der sogenannten Gauss'schen Normalverteilungskurve. Diese ist definiert durch ihren Mittelwert (M) und die Streuung (s) oder den sogenannten mittleren Fehler. Liegen nun von verschiedenen Meßreihen die Mittelwerte vor, (in unserem Fall z. B. die Mittelwerte des Alkaloidgehaltes der Sklerotien in mg% innerhalb der gewählten Gewichtsgruppen), so kann untersucht werden, ob die Abweichungen der Mittelwerte voneinander nur zufälliger Natur sind, oder ob ein echter Unterschied besteht. Dazu war nötig, jede der 22 Gewichtsgruppen gegen alle anderen zu vergleichen und jedesmal neben dem Mittelwert auch die Streuung der Differenz zu berechnen. Für die Ermittlung, ob nun

*) Vorgetragen von M. Hecht

ein Gehaltsunterschied vorhanden ist, wurde der sogenannte t-Test von STUDENT angewendet. Dies war nötig, da in den einzelnen Gruppen nicht die gleiche Anzahl von Stichproben vorhanden war und außerdem in einigen Gruppen eine etwas geringe Zahl von Untersuchungen vorlag. Bekanntlich sind, falls die Normalverteilungskurve Geltung haben soll, mindestens 30—100 Stichproben nötig. Diesen Mangel aber berücksichtigt der t-Test von STUDENT [15, 16, 17, 18].

Bei den landwirtschaftlichen Versuchen wird nun allgemein angenommen, daß die Differenz von Mittelwerten dann als „gesichert" gelten kann, wenn sie wenigstens gleich dem 2fachen mittleren Fehler (Streuung der Differenz) ist. Das bedeutet, daß der t-Wert bei einer größeren Anzahl Stichproben ungefähr den Wert 2 erreichen muß. Dies war nun bei keinem der 231 gegenseitigen Vergleiche der Fall, d. h. aber, daß es zwischen den kleinen und großen Gewichtsgruppen keinen Gehaltsunterschied gibt, der statistisch mit größerer Wahrscheinlichkeit angenommen werden könnte.

2 Ausnahmen waren jedoch vorhanden. Es zeigte sich, daß die Gewichtsgruppen 13 und 15 (d. s. jene von 321—340 mg bzw. 361—380 mg) gegenüber einigen anderen Gruppen (4, 5, 6, 9, 10, 12 und 18) statistisch gesicherte Unterschiede der Gehaltsmittelwerte ergaben. Das war anfänglich etwas verblüffend, doch zeigte sich bei der Kontrolle folgendes: In diesen beiden Gewichtsgruppen waren 19 bzw. 13 Stichproben vorhanden und innerhalb jeder dieser Gruppe waren genau 8 Werte, die sehr stark von den anderen abwichen. Es zeigte sich, daß dieselben von einem auf tetraploidem Roggen gewachsenen Mutterkorn stammten (Stamm P) und es sich dabei um abnorm große Sklerotien (10) handelte, von denen wieder nur die mit dem höchsten Gehalt zur Nachuntersuchung an uns gekommen waren. Bei Vorhandensein eines Normalgemisches hätte sich aller Wahrscheinlichkeit nach auch in diesen beiden Gruppen kein Unterschied ergeben.

Dies ist also zugleich ein Beweis dafür, wie genau diese Methode arbeitet. Hätte man nämlich auch hier nur normale Sklerotien gehabt, so hätte sich höchstwahrscheinlich auch in diesen beiden Gewichtsgruppen kein Unterschied ergeben.

Aus diesen Untersuchungen lassen sich unter anderem noch einige erwähnenswerte Ergebnisse errechnen.

Außer den schon oben erwähnten 231 Untersuchungen, die keinen Gehaltsunterschied in den einzelnen Gruppen nachweisen konnten, war beim einzelnen Vergleichen der Gewichtsgruppe 80—100 mg zu 281 bis über 500 mg ($t = 0,27$, $t_T = 1,98$) kein anderes Ergebnis nachzuweisen. Ebenso bei einem Vergleich der Gruppen 101—280 mg mit 281 über 500 mg ($t = 0,4$, $t_T = 1,96$).

In 83% der Fälle schwankte das Sklerotiumgewicht zwischen 80—280 mg. Nur 3% hatten ein Gewicht zwischen 80—100 mg und nur 15% ein Gewicht über 280 mg.

Für die häufigste Gewichtsklasse 100—280 mg beträgt der Alkaloidgehalt im Mittel 483 mg% berechnet als Ergotaminbase.

In der Beilage sind die gesamten Berechnungen mit Absicht zur Illustration des Umfanges der Berechnungen und Untersuchungen ausführlich samt den entsprechenden Formeln wiedergegeben.

Da die bei anderen Versuchen auf landwirtschaftlichem Gebiet mit großem Erfolg angewandte Statistik beim Mutterkorn in obenerwähnter Form noch nie benutzt wurde, wäre es wünschenswert, wenn sich andere Autoren gelegentlich auch damit beschäftigen würden, um weitere Vergleichsmöglichkeiten zu schaffen und die obenerwähnten Ergebnisse zu erhärten.

Solange keine auf gleicher experimenteller und statistischer Grundlage aufgebauten widersprechenden Untersuchungen vorliegen, kann behauptet werden, daß bei normal entwickelten Sklerotien die Größe ausgedrückt als Gewicht in keiner Beziehung zum Gehalte steht.

In Ermangelung statistischer Untersuchungen sind wahrscheinlich auch alle Ergebnisse über höheren Gehalt auf bestimmten Wirtspflanzen z. B. Tetraroggen mit Vorsicht aufzunehmen.

Mathematischer Teil:

Die Berechnungen erfolgten nach folgenden Formeln:

$$Sd = \sqrt{\frac{(b\,k + b\,l)}{n\,k + n\,l - 2}} \qquad x = \sqrt{\frac{n\,k + n\,l}{n\,k \times n\,l}} \qquad t = \frac{Mk - Me}{Sd}.$$

Hierbei bedeutet:

Sd = Streuung der Differenz
b = Aus den Formeln von Tabelle 2 entnehmbar
k, l = Gruppe
n = Sklerotienzahl der einzelnen Gruppe
t = t-Werte nach STUDENT
t_T = Ergibt sich aus den t-Tabellen für $P = 5\%$
P = Grenzwahrscheinlichkeit.

Rechenbeispiel:

	Gruppe 11:22	
1,836.983	$b11$	$n_k = 18$
341.400	$b22$	$n_l = 6$
2,178.383		

$$Sd = \sqrt{\frac{2{,}178.383}{18+6-2}} \qquad x = \sqrt{\frac{18+6}{18 \times 6}} = 148{,}5 \qquad t = \frac{490 - 475{,}8}{148{,}5} = 0{,}096 \qquad t_T = 2{,}07.$$

Der Unterschied ist in diesem Falle nicht gesichert, da $2{,}07 > 0{,}096$. Das P ergibt sich aus der Tabelle mit nur 92%.

Tabelle 1

Stamm	X-Werte in mg%	Stamm	X-Werte in mg%	Stamm	X-Werte in mg%	Stamm	X-Werte in mg%
	81–100 mg	E	990	K	375		770
A	415		410		405		425
	1070		700	L	400	T	200
	505	G	850	O	325		100
	500						435
	500	H	445	S	425		410
						Σ	10.655
	101–120 mg		850		335	R	285
A	545	G	810		300		365
	550		870	K	320	S	715
	530		830		415		405
	1000		830		375		445
	530		600		400		450
	800		770		365		415
	320				390		430
		H	355		390		
E	855		270		345	T	200
	880		385	L	415		315
	855		345		480		410
	855		385		390		470
F	750	I	370	M	290		610
	785		325				425
	805		245	N	430		80
	830		315		430		240
						Σ	31.775
	121–140 mg		750		615	L	240
A	800		1140		420		220
	425		820		360		350
	450		850		310		385
	590		560		360	N	180
	410		860		415	R	410
	580		515		410		360
			775		310		
C	650	G	850		345	S	360
	575		960		250		525
D_1	375		840		325		640
	510		680		225		625
			910	I	290		380
E	265		600		415		450
	130		710		440		550
	700		830		325		475
	500		760		380	T	490
	325		960		325		465
	775	H	295		365		405
	910		440		290		80
F	885		340	K	388		530
	990		390		315		360
						Σ	42.038

Fortsetzung: Tabelle 1

Stamm	X-Werte in mg%	Stamm	X-Werte in mg%	Stamm	X-Werte in mg%	Stamm	X-Werte in mg%
	141–160 mg		895		420	O	490
A	600		660		465	R	370
	620		795		330		370
	580		640		400		235
	525		720		340		350
	520		715	K	390	S	455
B	710		755		310		355
E	320		1.090		320		460
	320	H	285		340		620
	270		300		390		525
	140		440		325		445
	245		340		310		380
	785		430	L	370		450
	800		455		360		435
F	775		170		415		535
	900		330		410	T	465
	660		365		440		415
	550		340		290		440
	765		200		650		415
	825		325		490		305
	880		325		440		380
	800		310	M	430		525
	615		250	N	195		30
	690		255		190		530
	880	I	390		390		460
	580		290		375		340
G	950		290		420		600
			345			Σ	50.595

Stamm	X-Werte in mg%	Stamm	X-Werte in mg%	Stamm	X-Werte in mg%	Stamm	X-Werte in mg%
	161–180 mg	F	840		345		225
A	600		750		520		345
	600		1.100		440	K	305
	480	F	1.030		325		405
	440		775		320		535
	690		590		465		255
	570		565		515		395
	630		860		430		285
	590	G	1.030		500	L	580
	450		865		230		465
	500		875		350		410
	500		820		220		410
	575		760		285		545
B	525		925		385		355
D	250		880		320		405
	590		830		390		495
D_1	540	H	485	I	225	M	225
E	410		450		310		400
	950		300		380	N	300
	460		355		370		260
					315		

Fortsetzung: Tabelle 1

Stamm	X-Werte in mg%	Stamm	X-Werte in mg%	Stamm	X-Werte in mg%	Stamm	X-Werte in mg%
	280	R	435		645		530
	325		395		450		425
	340		250		360		360
	270		315		475		475
O	425		435		490		600
	360	S	545		370	T	100
			525		430		
						Σ	**51.250**
	181–200 mg		600		305	M	230
A	110		820		215		295
	580		805		380		290
	585		545		205	N	195
B	440		950	I	315		305
	490		735		330		320
	385	G	850		350		320
C	425		1.000		255		250
	440		905		230	O	250
	580	H	530		335	R	350
D$_1$	405		575	L	455		300
	425		510		790		340
E	670		545		405	S	550
	790		340		330		515
	495		400		425		425
	940		480		445		420
	300		485		515	T	430
F	800		400		420		50
			335		380		380
						Σ	**33.970**
	201–220 mg	E	270		430	O	495
A	405		300		425		315
	650		525	I	375	R	475
	420	F	715		385		550
	515		770		280		0
	475	G	1.020	K	370		355
	625		950	L	510		240
	460		905		450	S	575
	375		795		340		575
	525		930		250		720
	525		800	M	285		316
B	660		740		265		465
C	525		850		385	T	590
D	535	H	415		330		370
D$_1$	530		380	N	290		445
			550		290		475
						Σ	**30.741**

Fortsetzung: Tabelle 1

Stamm	X-Werte in mg%	Stamm	X-Werte in mg%	Stamm	X-Werte in mg%	Stamm	X-Werte in mg%
	221–240 mg	F	645		320		325
A	480		790		360		395
	680		790		315	N	215
	465	G	810		315	O	505
	600		900	K	335		530
D	485		875		585		375
	600		890	L	400	R	440
	745	H	450		460	S	555
					360		470
D_1	530	I	245	M	320		450
	590		400		255		
						Σ	20.265
	241–260 mg	E	745		520	N	395
A	410	G	750	I	245		400
	530		840		315		300
	595		1.080		220		400
	350				300		300
B	600	H	450	L	340	R	475
	355		665	M	310		
D	310		235		400	S	515
			410				
						Σ	13.760
	261–280 mg		100		525	N	200
A	480	D_1	665		200		150
	565	E	290	I	275	O	475
	550		525		260	R	365
B	520	F	555		400		275
	600	G	845		350		750
	645		830	K	320		0
	275		940	L	480		350
C	525		990		605	S	475
D	450	H	530	M	305		385
						Σ	17.825
	281–300 mg	G	875	L	390	R	435
S	480		840		380		415
D_1	525	H	425	M	275		375
	510	I	400		240	S	580
E	190	K	375	P	855		
						Σ	8.565

Fortsetzung: Tabelle 1

Stamm	X Werte in mg%	Stamm	X Werte in mg%	Stamm	X Werte in mg%	Stamm	X Werte in mg%
	301–320 mg	F	470	I	295	R	0
B	415	G	900		235		375
	470		900		330		320
	485		825	L	525		300
D_1	520				245		425
	545	H	410	P	455		375
						Σ	9.820
	321–340 mg	G	720	L	470		910
A	465		885	O	480	R	355
			870				
B	660			P	1.030		430
D_1	525	H	410		925		425
	465	I	185		930	T	190
						Σ	11.330
	341–360 mg	D_1	625		370	R	0
C	290	G	865		345		345
							425
D	565	H	380	P	960	S	445
						Σ	5.615
	361–380 mg	D_1	590		375		875
A	515	H	475	L	440		885
B	610		430	P	950		
D	460	I	315		835		
						Σ	7.855
							421–440 mg
						A	245
	381–400 mg		401–420 mg	P	1.350	B	340
B	540	D_1	655		190	C	330
	520	G	245	R	400	H	410
	520		400		345	R	445
F	370	H	455	S	630	S	630
Σ	1.950			Σ	4.670	Σ	2.400
							über 500 mg
						B	335
						C	470
	441–460 mg				481–500 mg	D	445
G	580		461–480 mg	B	575	D_1	425
P	1.080	B	800	G	180	P	1.000
R	200	R	435	R	260	R	265
Σ	1.860	Σ	1.235	Σ	1.015	Σ	2.940

Tabelle 2

Gruppe	Sklerot. Gewicht in mg	Sklerot. Zahl n	$X = a$	$X^2 = A$	$A - \frac{a^2}{n} = b$	$\frac{a}{n} = M$
1	81–100	21	10.655	6,532.215	1,125.665	507,4
2	101–120	63	31.775	19,004.075	2,975.655	504,4
3	121–140	84	42.038	26,352.494	5,310.473	500,5
4	141–160	108	50.595	27,898.375	4,193.212	468,5
5	161–180	106	51.250	29,124.350	4,344.490	483,5
6	181–200	74	33.970	18,628.050	3,030.862	459,1
7	201–220	62	30.741	17,712.478	2,471.784	495,8
8	221–240	40	20.265	11,627.825	1,362.083	506,6
9	241–260	30	13.760	7,451.850	1,232.907	455,3
10	261–280	39	17.825	10,207.616	2,058.940	457,1
11	281–300	18	8.565	4,911.925	1,836.983	475,8
12	301–320	22	9.820	5,333.500	949.495	446,4
13	321–340	19	11.330	8,091.000	1,335.100	596,3
14	341–360	12	5.615	3,361.775	734.610	467,9
15	361–380	13	7.855	5,266.575	520.826	604,2
16	381–400	4	1.980	969.300	18.675	487,5
17	401–420	9	4.670	3,390.600	967.285	518,9
18	421–440	6	2.400	1,047.550	87.550	400,0
19	441–460	3	1.860	1,542.800	389.600	620,0
20	461–480	2	1.235	829.225	66.612	617,5
21	481–500	3	1.015	430.625	87.284	338,3
22	über 500	6	2.940	1,782.000	341.400	490,0

Tabelle 3

$k:l$	Sd	t	t_T	P in %
1:2	56,5	0,053	1,99	92
1:3	61,2	0,113	1,98	91
1:4	49,0	0,8	1,98	42
1:5	50,0	0,48	1,98	63
1:6	52,4	0,92	1,99	35
1:7	53,2	0,22	1,99	82
1:8	55,5	0,014	2,0	92
1:9	64,1	0,81	2,01	42
1:10	63,6	0,79	2,0	43
1:11	91,0	0,35	2,03	73
1:12	68,6	0,89	2,02	38
1:13	80,8	1,1	2,02	27
1:14	88,7	0,45	2,04	
1:15	80,0	1,21	2,04	
1:16	107,0	0,186	2,07	
1:17	109,0	0,106	2,05	
1:18	102,0	1,055	2,06	
1:19	162,2	0,69	2,07	
1:20	177,0	0,62	2,08	
1:21	145,0	1,16	2,07	
1:22	112,0	0,15	2,06	
2:3	40,0	0,09	1,98	
2:4	32,8	1,1	1,98	
2:5	33,2	0,65	1,98	
2:6	36,2	1,25	1,98	
2:7	37,8	0,23	1,98	
2:8	42,0	0,053	1,98	
2:9	47,7	1,03	1,99	
2:10	45,8	1,03	1,98	
2:11	66,3	0,43	1,99	
2:12	54,0	1,07	1,99	
2:13	61,0	1,5	1,99	
2:14	71,3	0,51	1,99	
2:15	66,3	1,5	1,99	
2:16	111,0	0,152	1,995	
2:17	84,7	0,171	1,99	
2:18	91,5	1,14	1,99	
2:19	136,0	0,85	2,0	
2:20	158,0	0,72	2,0	
2:21	129,5	1,28	2,0	
2:22	95,5	0,15	1,99	
3:4	33,0	0,97	1,97	
3:5	33,2	0,51	1,97	
3:6	36,8	1,12	1,98	
3:7	39,0	0,12	1,98	
3:8	45,2	0,136	1,98	
3:9	51,5	0,88	1,98	
3:10	47,9	0,91	1,98	
3:11	69,6	0,35	1,98	
3:12	57,0	0,95	1,98	
3:13	65,3	1,47	1,98	
3:14	78,5	0,415	1,99	
3:15	74,0	1,4	1,99	
3:16	128,0	0,1005	1,99	
3:17	92,5	0,2	1,99	

$k:l$	Sd	t	t_T	P in %
3:18	105,0	0,95	1,99	
3:19	152,5	0,785	1,99	
3:20	181,5	0,645	1,99	
3:21	148,0	1,1	1,99	
3:22	107,4	0,09	1,99	
4:5	27,8	0,54	1,97	
4:6	30,4	0,31	1,97	
4:7	31,9	0,86	1,98	
4:8	36,1	1,06	1,98	
4:9	41,4	0,32	1,98	
4:10	38,8	0,29	1,98	
4:11	56,4	0,13	1,98	
4:12	47,2	0,47	1,98	
4:13	52,4	2,42	1,98	1,5
4:14	62,2	0,0097	1,98	
4:15	58,5	2,32	1,98	2,4
4:16	100,0	0,19	1,98	
4:17	73,8	0,68	1,98	
4:18	82,0	0,84	1,98	
4:19	120,0	1,26	1,98	
4:20	142,0	1,05	1,98	
4:21	116,0	1,12	1,98	
4:22	84,6	0,25	1,98	
5:6	30,8	0,79	1,97	
5:7	32,5	0,38	1,98	
5:8	37,0	0,62	1,98	
5:9	42,3	0,67	1,98	
5:10	39,7	0,66	1,98	
5:11	57,5	0,13	1,98	
5:12	48,1	0,77	1,98	
5:13	53,7	2,1	1,98	3,6
5:14	54,0	0,24	1,98	
5:15	60,0	2,01	1,98	4,5
5:16	102,5	0,04	1,98	
5:17	75,5	0,47	1,98	
5:18	84,5	0,99	1,98	
5:19	123,0	1,11	1,98	
5:20	145,5	0,92	1,98	
5:21	119,4	1,22	1,98	
5:22	86,8	0,07	1,98	
6:7	35,2	1,04	1,98	
6:8	39,0	1,22	1,98	
6:9	44,4	0,086	1,98	
6:10	42,5	0,047	1,98	
6:11	61,2	0,27	1,99	
6:12	50	0,25	1,99	
6:13	56,5	2,44	1,99	1,4
6:14	66,1	0,133	1,99	
6:15	61,5	2,36	1,99	1,8
6:16	103,0	0,276	1,99	
6:17	78,6	0,76	1,99	
6:18	85,0	0,7	1,99	

Fortsetzung Tabelle 3

$k:l$	Sd	t	t_T	P in %
6:19	126,0	1,275	1,99	
6:20	147,0	1,08	1,99	
6:21	120,0	1,01	1,99	
6:22	88,5	0,35	1,99	
7:8	39,9	0,27	1,98	
7:9	45,2	0,9	1,99	
7:10	43,7	0,89	1,98	
7:11	63,0	0,32	1,99	
7:12	51,0	0,97	1,99	
7:13	57,7	1,74	1,99	
7:14	66,7	0,42	1,99	
7:15	62,0	1,75	1,99	
7:16	102,0	0,081	2,0	
7:17	80,0	0,29	1,99	
7:18	80,0	1,2	1,99	
7:19	155,0	0,8	2,0	
7:20	145,5	0,84	2,0	
7:21	119,3	1,32	2,0	
7:22	88,4	0,07	1,99	
8:9	47,3	1,08	1,99	
8:10	47,5	1,04	1,99	
8:11	68,0	0,45	2,0	
8:12	115,0	0,52	2,0	
8:13	60,7	1,48	2,0	
8:14	67,7	0,57	2,01	
8:15	61,5	1,59	2,01	
8:16	95,0	0,2	2,02	
8:17	82,3	0,15	2,01	
8:18	79,5	1,34	2,02	
8:19	124,0	0,92	2,02	
8:20	137,0	0,81	2,02	
8:21	113,0	1,49	2,02	
8:22	86,2	0,19	2,02	
9:10	53,9	0,03	1,99	
9:11	77,0	0,27	2,01	
9:12	59,0	0,15	2,01	
9:13	68,5	2,06	2,01	5
9:14	75,7	0,166	2,02	
9:15	69,0	2,16	2,02	4
9:16	105,5	0,305	2,04	
9:17	93,0	0,69	2,03	
9:18	88,3	0,625	2,03	
9:19	139,0	1,18	2,04	
9:20	152,0	1,07	2,04	
9:21	125,0	0,94	2,04	
9:22	96,4	0,36	2,03	
10:11	75,8	0,25	2,0	
10:12	60,5	0,177	2,0	
10:13	68,9	2,02	2,0	4,8
10:14	79,0	0,137	2,01	
10:15	73,0	2,02	2,01	4,8
10:16	118,5	0,256	2,02	
10:17	95,0	0,65	2,01	
10:18	98,0	0,58	2,01	
10:19	149,0	1,09	2,02	
10:20	170,0	0,94	2,02	
10:21	139,0	0,85	2,02	
10:22	104,0	0,32	2,01	
11:12	85,4	0,34	2,02	
11:13	99,6	1,21	2,03	
11:14	113,0	0,07	2,04	
11:15	104,0	1,24	2,04	
11:16	169,0	0,07	2,09	
11:17	137,0	0,315	2,06	
11:18	139,0	0,545	2,07	
11:19	212,0	0,68	2,09	
11:20	243,0	0,58	2,10	
11:21	198,0	0,69	2,09	
11:22	148,5	0,1	2,07	9,2
12:13	76,0	1,97	2,02	
12:14	82,3	0,26	2,04	
12:15	74,0	2,14	2,03	4
12:16	109,0	0,38	2,06	
12:17	102,0	0,71	2,04	
12:18	92,5	0,5	2,06	
12:19	149,0	1,17	2,07	
12:20	159,0	1,08	2,07	
12:21	131,0	0,83	2,07	
12:22	102,8	0,43	2,06	
13:14	98,5	1,3	2,04	
13:15	89,5	0,088	2,04	
13:16	140,0	0,78	2,08	
13:17	121,0	0,64	2,06	
13:18	117,0	1,68	2,07	
13:19	183,0	0,13	2,09	
13:20	202,0	0,105	2,09	
13:21	166,0	1,55	2,09	
13:22	126,5	0,84	2,07	
14:15	94,0	0,174	2,07	
14:16	134,0	0,146	2,15	
14:17	132,0	0,39	2,09	
14:18	113,0	0,6	2,12	
14:19	190,0	0,8	2,16	
14:20	198,0	0,76	2,18	
14:21	162,0	0,8	2,16	
14:22	130,0	0,17	2,12	
15:16	109,0	1,07	2,13	
15:17	118,5	0,72	2,09	
15:18	93,5	2,18	2,11	4
15:19	164,0	0,965	2,15	
15:20	162,0	0,82	2,09	
15:21	134,0	1,99	2,15	
15:22	111,0	1,03	2,11	
16:17	180,0	0,175	2,2	
16:18	74,5	1,18	2,31	
16:19	219,0	0,61	2,57	
16:20	127,0	1,025	2,78	

Fortsetzung Tabelle 3

$k:l$	Sd	t	t_T	P in %	$k:l$	Sd	t	t_T	P in %
16:21	111,0	1,35	2,57		18:21	112,0	0,55	2,37	
16:22	137,0	0,02	2,31		18:22	120,0	0,75	2,23	
17:18	151,0	0,79	2,16		19:20	357,0	0,007	3,18	
17:19	246,0	0,41	2,23		19:21	282,0	1,0	2,78	
17:20	266,0	0,37	2,26		19:22	229,0	0,57	2,37	
17:21	217,0	0,83	2,23		20:21	207,0	1,35	3,18	
17:22	167,0	0,17	2,16		20:22	214,0	0,60	2,45	
18:19	185,0	1,19	2,37		21:22	175,0	1,44	2,37	
18:20	131,0	1,66	2,45						

LITERATUR

[1] BECKURT u. GROTHE, Pharm. Ztg. 1, 210 (1896).
[2] MJOEN, J. A., Apoth. Ztg. 366 (1896).
[3] CAESAR & LORETZ Geschäftsberichte, 1896–1912.
[4] BREDEMANN, G., Mykolog. Zentralbl. 1, 359–364 (1912).
[5] ROM, P., Pharm. Monatsh. 13, 84 (1932).
[6] CHRISTENSEN, B. V., u. A. D. WALCH, J. Pharmacol. exp. Ther. 45, 183 (1932).
[7] BÉKÉSY, N. v., Biochem. Zeitschr. 303, 368–382 (1940).
[8] ROCHELMEYER, H., Pharm. 4, 326–333 (1949).
[9] DIM-ZAJEC, V., u. A. MASTNAK, Pharm. glas. 7, 44 (1951).
[10] DEUFEL, J., Umschau, 3 (1953).
[11] BLAZEK, Z., J. BÖSWART, P. HORAK u. J. KYBAL, Pharm. 8, 592–59 (1953).
[12] FREUDENBERG-ROSENDAHL, G. u. CH. MARKUS, Pharm. 531–33 (1953).
[13] RYBAR, D., M. SMID, B. ULEHA u. J. BÖSWART, Čs. farmacie 2, 5–8 (1953).
[14] SILBER, A. u. W. BISCHOFF, Pharm. 9, 46–61 (1954).
[15] FISHER, R. A., Statistical Methods for Research Workers. 10. Aufl. Edinburgh.
[16] PÄTAU, K., Zeitschr. für Vererbungslehre 80, 558–64 (1942); Biol. Ztbl. 63, 152–158 (1943).
[17] ZELLER, A., Veröffentlichungen d. Bundesanstalt f. alp. Landw. i. Admont, 4, 43–68 (1951).
[18] MUDRA, A., Einführung in die Methodik d. Feldversuche; S. Hirzel Verlag (1952) Leipzig.
[19] HECHT, M., Sci. pharm. 23, 73–78 (1955).

Die Diskussionsbemerkungen zu den Vorträgen über Mutterkorn-Alkaloide sind am Ende des letzten Vortrags zusammengefaßt.

Aus dem Institut für Heilpflanzenforschung, Prag

Einige Erkenntnisse über die Bedeutung von Umweltfaktoren für die Biochemie des Mutterkorns

Von J. BÖSWART, M. KARMAZÍN und P. HORÁK*)

Die Resultate anderer Autoren (STOLL, MOTHES, BÉKÉSY, HECHT, BLAŽEK und Mitarbeiter) über die Biochemie von *Claviceps purpurea* TUL. gaben uns die Anregung zu der vorliegenden kurzen Mitteilung.

Ausgangspunkt unserer Arbeit war die Auffindung von Sklerotien mit großen Unterschieden im Alkaloidgehalt. An einem Standort fanden wir Sklerotien mit einem für unsere Verhältnisse außergewöhnlich hohen Alkaloidgehalt von 0,561%, weiter Sklerotien mit 0,1% Alkaloidgehalt und alkaloidfreie Sklerotien, eine Erscheinung, die bei uns zum ersten Male beobachtet wurde. Dieser Befund hat uns veranlaßt, die Umweltfaktoren zu untersuchen, die auf die Alkaloidbiogenese von Einfluß sein könnten.

Im Laufe unserer Arbeit wurden untersucht:

1. Der Einfluß des Bodens, besonders der Einfluß der Bioelemente.
2. Der Einfluß des Impfstoffes. Zur Herstellung der Impfstoffe wurden Sklerotien mit großen Unterschieden sowohl im Alkaloidgehalt als auch in den morphologischen Merkmalen ausgewählt.
3. Der Einfluß des Klimas.
4. Einfluß von Zahl und Stellung der Sklerotien in verschiedenen Teilen der Ähre.
5. Der Einfluß der primären und sekundären Infektion.
6. Der Stickstoffgehalt im Sklerotium und in der Wirtspflanze.
7. Der Fettgehalt des Sklerotiums.

Alle Untersuchungen wurden unter Einhaltung gleicher Versuchsbedingungen durchgeführt. An allen Standorten wurde mit demselben Saatgut (Winterroggen, Sommerroggen) und Impfstoff gearbeitet, und die Wirtspflanzen wurden im gleichen Entwicklungszustand beimpft.

1. DER EINFLUSS DES BODENS

Bei der Gesamtzahl von 450 analysierten Sklerotien von einem Standort wurde die Abhängigkeit des Alkaloidgehaltes von der Anwesenheit verschiedener Bioelemente untersucht. Gleichzeitig wurden qualitative Spektralanalysen des Bodens von verschiedenen Stellen der benutzten Standorte durchgeführt.

Tabelle 1

Qualitative Spektralanalyse von Bodenproben verschiedener Standorte

Standort	Oligoelemente	Spurenelemente
Klenovec	Mg, Mn, Si, Fe, Al, Ca, Ti, Na	P, Hg, Pb, Ga, Ni, Sn, Ba, V, Cu, Zn
Hnúštá	Mg, Mn, Si, Fe, Al, Ca, Ti, Na	P, Hg, Pb, Ga, Ni, Ba, V, Cu, Zn
Praha	Mg, Mn, Si, Fe, Al, Ca, Na, P, B, K	Cr, Ni, Ti, Cu, V

Aus den in Tabelle 2 aufgeführten qualitativen Spektralanalysen der Mutterkornsklerotien geht hervor, daß es keinen Zusammenhang zwischen dem Alkaloidgehalt und der Anwesen-

*) Vorgetragen von J. BÖSWART

Tabelle 2

Qualitative Spektralanalyse der einzelnen Sklerotien

Alkaloid-gehalt in %	Gewicht der Sklerotien in mg	Oligoelemente	Spurenelemente
0,470	650	Mn, Mg, Pb, P, Na, Cu, Si, Zn, Al	Fe, Ag, Be, Ca, Ni, Ti
0,344	550	Mn, Mg, Pb, P, Na, Cu, Si, Zn, Al	Ag, Ge
0,236	700	Mn, Mg, P, Na, Cu, Si, Zn, Al, Fe	Ag, Be, Ca, Ni, Ti, Cr, Pb
0,224	700	Mn, Mg, P, Na, Cu, Si, Zn	Al, Ag, Ni
0,193	550	Mn, Mg, P, Na, Cu, Si, Zn, Al, Ca	Pb, Fe, Ag, Ni, Ti, Ge, Cr
0,130	550	Mn, Mg, P, Na, Cu, Si, Zn, Al	Pb, Fe, Ag, Ni, Ge
0,000	760	Mn, Mg, Pb, P, Na, Cu, Si, Zn	Ag, Al, Ge
0,000	600	Mn, Mg, P, Na, Cu, Si, Zn, Al	Pb, Fe, Ag, Ca, Ni, Ge
0,000	550	Mn, Mg, Pb, P, Na, Cu, Si, Zn, Al	Ag, Ge, Ga

heit beziehungsweise Abwesenheit eines bestimmten Bioelementes gibt. Dieser Zusammenhang ist vielleicht in der quantitativen Anwesenheit der einzelnen Bioelemente zu suchen.

2. DER EINFLUSS VON IMPFSTOFF, BODEN UND KLIMA

Zur Herstellung des Impfstoffes wurden die einzelnen Sklerotien in zwei Hälften längs geteilt. In der einen Hälfte wurde der Alkaloidgehalt bestimmt, die zweite wurde zur Herstellung des Impfstoffes benutzt, und zwar wurden hierzu Sklerotien mit extremen Alkaloidwerten ausgewählt:

1. alkaloidfreie Sklerotien, bezeichnet als Impfstoff „Null“.
2. Sklerotien mit geringem Alkaloidgehalt, bezeichnet als Impfstoff „Minimum“.
3. Sklerotien mit größtem Alkaloidgehalt, bezeichnet als Impfstoff „Maximum“.
4. Weißgefärbte Sklerotien, bezeichnet als Impfstoff „Leuko“.
5. Rotgefärbte Sklerotien, bezeichnet als Impfstoff „Rot“.

Die zwei letztgenannten Impfstoffe sollten dazu dienen, die Möglichkeit der Erhaltung eines bestimmten morphologischen Merkmales an verschiedenen Standorten zu untersuchen. Kontrollen zu diesen Versuchen wurden mit einem üblicherweise gebrauchten Roggen-Mutterkornimpfstoff, bezeichnet als Impfstoff „Kontrolle“, durchgeführt. Die Versuche sind an 5 Standorten, die sich sowohl im Bodentypus als auch im Klima wesentlich unterschieden, durchgeführt worden:

1. Hnúšťa (Slowakei): der ursprüngliche Standort der zur Herstellung des Impfstoffes ausgewählten Sklerotien.
2. Prag
3. Hadovka
4. Hanspaulka

(2.–4.: Standorte 2, 3, 4 in Mittel-Böhmen.)

5. Čachrov im Böhmerwald.

Zur Ausschaltung von Außenfaktoren wurden die Versuche in Prag auf Boden vom Standort Hnúšťa durchgeführt. Dieser wurde in isolierten Holzkisten in Gruben aufbewahrt.

Durch diese Versuchsanstellung sollte geklärt werden, ob der Alkaloidgehalt in den aus verschiedenen Impfstoffen gezüchteten Sklerotien unverändert bleibt und so die Hypothese über die genetische Fixierung der Mutterkornalkaloide bei einem bestimmten Stamm oder einer Rasse von *Claviceps purpurea* Tul. geprüft werden. Die erzielten Ergebnisse lassen uns keine eindeutigen Schlüsse ziehen.

Tabelle 3

Alkaloidgehalt (in %) in den einzelnen Sklerotien aus den Impfstoffen „Maximum" und „Minimum"

Klenovec		Hnúštǎ		Hadovka		Podbaba		Čachrov	
Max.	Min.	Max.	Min.	Max.	Min.	Max.	Min	Max.	Min.
0,263	0,037	0,246	0,184	0,226	0,247	0,233	0,242	0,245	0,239
0,345	0,078	0,348	0,224	0,246	0,258	0,251	0,255	0,303	0,258
0,392	0,212	0,362	0,236	0,307	0,262	0,270	0,260	0,332	0,272
0,425	0,243	0,374	0,258	0,327	0,275	0,292	0,262	0,339	0,273
0,489	0,257	0,412	0,261	0,337	0,277	0,293	0,274	0,355	0,280
0,500	0,281	0,428	0,263	0,342	0,279	0,319	0,280	0,357	0,290
0,516	0,293	0,476	0,268	0,345	0,286	0,323	0,288	0,367	0,291
0,527	0,335	0,502	0,274	0,347	0,296	0,325	0,289	0,367	0,307
0,591	0,347	0,510	0,318	0,356	0,298	0,344	0,296	0,384	0,345
0,634	0,350	0,654	0,322	0,391	0,304	0,355	0,311	0,442	0,353
Durchschnittswerte									
0,468	0,243	0,431	0,261	0,323	0,278	0,299	0,276	0,349	0,290

Impfstoff „Maximum": Die Reproduktion eines hohen Alkaloidgehaltes erfolgte mit gewissen Schwankungen an allen Standorten. Der ursprüngliche Alkaloidgehalt hat sich aber nur am Standort Hnúštǎ erhalten.

Impfstoff „Minimum": Zur Erhaltung des Alkaloidgehaltes kam es an keinem Standort. Die Sklerotien zeigten einen ähnlichen Alkaloidgehalt wie die aus Kontrollimpfstoff hervorgegangenen.

Tabelle 4

Alkaloidgehalt (in %) in den einzelnen Sklerotien aus den Impfstoffen „Null", „Leuko" und „Rot"

Klenovec			Hnúštǎ			Hadovka			Čachrov			Praha	
Null	Leuko	Rot	Null	Leuko	Rot	Null	Leuko	Rot	Null	Leuko	Rot	Null	Rot
0,000	0,029	0,000	0,000	0,022	0,000	0,275	0,123	0,000	0,046	0,071	0,000	0,000	0,000
0,000	0,034	0,000	0,000	0,027	0,000	0,284	0,133	0,000	0,096	0,075	0,000	0,000	0,000
0,000	0,036	0,000	0,000	0,035	0,000	0,289	0,134	0,000	0,160	0,095	0,000	0,000	0,000
0,000	0,039	0,000	0,000	0,038	0,000	0,290	0,139	0,000	0,243	0,100	0,000	0,000	0,000
0,000	0,042	0,000	0,000	0,043	0,000	0,291	0,144	0,000	0,260	0,106	0,000	0,000	0,000
0,000	0,046	0,000	0,000	0,048	0,000	0,292	0,145	0,000	0,284	0,114	0,000	0,000	0,000
0,000	0,052	0,000	0,000	0,054	0,000	0,309	0,148	0,000	0,297	0,123	0,000	0,000	0,000
0,000	0,053	0,000	0,000	0,059	0,000	0,312	0,149	0,000	0,312	0,138	0,000	0,000	0,000
0,000	0,084	0,000	0,000	0,080	0,000	0,328	0,150	0,000	0,330	0,147	0,000	0,000	0,000
0,000	0,091	0,000	0,000	0,102	0,000	0,342	0,192	0,000	0,351	0,168	0,000	0,000	0,000
Durchschnittswerte													
0,000	0,046	0,000	0,000	0,052	0,000	0,301	0,146	0,000	0,238	0,113	0,000	0,000	0,000

Impfstoff „Null": Bei den Sklerotien aus diesem Impfstoff wurde keine Reproduktion des Alkaloidgehaltes beobachtet. Nur am ursprünglichen Standort Hnúštǎ und auf dem von diesem Standort nach Prag überführten Boden waren die Sklerotien alkaloidfrei. Bei den Sklerotien von den anderen Versuchsorten schwankte der Alkaloidgehalt in den Grenzen der Kontrolle.

Impfstoff „Leuko" und „Rot": An allen Standorten erschienen die Hauptmerkmale des Muttersklerotiums, das heißt Farbe und Alkaloidgehalt, unverändert. Dieser Unterschied gegenüber aus Impfstoff „Null" gezüchteten Sklerotien (beide sind alkaloidfrei) läßt sich durch eine geringere Empfindlichkeit der Stämme „Leuko" bzw. „Rot" gegen Umweltfaktoren erklären. Diese Erscheinung steht in Übereinstimmung mit der Mitteilung von

Békésy, daß nach Beimpfung des Roggens mit Impfstoff aus einem Sklerotium mit bestimmtem Alkaloidgehalt Sklerotien erhalten wurden, deren Alkaloidgehalt in breiten Grenzen schwankte. Um den Einfluß des Klimas zu prüfen, wurden mit den einzelnen Impfstoffen Versuche durchgeführt unter Verwendung von Erde, die vom Standort Hnúšťa nach Prag gebracht worden war. Die Sklerotien zeigten in allen Fällen eine Reproduktion der morphologischen Merkmale (Farbe), der Alkaloidgehalt blieb jedoch nur bei Anwendung der Impfstoffe „Null" und „Rot" unverändert. Bei den aus den anderen Impfstoffen gezüchteten Sklerotien kam es nur teilweise zur Reproduktion des Alkaloidgehaltes. Aus diesen Beobachtungen ergab sich die Folgerung, daß beim Einhalten derselben Versuchsbedingungen (Boden, Wirtspflanze, Impfstoff) die Reproduktion der Merkmale des Sklerotiums vom Klima beeinflußt wird.

3. EINFLUSS VON ZAHL UND STELLUNG DER SKLEROTIEN IN DER ÄHRE. EINFLUSS DER PRIMÄREN UND SEKUNDÄREN INFEKTION

Im Rahmen dieser Untersuchung wollten wir auf Grund der Stellung der Sklerotien in der Ähre den Einfluß der Ernährung durch die Wirtspflanze und der Entfernung des Sklerotiums von den Ernährungswegen des Wirtes verfolgen. Die Impfung wurde sowohl im

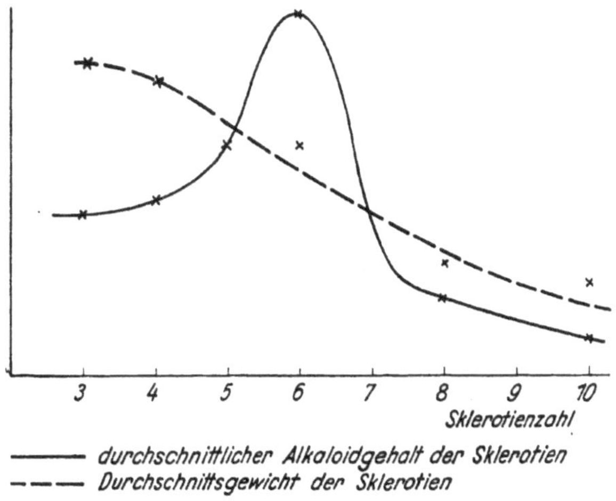

Abb. 1

Gewächshaus als auch im Feldversuch mit Hilfe der Injektionsspritze durchgeführt. Sekundäre Infektion wurde durch das Abwaschen des Honigtaues mit Wasser mittels eines Haarpinsels verhindert. Eindeutige Schlüsse läßt jedoch nur der Glashausversuch zu; im Feldversuch konnte man eine Sekundärinfektion nicht vollkommen verhindern.

Bei den Sklerotien aus der primären Infektion wurde eine interessante Erscheinung beobachtet, und zwar die Abnahme des Alkaloidgehaltes in den einzelnen Sklerotien in der Richtung von der Basis zu der Spitze der Ähre. Ein weiteres Ergebnis ist die Feststellung eines Zusammenhanges zwischen der Zahl der Sklerotien pro Ähre und dem durchschnittlichen Alkaloidgehalt der Sklerotien (Abb. 1). Bei Zunahme der Sklerotienzahl stieg der durchschnittliche Alkaloidgehalt zunächst bis zu einem Maximum, das in dem in Abb. 1 dargestellten Versuch bei einer Gesamtzahl von 6 Sklerotien pro Ähre erreicht war. Bei einer weiteren Vermehrung der Sklerotien sank ihr durchschnittlicher Alkaloidgehalt wieder ab.

In unseren Versuchen wurde die Tatsache bestätigt, daß die durch Sekundärinfektion produzierten Sklerotien einen größeren Alkaloidgehalt aufweisen.

4. STICKSTOFFGEHALT UND FETTGEHALT

Es wurden Stickstoffgehalt und Fettgehalt in der Wirtspflanze und im Sklerotium untersucht, um etwaige Zusammenhänge mit der Alkaloidbildung in den Sklerotien zu verfolgen. Diese beiden Komponenten haben wir sowohl beim Pilz als auch beim Wirt seit den ersten Entwicklungsstadien der Wirtspflanze über die einzelnen Entwicklungsphasen des Pilzes bis zu der Bildung und Reife des Sklerotiums verfolgt. Diese Untersuchungen sind unter Verwendung verschiedener Impfstoffe durchgeführt worden. Die Stickstoffbestimmung erfolgte in der KJELDAHL-Apparatur. Als Fettgehalt bezeichnen wir den Anteil der in Petroläther löslichen Stoffe. Das zerkleinerte Sklerotium wurde im Mikro-Soxhlet-Apparat mit Petroläther extrahiert, das Lösungsmittel abgedampft und der tarierte Extraktionskolben gewogen.

Während der Entwicklung des Sklerotiums nimmt sowohl sein Stickstoffgehalt als auch sein Alkaloidgehalt zu ebenso im Verlaufe der Entwicklung der Wirtspflanze.

Tabelle 5

Stickstoffgehalt (in %) in der Wirtspflanze und in Sklerotien aus verschiedenen Impfstoffen an verschiedenen Standorten

Bezeichnung des Impfstoffs	Hadovka		Podbaba		Čachrov	
	Roggen	Mutterkorn	Roggen	Mutterkorn	Roggen	Mutterkorn
Maximum	0,49	2,81	1,00	3,55	0,73	2,59
Minimum	0,65	3,03	1,15	3,45	0,89	2,79
Null	0,56	3,08	0,95	3,62	0,65	2,87
Kontrolle	0,65	3,04	1,03	3,44	0,70	2,72
Leuko	0,48	3,42	1,16	3,92	–	–
Rot	0,40	2,84	1,21	3,20	–	–

Es wurde kein Einfluß des Impfstoffes auf den Stickstoffgehalt weder bei der Wirtspflanze noch bei den Sklerotien beobachtet. An den verschiedenen Standorten wurde eine Korrelation zwischen dem Stickstoffgehalt in der Wirtspflanze und im Mutterkorn festgestellt. Mit der Zunahme des Stickstoffs in der Wirtspflanze nimmt auch sein Gehalt in den Sklerotien zu. Der Fettgehalt variiert mit dem Entwicklungszustand des Sklerotiums. Ein Zusammenhang zwischen Stickstoffgehalt, Fettgehalt und Alkaloidgehalt konnte bei den Mutterkorn-Sklerotien nicht festgestellt werden.

Diese vorläufige Mitteilung stellt nur eine orientierende Aufklärung einiger Fragen dar, die eine ausführliche Fortsetzung der angefangenen Arbeit unter Benutzung aller Methoden der modernen Biochemie erfordert.

Die Diskussionsbemerkungen zu den Vorträgen über Mutterkorn-Alkaloide sind am Ende des letzten Vortrages zusammengefaßt.

Aus dem Institut für Heilpflanzenforschung, Prag

Monokonidienisolation und deren Bedeutung bei der Selektion von Rassen und Stämmen des Mutterkorns

Von J. Kybal, P. Horák, V. Brejcha und St. Kudrnáč *)

In einer früheren Arbeit konnten wir feststellen, daß bei der vegetativen Vermehrung von *Claviceps purpurea* die Fähigkeit der Synthese von einzelnen Alkaloiden (der Alkaloidtypus) in gleichen reproduzierbaren Verhältnissen auf die Nachkommenschaft übertragen wird [1]. Auf Grund dessen haben wir uns bemüht, Rassen und Stämme zu selektionieren, die pharmakologisch wertvolle Alkaloidtypen enthalten und den Anforderungen der pharmazeutischen Industrie am besten entsprechen. Die eigentliche Isolation von Rassen und Stämmen erfolgt auf dem Wege der vegetativen Fortpflanzung von Einzelsklerotien verschiedener Herkunft mittels Einzelkonidienisolation.

Als Ausgangsmaterial für Monokonidienisolationen hatten wir 6 Mutterkornproben zur Verfügung, deren Charakteristik die Tabelle 1 liefert.

Tabelle 1

Muster Nr.	Provenienz	Gesamt-Alkaloid in % des Trocken-gewichts berechnet als Ergotamin	Deklarierter Alkaloid-typus
170	Portugal	0,212	Ergotoxin
181	Tschechoslowakei	0,240	Ergotamin
190	Portugal	0,219	Ergotoxin
198	Portugal	0,220	Ergotoxin
211	Ungarn	0,436	Gemisch
212	Ungarn	0,432	Gemisch

Um über die genetische Einheitlichkeit der angeführten Muster in bezug auf den Alkaloidkomplex orientiert zu sein, analysierten wir eine gewisse Anzahl von Einzelsklerotien aus jeder Probe mit Hilfe der papierchromatographischen Methode nach Macek, Černý, Semonský [2]. Die Analysenwerte haben wir in Tabelle 2 zusammengestellt. Sämtliche analysierten Sklerotien haben wir gleichzeitig als Schrägagarkulturen fortgepflanzt.

Aus Tabelle 2 geht hervor, daß keine einzige geprüfte Probe qualitativ gleichwertige Sklerotien enthielt, d. h. genetisch einheitlich war.

In der Tabelle 2 fettgedruckte Analysenwerte stellen die von Sklerotien dar, die zur Isolation der Monokonidienkulturen ausgewählt wurden. Von den Schrägagarkulturen haben wir stets eine Konidiensuspension in Wasser hergestellt, mit dieser eine Agarplatte inokuliert und einzelne keimende Konidien mit Hilfe des Objektiv-Isolators nach Nečásek, Palečková und Tesař [3] isoliert. Von jeder Monokonidienkultur haben wir Impfstoff zubereitet, mit dem wir je 500 m² Roggen künstlich infizierten. Die einzelnen Versuchsfelder wurden in ganz Böhmen weit voneinander und auch von den anderen Produktionsflächen getrennt, um die Möglichkeit der gegenseitigen Vermischung der einzelnen Stämme durch Sekundärinfektion zu verhindern [4]. Die geernteten Sklerotien analysierten wir mit Hilfe der schon erwähnten und von Horák und Kudrnáč [5] zu diesem Zwecke abgewandelten Methode. Die

*) Vorgetragen von J. Kybal

Tabelle 2 [1])

Sklerotium Nr.	am Start geblieben	Ergotamin Ergotaminin	Ergosin	Ergocristin Ergocornin	Ergokryptin
170/1	8	0	17	36	39
2	Wenn Alkaloide anwesend sind, dann in einer Menge, die sich unter der Grenze der Empfindlichkeit der angewendeten Methode befindet				
3	49	0	12	24	15
4	18	±	21	43	18
5	8	0	12	37	43
6	27	0	44	26	3
7	40	±	23	37	0
8	15	3	1	44	37
9	9	0	8	38	45
10	14	±	9	40	37
11	10	±	8	35	47
12	8	1	6	85	0
181/1	7	79	7	4	0
2	5	85	5	2	2
3	8	82	3	3	3
4	5	75	20	±	±
5	6	84	zusammen mit Ergotamin als ein Fleck festgestellt	3	6
6	5	88		2	4
7	3	89		2	7
8	12	85		±	2
9	6	84		2	3
10	4	90		2	3
11	4	91		2	2
12	6	88		±	6
13	5	94		±	±
14	6	87		4	2
190/1	38	±	3	33	26
2	21	2	17	55	5
3	8	1	10	48	33
4	16	1	24	33	26
5	35	2	6	57	0
6	18	10	24	44	0
7	20	5	21	54	0
8	13	1	15	38	33
9	7	3	12	40	38
10	27	3	11	33	26
11	23	0	20	57	0
12	13	1	21	35	30
13	16	1	15	33	35
14	4	1	5	58	32
15	10	1	4	40	45
198/1	53	3	12	12	14
2	23	±	28	29	20
3	11	1	12	41	35
4	26	3	21	27	23
5	12	4	13	50	21
6	21	4	17	49	9
7	31	3	15	51	0
8	21	2	13	30	34
9	36	0	20	44	0
10	18	0	31	50	1

Fortsetzung: Tabelle 2[1])

Sklerotium Nr.	am Start geblieben	Ergotamin Ergotaminin	Ergosin	Ergocristin Ergocornin	Ergokryptin
11	17	3	3	77	0
12	8	1	19	40	32
13	16	±	15	35	34
14	36	10	8	21	15
15	15	8	10	67	0
16	5	1	12	44	38
17	12	18	7	46	17
18	9	5	7	79	0
19	13	1	6	49	31
20	8	2	8	82	0
21	13	±	7	67	13
211/1	10	4	18	59	8
2	4	28	10	58	0
3	3	23	7	64	0
4	25	6	47	11	11
5	2	44	zusammen mit Ergotamin als ein Fleck festgestellt	54	0
212/1	2	10	25	60	0
2	3	28	19	47	1
3	25	0	25	29	21
4	1	21	12	66	0
5	5	0	27	60	6

[1]) Die in der Tabelle 2 zusammengestellten Werte haben wir auf Grund der Fluorescenzintensität der einzelnen Flecke als Prozentanteile des Gesamtgehaltes ausgedrückt.

Analysenwerte sind in Tabelle 3 zusammengestellt. Die Bestimmung des Gesamtalkaloidgehaltes wurde nach der Methode des tschechoslowakischen Arzneibuches durchgeführt.

Von den einzelnen Sklerotien, die zu den Monokonidienisolationen ausgewählt wurden, stellt nur die Nr. 211/5 eine reine Rasse dar (Ergotamin-cristinrasse), im Falle der anderen Sklerotien kam es durch die Monokonidienisolationen zu einer Rassenentmischung. Das Sklerotium Nr. 170/9, welches alle drei Alkaloide der Ergotoxingruppe enthielt, spaltete sich in zwei Rassen: die Ergocristin-cornin-kryptinrasse (IV) und die Ergocornin-kryptinrasse (V). Die meisten Sklerotien der Monokonidienkulturen, welche vom Sklerotium Nr. 181/4 abstammen, das Ergotamin und Spuren von Alkaloiden der Ergotoxingruppe enthielt, gehören der Ergotaminrasse an (I). Nur ein Isolat davon gehört zu der Ergocristin-kryptinrasse (VI). Vom Sklerotium Nr. 190/11 erhielten wir vorwiegend Stämme der Ergocristinrasse (III), ein isolierter Stamm gehört der Ergocristin-cornin-kryptinrasse an (IV). Daß im Ausgangssklerotium Nr. 190/11 kein Ergokryptin nachgewiesen wurde, darf nicht überraschen. Das Ergokryptin befindet sich nämlich in dem isolierten Stamme Nr. 190/11/a in einer geringen Menge und der Anteil dieser Rasse war in dem Ausgangssklerotium, wie aus dem Verhältnis der beiden isolierten Komponenten hervorgeht, sehr niedrig. Im Ausgangssklerotium Nr. 190/11 war also die Ergokryptinmenge so klein, daß sie unter der Empfindlichkeitsgrenze der angewendeten Methode lag. Das Sklerotium Nr. 212/3, welches alle drei Alkaloide der Ergotoxingruppe besaß, konnte man in die Ergocristin-cornin-kryptinrasse (IV) und die Ergocornin-kryptinrasse (V) entmischen.

Tabelle 3

Monokonidienkultur Nr.	Gesamt-Alkaloid in % des Trockengewichts als Ergotamin berechnet	Start	X_1	X_2	X_3	X_4	Ergotamin	Ergosin	Ergotaminin	X_5	Ergocristin	Ergocornin	Ergokryptin	X_6
170/9/a	0,127	+					–	++	–	+	–	+++	+++	++
b	0,145	+					–	++	–	+	++	+++	+++	+
c	0,160	+					–	++	–	–	+++	++	+++	+
d	0,175	+					–	++	–	–	+++	++	+++	++
e	Wegen des geringen Alkaloidgehaltes konnte man die Analyse nicht durchführen (Degeneration)													
181/4/a	0,173	++	–	–	–	–	+++	+	++		–	–	–	–
b	0,185	++	+	+	–	+	+++	++	++		–	–	–	–
c	0,193	+	–	–	–	–	+++	±	++		–	–	–	–
d	0,198	++	+	+	–	–	+++	+	++		–	–	–	–
e	0,206	++	+	+	–	–	+++	+	++		–	–	–	–
f	0,214	+	+	–	–	–	+++	±	++		–	–	–	–
g	0,242	++	+	+	–	–	+++	+	++		–	–	–	–
h	0,243	++	–	–	–	–	+++	±	++		–	–	–	–
i	0,247	++	+	–	–	–	+++	+	++		–	–	–	–
k	0,257	++	+	+	–	–	+++	+	++		–	–	–	–
l	0,259	+					–	++	–	++	+++	–	++	+
190/11/a	0,098	+					–	++	–	–	+++	++	+	
b	0,125	+					–	++	–	–	+++	–	–	–
c	0,145	++					–	+	–	–	+++	–	–	–
d	0,164	+					–	++	–	–	+++	–	–	–
211/5/a	0,198	+	–	–	–	–	+++	+	++		+++	–	–	–
b	0,239	+	–	–	–	–	+++	+	++		+++	–	–	–
c	0,240	+	–	–	–	–	+++	+	+		+++	–	–	–
d	0,249	+	–	+	–	–	+++	+	++		+++	–	–	–
e	0,273	+	–	–	–	–	+++	+	++		+++	–	–	–
f	0,281	+	–	+	–	–	+++	+	++		+++	–	–	–
g	0,314	+	–	–	–	–	+++	±	++		+++	–	–	–
212/3/a	0,272	++	–	–	–	+	–	+++	–	++	++	+++	+++	+
b	0,284	+	–	–	–	++	–	+++	–	++	+++	+++	+++	+
c	0,320	++	–	–	–	+	–	+++	–	++	++	+++	+++	+
d	0,326	++	–	–	–	++	–	++	–	+	–	+++	+++	+
e	0,354	++	–	–	–	++	–	+++	–	++	–	+++	+++	+
f	0,372	++	–	+	–	++	–	+++	–	+	–	+++	+++	+
g	0,385	+	+	+	+	++	–	+++	–	++	–	+++	+++	±

Die Fluorescenzintensität der einzelnen Flecke in einzelnen analysierten Skerotien ist folgendermaßen ausgedrückt:

– keine Fluorescenz
± Fluorescenzspuren
+ kleine Fluorescenzintensität
++ mittlere Fluorescenzintensität
+++ größte Fluorescenzintensität.

Die als X_1–X_6 bezeichneten Flecke fluorescieren in der gleichen Farbe wie die bekannten Mutterkorn-Alkaloide.

X_5 dieser Stoff ist durch einen Fleck mit demselben Rf-Wert wie Ergotaminin gekennzeichnet, konnte aber nur im Falle der Abwesenheit des Ergotamins nachgewiesen werden.

X_6 ist wahrscheinlich das Alkaloid EK 115 [10].

In diesen Versuchen konnten wir also 6 verschiedene Rassen isolieren, deren Alkaloidtypus aus der Abb. 1 hervorgeht.

	Ergotamin	Ergocristin	Ergocornin	Ergokryptin
I	+	–	–	–
II	+	+	–	–
III	–	+	–	–
IV	–	+	+	+
V	–	–	+	+
VI	–	+	–	+

Abbildung 1

Die Leistungsfähigkeit der Stämme, die innerhalb der einzelnen Rassen isoliert wurden, stellt die Abb. 2 dar.

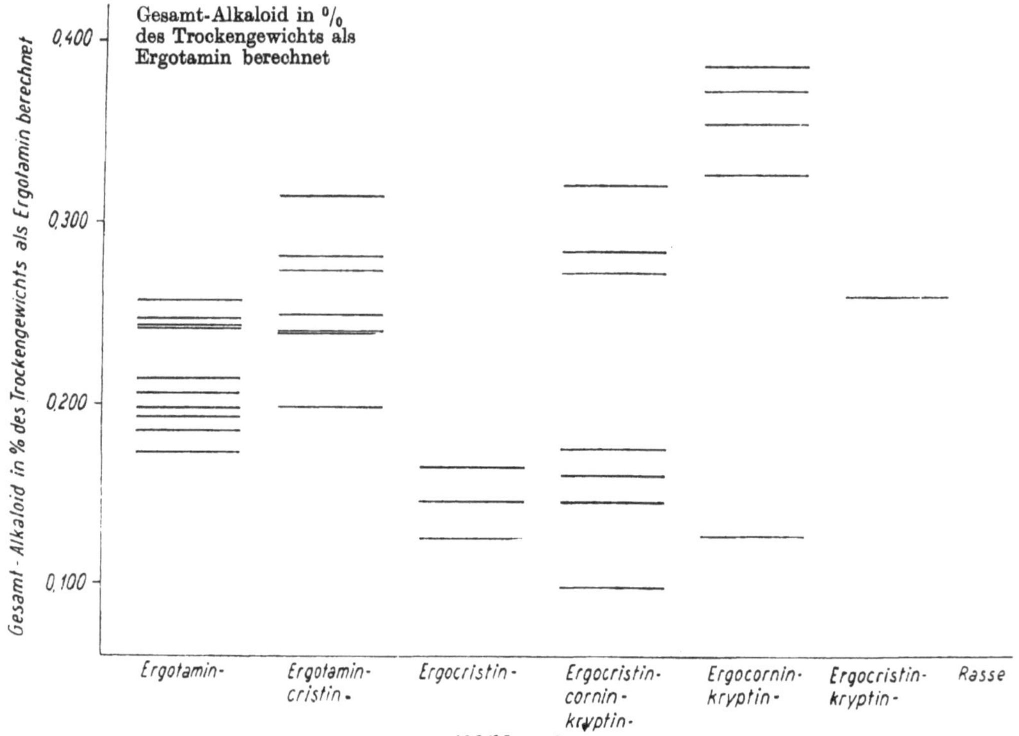

Abbildung 2

Wie aus der Abb. 2 hervorgeht, kann man vermuten, daß innerhalb der Ergotaminrasse 2 Stämme isoliert wurden; der eine, weniger leistungsfähige, mit einem Gesamtalkaloidgehalt von 0,173–0,214 %, der andere, leistungsfähigere, mit einem Gesamtalkaloidgehalt von 0,242–0,257 %. Die einzelnen Stämme der Ergotamin-cristinrasse stellen, was den Gesamtalkaloidgehalt anbetrifft, eine mehr oder weniger kontinuierliche Reihe von 0,198 bis zu 0,314 % dar; man kann also nicht einmal sagen, ob es sich um mehrere verschiedene Stämme handelt oder ob die Schwankung in so einem breiten Ausmaße eine Eigentümlichkeit eines einzigen Stammes ist. Die Ergocristinrasse wurde in unseren Versuchen sehr wahrscheinlich nur durch einen verhältnismäßig wenig leistungsfähigen Stamm (etwa 0,140 %) repräsentiert. Innerhalb der Ergocristin-cornin-kryptinrasse isolierten wir drei Stämme, die mit den Durchschnittswerten 0,098, 0,160 und 0,292 % charakterisiert werden können. Sehr deutlich unterscheiden sich untereinander die zwei Stämme der Ergocornin-kryptinrasse. Die Ergocristin-kryptinrasse ist nur durch ein Isolat mit dem durchschnittlichen Alkaloidgehalt 0,259% vertreten.

Endgültig beurteilen wir die Leistungsfähigkeit der einzelnen isolierten Stämme nicht. Dazu wären mehrjährige Versuche nötig. Der Gesamtalkaloidgehalt ist nämlich nicht nur von der Leistungsfähigkeit des Stammes abhängig, sondern wird auch von anderen Faktoren beeinflußt [6].

Die einzelnen isolierten Rassen und Stämme unterscheiden sich bei genauerer Beobachtung makroskopisch voneinander in Form und Färbung der Sklerotien.

Daß die Form und Farbe der Sklerotien charakteristische, erblich übertragbare Merkmale darstellen, hat bereits BÉKÉSY festgestellt [7]. Wir verdanken der Liebenswürdigkeit des Herrn Dr. BÉKÉSY, daß uns Herr Dr. GARAY einige Muster verschieden pigmentierter und geformter Sklerotien zur Verfügung gestellt hat. Durch Vermehrung dieser Sklerotien mittels der Monokonidienisolation konnten wir Sklerotien gewinnen, welche die vegetative Übertragung der Form und Farbe deutlich bestätigten. Die Fragen der Korrelation zwischen diesen Merkmalen und dem Alkaloidtypus werden in einer späteren Mitteilung besprochen.

Mit Hilfe der Monokonidienkultivierung gelang es uns also, eine Reihe von Rassen und Stämmen des Mutterkorns zu isolieren, bei welchen man voraussetzen kann, daß sie während der weiteren vegetativen Vermehrung sowohl im Alkaloidtypus als auch im Gesamtalkaloidgehalt konstant erhalten bleiben. Theoretisch kann man die Tatsache der Entmischung in zweierlei Weise erklären: einerseits durch die chimärenartige Gestaltung der Sklerotien, andererseits durch die Heterokaryose der Mutterkorn-Myzelzellen.

SILBER, MOTHES und GRÖGER [8] haben experimentell nachgewiesen, daß sich Mutterkornmischsklerotien bilden können, wenn die Infektion eines und desselben Blütchens der Wirtspflanze durch Konidien verschiedener Stämme erfolgt. Über dieselben Resultate referieren auch BREJCHA und KYBAL [6]. Ähnliche Versuche hat auch BÉKÉSY [7] durchgeführt. Er fand, daß eine 6%ige Wahrscheinlichkeit für die Sklerotienbildung nach der Infektion des Blütchens mit mehr als einer Konidiospore existiert.

Wenn wir ein Roggenfeld mit einer Kultur von einem einzigen Sklerotium künstlich infizieren, dürfen wir also nicht mit Sicherheit voraussetzen, daß alle Sklerotien genetisch gleichwertig werden. Ebenso wie violett-weiß gestreifte „Mischsklerotien" mögen auch Sklerotien von zwei oder mehreren violetten Rassen und Stämmen ausgebildet werden. Die Entmischung solcher Sklerotien erfolgt dann durch die Isolation und Fortpflanzung der einzelnen Konidien.

Ebenso kommt die Heterokaryose der Myzelzellen bei den auf den grünen Pflanzen parasitierenden Pilzen häufig vor. MILOVIDOV [9] bestätigte auch im Falle von *Claviceps purpurea* TUL., daß die Zellen der Sphazelia-Hyphen und die des Sklerotium-Pseudoparenchyms mehrkernig sind, während die Konidien stets einkernig vorkommen. Im Laufe der Abschnürung der Konidien erfolgt also die Kernentmischung. Auch in diesem Falle erhalten wir durch die Monokonidienkultivierung Rassen und Stämme, welche während der vegetativen Fortpflanzung Sklerotien mit reproduzierbarem Alkaloidtypus und definierbarer Leistungsfähigkeit bilden. Inwiefern spontane Mutationsvorgänge an der Mutterkornkultur beteiligt sind, wurde bis jetzt nicht eindeutig geklärt.

LITERATUR

[1] KYBAL, J., u. V. BREJCHA, Problematik der Rassen und Stämme des Mutterkorns *Claviceps purpurea* TULASNE, Die Pharmazie **10**, 752–755 (1955).

[2] MACEK, K., A. ČERNÝ u. M. SEMONSKÝ, Mutterkornalkaloide, I. Die Pharmazie **9**, 388–399 (1954).

[3] NEČÁSEK, J., F. PALEČKOVÁ u. A. TESAŘ, Monosporická isolace hub, Preslia **26**, 105–109 (1954).

[4] BREJCHA, V., u. J. KYBAL, Sekundární infekce a její podíl na produktivitě pěstování sklerocií *Claviceps purpurea* TUL., Čs. farmacie **5**, 221–224 (1956).

[5] Horák, P., u. S. Kudrnáč, Zkušenosti s chromatografickým dělením náme lových alkaloidů na impregnovaných papírech, Čs. farmacie 5, 595—596 (1956)

[6] Brejcha, V., u. J. Kybal, Faktory ovlivňující obsah alkaloidů ve sklerociích *Claviceps purpurea*, Preslia 28, 161–168 (1956).

[7] Békésy, N., Über die vegetative und generative Übertragung von Mutterkorneigenschaften, Ztschr. f. Pflanzenzüchtung 35, 461–469 (1956).

[8] Silber, A., K. Mothes, u. D. Gröger, Über Misch-Sklerotien bei *Claviceps purpurea* Tul. Die Kulturpflanze III., 92–104 (1955).

[9] Milovidov, P., Nuklearfärbung der Zellkerne von verschiedenen Entwicklungsstadien des Mutterkornpilzes *Claviceps purpurea* Tul., (im Druck).

[10] Macek, K., M. Semonský, S. Vaněček u. A. Černý, Ein neues Alkaloid im Mutterkorn vom Ergotoxintypus, Die Naturwissenschaften 42, 647 (1955).

Die Diskussionsbemerkungen zu den Vorträgen über Mutterkorn-Alkaloide sind am Ende des letzten Vortrags zusammengefaßt.

Aus dem Institut für Kulturpflanzenforschung Gatersleben der Deutschen Akademie der Wissenschaften zu Berlin

Zur Züchtung des Mutterkorns

Von D. Gröger

Es ist bis heute noch nicht möglich, industriell mit Hilfe saprophytischer Mutterkornkulturen, die Alkaloide der Ergotamin- und Ergotoxingruppe in befriedigender Menge zu produzieren. Wenn auch nicht verkannt werden soll, daß, so weit uns bekannt ist, in Japan einfache Lysergsäurederivate etwa vom Typ des Agroclavins saprophytisch gewonnen werden. Auch die Totalsynthese der wasserunlöslichen Mutterkorn-Alkaloide steht noch aus und damit natürlich auch ein wirtschaftliches vollsynthetisches Verfahren.

Wir sind daher weiterhin gezwungen, der parasitischen Mutterkornkultur große Aufmerksamkeit zu schenken. Nachdem in den 30iger Jahren durch von Békésy [1, 2] und etwas später von Hecht [3] rationelle Infektionsverfahren angegeben worden waren, war der Weg frei für den Mutterkorngroßanbau. In zahlreichen Veröffentlichungen wurden die damit im Zusammenhang stehenden agrotechnischen Probleme in verschiedenen Ländern erörtert. Als das zentrale Problem des Mutterkorngroßanbaues kann aber wohl die Bereitstellung von Impfmaterial angesehen werden, das sowohl in quantitativer Hinsicht als auch qualitativ eine hochwertige Droge liefert.

Schon Békésy [4] wies 1939 darauf hin, daß eine Steigerung des Alkaloidgehaltes die größte wirtschaftliche Bedeutung besitzt und daß die Möglichkeit besteht, durch Auswahl eine Veredelung des Mutterkorns zu erreichen. Es hat sich im Laufe zahlreicher Versuche ergeben, daß der Alkaloidgehalt des Mutterkorns durch äußere Bedingungen sehr wenig beeinflußt wird, sondern vielmehr genetisch fixiert ist. Weiterhin war bekannt — durch Untersuchungen vor allem in Ungarn, der Schweiz, in Österreich und Deutschland — daß die wildwachsende Droge meist einen äußerst geringen Alkaloidgehalt aufweist. Aus dem Wildmaterial wurden nun durch groß angelegte Massenuntersuchungen an Einzelsklerotien alkaloidreiche Formen selektioniert und mit Erfolg zum Anbau gebracht. In den letzten Jahren wurden dann weitere Fortschritte der Mutterkornzüchtung bekannt. Es war nämlich gelungen, Sklerotien zu finden — und damit Ausgangsmaterial für Mutterkornstämme — die sich durch einen ganz bestimmten Alkaloidtypus auszeichneten, der konstant von Jahr zu Jahr erhalten blieb. Von solchen Mutterkorn-Reinstämmen berichtet wohl Pöhm [5] 1953 zum ersten Male, als er die freien Aminosäuren in einem Ergokryptin- und einem Ergotamin-Stamm untersucht. Hecht [6] teilte 1955 mit, daß es gelungen sei, Stämme zu isolieren, die speziell Basen der Ergotoxingruppe und solche, die besonders Alkaloide der Ergotamingruppe führen, ja, daß sogar Stämme gefunden worden seien, die vorwiegend ein einziges Alkaloid, wie z. B. Ergokryptin enthalten. Beide Autoren machten jedoch keine näheren Angaben über ihre Stämme hinsichtlich des Reinheitsgrades und gaben auch nicht die qualitative Zusammensetzung des Alkaloid-Gemisches ihrer Stämme bekannt.

Im letzten Jahr wurden auf der biochemischen Arbeitstagung in Gatersleben unsere Ergebnisse auf diesem Gebiet und die angewandte Selektionsmethode zur Diskussion gestellt [7]. Die Chromatogramme auf Abb. 1—4 zeigen, in welch hohem Maße es gelingt, einzelne Stämme mit einem genau definierten Alkaloid-Typus zu züchten (Abb. 1—4).

Besonders zu beachten ist beim Feldanbau des Mutterkorns die Wirtspflanze, die wohl den wichtigsten Umweltfaktor für den Pilz darstellt. Da wir hier eine Pflanze auf der anderen kultivieren, lag es nahe, zu untersuchen, ob irgendwelche Wechselbeziehungen zwischen Wirtspflanze und Parasit bestehen und auf welche Weise sie sich evtl. gegenseitig beeinflussen können. Meinicke [8] hat in unserem Gaterslebener Arbeitskreis in den letzten Jahren umfangreiche Untersuchungen angestellt über die Bedeutung der Wirtspflanze für die Ausbildung des Alkaloidmerkmals beim Mutterkorn.

In einer ausgedehnten Versuchsreihe wurde eine große Anzahl Wildgrasmutterkornvorkommen verschiedener Wirtspflanzen und verschiedener Fundorte auf Petkuser Winterroggen abgeimpft. Dabei zeigte sich, daß der absolute Alkaloidgehalt auf Winterroggen durchweg höher liegt als beim entsprechenden Wildgras. Besonders hervorzuheben ist, daß die gleichen *Claviceps*-Stämme auf *Bromus*-Arten bzw. auf einer *Calamagrostis*-Art praktisch alkaloidfreie Sklerotien liefern, auf Roggen abgeimpft, jedoch ganz beträchtliche Alkaloidmengen hervorbringen. Auffällig ist auch die große Variabilität der Menge der wasserlöslichen Alkaloide, eine Erscheinung, der wir immer wieder begegnen.

In einem weiteren Versuch wurde die Alkaloidführung eines gut bekannten Roggenmutterkornstammes auf verschiedenen Wildgräsern untersucht. Es wurden 75 verschiedene Gräser auf verschiedenen Versuchsfeldern mit unserem Stamm Gat IV beimpft, der im wesentlichen ein Ergocristinbildner ist. Betrachtet man die Ergebnisse, so läßt sich feststellen, — wie auch schon früher von Silber und Bischoff [9] gefunden worden war — daß bei der Abimpfung auf Wildgräser die wasserlöslichen Alkaloide praktisch vollständig schwinden können. Uns interessierte besonders die qualitative Zusammensetzung der Fraktion der wasserunlöslichen Alkaloide. Die Analyse ergab, daß durch den Wirtswechsel, bis auf das schon erwähnte Schwinden der wasserlöslichen Fraktion keine bemerkenswerte Veränderung des Alkaloidgehaltes nachgewiesen werden konnte. Lediglich zwei Ausnahmen wurden gefunden, die noch weiter untersucht werden sollen (*Festuca* und *Lolium*). Abschließend läßt sich feststellen, daß der Stamm Gat IV bis auf zwei Fälle auch bei einem extremen Wirtswechsel seine Alkaloidqualität beibehält. Im auf diesen Versuch folgenden Jahr wurde nun noch eine größere Versuchsreihe durchgeführt, um die erhaltenen Ergebnisse zu kontrollieren. So wurden nun alle unsere gut durchgezüchteten Mutterkornstämme auf Wildgräser abgeimpft. Als Wirtspflanzen wurden *Bromus secalinus* und *Phalaris canariensis* ausgewählt (Abb. 5—6). Bei all diesen Stämmen wurde in guter Übereinstimmung mit den Ergebnissen der früheren Jahre gefunden, daß der Wirtswechsel die Qualität des Alkaloidgemisches nicht beeinflußt hat und die qualitative Zusammensetzung der wasserunlöslichen Fraktion ein genetisch stark fixiertes Merkmal darstellt.

Im Jahre 1953 wurde unser Stamm Gat IV auf eine Anzahl Wildgräser abgeimpft. Die daraus erhaltenen Sklerotien wurden erneut zur saprophytischen Kultur gebracht und mit diesem Impfmaterial wieder Winterroggen infiziert. Unser Stamm hat also eine einmalige Passage über ein Wildgras hinter sich. Bei der Betrachtung der Ergebnisse fällt abermals auf, daß dieser Stamm trotz der Passage seine qualitativen Eigenschaften behalten hat, wenn auch der quantitative Alkaloidgehalt auf Roggen etwas höher zu liegen scheint als bei den Wildgräsern.

Faßt man diese Ergebnisse zusammen, so läßt sich etwa folgendes aussagen: Betrachtet man das Alkaloidmerkmal nur quantitativ und nach dem Verhältnis wasserlösliche Alkaloide/wasserunlösliche Alkaloide, so ergeben sich bei der Wahl eines neuen Wirtes erhebliche Differenzen. Besonders fallen die starken Schwankungen der wasserlöslichen Fraktion auf. Es kann angenommen werden, daß diese Alkaloidfraktion eine gewisse Sonderstellung einnimmt. Von besonderer Bedeutung sind jedoch die qualitativen Verhältnisse. Das Gemisch der wasserunlöslichen Alkaloide, das für die einzelnen Stämme charakteristisch ist, behält auch dann seine typische Ausprägung, wenn unter dem Einfluß des neuen Wirtes sich der Gesamtalkaloidgehalt wesentlich ändert. Daraus kann man schließen, daß das

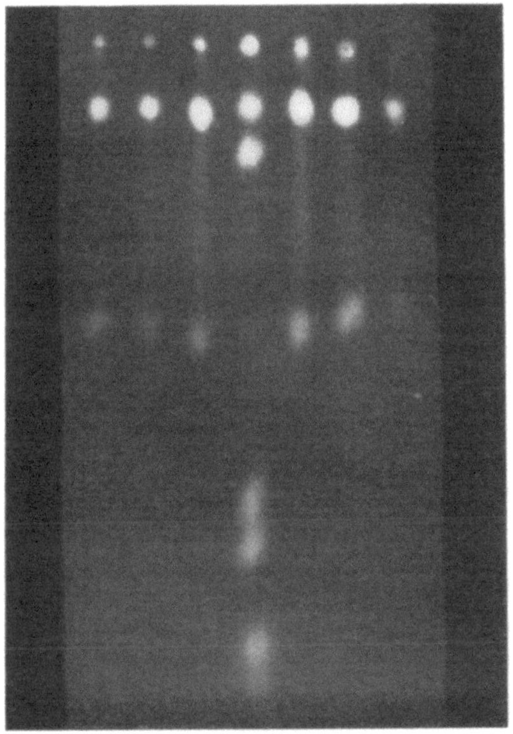
Abb. 1. Ergotaminstamm

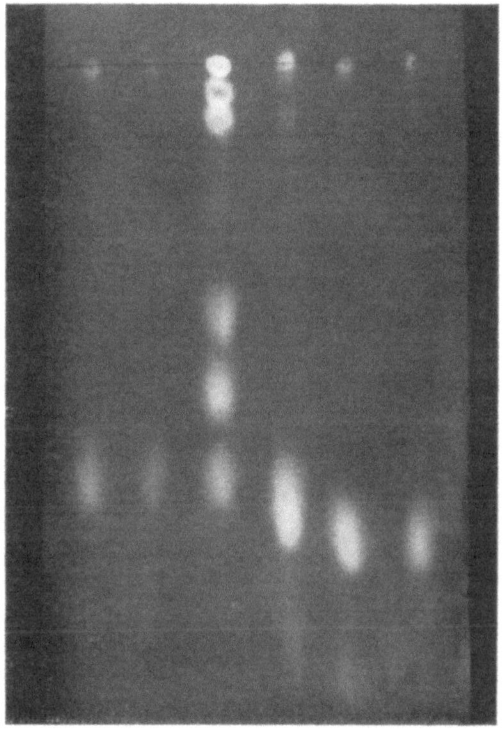
Abb. 2. Ergokryptinstamm

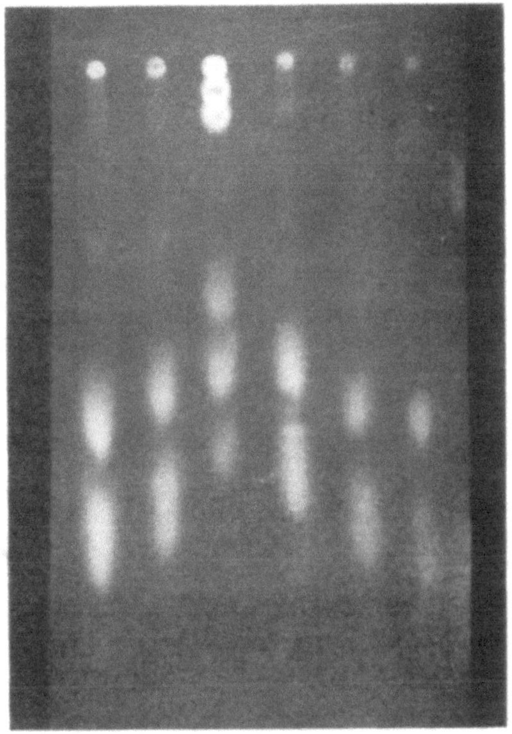

Abb. 3. Ergocornin-Ergokryptinstamm

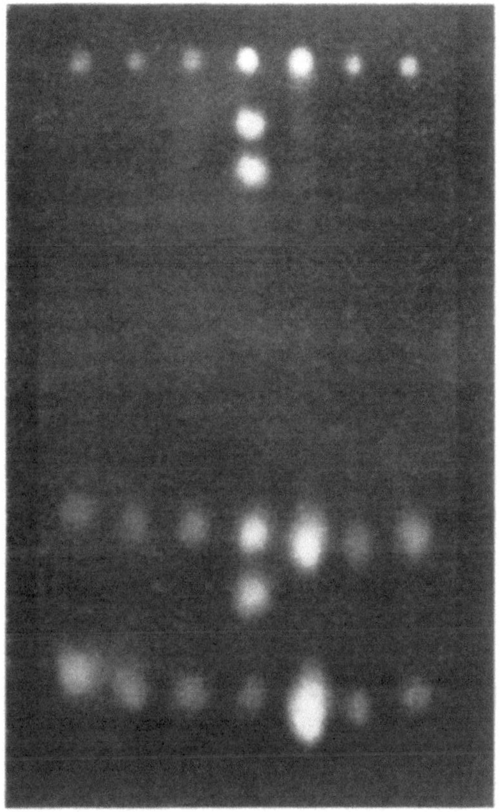

Abb. 4. Ergocristin-Ergokryptinstamm

Die Abb. 1—4 zeigen die Chromatogramme verschiedener Gaterslebener Mutterkornstämme. In der Mitte ist jeweils eine Standardreihe von Reinalkaloiden aufgetragen worden. Es sind dies mit steigendem Rf-Wert: Ergometrin, Ergotamin, Ergosin, Ergocristin, Ergocornin, Ergokryptin. Rechts und links davon Analysen von Einzelsklerotien der verschiedenen Stämme. (Absteigende Methode)

Alkaloidmerkmal genetisch stark fixiert ist und selbst unter extremen Umweltbedingungen kaum modifizierbar ist[1]).

Für die Selektionsarbeiten ergibt sich aus diesen Untersuchungen, daß die chemische Charakterisierung einer Mutterkornrasse durch jedes Einzelsklerotium erfolgen kann, ganz gleich, auf welcher Wirtspflanze es gewachsen ist. Es besteht also die Möglichkeit, auch Wildgrasmutterkorn für die Selektionsarbeiten heranzuziehen. Es braucht wohl nicht besonders betont zu werden, daß immer die Gefahr vorhanden ist, daß an einem Sklerotium

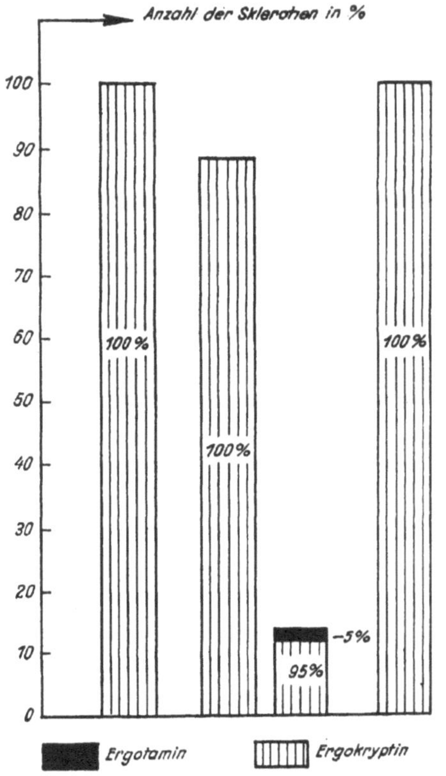

Abb. 5. Alkaloidführung (wasserunlösliche Alkaloide) von Einzelsklerotien eines Ergokryptinstammes auf Petkuser Winterroggen 1954 (links); polyploidem Roggen (Hohenthurm) 1955 (Mitte), *Bromus secalinus* 1955 (rechts) nach MEINICKE

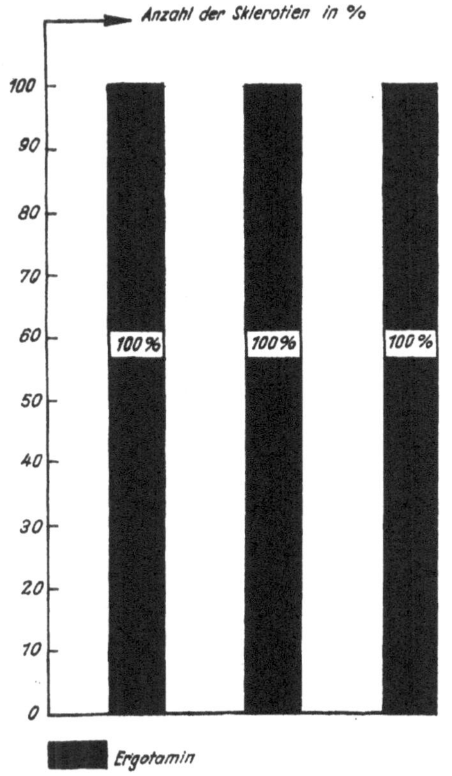

Abb. 6. Alkaloidführung (wasserunlösliche Alkaloide) von Einzelsklerotien eines Ergotaminstammes auf Petkuser Winterroggen 1954 (links); polyploidem Roggen (Hohenthurm) 1955 (Mitte); *Bromus secalinus* 1955 (rechts) nach MEINICKE

verschiedene Mycele beteiligt sind und daß man zu einem Stamm nur durch wiederholtes Abimpfen oder auf dem Weg über Einzelsporen gelangen kann. Die experimentelle Erzeugung von Mischsklerotien und ihr Vorhandensein in der Natur ist von uns schon früher beschrieben worden.

Da die Alkaloidbildung im Mutterkornpilz mit großer Wahrscheinlichkeit, wie alle biochemischen Vorgänge, genabhängig ist, lag es nahe, zu versuchen, durch Mutationsauslösung zu neuen Mutterkorntypen zu gelangen.

Schon lange ist bekannt, daß einzelne Individuen einer Pflanzenart ohne erkennbare Ursache in einem oder mehreren Merkmalen vom ursprünglichen Typ plötzlich abweichen

[1]) Ein umfangreiches Tabellenmaterial zu diesen Untersuchungen findet sich bei MEINICKE, Flora **143**, 395 (1956).

und diese Veränderungen konstant weiter vererben. Solche spontan auftretenden Mutationen scheinen beim Mutterkorn selten zu sein oder wenigstens sich selten durchsetzen zu können. Ihre Feststellung ist wohl immer nur auf dem Wege über Monosporenkulturen möglich.

Der modernen Pflanzenzüchtung stehen heute zahlreiche Methoden zur Verfügung, solche Mutationen künstlich herbeizuführen. Den Anstoß zu all diesen Arbeiten gaben die Untersuchungen von MULLER [10], der im Jahre 1927 die künstliche Mutationsauslösung durch Röntgenstrahlen bei *Drosophila* beschrieb. Mutationsexperimente mit Hilfe von Röntgenstrahlen an pflanzlichen Objekten wurden 1928 von STADLER [11] zum ersten Male, nämlich an Mais und Gerste durchgeführt. Die Leistungsfähigkeit der neuen Methode wird besonders dadurch unterstrichen, daß viele wertvolle Produktionsstämme der mikrobiellen Industrie, besonders auf dem Gebiet der Antibiotika Mutanten sind, die durch Röntgen- oder UV-Bestrahlung induziert wurden. Auf dem Mutterkorngebiet sind bis heute wohl nur von zwei Autoren Strahlen-Mutationsexperimente durchgeführt worden. So berichten ABE und Mitarbeiter [12] 1953, daß sie durch Ra-Bestrahlung eines Pilzes des Agropyrum-Typs die Mutante A 11 erhalten hätten, die nicht nur in Oberflächen- sondern auch in submerser Kultur mehr Agroclavin erzeugt als der Ausgangsstamm. Weiterhin hätte dieser isolierte Stamm die Fähigkeit verloren, parasitisch auf der ursprünglichen Wirtspflanze zu leben. KAISER und THIELMANN [13] benutzten zu ihren Experimenten Röntgenstrahlen. Sie bestrahlten Konidiosporen und kleine Mycelstücke mit einem van der Plaats-Nahbestrahlungsgerät und applizierten eine Dosis von 30000 r. Das so bestrahlte Ausgangsmaterial war nicht fähig, in saprophytischer Kultur Alkaloid zu bilden.

Wir versuchten ebenfalls in diesem Jahre, durch Röntgenbestrahlung Mutanten zu erhalten. Die Voraussetzung für derartige Experimente, um Abweichungen vom normalen Typ beobachten zu können, ist das Vorhandensein eines genetisch einheitlichen Ausgangsmaterials. Man kann jedoch nicht damit rechnen, diese Bedingung zu erfüllen, wenn man eine Sporenmischung zu den Bestrahlungsversuchen benutzt. Es ist deshalb erforderlich, Einzelkonidiosporen zu isolieren und die aus diesen Kulturen hervorgegangenen Sporen zu bestrahlen. Die absolute Gewähr, daß es sich um eine genetisch reine Nachkommenschaft handelt, hat man allerdings nur dann, wenn die Konidiosporen einkernig sind, was aber bis heute noch nicht bewiesen ist.

Zur Isolierung der Sporen ist folgendes zu sagen: Wir versuchten zuerst mit dem KOCHschen Plattenverfahren, dem Tuschepunktverfahren nach BURRI und dem LINDNERschen Tröpfchenverfahren zum Ziele zu kommen, hatten jedoch mit diesen Methoden keinen Erfolg. Wenn es beim LINDNERschen Verfahren nach einiger Übung auch gelingt, bei geeigneter Verdünnung pro Tropfen eine Spore zu erhalten, so keimt diese nur in den seltensten Fällen aus, oder stellt nach Bildung eines Keimschlauches ihr Wachstum bald ein. Selbst wenn man mit den verschiedensten Nährlösungen arbeitet, läßt sich keine Erhöhung der Keimungsrate erreichen. Wir benutzten dann später mit recht gutem Erfolg einen Monosporenisolator, der in Anlehnung an Angaben von NEČÁSEK und Mitarbeiter [14] und LEACH [15] gebaut wurde. Die Isolierung wird so durchgeführt, daß man sich eine geeignete Verdünnung einer Konidiosporensuspension herstellt und etwa 0,3—0,5 ml von dieser auf die Oberfläche einer Agarplatte aufbringt. Die Schichtdicke des Nährbodens, der mit 4% Agar verfestigt wurde, soll etwa 5 mm betragen. Nach 24—48 h werden dann einzeln liegende ausgekeimte Sporen mit Hilfe des Isolators ausgestochen und unter sterilen Bedingungen auf ein Schrägagarröhrchen abgeimpft. Das Gerät wird so an dem Objektiv eines Mikroskops angebracht, daß die Schneidevorrichtung während des Isolierungsvorganges dauernd im Blickfeld bleibt (Abb. 7—8).

Die Bestrahlungen wurden in der physikalischen Abteilung unseres Institutes durchgeführt, wofür ich auch an dieser Stelle Herrn Dipl.-Phys. BARNETZKY recht herzlich danken

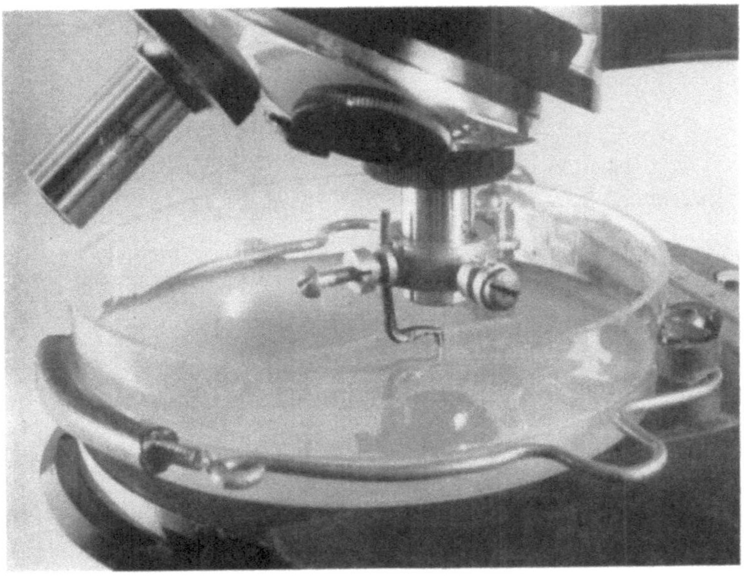

Abb. 7. Monosporenisolator vor dem Ausstechen der Spore

Abb. 8. zeigt den Monosporenisolator nach dem Ausstechen der Spore. Die Spore befindet sich auf dem kleinen Agarblock, der über die Schneidvorrichtung hinausragt

möchte. Bestrahlt wurden Konidiosporensuspensionen, die etwa 1000 Sporen im mm^3 enthielten. Die Sporen wurden in Leitungswasser aufgeschwemmt und in kleinen Petrischalen den Röntgenstrahlen ausgesetzt. Die Schichtdicke der Suspension betrug 3—4 mm. Die Bestrahlung wurde mit einer Stabilivolt-Anlage, also einem Röntgen-Tiefen-Therapie-Gerät durchgeführt. Der Gesamt-Filterwert betrug 0,5 mm Cu und die Halbwertschicht etwa 1 mm Cu. Die Strahlungsdosisleistung wurde mit 239 r/min ermittelt. Die Röhrenspannung (kontinuierlich-konstante Gleichspannung) betrug 180 kV und der Röhrenstrom 12 mA. Nach der Bestrahlung wurden von diesen Sporensuspensionen sofort geeignete Verdünnungen hergestellt und diese auf die Oberfläche eines in eine Petrischale ausgegossenen Nährbodens gebracht. Jetzt wurden von diesem bestrahlten Material erneut Monosporen isoliert und die sich daraus entwickelnden Kulturen zur Herstellung des Impfmaterials für die parasitischen Versuche benutzt.

Hierzu muß gesagt werden, daß, um eine genügend große Anzahl von Kulturen zu erhalten, ein erheblicher Arbeitsaufwand notwendig ist. Denn eine sehr große Anzahl der bestrahlten Sporen (abhängig von der Dosis und dem Alter der Sporen) keimt zwar aus, stellt jedoch danach das Wachstum bald ein. So kann man damit rechnen, daß nur etwa 15% der ausgekeimten und isolierten Monosporen sich zu einer saprophytischen Kultur weiterentwickeln. Es wurden dann Flächen von 3 qm beimpft. Um eine Fremdinfektion zu vermeiden, wurden von jeder Parzelle einige Roggenähren mit Pergamentbeuteln isoliert.

Welche Dosis angewandt werden mußte, um Mutationen zu erreichen, war uns unbekannt, da keinerlei Angaben in der Literatur darüber vorliegen. Wie nicht anders zu erwarten, ließ sich auch bei *Claviceps purpurea* feststellen, daß mit steigender Dosis auch eine größere Schädigung der Sporen festzustellen ist. Wir fanden im allgemeinen, daß bei einer Bestrahlung von 50—60 kr die Sporen nicht mehr keimfähig waren. Bei Anwendung von 40 kr waren etwa 2—5% der Sporen noch keimfähig und bei 20 kr wurden etwa 20—30% Überlebende festgestellt. Die Keimungsprozente sagen an sich wenig über die Wirkung der Bestrahlung aus. Selbst wenn die Sporen zu einem ziemlich hohen Prozentsatz auskeimten, zeigte es sich, daß sie im Wachstum gegenüber der Kontrolle doch stark gehemmt waren. Von uns wurden dann Dosen zwischen 10 und 25 kr angewandt (Abb. 9).

Bei der Betrachtung der Ergebnisse sei vorausgeschickt, daß erst ein Teil des vorhandenen Materials analysiert wurde und daß die bestrahlten Kulturen bisher auch nicht auf ihre Fähigkeit geprüft wurden, in saprophytischer Kultur Alkaloide zu bilden. Auffällig waren zunächst die morphologischen Veränderungen bei einigen Kulturen, die auf Schrägagarröhrchen abgeimpft waren, wie Abb. 10—12 zeigt. In parasitischer Kultur bildeten diese normale Sklerotien aus, deren Alkaloidgehalt über dem der Kontrolle lag (Tab. 1). Interessant war weiterhin die Mutante MR 977, die in parasitischer Kultur Leukosklerotien ausbildete. Während alle bisher beschriebenen Vorkommen von Leukosklerotien wohl als spontan auftretende Mutationen angesehen werden können, konnte nunmehr auch durch experimentelle Mutationsauslösung die Leukoform erhalten werden. Die saprophytische Stammkultur zeigte keine Besonderheiten. Interessant war der Alkaloidgehalt dieser Mutante. Qualitativ ergab sich kein Unterschied gegenüber der Kontrolle, dagegen zeigte die quantitative Untersuchung eine erhebliche Depression des Alkaloidgehaltes. Das stimmt mit Angaben von M. Hecht und W. Hecht [16] überein, die bei allen Leukoformen, die spontan bei kultiviertem Mutterkorn aufgetreten waren, ebenfalls einen wesentlich geringeren Gehalt feststellten gegenüber den normal violett gefärbten Sklerotien. Dieselbe Erscheinung wurde auch von Békésy [17] und von Blažek [18] und Mitarbeitern beobachtet. Bei Ausfall des schwarzvioletten Farbstoffes scheint demnach die Alkaloidsynthese gehemmt zu sein, wenn auch nicht völlig unterdrückt. Welche Beziehungen zwischen der Ausbildung des Farbstoffes der Rindenschicht und der Alkaloidsynthese bestehen, ist bis heute noch unbekannt. Überblickt man die bisherigen Analysen, so bemerkt man, daß in quantitativer Hinsicht zahlreiche Abweichungen gegenüber der Kontrolle nach unten und oben vorkommen. Diese sind hier nicht im einzelnen aufgeführt, liegen jedoch alle innerhalb der biologischen Schwankungsbreite. Bemerkenswert scheinen aber die extremen Typen zu sein, die von uns aufgefunden wurden. So zeigte z. B. der Typ MR 801 einen Durchschnittsgehalt von 0,471 g% Alkaloid. Die Typen MR 191, 249 und 1071 ergaben 0,139, 0,082 und 0,079 g% Gesamtalkaloidgehalt gegenüber der Kontrolle Typ E 346 mit 0,321 g% (Tab. 1). Ob es sich dabei nun um neue Rassen handelt, die ihren Alkaloidgehalt von Jahr zu Jahr konstant

Tabelle 1
Mutationsversuch 1956 (Röntgenbestrahlung)

MR Nr.	Dosis kr	Habitus der saprophytischen Kultur	Habitus des Sklerotiums	Alkaloidgehalt g%	Zusammensetzung der Alkaloidfraktion in %			
					Ergometrin	Ergotamin + Ergotaminin	Ergosin	Ergokryptin + Ergokryptinin
Ausgangsform E 346		Weißes wattiges Mycel	normal	0,321	5	90+5	Sp	Sp
501	12	Über dem Impfstück bildet sich ein Krater, der stark gefaltet ist teilweise in die Gekröseform übergehend	normal	0,372	Sp	90+10		
605	15	Dünnes, weißes Mycel, im Wachstum stark gehemmt	normal	0,372	Sp	90+5		5
950	18	Mycel anfangs wattig, schnell in schleimige Form übergehend, gefaltet, braun gefärbt	normal	0,334	5	90+5		Sp
1300	18	Gekröseform, krümelige Struktur, schwach braune Färbung	normal	0,356	5	85+10		
191	11,6	Weißes wattiges Mycel	normal	0,139	Sp	90+10		
249	20	Weißes wattiges Mycel	normal	0,082	10	30	30	30
801	18	Weißes wattiges Mycel	normal	0,471	5	80+10		5
977	18	Weißes wattiges Mycel	Leukoform	0,173	Sp	90+10		
1071	18	Weißes wattiges Mycel	normal	0,079	5	30+5	15	40+5

weiter vererben, muß noch in weiteren Versuchen geklärt werden. Besonders zu beachten sind auch die qualitativen Analysen der Typen MR 249 und MR 1071, bei denen plötzlich erhebliche Mengen Ergosin und Ergokryptin auftreten, die im Ausgangsstamm lediglich in Spuren nachgewiesen werden können; man kann also von den neu entstandenen Stämmen nicht aussagen, daß wirklich neue Alkaloide gebildet worden sind, sondern lediglich, daß ganz erhebliche Schwankungen zwischen Haupt- und Nebenalkaloid eingetreten sind, wodurch natürlich, insgesamt genommen, der Stamm einen neuen Charakter erhalten hat.

Das sind im Grunde ganz ähnliche Verhältnisse wie sie von Mothes, Romeike und Schröter [19] bei *Datura* und Tabak gefunden worden sind. Bisher konnten von uns keine Sklerotien gefunden werden, welche infolge Röntgenbehandlung der Stammkulturen die Fähigkeit zur Alkaloidsynthese völlig verloren haben.

Diese Angaben mögen genügen, um zu zeigen, daß man durch die experimentelle Mutationsauslösung auch bei Mutterkorn neue interessante Typen sowohl in morphologischer als auch in physiologischer Hinsicht erwarten kann.

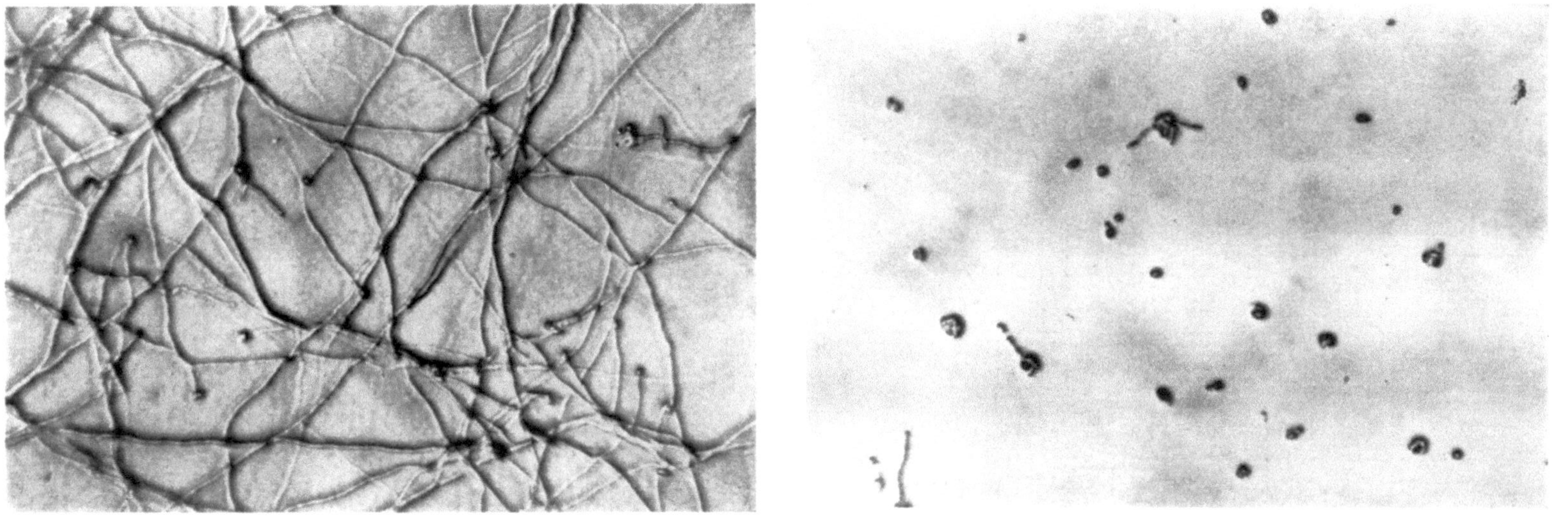

Abb. 9. Links: Unbestrahlte Konidiosporen 48 h nach der Aussaat auf einer Agarplatte. Rechts: Konidiosporen, die mit 40 kr bestrahlt wurden, ebenfalls 48 h nach der Aussaat

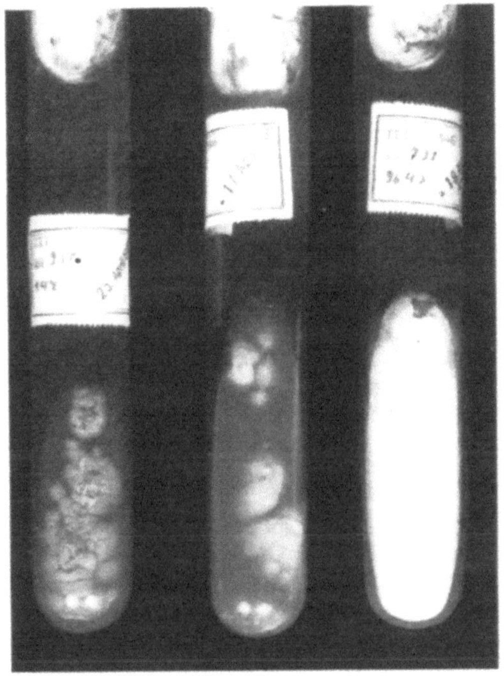

Abb. 10. Links MR 950, Mitte MR 605, rechts unbestrahlte Kontrolle

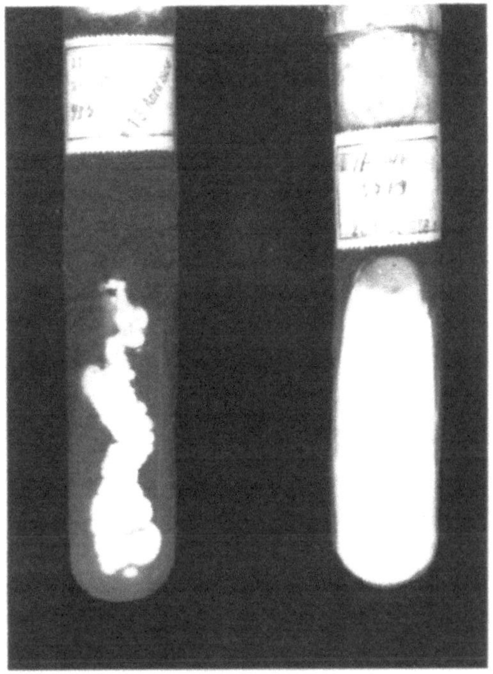

Abb. 11. Links MR 501, rechts unbestrahlte Kontrolle

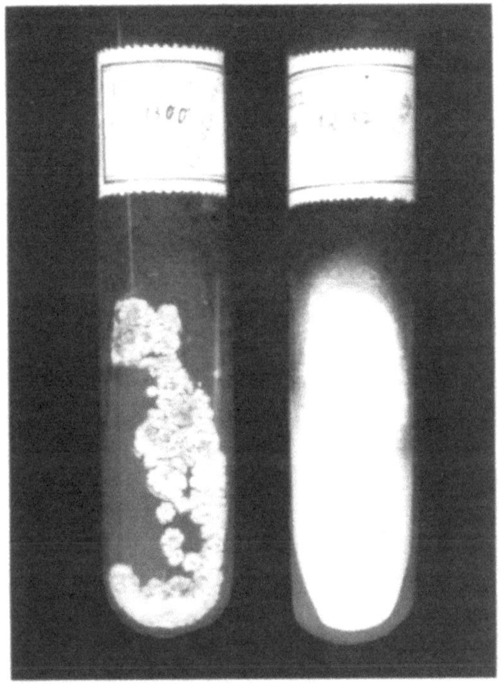

Abb. 12. Links MR 1300, rechts unbestrahlte Kontrolle

Die Abb. 10—12 zeigen morphologische Veränderungen einiger saprophytischer Kulturen, die sich aus Röntgenbestrahlten Sporen entwickelt haben. Eine Beschreibung des Habitus findet sich in Tabelle 1

LITERATUR

[1] BÉKÉSY, N., Ungarisches Patent Nr. 112741 (1934).
[2] BÉKÉSY, N., Zbl. f. Bakt. u. Parasitenk. II. Abt. **99**, 321–332 (1938).
[3] HECHT, W., Schweizer Patent Nr. 211619 (1940).
[4] BÉKÉSY, N., Biochem. Ztschr. **302**, 187 (1939).
[5] PÖHM, M., Österr. Apotheker-Zeitung **7**, 346 (1953).
[6] HECHT, W., Österr. Apotheker-Zeitung **9**, 75, (1955).
[7] GRÖGER, D., Die Kulturpflanze, Beiheft 1, 226 (1956).
[8] MEINICKE, R., Flora **143**, 395 (1956).
[9] SILBER, A., u. W. BISCHOFF, Archiv d. Pharmazie **288**, 124 (1955).
[10] MULLER. H. J., Science **66**, 84 (1927).
[11] STADLER, L. J., Science **68**, 186 (1928).
[12] ABE, M., T. YAMANO, Y. KOZU, u. M. KUSUMOTO, J. agric. Soc. Japan **27**, 18 (1953).
[13] KAISER, H., u. E. THIELMANN, Arch. Pharmazie **289**, 378 (1956).
[14] NEČÁSEK, J., F. PALEČKOVÁ, u. A. TESAŘ, Preslia **26**, 105 (1954).
[15] LEACH, CH. M., Phytopathology **45**, 405 (1955).
[16] HECHT, M., u. W. HECHT, Pharmazie **9**, 424 (1954).
[17] BÉKÉSY, N., Ztschr. Pflanzenzüchtung **35**, 461 (1956).
[18] BLAŽEK, Z., I. BÖSWART, P. HORÁK, J. KYBAL, Pharmazie **8**, 592 (1953).
[19] MOTHES, K., A. ROMEIKE u. H.-B. SCHRÖTER, Naturwissenschaften **42**, 214 (1955).

DISKUSSION

zu den Vorträgen über Mutterkornalkaloide.

Herr PÖHM: Bei der Überprüfung des Alkaloidgehalts als „alkaloidfrei" bezeichneter Sklerotien konnten wir stets nachweisen, daß diese Bezeichnung in keinem Falle aufrecht erhalten werden konnte; es wäre daher besser, von sehr alkaloidarmen Stämmen zu sprechen.

Herr GRÖGER an Herrn BÖSWART: Sie haben an ein und demselben Standort alkaloidreiche und fast alkaloidfreie Sklerotien gefunden. Ist es möglich, daß eine Entmischung stattgefunden hat?

Herr BÖSWART an Herrn GRÖGER: Es handelte sich um Impfstoff aus Einzelsklerotien, nicht um Monokonidienkulturen.

Herr KYBAL an Herrn W. HECHT: Auch unsere Arbeiten (Čs. farmacie 5, 221 (1956)) haben ergeben, daß Sklerotien, die sich in späteren Entwicklungsstadien der Roggenpflanzen gebildet hatten, einen höheren Alkaloidgehalt zeigten als solche aus früheren Entwicklungsphasen der Wirtspflanze. Wir vermuten, daß dieser Unterschied im Alkaloidgehalt mit einem Wechsel im Aminosäuregehalt der Roggenpflanze während der Vegetationsperiode in Zusammenhang steht.

Herr W. HECHT: Der Einfluß der Stickstoffdüngung auf den Alkaloidgehalt des Mutterkorns muß noch geklärt werden.

Herr KYBAL: Nach unseren Erfahrungen ist der Einfluß der Ernährung ohne große Bedeutung.

(zum Vortrag M. HECHT): Im Verlaufe unserer Untersuchungen fanden wir einen Ergotaminstamm, bei dem der Alkaloidgehalt mit dem Gewicht der Einzelsklerotien zunahm (Die Pharmazie, 8, 592 (1953)). In einer anderen Arbeit konnten wir zeigen, daß größere Sklerotien einen verhältnismäßig kleineren Anteil an Sphazelia-Gewebe haben als die kleineren (Preslia, 28, 161 (1956)). Da nach den bisherigen Erfahrungen besonders im Plektenchym der Sklerotien Alkaloid gebildet wird, vermuten wir, daß Zusammenhänge zwischen Größe und Alkaloidgehalt der Sklerotien so zu klären sind.

Herr M. HECHT: Wir haben ähnliche Untersuchungen durchgeführt, konnten jedoch keine Relationen zwischen der Größe der Oberfläche der Sklerotien und ihrem Alkaloidgehalt feststellen.

Herr Küssner (zum Vortrag Kybal): Mit der Isolierung von Monokonidien von *Claviceps purpurea* ist die Auftrennung in Rassen von konstantem Alkaloidtyp gelungen. Treten durch diese vegetative Fortpflanzung nach mehreren Passagen Ermüdungserscheinungen, wie etwa Abnahme der Virulenz, Sinken des Alkaloidgehalts, Ertragsminderung auf?

Herr Békésy: Degenerationserscheinungen machen sich bei verschiedenen Stämmen in verschiedenem Ausmaße bemerkbar. Es wurden Stämme gezüchtet, die 4—5 Jahre saprophytisch erhalten wurden, ohne Degeneration zu zeigen.

Herr Rochelmeyer: Zu den Ausführungen von Herrn Gröger wird bemerkt, daß unsere Untersuchungen die Einkernigkeit der Konidiosporen der bisher geprüften Stämme ergaben. Auch Herr Kybal hat in seinen heutigen Ausführungen auf diese Tatsache hingewiesen. Die von Herrn Gröger beobachtete Konstanz der qualitativen Zusammensetzung des Alkaloidgemisches beim Wirtswechsel des Pilzes wird durch die in Mainz erzielten Ergebnisse erweitert. Dabei ergab sich, daß auch beim Übergang von parasitischer zu saprophytischer Kultur nach den bisherigen Beobachtungen die Alkaloidproduktion qualitativ gleich war. Im Gegensatz zu der Meinung von Gröger sind wir in Mainz der Ansicht, daß Farbstoffbildung und Alkaloiderzeugung in irgendeinem Zusammenhang stehen. Die Sklerotienbildung, welche wir in saprophytischer Kultur beobachten konnten, scheint keine derartige Beziehung aufzuweisen.

Bei der Diskussion von Ergebnissen, welche mit chemischen Rassen von *Claviceps purpurea* erzielt wurden, ist es erforderlich, unter anderen verschiedene Voraussetzungen eindeutig zu kennzeichnen. So beispielsweise den chemischen Typus der Rasse, ihre biologische Herkunft (Genetik) und natürlich auch die Methodik, welche bei der experimentellen Bearbeitung Verwendung fand. Deshalb ist es z. B. von Bedeutung, zu wissen, ob die von den Herren Hecht verwendeten „Stämme" durch Selektion gewonnen wurden.

Herr W. Hecht: In unseren Versuchen wurden Selektionsstämme benutzt, die aus Einzelsklerotien hervorgegangen waren, die sich in der Nachkommenschaft einheitlich zeigten.

Herr Rochelmeyer: Auch die Analytik muß vergleichbar sein. Die Methode von Fuchs zur Trennung von wasserlöslichen und -unlöslichen Mutterkornalkaloiden ist an Einzelsklerotien nicht anwendbar.

Herr Mothes: 1. Ich möchte davon abraten, zum Zwecke der Markierung bei beimpften Roggenähren die Grannen abzuschneiden, da sowohl ein Vergleich von künstlichen grannenlosen und grannentragenden Gerstenmutanten (Prof. Stubbe) als auch die künstliche Entfernung von Grannen (Dr. Engelbrecht, Dr. Sagromsky) ergeben haben, daß die Grannen physiologisch aktiv sind und großen Einfluß auf das C:N-Verhältnis der Früchte haben.

2. In ähnlicher Weise muß auch der Impftermin betrachtet werden, da die N-Versorgung der Roggenpflanze mit dem Ährenschieben einen Höhepunkt erreicht, späterhin Stickstoff aus dem Boden nur in bescheidenem Maße aufgenommen wird, so daß die reifende Getreidepflanze in charakteristischer Weise unter N-Mangel steht, was im allmählichen Vergilben der Blätter seinen Ausdruck findet.

3. Es gibt Mutterkornstämme, die 1% Alkaloid und mehr aufweisen. Merkwürdigerweise scheinen sich solche Typen in der Feldkultur nirgends durchgesetzt zu haben. Vielmehr werden — soweit uns bekannt — überall Stämme mit 0,3—0,5% Alkaloid angebaut. Linien mit größeren Gehalten liefern einen geringeren Massenertrag, scheinen also eine geringere Vitalität zu besitzen. Unter den klimatischen Faktoren verdient vielleicht das ultraviolette Licht eine besondere Untersuchung, da unter Glas

der Alkaloidgehalt bedeutend gemindert ist. Daß in höheren Breiten alkaloidarme Mutterkornstämme vorherrschen, ist aber genetisch bedingt. Eine befriedigende Erklärung für solche geographischen Rassen ist noch nicht gegeben.

4. Echte genetische Untersuchungen am Mutterkorn sind technisch schwierig.

Herr W. HECHT: Warum verwendet man zur Mutterkornzüchtung nicht Mono-Ascosporen-Kulturen?

Herr MOTHES: Es sind schon Versuche mit Ascosporen durchgeführt worden, die Gewinnung ist aber so schwierig, daß solche Kulturen für züchterische Probleme nicht in Frage kommen.

Herr ACKERMANN: Ist es möglich, daß das im Mutterkorn gefundene Histamin aus der Wirtspflanze stammt? Nach meinen eigenen Untersuchungen waren im Roggen keine biogenen Amine nachweisbar. Was ist heute darüber bekannt?

Herr MOTHES: Die Injektion von Aminosäuren in die Roggenhalme hat die Alkaloidqualität der Sklerotien nicht wesentlich beeinflußt. Vielleicht führt die Applikation von Tryptophan zu einer bescheidenen Erhöhung der Alkaloidquantität (U. MOTHES, GRÖGER). Über die Herkunft des Histamins haben wir noch nicht gearbeitet.

Man muß durchaus damit rechnen, daß Spurenstoffmangel, ja selbst K-Mangel die Ausbildung der biogenen Amine fördern kann. Interessante Bemerkungen hierzu haben in jüngster Zeit STEINBERG und COLEMAN und RICHARDS gemacht.

Herr BÉKÉSY: Zur Erzeugung von *Claviceps purpurea*-Mutanten ist Bestrahlung mit UV-Licht zu empfehlen.

Es wird mitunter, besonders an Ergotamin-Stämmen, beobachtet, daß trotz hohen Alkaloidgehalts die industrielle Ausbeute nur gering ist (z. B. 0,25 g/kg). Dies wird durch Ballaststoffe verursacht. Bei der Methode von FISCHER wird ein unbekanntes wasserlösliches Alkaloid mit erfaßt und gibt somit für Ergometrin zu hohe Werte.

FSC
www.fsc.org
MIX
Papier | Fördert gute Waldnutzung
FSC® C083411

Kolibri 360 GmbH
Ferdinand-Jühlke-Straße 7
99095 Erfurt, Deutschland
produktsicherheit@kolibri360.de